直流系统故障分析与保护控制

和敬涵　李　猛　著

科　学　出　版　社

北　京

内 容 简 介

本书密切联系实际直流工程，系统地讲述直流系统保护与控制领域的技术前沿，内容包括直流输配电系统发展及典型工程介绍，直流输配电故障解析，直流线路保控协同保护原理、信息指纹保护原理、人工智能保护原理、六次谐波后备保护原理，直流输电线路故障自适应恢复技术等。

本书可供从事直流输配电研发、设计、工程等方面的技术人员及直流系统保护与控制领域的科研人员使用，也可供高等学校电气工程专业的教师和研究生使用。

图书在版编目（CIP）数据

直流系统故障分析与保护控制 / 和敬涵，李猛著. —北京：科学出版社，2024.3

ISBN 978-7-03-078271-7

Ⅰ. ①直… Ⅱ. ①和… ②李… Ⅲ. ①直流系统-故障-分析 Ⅳ. ①TM62

中国国家版本馆CIP数据核字（2024）第060595号

责任编辑：范运年 王楠楠 / 责任校对：王萌萌
责任印制：师艳茹 / 封面设计：陈 敬

科学出版社出版
北京东黄城根北街16号
邮政编码: 100717
http://www.sciencep.com
北京中科印刷有限公司印刷
科学出版社发行 各地新华书店经销
*
2024年3月第 一 版 开本：720×1000 1/16
2024年3月第一次印刷 印张：18 1/4
字数：360 000

定价：158.00 元

前　　言

作为新型电力系统的重要组成部分，直流输配电在电能长距离输送、有功无功控制、新能源并网等诸多方面发挥出重要的积极作用，中国目前在运的直流容量占全世界的一半以上，未来随着新能源比例不断上升，直流输配电必将迎来更大、更快的发展。直流输配电新技术也不断涌现，柔性直流和混合直流等技术已获得了工程示范和推广。柔性直流、混合直流故障电流上升速度快，但电力电子器件过流能力弱，对保护要求严苛，并且换流器非线性控制又导致故障特征复杂，如何应对故障已成为直流新技术发展过程中亟待解决的重大问题之一，也关系到新型电力系统的安全稳定。为此，本书针对柔性直流、混合直流等直流输配电最新工程概况、故障解析、保护原理、故障恢复等展开较为系统的阐述、分析和探讨。

本书是北京交通大学电力系统保护与控制研究团队在直流系统保护领域长期研究成果的积累，适合电力系统及其自动化等相关专业的研究生和电网公司及设备企业的科技工作者参考使用。感谢参与本书相关内容研究和整理工作的博、硕士研究生罗易萍、宁家兴、陈可傲、梁晨光、黄威博、宋元伟、张可欣、王子莹等，感谢恩师贺家李教授及众多行业专家的帮助和支持。

本书的研究工作得到了国家自然科学基金委员会-国家电网有限公司智能电网联合基金项目（U2066210）、国家自然科学基金青年科学基金项目（52007003）的资助，在此表示感谢！

由于作者水平所限，书中难免存在不妥之处，恳请广大读者批评指正。

和敬涵

2023 年 11 月

目录

第1章　概　　述

直流输配电技术将电能通过电力电子变换器变换为直流电进行传输，在大容量、远距离、灵活输电以及配电等方面具有更好的技术经济性，对我国能源战略部署和电网发展具有重要意义。经过若干工程的成功实践，我国直流输配电技术已经达到国际领先水平，建成了包含常规直流、柔性直流、混合直流在内的世界上电压等级最高、规模最大的交直流输配电网。尽管直流输配电具有诸多技术优势，但电力电子器件过流能力弱，易受到直流故障的影响，且直流故障特性与传统交流系统存在本质区别，经典的交流系统故障分析和保护原理难以适用。为保障直流输配电系统的安全可靠运行，对其故障特性和保护原理展开深入研究具有重大意义。

本章将介绍直流输配电系统的概念、特点和发展，详细描述直流输配电系统常用的几种换流器拓扑结构的工作原理、结构特征以及优势和不足，分析直流输配电系统面临的故障和保护问题，并对直流输配电系统故障分析和保护研究现状进行阐述，最后简要介绍本书的主要内容。

1.1　直流输配电系统的发展

1.1.1　直流输配电的定义

随着资源紧张、环境污染和气候变化等问题日益突出，实现化石能源体系向低碳能源体系的转变已成为世界各国的共识[1-3]。电网作为能源革命中的重要环节，正在向输、配并重，集中式开发-大规模输送与分布式生产-就地消纳相辅相成的格局转变[4]。得益于电力电子技术的发展，以电力电子换流器为电能集中、分配核心节点的直流输配电技术为大规模可再生能源接入、提升电网运行的灵活性与可控性等提供了有效的解决方案，是新一代电网技术发展的重要方向和关键组成。

直流输配电技术将电能通过电力电子变换器变换为直流电进行传输，自 1954 年世界首条商业运行的直流输电工程(瑞典至哥得兰岛直流输电工程)投运以来，直流输配电技术在世界范围内开始崭露头角，并逐渐发展成现代电力系统中不可或缺的一员。在输电领域，直流输电技术用于远距离大容量输送功率更为经济，可以实现大区域电网间的非同步互联，有功功率和无功功率快速可控，且不存在交流线路大容量长距离输电带来的稳定性问题，为大规模电网互联及输电可靠性提供了有力支撑。在配电领域，直流配电技术存在可以减小线路损耗、改善用户侧电能质量、提高供电容量、易于分布式电源接入等优点，为解决交流配电网供电容量不足、电能质量要求提高、分布式电源接入需求等诸多问题提供了新的思路和发展方向。

AC/DC 换流器是直流输配电系统的核心。直流输配电技术自提出以来，到目前为止主要经历了三次技术革新[5-7]。

第一代：基于汞弧阀的换流器的直流输电。汞弧阀是第一代直流输电技术所采用的换流器件，它出现于 19 世纪初，最开始只能用于整流，换流器采用 6 脉动 Graetz 桥。1928 年，具有栅极控制能力的汞弧阀研制成功，解决了汞弧阀换流器的逆变问题。在此基础上汞弧阀输电技术不断发展成熟，自 1954 年首个基于汞弧阀的换流器的工业直流输电工程——瑞典至哥得兰岛直流输电工程后，世界上共有 12 项汞弧阀换流的直流工程投入运行。

第二代：基于晶闸管的电网换相换流器(line commutated converter，LCC)的常规直流输电。1958 年晶闸管的商业使用使直流输电工程的输电效率和运行可靠性进一步提升，直流输电技术出现新突破。1972 年，世界上首个采用晶闸管的加拿大伊尔河直流背靠背工程投入商业运行后，晶闸管以体积更小、可靠性更高、无逆弧故障等优势开始逐步替代笨重、昂贵且维修不便的汞弧阀，大量基于晶闸管的电网换相换流器直流输电工程在世界范围内被建设并投入运行。我国也在 20 世纪 80 年代后期建成国内第一项高压常规直流输电工程——葛南直流输电工程，电压等级为±500kV，输送容量为 1200MW，这项直流工程的建成标志着我国直流输电的开始，也为后续直流输电工程的建设、运维和发展提供了宝贵经验。

目前，基于电网换相换流器的常规直流输电技术已趋于成熟，其以输电容量大、系统损耗小、运行稳定性强等优势被广泛应用于远距离大容量输电及异步电网互联。由于主要能源基地与负荷中心呈现逆向分布，为解决东部负荷中心发电能力不足问题，我国大力发展常规直流输电工程用于远距离输电。截至 2022 年，我国已有 45 回常规直流工程陆续建成投运，传输容量超过 130000MW。随着交直流电网的耦合程度和输电等级及容量的不断提升，常规直流输电的缺点也日益凸显，具体表现在：①晶闸管无法自主关断，需要施加外部电压才能关断，直流逆变站存在换相失败风险；②潮流控制的灵活性还有待提升；③自主性较差，无法完成对孤岛系统或弱受端系统的供电；④换流器换相无功消耗较多，输出谐波含量较高，需要在出口处配置无功补偿及滤波设备。

第三代：基于可控关断器件的电压源型换流器(voltage source converter，VSC)柔性直流。1990 年，麦吉尔(McGill)大学的 Boon-Teck Ooi 等提出了将基于可控关断器件和脉冲宽度调制(pulse width modulation，PWM)技术的电压源型换流器用于直流输电，称作“电压源换流器型直流输电”或“轻型直流输电”或“柔性直流输电”（本书中均称作柔性直流输电），标志着新一代直流技术的诞生。与LCC相比，VSC具有可以实现有功功率和无功功率的独立控制、向无源网络供电、系统潮流反转时直流电压极性不变等诸多优势。1997年，世界首个基于VSC的直流输电试验工程(Hellsjon工程，额定输送功率3MW，直流电压±10kV)投入运行，到目前为止，全球已有30余个基于VSC的直流输电工程投入运行，直流输送电压等级高达±800kV，单个工程最大传输容量高达8000MW，最大传输距离超过2000km。

进入21世纪以来，柔性直流技术在世界范围内呈迅速发展的趋势，各种新型换流器拓扑结构、调制方式不断涌现，电压等级和传输容量大幅提升，应用领域涵盖了风电场并网、电网互联、城市中心负荷供电、大规模新能源送出等多个方面。然而，柔性直流仍存在不足之处，主要体现在：①柔性直流系统是低惯性系统，故障发展速度快，短路电流上升速度快。交流断路器切除难以清除故障，且停电范围扩大，直流断路器成本降低前未有较好的解决方案。②与LCC-HVDC(高压直流)相比，阀损耗较大。③受功率器件耐压能力影响，柔性直流输电容量要小于常规直流。

1.1.2　换流器的基本特性

由于第一代和第二代直流输电技术不具备成网特性，本书中的直流输配电网主要指包含电压源型换流器的直流系统。因此，本节主要介绍电压源型换流器的基本特性，包括工作原理和常见拓扑结构及其特点。

1. 工作原理

将电压源型换流器视为一个整体，其在基波下的稳态特性可以用图1.1所示的电路进行分析[5]。图中，$\dot{U}_{\mathrm{s}}$为交流电网等效电压相量，$\dot{U}_{\mathrm{c}}$为换流器输出的电压基波相量，X_L为换流变的等效电感，$\dot{I}$为等效电路的电流相量，$\dot{U}_L$为电感电压相量。

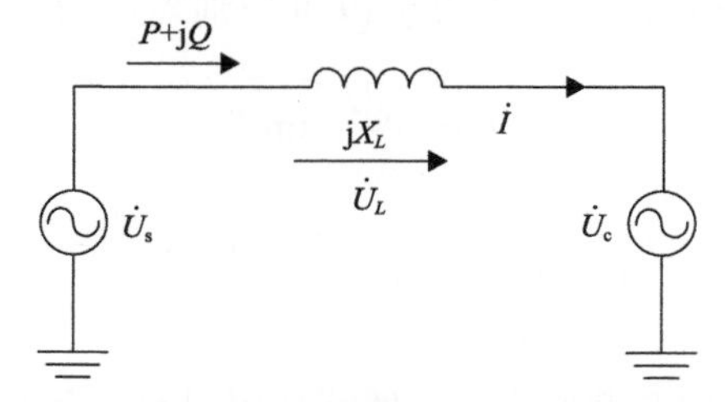

图1.1　电压源型换流器的基波等效电路

当以交流电网等效电压相量$\dot{U}_{\mathrm{s}}$为参考时，通过控制换流器阀侧交流电压相量$\dot{U}_{\mathrm{c}}$即可实现电压源型换流器的四象限运行。假设$|\dot{I}|$不变，则电感电压相量幅值

$\left|\dot{U}_L\right| = \omega L\left|\dot{I}\right|$（$L$ 为等效电感，ω 为电网角频率）也固定不变，此时，换流器阀侧交流电压相量 $\dot{U}_{\mathrm{c}}$ 的端点运动轨迹构成了一个以 $\left|\dot{U}_L\right|$ 为半径的圆[8]，如图 1.2 所示。

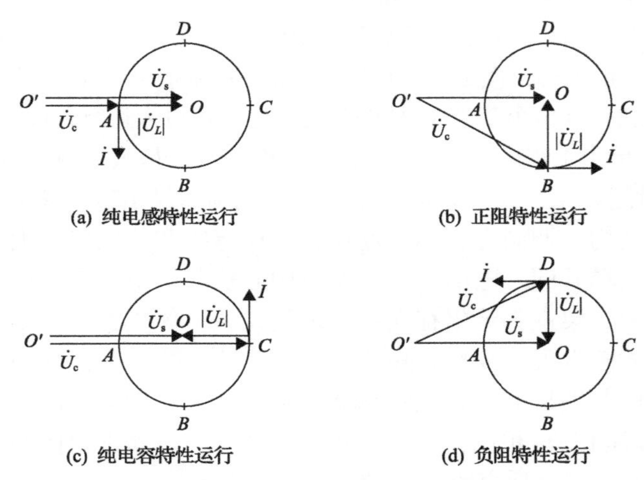

图 1.2　电压源型换流器交流侧稳态电压电流相量关系图

当 $\dot{U}_{\mathrm{c}}$ 的端点在轨迹 AB 上运动时，换流器运行于整流状态，换流器从交流电网吸收有功功率和感性无功功率。

当 $\dot{U}_{\mathrm{c}}$ 的端点在轨迹 BC 上运动时，换流器运行于整流状态，换流器从交流电网吸收有功功率和容性无功功率。

当 $\dot{U}_{\mathrm{c}}$ 的端点在轨迹 CD 上运动时，换流器运行于逆变状态，换流器向交流电网发出有功功率和容性无功功率。

当 $\dot{U}_{\mathrm{c}}$ 的端点在轨迹 DA 上运动时，换流器运行于逆变状态，换流器向交流电网发出有功功率和感性无功功率。

进一步地，忽略联结变压器和换流器的功率损耗及谐波分量时，换流器与交流系统间交换的有功功率 P 和无功功率 Q 可分别表示为

$$P = \frac{U_{\mathrm{c}}U_{\mathrm{s}}}{X_L}\sin\delta \tag{1.1}$$

$$Q = \frac{U_{\mathrm{s}}(U_{\mathrm{s}} - U_{\mathrm{c}}\sin\delta)}{X_L} \tag{1.2}$$

由式(1.1)可知，电压源型换流器传输的有功功率取决于交流系统和换流器阀侧基波电压的相角差 δ。当 $\delta > 0$ 时，换流器运行于整流状态，从交流系统中吸收有功功率；当 $\delta < 0$ 时，换流器运行于逆变状态，向交流系统输出有功功率。由式(1.2)可知，电压源型换流器传输的无功功率取决于 $U_{\mathrm{s}} - U_{\mathrm{c}}\sin\delta$（$U_{\mathrm{s}}$、$U_{\mathrm{c}}$ 表示幅值），当

其大于零时，换流器从系统中吸收无功功率，当其小于零时，换流器发出无功功率。

由上述分析可知，通过控制换流器阀侧电压的相角，就可以实现对电压源型换流器传输的有功功率的大小和方向的控制。当电压源型换流器采用 PWM 控制时，改变正弦参考信号的幅值可以改变换流器阀侧电压的幅值，改变正弦参考信号的相位可以改变换流器阀侧交流电压的相位。因此，通过控制 PWM 所给定的正弦信号的相位 φ 和调制比 M 即可实现对换流器输送的有功功率和无功功率的大小和方向的控制。

2. 常见拓扑结构及其特点

电压源型换流器有多种拓扑结构，依据连接交流系统相数可分为两相、三相，按电平数可以分为两电平、三电平和多电平，不同的拓扑结构在运行性能、运行损耗、设备成本等方面存在区别。目前已投运的直流工程中，主要包含两电平换流器、三电平二极管钳位换流器和模块化多电平换流器（modular multilevel converter，MMC）三种[5]。

1）两电平换流器

两电平换流器拓扑结构如图 1.3（a）所示。共有六个桥臂，每个桥臂均由一组可关断器件及其相应的反并联续流二极管构成。在工程应用上，为了提高换流器的传输容量，换流器桥臂一般采用多个开关器件串联的结构。换流器交流侧电感 L_s 可以消除谐波，也是能量传递的媒介；C 为直流侧支撑电容，可以稳定直流电压并滤除直流电压纹波；u_{sa} 为三相交流电网 a 相电压；u_{sb} 为三相交流电网 b 相电压；u_{sc} 为三相交流电网 c 相电压；R_s 为电抗器和换流器损耗等效电阻；i_{dc} 为直流侧电流；R_{dc} 为直流侧等效电阻；L_{dc} 为直流侧等效电感。设定直流侧中性点 O 为参考点位，U_{dc} 为直流侧电压，任一时刻每相两组桥臂的开通和关断均处于互补状态，可输出两个电平，即 $U_{dc}/2$ 和 $-U_{dc}/2$。两电平换流器通常采用正弦脉冲宽度调制的方法来逼近正弦波，如图 1.3（b）所示，该调制方式不包括低次谐波，高次谐波主要集中在频率较高的开关频率附近，便于滤波。

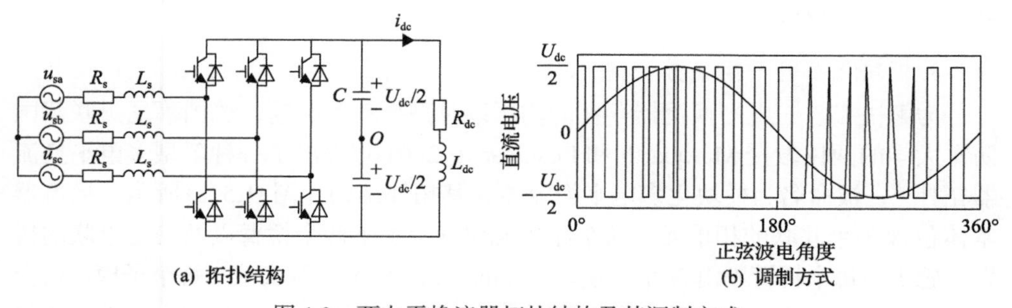

图 1.3　两电平换流器拓扑结构及其调制方式

两电平换流器是早期柔性直流工程中广泛应用的换流器，具有良好的可靠性以及灵活的功率控制特性，由于各阀组承受的电压相同，便于模块化设计、制造和维护。但是在高压输电场合，桥臂上需要使用高反压的功率开关管或将多个功率开关管串联使用，由此带来串联器件的静态、动态均压问题。此外，由于两电平换流器交流侧输出电压总在两电平上切换，当开关频率不高时，将导致谐波含量相对较大。

2) 三电平二极管钳位换流器

三电平二极管钳位换流器的六个桥臂采用多个功率开关管串联使用，并采用二极管钳位，以获得交流输出电压的三电平调制，其拓扑结构如图 1.4(a)所示。换流器每一相包括四组可关断开关管及其反并联二极管以及两个钳位二极管，每相桥臂均可输出三种不同的电平，同样通过正弦脉冲宽度调制的方法来逼近正弦波，如图 1.4(b)所示。

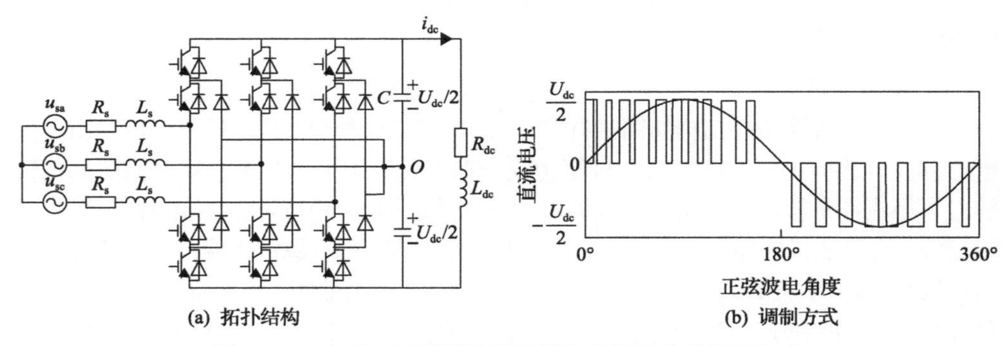

图 1.4　三电平二极管钳位换流器拓扑结构及其调制方式

三电平换流器在提高耐压等级的同时，有效地降低了交流谐波电压、电流，从而改善了其网侧波形品质。但是与两电平拓扑相比，三电平换流器所需功率开关管成倍地增加，并且由于各阀组承受的电压不相同，模块化制造难度大。此外，对直流电容电压的均压控制也更加复杂和困难，需要针对其固有的中性点电压偏移问题采取必要的措施。

3) 模块化多电平换流器

为解决二、三电平换流器存在的均压以及高损耗等问题，德国慕尼黑联邦国防军大学的两位教授 Marquardt 和 Lesnicar 于 2001 年提出了一种新型多电平换流器拓扑[9]，被命名为模块化多电平换流器，其拓扑结构如图 1.5(a)所示。换流器本体包含 3 个并联的相单元，每个相单元包含上、下两个桥臂以及与之串联的桥臂电感 L_a。每个桥臂则由 N 个子模块(submodule，SM)串联而成。每个子模块由全控电力电子开关 T_1、T_2，反并联二极管 D_1、D_2，子模块电容器 C_0 以及一个用于故障旁路的开关组成。与两电平、三电平换流器不同的是，MMC 输出逼近正弦波的方式不是 PWM，而是采用多级 PWM 技术输出阶梯波进行逼近，如图 1.5(b)所示。

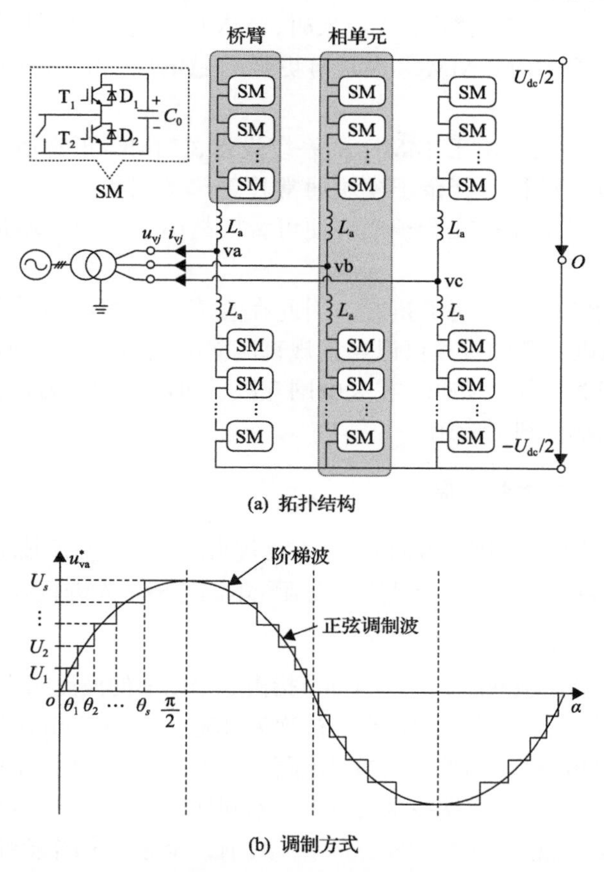

图 1.5　模块化多电平换流器拓扑结构及其调制方式

u_{vj}、i_{vj} 为交流侧电压、电流；u_{va}^* 为调制波的瞬时值；$U_1,U_2,\cdots,U_s$ 为 $1,2,\cdots,s$ 个子模块的直流电压时间平均值；$\theta_1,\theta_2,\cdots,\theta_s$ 为阶梯波电压达到 $U_1,U_2,\cdots,U_s$ 时对应的相角

模块化多电平换流器使用子模块串联的方法，避免了大量开关器件的直接串联，降低了对开关器件的一致性要求。对比两电平和三电平换流器，MMC 存在以下几个显著优势。

(1) 交流侧输出波形质量高，无须配备滤波装置：理论上，MMC 每一个桥臂可以安装任意数目的子模块，输电过程中子模块数目越多，交流侧输出的电压波形越逼近调制波，波形质量越高，输出的谐波含量也越低。因此当子模块数目增加到一定程度，输出波形满足电网运行标准时，无须再增加额外的滤波设备。

(2) 结构上的高度模块化：MMC 中的功率单元及控制单元采用模块化设计，有利于桥臂子模块的扩容和控制。在实际工程中，模块化设计还可缩短系统设计和建造时间，且便于后续的维护工作。

(3)运行能力更佳：MMC 是三相对称的拓扑结构，且每个桥臂可独立操控。MMC 的输入电压存在三相不平衡现象时，MMC 通过自身调控仍可正常运行。当输电环境较为恶劣时，MMC 也具有更强的稳定性，能够有效抑制电压和频率波动。

(4)容错能力更强：由于 MMC 的系统设计，MMC 正常运行时桥臂上的子模块不会全部投入运行，冗余子模块通常处于热备用状态。当桥臂上某一子模块发生故障时，无须停机冗余子模块便可替换故障子模块，增加了系统运行容错能力。

由于模块化结构非常便于拓展，因此在直流电缆的规格承受范围内，基于 MMC 的直流输电工程的规模可以与常规直流输电相当；考虑到良好的输出电压特性与较低的开关损耗，MMC 在大电网互联、风电联网、直流配电及城市中心供电等多个领域都得到了应用。

1.1.3　直流输配电技术的发展

随着技术的发展和应用需求的增加，在常规直流和柔性直流技术基础上，又发展出了多端直流、柔性电流、混合直流、直流配电网等诸多先进直流输配电技术方案。

1) 多端直流和柔性直流电网

多端直流(multi-terminal DC，MTDC)指由 3 个以上的换流站连接而成的输电系统，含有“网孔”结构的多端柔性直流被称为直流电网(DC grid)[10]。“网孔”结构中每两个换流站间都存在两条不同的通流路径，可以互为备用，保证功率传输的稳定性和可靠性。采用直流电网技术可以汇集不同地区的大规模新能源，实现能源资源的优化配置和大规模新能源的峰谷调节。目前，全球多个国家和地区都已提出了基于柔性直流的电网升级规划并逐步实施。欧洲于 2008 年提出了“超级电网”(super grid)计划，规划区域连接北海、波罗的海、北非、中东的清洁能源[11]。2014 年，欧盟的“地平线 2020”(Horizon 2020)计划最大的能源项目之一“海上高压直流电网进展”(progress on meshed HVDC offshore transmission networks, PROMOTioN)中提出了在北海逐步建立多端、跨国直流电网倡议[12]。2021 年，德国输电运营商 Amprion 联合瑞典、挪威、意大利、法国、西班牙共六个国家的七个运营商公布了“欧洲海上风电母线”(European Offshore Busbar)项目，计划分 3 步建立北海海上风电的专用电网，为欧洲的气候目标做出贡献[13]。美国曾在 2011 年推出“电网 2030”(Grid 2030)计划，采用柔性直流技术建设连接东西两岸，南到墨西哥、北到加拿大的国家电力主干网。我国直流电网的工程建设和实践处于世界领先地位，张北柔性直流电网工程(以下简称张北工程)已于 2020 年 6 月正式投运，不仅为 2022 年北京冬奥会提供了绿色清洁的电能，也对世界范围内的直流电网建设起到了示范作用。由此可见，基于 MMC 的柔性直流电网将成为未来电力系统升级和发展的重要方向。

2）混合直流输电

混合直流输电技术，送端采用 LCC，受端采用 VSC，结合了常规特高压直流和柔性直流的优点，兼具常规直流输电技术成熟、损耗小、输送容量大，以及柔性直流输电技术交直流灵活独立控制、不存在换相失败的优点，且可依据网架需求组成不同的网络拓扑，可有效解决多直流馈入问题，避免换相失败，而且可实现远距离、大容量的多端电能输送，其网架结构包含极-极混合、端-端混合、混合双馈入/多馈入、混合多端以及混合级联多端等[14]。对于已建成的传统高压直流输电工程，在保留其送端的基础上，将其受端系统升级改造为基于全控型器件的柔性直流换流器，形成混合直流输电系统，并结合电网架构组建不同拓扑，是解决传统高压直流换相失败问题最为经济的手段，混合直流的发展应用对于已建线路改造也具有重要意义。我国于 2014 年开始研究±500kV 混合直流输电技术，昆柳龙多端混合直流输电工程（以下简称昆柳龙工程）为世界首个特高压多端混合直流输电工程，也是首个采用电压源型换流器逆变站接入广东电网的“西电东送”输电工程，具有重大意义。白鹤滩—江苏混合级联直流工程（以下简称白鹤滩—江苏工程）受端首次采用 LCC 和 VSC 级联结构，2022 年已投产，未来将在我国电力能源远距离输送中发挥重要作用。

3）直流配电网

近些年随着可再生能源发电系统电网渗透率逐年递增及城区负荷快速增长，中低压直流配电网建设需求逐渐增多。相较于交流配电网而言，直流配电网铺设线路成本较低，在输电过程中线路电能损耗有所减少，拥有较大的供电容量以及较高的可靠性，能够有效解决电能质量问题，易于分布式电源、储能电池接入，得到了供电企业和研究学者的广泛重视。国际大电网委员会（CIGRE）于 2015 年 7 月成立了 SC6.31“直流配电可行性研究”专题小组来研究和推广中压直流配电网技术[15]，初步认定直流配电网等级为 1.5～100kV。在此基础上，众多国内外学者针对中压直流配电网的规划设计、运行安全、系统控制、故障诊断等方面开展了大量研究，促进了中压直流配电网技术的高速发展。

直流配电网需要和各种分布式电源、用户负荷和储能系统连接，电力电子变换器在其中起了重要作用，各变换器通过控制单元功率、电压、电流来确保系统的稳定运作。在已有的直流配电网系统中，电力电子控制由级联 MMC 单元实现。

4）城市轨道交通直流牵引供电系统

城市轨道交通直流牵引供电系统连接城市交流配电网和直流牵引网，是实现

“交流-直流”转换的关键环节。现有城市轨道交通实际工程中，直流牵引供电系统多为降压变压站和 24 脉波二极管不控整流机组组合结构，可实现 35kV/10kV 城市中压交流电网向 750V/1500V 直流电的转化。其中，北京、天津地铁牵引供电系统采用直流 750V 电压等级，而上海、广州地铁牵引供电系统则采用直流 1500V 电压等级。在该供电方式下，若不依赖外界能馈装置，机车产生的再生制动能量无法被系统完全利用；同时，不控整流方式极易受干扰而引起牵引网直流侧电压波动，这导致可再生新能源并网困难。为提升系统供电可靠性，实现绿色、低碳和可持续发展，必须从运行机制这一源头出发进行改变。柔性直流技术由于具有响应快速、控制灵活、利于大规模新能源并网和城市配电网增容改造等优势而备受关注，在电力电子技术不断进步的基础上，采用智能协同和全控型双向换流器代替原有二极管整流机组的新一代柔性直流牵引供电技术应运而生。目前，柔性直流牵引供电系统已成为轨道交通供电领域的研究热点，未来将具有更广阔的市场应用前景。

1.2 直流输配电面临的故障与保护问题

直流输配电系统中，电力电子装备虽然给功率的控制带来了极大的灵活度，但也使得直流输配电系统的运行和故障特性与传统交流系统产生了本质区别，主要体现在以下两方面。

其一，由大量电力电子设备组成的直流输配电系统是一个“低惯量”系统，直流故障危害大。发生直流故障后，直流电压急剧跌落，故障电流快速上升，其幅值可高达十几倍甚至几十倍的额定电流。以舟山五端柔性直流输电工程(以下简称舟山工程)一起正极接地故障为例，故障后 3ms 内换流器出口电流高达 12p.u.[14]，在双极短路故障情况下，过电流幅值更高，给设备和系统带来强烈的冲击，严重威胁设备和系统的安全稳定运行。在多端直流系统和直流输配电网中，系统功率传输的可靠性和灵活性进一步增加，但也更容易受到直流故障的影响，直流场内任意一点故障都可能导致所有换流器和直流线路过流，造成“局部故障、全网停运”。

其二，直流输配电系统中，VSC 所采用的电力电子元件额定值较低，对故障电流的耐受能力弱，故障下几毫秒内的电流即达到其上限，若无法快速清除故障，可能进一步导致设备过流损坏或热损坏，致使系统停运，严重危害直流输配电系统本身及其相连的交流系统的稳定性。

表 1.1 对传统交流系统和直流输配电系统的故障特征进行了对比总结。由表 1.1 可知，与传统交流系统相比，直流输配电系统直流故障存在故障电流上升快、器件过流耐受能力低、故障电流无过零点、开断难等新特征。

表1.1　传统交流系统与直流输配电系统短路故障特征比较

特性	传统交流系统	直流输配电系统
故障电流过零点	有	无
故障电流上升速度	相对慢	较快
器件耐受时间	秒级	毫秒级
过流耐受能力	5～10倍额定电流	2倍额定电流

为实现电网的安全稳定运行，对直流输配电系统的故障分析和保护研究至关重要。然而，目前直流输配电系统的故障和保护研究仍然存在诸多难点。

在故障分析方面，在交流电网的设计和运行中，故障分析和短路计算是解决一系列技术问题的基石。传统同步机电源在响应扰动时，可等值为恒定的电势和阻抗串联，同步机电源提供的故障电气量特征可以转换为对线性电路工频响应的求解问题，已知故障工况下可以离线求得系统各节点电流和电压值，这是传统交流系统进行继电保护设计的基础。直流输配电系统含有大量对故障过流高度敏感的电力电子设备，对直流故障分析和短路计算的研究更加不可或缺。但对于电力电子设备，控制策略的多样性和复杂性决定了其不存在统一的、确定性等值电路，在多个电力电子设备以及网络元件的多维度耦合作用下，直流输配电系统直流故障呈现出强非线性复杂特征，其故障发展的物理规律难以捕捉，故障电流水平难以预估，直流输配电系统的保护设计缺乏可靠的理论支撑。

已有的直流工程设计主要依靠电磁暂态仿真来实现故障的计算和分析，但即使在投运已久的直流工程中，也不乏因保护定值设置不当而出现连锁事故的典型案例[13,14]。同时，直流输配电系统换流站众多、结构复杂、运行方式多样，详细的电磁暂态仿真模型在仿真效率及准确性方面都面临着巨大的挑战。此外，故障工况难以遍历，大量的故障仿真费时费力，并可能引入人为误差。为此，亟须寻求适用于直流输配电系统保护的故障分析和故障特征表征方法。

在保护原理方面，直流故障电流快速上升，在数毫秒内即可上升到数倍的额定电流。而对于电压源型换流器，即使在绝缘栅双极型晶体管(IGBT)闭锁后，故障电流仍会流过换流器的反向并联二极管，二极管的持续过流能力较弱，这要求保护原理需在数毫秒内识别出故障。以张北工程为例，为避免设备损坏，要求6ms内隔离直流故障，考虑3ms的直流断路器动作时间，直流线路保护须在3ms内完成故障判别。虽然具体动作时间要求要根据具体工程所用功率器件的耐流能力而定，不同工程会有所不同，但直流输配电系统线路保护在数毫秒内完成故障判别的定性要求是不变的。在如此短的时间内，如何实现保护的选择性、可靠性、灵敏性是一大挑战。对于直流输配电网，如果没有选择性，单一直流故障会导致整个直流系统退出运行，那将失去直流组网的意义，同时也给整个电力系统的稳定性带来巨大冲击。此外，受电压源型换流器中二极管等非线性元件、电容器以及快速控制响应的影响，直流输配电系统的故障特性复杂，呈现多阶段、强暂态的过程，缺乏基频分量，谐波含量丰富，含有多重衰减分量。而交流系统中的保护原理和故障测距方法多基于基频分量，难以直接适用于直流输配电系统中。如何在全新的故障特征下实现高要求的保护是直流输配电系统发展中亟待解决的一大难题。

1.3 直流输配电故障分析与保护研究现状

针对直流输配电系统的故障分析和保护问题，国内外诸多学者前期已展开了卓有成效的研究，本节将对其进行简单综述。

1.3.1 故障分析

1) 换流器直流故障特征分析

换流器是直流输配电系统的核心装备，换流器的故障动态响应决定了故障的发展过程。针对直流输配电系统中常见的LCC、两电平VSC、MMC三种AC/DC变换器的故障特征，国内外学者已展开了较为广泛的研究。

LCC是常规高压直流输电系统的核心，在常规高压直流输电系统中，受晶闸管单向导通特性的影响，直流故障后逆变侧LCC故障电流持续下降，对整流侧LCC无影响，已有针对直流侧故障机理的研究主要针对整流侧LCC。经过多年的工程实践，针对整流侧LCC直流故障动态响应的研究已较为深入，其直流故障特征极大地受到控制策略的影响，文献[16]中给出了较为详细的介绍。但由于LCC采用的晶闸管换流阀耐受过流能力较强，在前期学术界和工业界并未对其直流侧短路故障电流进行计算。此外，在混合直流新场景下，逆变侧VSC与整流侧LCC通过控制策略和复杂网络拓扑相互耦合，故障特征相互影响，上述针对常规高压直流系统LCC的故障分析难以适应其中。

两电平VSC和MMC是构成柔性直流系统的两种典型换流器，其故障特征具有一定的相似特征。在早期的研究中，国内外学者主要利用仿真分析、理论推导、影响因素分析等方式揭示了直流故障下的两电平VSC和MMC的电压、电流变化趋势和显著特征。现有的研究认为两电平VSC[17]和MMC[18]故障过程可划分为电容放电阶段（两电平VSC为直流侧支撑电容，MMC为子模块电容）、二极管同时导通阶段、交流馈入阶段（也称为二极管自然换向导通阶段）三个阶段。依据上述理论，大量的文献对换流器各阶段的故障等效回路及故障电压、电流特征进行了进一步研究和论证[19-21]。其中，针对电容放电阶段和二极管同时导通阶段的故障机理研究颇有成效，建立了换流器故障线性化等值模型，提出了故障电流计算解析式，其有效性在诸多文献中都得到了验证。然而，针对交流馈入阶段的故障机理研究却比较有限，这主要是因为换流器进入交流馈入阶段，交流电源通过反并联二极管向直流侧馈入故障电流，故障的发展呈现出“强非线性”特征[22]，其故障机理难以通过线性系统分析方法进行研究。实际上，在交流馈入阶段，交流电流和桥臂电流将有较大幅度的增长，直流故障电流仍有可能持续上升，因此对该阶段换流器故障机理的分析和故障电流计算对系统和元件的保护整定具有重要意义，也是当前两电平 VSC 和 MMC 故障分析研究中待突破的关键难题。

2) 直流输配电系统短路电流计算

直流输配电系统的故障分析通常用于断路器等设备的参数设计，因此更加关注以机理揭示、标准化、通用化为目的的短路电流定量计算研究。

针对采用两电平 VSC 和 MMC 的柔性直流输配电系统，其短路电流计算研究主要关注换流器闭锁前电容放电阶段。短路电流计算实际上是对系统电磁暂态过程的求解，可以通过数值或解析的方式实现。其中，数值法是目前最常见的直流电网短路电流计算方法，其中最经典的是微分方程法，其原理为：列写系统微分方程或状态空间方程，并采用各类数值微积分算法求解[23]。在此基础上，通过将正、负极线路间的耦合作用、线路分布电容、限流设备和断流设备的影响等纳入考虑，可以获得更加精确的短路电流数值解。但数值计算仅能获得特定故障场景下的电流，却很难从物理本质上揭示故障电气量和参数间的内在关系。相比之下，解析法着重于采用近似的时、频域表达式刻画不同参量间的物理关系，在系统优化设计和保护的整定计算等方面具有独特的优势。由于故障解析对保护研究的重要性，前期已有学者展开了初步的研究，提出了直流网络拓扑结构简化[24]和网络参数简化[25]等方法，以降低系统计算阶数，获得短路电流解析表达，但其精度和适应性还需要进一步检验。

近年来，随着国内混合直流工程建设的推进，针对具体混合直流拓扑下故障特征的研究也有了初步的进展。依托白鹤滩—江苏工程，文献[26]和[27]仿真分析了不同直流线路故障时系统电压电流变化特征，给出了故障初始阶段的直流故障电流通流回路；文献[28]仿真分析了受端 MMC 定电压控制策略对故障电流的影响。依托昆柳龙工程，文献[29]和[30]分析了直流故障时换流器出口的电压电流特征。但是混合直流系统故障的全过程响应机理尚不明晰，准确刻画混合直流系统故障特性不仅需要对换流器的动态特征和故障的发展过程进行分析，还需要明晰不同控制方式、不同连接方式下混合直流系统各设备间的耦合特性，此外，量化直流故障的危害并揭示故障内在机理需要建立故障电流的解析表达，针对这些内容的研究目前少有。

总体来说，针对直流输配电系统故障过程、故障电气量特征及影响因素分析等方面的研究已取得了不错的进展，目前的主要难点在于对换流器和直流输配电系统短路电流的解析计算研究。

1.3.2 保护原理

直流输配电系统线路保护可分为：①单端量保护，包括行波保护、突变量保护、边界保护、距离保护、主动注入式的保护；②双端量保护，包括纵联差动保护、方向纵联保护。

1) 单端量保护

行波保护是目前工程应用最广泛的直流电路主保护原理，其利用故障后暂态过程丰富的行波信息判别故障，优点是动作速度极快、原理简单。清华大学董新洲教授团队对行波保护进行了长期而卓越的研究[31]，国内外诸多学者也在提升行波保护耐受过渡电阻能力、抗雷击干扰能力、降低行波保护采样频率等诸多方面做出了巨大贡献。不过，当前行波保护仍然需要相对较高的采样频率，其定值整定依赖于仿真。

突变量保护是利用电压、电流的变化率(导数)来识别故障，其也在工程中获得了应用[32]，优点是动作灵敏、易于实现，但突变量保护同样存在定值整定依赖于仿真的问题。

边界保护是利用直流线路两端的边界元件(如电抗器)对特定频率分量的阻隔作用，实现保护判别，优点是依靠物理边界，因此选择性较好。基于线路的边界特性带来的区内、外故障电气量时、频域差异，国内学者提出了诸多适用于直流输配电系统的边界保护方案[33]。但边界保护存在的不足是保护选择性过度依赖于边界元件，需要在每条线路两端均配置限流电抗器，在网络拓扑复杂的情况下，这一技术方案将大大增加投资和运维成本，并且会影响控制响应速度和系统稳定性。

距离保护是借鉴交流系统的经验，利用阻抗与距离呈比例的特性判别故障，该方法原理简单，易于工程人员理解[34]。但直流输配电网的故障过程分为多个阶段，暂态过程复杂，缺乏基频分量，将距离保护用于直流输配电网中的适应性仍需进一步展开研究。

直流输配电系统中换流器的可控性为主动注入式的保护提供了可能性，将保护的干扰量可创造性地转化为保护的特征量，利用换流器的可控特性为保护提供稳定可靠的特征信号，提高保护判别的可靠性与准确性，并保障了保护的快速性、选择性。基于这一理念，国内外学者提出了多种利用 DC/DC 和 MMC 等换流器在故障发生后向故障点注入特征信号，进而实现故障线路识别的保护方法[35]。但是，对于通过换流器本身控制方式进行故障检测的研究还处于初步阶段，只能在故障之后的稳态过程进行，对于保护的速动性要求难以满足，对于多端系统，发生故障后选定需要产生信号的端口和判定故障线路将变得复杂。

2) 双端量保护

纵联差动保护是利用基尔霍夫电流定律(KCL)，通过比较差动电流和制动电流的关系判别内部故障，其优点是原理简单，耐受过渡电阻能力强。但纵联差动保护最大的问题是受线路分布电容的影响，原因是 KCL 模型中并未考虑线路分布电容，目前的文献也多针对这一问题展开[36]。纵联差动保护的定值较为简单，在直流中虽也缺乏理论计算方法，不过一般可根据经验整定，但线路分布电容问题仍是一个在工程中尚未妥善解决的问题，目前仍是通过增加延时躲过暂态过程。

方向纵联保护是通过比较线路两侧的故障方向构成保护原理[37]，其优点是通信信息量小。但方向纵联保护的方向判据仍需要对门槛值进行整定，如何协调保护的灵敏性与可靠性，目前仍缺乏整定计算理论。

总体来说，现有文献中的保护仍或多或少地受到定值整定问题的影响，大部分暂态量保护的定值需要依靠仿真完成整定，差动保护和距离保护定值较简单，但差动保护受线路分布电容的影响，多作为后备保护，也尚未见可满足直流输配电系统需求的距离保护的报道。

1.4　本书的主要内容

作为新型电力系统的重要组成部分，直流输配电在潮流输送、有功无功控制、新能源并网等诸多方面发挥出重要积极作用，中国目前在运的直流容量占全世界的一半以上，未来随着新能源比例不断上升，直流输配电必将迎来更大的发展。但含有大量电力电子器件的直流输配电过流能力较弱，如何应对故障也成为直流技术发展一个亟待解决的重大课题，直接关系到新型电力系统的安全稳定。

本书针对直流输配电概况及最新工程、故障解析、保护原理、故障恢复等方法展开研究，全面展示作者团队在该领域的最新科学研究成果，本书各章节内容简介如下。

(1) 第 1 章介绍直流输配电系统的概念、特点和发展，详细描述了直流输配电系统常用的几种换流器拓扑结构的工作原理、结构特征以及优势和不足，分析了直流输配电系统面临的故障和保护问题，并对当前直流输配电系统故障分析和保护研究进行了阐述。

(2) 第 2 章介绍直流输配电拓扑以及典型工程，详细描述与列举柔性直流输电系统、混合直流输电系统、柔性直流配电系统以及城市轨道交通直流牵引供电系统的特点与在国内外实际工程中的应用情况，分析各种直流输电形式的优缺点，并对未来的发展前景进行展望。

(3) 第 3 章介绍直流输配电网中常见的三类 AC/DC 换流器：两电平电压源型换流器、模块化多电平换流器和电网换相换流器的直流故障机理，对其直流故障过程进行概述，详细阐述直流故障电流分段解析计算方法，进一步阐述由多个换流器构成的柔性直流系统和混合直流系统暂态故障电流解析计算方法。

(4)第 4 章介绍均匀传输线在不同情况下的输入阻抗特性，同时探究区内外故障下输入阻抗的差异性，详细阐述利用换流器高可控性的主动注入控制方法，分析注入信号的选取原则，进一步提出基于保控协同的直流线路保护原理，并通过仿真验证保护原理的有效性。

(5)第 5 章介绍信息指纹的概念、应用与优势，并讨论信息指纹技术在继电保护领域的应用前景。分析差动电流的故障特征，利用传统指纹映射函数将其映射为差动电流指纹，提出基于差动电流指纹的直流输电线路保护原理。同时，改进指纹映射算法，在分析故障反行波特征的基础上，提出基于故障反行波指纹的直流输电线路保护原理。

(6)第 6 章介绍深度学习、迁移学习的基本原理；针对现有行波保护灵敏性有限的问题，提出一种基于深度学习的柔性直流单端量电压反行波波形特征保护原理，并通过迁移学习进行改进与优化以适应更多种场景；针对现有差动电流保护耐受长线路分布电容能力不足的问题，提出一种基于深度学习的混合直流双端量差动电流保护原理。

(7)第 7 章分析基于六次谐波源的区内、区外故障回路，研究均匀传输线分布参数模型，进一步分析输入阻抗在六次谐波作用下随线路长度、过渡电阻变化的特性，以限流电抗器两端电压为计算量，得到了限流电抗器母线侧与线路侧电压六次谐波分量幅值比的差异，针对柔性直流输电线路最严重的双极短路故障，提出基于换流器出口限流电抗器两端六次谐波分量幅值比的保护方案，并分析不同因素对保护方案的影响。

(8)第 8 章分析常规直流自适应重启策略和柔性直流自适应重合闸策略的技术特点，概述现有自适应恢复技术的不足。进一步在充分考虑不同直流系统拓扑结构特殊性、控制策略灵活性的基础上，分别以 LCC-MMC 混合直流输电系统和 MMC-MMC 柔性直流输电系统为研究对象，围绕特征信号提取、故障性质识别、故障消失时刻判定等方面展开研究，提出针对直流侧线路故障的系统自适应恢复技术。

参 考 文 献

[1] 国家发展和改革委员会. 可再生能源发展“十三五”规划(上)[J]. 太阳能, 2017,(2): 5-11,37.

[2] 汤广福, 贺之渊, 庞辉. 柔性直流输电技术在全球能源互联网中的应用探讨[J]. 智能电网, 2016,(2): 116-123.

[3] 田世明, 栾文鹏, 张东霞, 等. 能源互联网技术形态与关键技术[J]. 中国电机工程学报, 2015,(14): 3482-3494.

[4] 周孝信, 鲁宗相, 刘应梅, 等. 中国未来电网的发展模式和关键技术[J]. 中国电机工程学报, 2014,(29): 4999-5008.

[5] 徐政. 柔性直流输电系统[M]. 北京: 机械工业出版社, 2013.

[6] Andreas M. 从汞弧到混合断路器——电力电子器件百年发展史[J]. 电气时代, 2014, 5(392): 32-36.

[7] 汤笛声. 直流输电: 世界看中国[J]. 国家电网, 2006,(2): 3.

[8] 张兴, 张崇巍. PWM 整流器及其控制[M]. 北京: 机械工业出版社, 2012.

[9] Marquardt R. Modular multilevel converter topologies with DC-short circuit current limitation[C]. International Conference on Power Electronics-ECCS Asia, Jeju, 2011: 1425-1431.

[10] 汤广福, 罗湘, 魏晓光. 多端直流输电与直流电网技术[J]. 中国电机工程学报, 2013, 33(10): 8-17,24.

[11] 安婷, Andersen B, Macleod N, 等. 中欧高压直流电网技术论坛综述[J]. 电网技术, 2017, 41(8): 10.

[12] 安婷, 刘栋, 常彬, 等. 2020年国际大电网会议学术动态直流系统及电力电子[J]. 电力系统自动化, 2021, 45(1): 9.

[13] 汤广福, 庞辉, 贺之渊. 先进交直流输电技术在中国的发展与应用[J]. 中国电机工程学报, 2016, 36(7): 12.

[14] 李广凯, 李庚银, 梁海峰, 等. 新型混合直流输电方式的研究[J]. 电网技术, 2006, 30(4): 5.

[15] 宋强, 赵彪, 刘文华, 等. 智能直流配电网研究综述[J]. 中国电机工程学报, 2013, 33(25): 11.

[16] 赵畹君. 高压直流输电工程技术[M]. 北京: 中国电力出版社, 2009.

[17] Yang J, Fletcher J E, O' Reilly J. Short-circuit and ground fault analyses and location in VSC-based DC network cables[J]. IEEE Transactions on Industrial Electronics, 2012, 59(10): 3827-3837.

[18] Xu Z, Xiao H Q, Xiao L, et al. DC fault analysis and clearance solutions of MMC-HVDC systems[J]. Energies, 2018, 11(4): 941.

[19] Li B, He J W, Tian J, et al. DC fault analysis for modular multilevel converter-based system[J]. Journal of Modern Power Systems and Clean Energy, 2017, 5(2): 275-282.

[20] Qi X M, Pei W, Kong L, et al. Analysis on characteristic of DC short-circuit fault in multi-terminal AC/DC hybrid distribution network[J]. The Journal of Engineering, 2019, (16): 690-696.

[21] Liu Y S, Huang M, Zha X M, et al. Short-circuit current estimation of modular multilevel converter using discrete-time modeling[J]. IEEE Transactions on Power Electronics, 2019, 34(1): 40-45.

[22] Cwikowski O, Wood A, Miller A, et al. Operating DC circuit breakers with MMC[J]. IEEE Transactions on Power Delivery, 2018, 33(1): 260-270.

[23] Li C Y, Zhao C Y, Xu J Z, et al. A pole-to-pole short-circuit fault current calculation method for DC grids[J]. IEEE Transactions on Power Systems, 2017, 32(6): 4943-4953.

[24] 汤兰西, 董新洲. MMC 直流输电网线路短路故障电流的近似计算方法[J]. 中国电机工程学报, 2019, 39(2): 490-498,646.

[25] Li Y J, Li J P, Xiong L S, et al. DC fault detection in meshed MTdc systems based on transient average value of current[J]. IEEE Transactions on Industrial Electronics, 2020, 67(3): 1932-1943.

[26] 陈争光, 周泽昕, 王兴国, 等. 混合多端直流输电系统线路保护方案研究[J]. 电网技术, 2019, 43(7): 2617-2622.

[27] 陈争光, 周泽昕, 王兴国, 等. 一种基于直流断路器两端电压的混合级联多端直流输电断路器自适应重合闸方法[J]. 电网技术, 2019, 43(7): 2623-2631.

[28] 杨硕, 郑安然, 彭意, 等. 混合级联型直流输电系统直流故障特性及恢复控制策略[J]. 电力自动化设备, 2019, 39(9): 166-172,179.

[29] 熊岩, 饶宏, 许树楷, 等. 特高压多端混合直流输电系统启动与故障穿越研究[J]. 全球能源互联网, 2018, 1(4): 478-486.

[30] 曹润彬, 李岩, 许树楷, 等. 特高压混合多端直流线路保护配置与配合研究[J]. 南方电网技术, 2018, 12(11): 52-58,83.

[31] 汤兰西, 董新洲, 施慎行, 等. 柔性直流电网线路超高速行波保护原理与实现[J]. 电网技术, 2018, 42(10): 11.

[32] 韩昆仑, 蔡泽祥, 徐敏, 等. 高压直流输电线路微分欠压保护特征量动态特性分析与整定[J]. 电力自动化设备, 2014, 34(2): 114-119.
[33] 李斌, 何佳伟, 李晔, 等. 基于边界特性的多端柔性直流配电系统单端量保护方案[J]. 中国电机工程学报, 2016, 36(21): 9.
[34] 李猛, 贾科, 毕天姝, 等. 适用于直流配电网的测距式保护[J]. 电网技术, 2016, 40(3): 6.
[35] Bi T, Wang S, Jia K. Single pole-to-ground fault location method for MMC-HVDC system using active pulse[J]. IET Generation Transmission & Distribution, 2018, 12(2): 272-278.
[36] 高淑萍, 索南加乐, 宋国兵, 等. 高压直流输电线路电流差动保护新原理[J]. 电力系统自动化, 2010,(17): 5.
[37] 李小鹏, 汤涌, 滕予非, 等. 基于反行波幅值比较的高压直流输电线路纵联保护方法[J]. 电网技术, 2016, 40(10): 7.

第 2 章　直流输配电拓扑及典型工程介绍

2.1　柔性直流输电系统

2.1.1　柔性直流输电的特点

电力系统最早以直流的形式进行电能输送，然而直流电机结构复杂、运行可靠性低、换相存在一定难度，且输配电过程中无法实现升降压，严重地限制了直流输电的传输距离和传输容量。19 世纪末，三相交流电的出现使得高压大功率电能传输在交流输电系统中实现，因此直流输电技术逐渐被替代。但是交流输电存在远距离输送时线路损耗较大、传输容量受限，同时系统的稳定性低、与并网相位同步要求高等问题。随着可控汞弧阀(mercury arc valve)的研制成功，高压输电技术取得了实质性的突破，由此人们将目光再次转移到直流输电技术。但是可控汞弧阀存在运行维护成本高、故障率高、造价昂贵等问题，使得直流输电技术陷入瓶颈。晶闸管(thyristor)的出现对可控汞弧阀进行了全面的替代，增加了运行可靠性的同时还极大地降低了前期制造与后期维护成本，促进了基于 LCC 的传统高压直流输电技术快速发展。但是由于晶闸管本身的限制，LCC 无法对有功和无功分别独立控制，潮流方向固定，在线路故障或接入弱交流系统等场景下极易发生换相失败而导致换流站闭锁，从而造成大规模的潮流转移引发连锁故障。

随着电力电子技术的发展，以 IGBT 为代表的全控型半导体器件的出现使得器件容量不断增大。以全控型半导体器件为基础的 VSC 在柔性直流输电技术中起到了重要的作用。柔性直流输电技术的发展始于 20 世纪 90 年代，由加拿大麦吉尔大学首先提出[1,2]。早期柔性直流输电技术主要是基于两电平或三电平的 VSC，采用 PWM[3,4]。该早期技术存在以下缺点。

(1) 在脉冲宽度调制策略下，具有较大的开关电压且正常开关频率达到上千赫兹，导致开关损耗较大和发热严重。

(2) 由于电平数少，波形输出质量较差，需要额外配置滤波器来平抑谐波。

(3) 在高电压等级输电中，需将上百个开关器件串联，开关之间难以均压。2001 年德国慕尼黑联邦国防军大学提出了模块化多电平换流器的设计结构，克服了传统两电平或三电平换流器的均压问题。模块化多电平换流器同时具有损耗低、谐波含量小、开关耐压能力更强等优点，极大地推动了柔性直流输电技术的发展与工程应用[5-7]。

相比于传统交流与高压直流输电技术，柔性直流输电技术具有以下特点。

(1)相比于传统交流输电技术，系统稳定性大幅上升，可在大功率、远距离输电的场景下应用；电力电子器件控制响应迅速，可以对功率进行灵活的控制；线路损耗大大降低，输电走廊面积需求降低，输电环节的经济性得以提升；可有效实现异步联网，是能源互联的关键环节。

(2)相比于传统高压直流输电技术，不需要依靠电网进行换相，可连接弱电网以及向无源网络进行供电，且从根本上避免了换相失败的可能；可将有功功率和无功功率解耦控制，无须大量无功补偿装置；可进行灵活潮流方向控制；输出电压谐波小，无须额外配置滤波装置；系统稳定性更强。

2.1.2 柔性直流输电典型工程介绍

随着电力电子技术的不断发展与进步，由生产商 ABB 主导的首个柔性直流输电工程 Hellsjon 于 1997 年落地试验并顺利运行，由此拉开了柔性直流输电应用的帷幕[8]。如表 2.1 所示，从 1997～2009 年世界各地相继建立了多项基于两电平或三电平 VSC 的柔性直流输电工程。直到 2010 年，美国建立了世界上第一个基于 MMC 拓扑结构的高压直流输电工程 Trans Bay Cable，该柔直工程连接了美国旧金山和匹兹堡，可以在±200kV 的直流电压下运行，能满足当时旧金山 40%的峰值电力需求[9]。

表 2.1 世界部分柔性直流输电工程

投运年份	建造国家	工程名称	拓扑	额定容量/MW	电压等级/kV	输电长度/km	主要用途
1997	瑞典	Hellsjon	两电平	3	±10	10	试验
1999	瑞典	Gotland	两电平	20	±80	2×70	风电并网
2000	澳大利亚	Directlink	两电平	180	±80	6×59	电力交易
2000	丹麦	Tjaereborg	两电平	7.2	±9	2×4.3	风电并网
2000	美国-墨西哥	Eagle Pass	三电平	36	±15.9	—	电力交易
2002	美国	Cross Sound	三电平	330	±150	2×40	电力交易
2002	澳大利亚	Murray Link	两电平	220	±150	2×180	电力交易
2005	挪威	Troll A	两电平	2×41	±60	4×70	钻井供电
2006	芬兰-爱沙尼亚	Estlink	两电平	350	±150	2×72	系统互联
2009	德国	Borwin 1	两电平	400	±150	203	风电并网
2010	美国	Trans Bay Cable	MMC	400	±200	88	城市供电
2010	纳米比亚	Caprivi Link	两电平	300	±350	970	系统互联
2011	挪威	ValHall	两电平	78	150	292	钻井供电

续表

投运年份	建造国家	工程名称	拓扑	额定容量/MW	电压等级/kV	输电长度/km	主要用途
2011	中国	上海南汇风电场柔性直流输电工程	MMC	20	±30	10	风电并网
2013	德国	DolWin1	CTL	800	±320	165	风电并网
2013	德国	BorWin2	MMC	800	±300	200	风电并网
2013	德国	HelWin1	MMC	576	±250	130	风电并网
2013	中国	南澳多端柔性直流输电工程	MMC	300	±160	40.7	风电并网
2014	德国	SylWin	MMC	864	±320	205	风电并网
2014	法国-西班牙	INELFE	MMC	1000	±320	65	电网互联
2014	中国	舟山工程	MMC	400	±200	134	岛屿供电
2015	德国	HelWin2	MMC	690	±320	130	风电并网
2015	中国	厦门柔性直流输电工程	MMC	1000	±320	10.7	系统互联
2015	德国	DolWin2	CTL	900	±320	135	风电并网
2016	瑞典-挪威	South West Link	MMC	1440	±300	250	电网互联、风电并网
2016	中国	鲁西背靠背直流工程	MMC	1000	±350	—	系统互联
2019	中国	渝鄂直流背靠背联网工程	MMC	2500	±420	—	系统互联
2021	中国	张北工程	MMC	3000，1500	±500	666	可再生能源接入
2021	中国	江苏如东海上风电柔性直流输电工程	MMC	1100	±400	108	可再生能源接入

注：CTL 表示级联两电平结构。

而我国在柔性直流输电领域的研究起步较晚。2006 年以来，国内陆续开展了基于 MMC 的柔性直流输电工程技术领域的研究工作，在理论及技术层面上都取得了突破性的进展。中国首个柔性直流输电示范工程于 2011 年 7 月在上海南汇投运，直流电压为±30kV，额定容量为 20MW，该工程较好地实现了上海地区可再生能源并网、分布式发电并网、孤岛供电、城市电网供电等多个领域的协调发展，实现了我国在柔性直流输电技术与工程应用领域的飞跃式发展[10]。2014 年建成的舟山工程是当时世界上端数最多的柔性直流输电工程，电压等级为±200kV，总容量为 1000MW，包含 5 个换流站，其中最大的换流站容量为 400MW，充分考虑了对舟山诸岛丰富风力资源的消纳需求，极大地提高了舟山电网的供电可靠性和运行灵活性[11]。2015 年建成的±320kV、额定容量 1000MW 的厦门柔性直流输电工程，是当时世界上首个采用真双极接线、额定电压和输送容量双双达到国际之最的柔性直流输电工程，有效保障了厦门地区的供电可靠性，满足了岛内负荷快速增长的需要，提高了电网安全稳定水平，同时也标志着我国全面掌握和具备了高压大容量柔性直流输电关键技术和工程成套能力，实现了柔性直流输电技术的国际引领[12]。2021 年，中国建成了世界上第一个真正具有网络特性的直流电网——张北工程，在张北、康保、丰宁和北京新建四座换流站[13,14]。其中张北的中都、康保的康巴诺尔换流站作为送端直接接入大规模清洁能源，丰宁的阜康站作为调节端接入电网并连接抽水蓄能，北京的延庆站作为受端接入首都负荷中心，通过多点汇集、多能互补、时空互补、源网荷协同，实现了新能源侧自由波动发电和负荷侧可控稳定供电。张北工程的建成对世界直流输电工程的发展具有重大意义。

2.1.3　柔性直流输电发展前景

柔性直流输电技术作为目前输电技术的引领方案，在我国已经得到广泛的应用，具有良好的发展前景，能适配未来的发展并解决相关问题。主要体现在以下几个方面。

(1) 在新型电力系统背景下，风、光等新能源将大规模并网，柔性直流输电技术具有的高稳定性、灵活性、高适配性能较好地满足风、光等新能源大规模并网的需求，能有效解决新能源接入带来的不稳定性问题。尤其是在发生故障以后，利用换流器的可控特性进行故障穿越，能有效降低新能源对系统的冲击，降低新能源波动对系统稳定性的影响。

(2) 柔性直流输电系统可以在无源逆变状态下运行，无源网络也可以作为受端系统，可以很好地为偏远地区供电，同时没有传统高压直流输电系统中的换相失败问题，可逐步对传统高压直流输电系统受端进行改造，增加系统的稳定性。

(3) 可用于解决大电网的异步互联问题，实现两个异步的交流电力系统之间的联网或送电。能有效降低原有的“强直弱交”、大容量直流双极闭锁和多直流换相失败导致的主网失稳等风险，更有利于改善被联电网的稳定性。

(4) 通过对有功功率及无功功率的控制，可向中心城市供电，以解决电能质量问题，提高系统运行的稳定性。对中心城市供电时，可做到无电磁干扰及不影响城市的市容，满足中心城市负荷需求和环保节能要求。

(5) 可灵活构建多端柔性直流输电网络，由三个或以上换流站通过串并联或混联等方式组成，实现多片区电源送出或多落点受端送电，充分利用直流线路的优势，未来将得到更加广泛的工程应用。

2.2　混合直流输电系统

2.2.1　混合直流输电特点

目前，基于全控型电力电子器件的电压源型换流器是全球范围内新建的直流输电工程中主要采用的类型。基于电压源型换流器的直流输电系统可实现有功无功的解耦控制，可以对潮流方向进行灵活改变，同时具有灵活组网、便于新能源接入、可向无源系统供电、无换相失败、应用场景多元化等优点。然而，全控型电力电子器件造价高、耐受过流能力弱等缺点制约了其在大容量长距离输电场景下的应用。因此，在结合传统高压直流输电技术和柔性直流输电技术各自优势的背景下，研究人员于 1992 年提出了混合直流输电的概念，称为混合高压直流输电系统。通常其送端采用技术成熟、成本低廉的 LCC，其受端采用可控性高的 VSC。混合多端直流技术根据连接方式的不同可分为串联型、并联型和混联型等，成为直流输电发展的新方向之一。

相比于传统高压直流输电和柔性直流输电，混合直流输电具有以下特点。

(1) 混合直流送端采用传统高压直流输电技术，通流能力大、制造成本低、技术成熟可靠，无须配置直流断路器，可通过自身低压限流与移相控制等方式处理故障。

(2) 混合直流由于受端采用柔性直流输电技术，所以不存在换相失败的可能性，有效地避免了换相失败的问题。同时不依赖于交流侧系统的强度，可向无源系统供电。另外，受端 VSC 还能为系统提供无功功率，稳定电流母线电压。最后，受端 VSC 可接到同一个直流母线上，易于构建多端网络，解决了多直流落点的问题。

2.2.2　混合直流输电典型工程介绍

目前中国已经建成并投运与在建的混合直流输电工程有两个，如表 2.2 中所示。其中，昆柳龙工程 (图 2.1) 为世界首个特高压多端混合直流输电工程，也是首个采用电压源高压直流 (柔性高压直流) 逆变站接入广东电网的“西电东送”输电工程，具有重大意义[15]。其额定电压为±800kV，云南送端额定容量为 8GW，广东、广西受端分别为 5GW 和 3GW，直流线路全长 1489km。云南侧换流器采用 LCC，广东、广西侧换流器采用 VSC。昆柳龙工程可避免广东电网发生换相失败，提高了电网运行可靠性，同时也探索了特高压柔性直流输电技术的可行性，在世界范围内处于技术领先水平。白鹤滩—江苏工程 (图 2.2) 首次采用了混合级联多端直流输电技术，其额定电压为±800kV，系统额定容量为 8GW，直流线路全长 2087km[16]。四川整流侧采用 LCC，江苏逆变侧高端采用 LCC，且低端采用多个

VSC 串联的结构，该拓扑逆变侧高、低端各疏散部分直流功率，可最大限度地发挥 LCC 和 VSC 两种换流器的优势，受端根据容量可以通过级联分散为多个 VSC 落点至负荷中心，各落点之间可以相互支援。该拓扑既发挥了 LCC 适合远距离输电的优势，解决了逆变侧换相失败及动态无功支撑问题，又可以通过多落点优化受端电网结构，提高直流受电的可靠性。

表 2.2　中国混合直流输电工程

投运年份	工程名称	拓扑	额定容量/GW	电压等级/kV	输电长度/km	主要用途
2020	昆柳龙工程	混合直流	8	±800	1489	电网互联
2022	白鹤滩—江苏工程	混合直流	8	±800	2087	电网互联

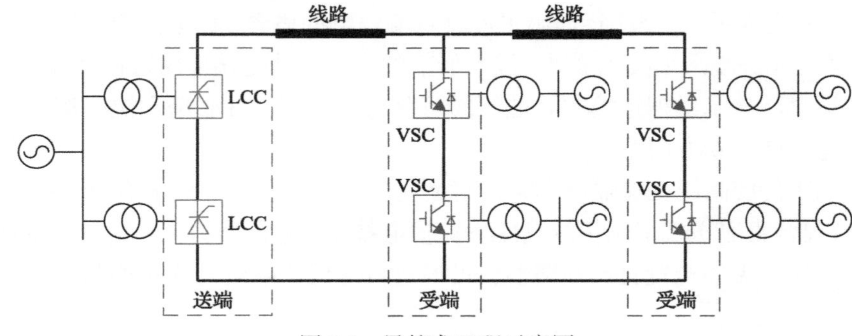

图 2.1　昆柳龙工程示意图

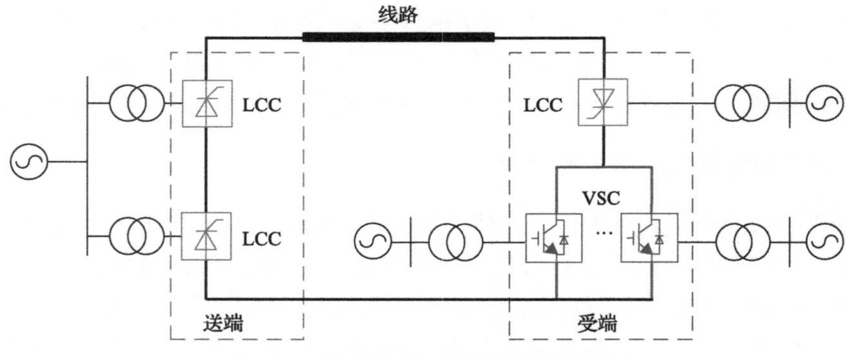

图 2.2　白鹤滩—江苏工程系统示意图

2.2.3　混合直流输电发展前景

我国可再生能源与负荷逆向分布，对电能大规模、远距离输送及电网安全稳定运行提出了重大挑战。高压直流输电和柔性直流输电技术的发展为应对这一挑战提供了有效的方案。根据我国的实际情况，在“西电东送”中的直流输电任务具有两个特殊性：第一是潮流方向单一，无须考虑潮流反向的场景；第二是受端系统直流落点密集，对直流输电接入的灵活性与可靠性具有较高的要求。而混合直流输电技术通过结合 LCC 与 VSC 的各自优势，满足我国“西电东送”中的直流输电任务的要求。混合直流输电技术既发挥了 LCC 适合远距离输电的优势，解决了逆变侧换相失败及动态无功支撑问题，又可以通过多落点优化受端电网结构，提高直流受电的可靠性。与全利用 VSC 的方案相比，混合直流输电技术损耗低、投资少，故障穿越能力强并可实现故障局部隔离，且技术风险可控。因此，混合直流输电技术可作为直流多馈入地区受电的优先解决方案。随着目前大规模可再生能源并网需求的增加，以及常规直流多馈入问题的不断加剧，混合直流输电技术势必将在未来的直流输电领域扮演重要的角色。

2.3　柔性直流配电系统

2.3.1　柔性直流配电特点

现阶段直流技术多被用于通信、城市轨道交通牵引、船舶系统、电动汽车及向其他多种电子设备供电，而在城市配电网中仍采用交流电。随着城市规模的不断扩大，传统交流配电网面临难以满足不断增长的负荷供电及分布式新能源接入需求，同时存在供电可靠性及用户无功补偿不足、自动化水平较低等问题。柔性直流技术具有控制灵活，可实现系统有功、无功独立控制，提高系统供电能力和稳定性等诸多优势，已在输电领域取得了较多研究成果并有大量相关工程投运，为配电网的发展提供了新思路[17-19]。

相比于传统交流配电，柔性直流配电具有如下特点。

(1)柔性直流配电无电压频率和相位偏移问题，不仅可为交流侧提供无功支撑，且受交流故障影响较小，有助于提高系统供电质量。

(2)新能源和可再生能源的利用是实现我国“碳达峰、碳中和”重大目标的关键，分布式新能源及储能电容器等装置多以直流电形式存在，引入柔性直流技术可减少换流环节，有助于实现节能降碳；分布式新能源与储能设备的大量接入使配电网结构更加复杂，且不稳定因素增加，易造成电能损耗，柔性直流配电调控手段灵活且可实现用户与电网的双向互动，可提高能源利用效率[20]。

(3)用电负荷的快速增长要求城市配电网必须提供足够的供电容量，供电容量与供电半径成正比，土地资源紧张局势使得扩大走廊面积成本过高，直流传输功率在走廊面积相同的情况下约为交流系统的 1.5 倍，且柔性直流配电无电容效应，可有效解决供电容量需求增长与土地短缺的矛盾。

(4)用电负荷种类多种多样，手机、计算机、LED 照明、电动汽车等设备本质上是由直流电驱动的，采用直流配电技术可减少换流环节，进而达到降低功率损耗和节约成本的目的。对于不断增多的重要敏感负荷，直流配电技术所使用的换流器有削弱交流侧电压跌落及谐波影响的作用，且具有更高的故障穿越能力。

2.3.2　柔性直流配电典型工程介绍

2007年，美国弗吉尼亚理工大学电力电子中心（CPES）构建了一种包含380V、48V两种直流电压等级的单端辐射状柔性直流配电结构，可用于对供电可靠性需求不高的住宅或建筑供电。在此之后，英国、日本、瑞士、意大利等国也纷纷开展了柔性直流配电的研究。

我国于2013年开展并实施深圳宝龙工业城直流示范工程，其采用“手拉手”拓扑，中压直流电压等级为10kV，低压侧为400V，共由6台VSC主换流设备连接，可实现光伏、储能并网，并为直流负荷供电[21]。其主换流设备和供电拓扑见表2.3和图2.3。

表 2.3　深圳宝龙工业城直流示范工程主换流设备参数

名称	电压	容量	连接对象
VSC1	10kV/10kV（AC/DC）	25MV·A	交流电网
VSC2	10kV/10kV（AC/DC）	25MV·A	交流电网
VSC3	10kV/10kV（AC/DC）	5MW	交流微电网
单向DC/AC变换器（UVSC）	10kV/10kV（AC/DC）	8MW	交流敏感负荷
直流固态变压器（DCSST）	10kV/400V（DC/DC）	4MW	储能
单向DC/DC变换器（UDCSST）	10kV/400V（DC/DC）	2.5MW	直流微网

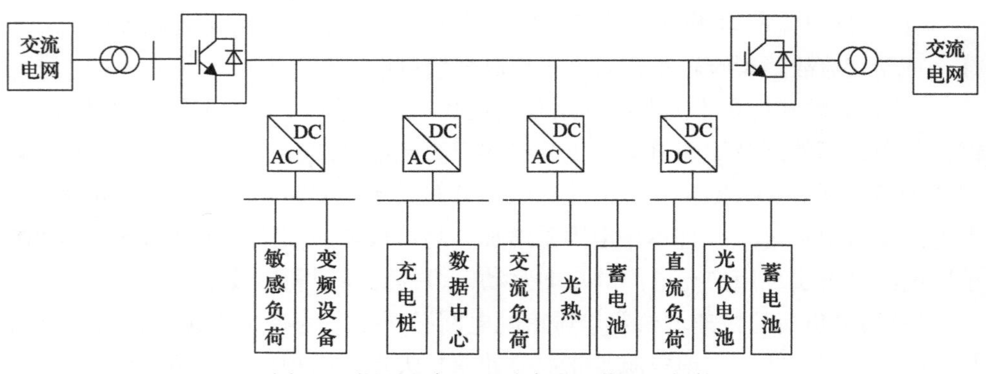

图 2.3　深圳宝龙工业城直流示范工程拓扑

2018年国内首个集中10kV交流配电网、±10kV直流配电中心、380V交流微电网、±375V直流微电网、电动汽车充电桩的五端柔性直流配电工程在贵州大学试运行，其采用“闭环设计，开环运行”供电方式，通过 1∶1 全桥 MMC 和半桥 MMC 混合结构可实现故障电流抑制。其供电拓扑如图 2.4 所示。

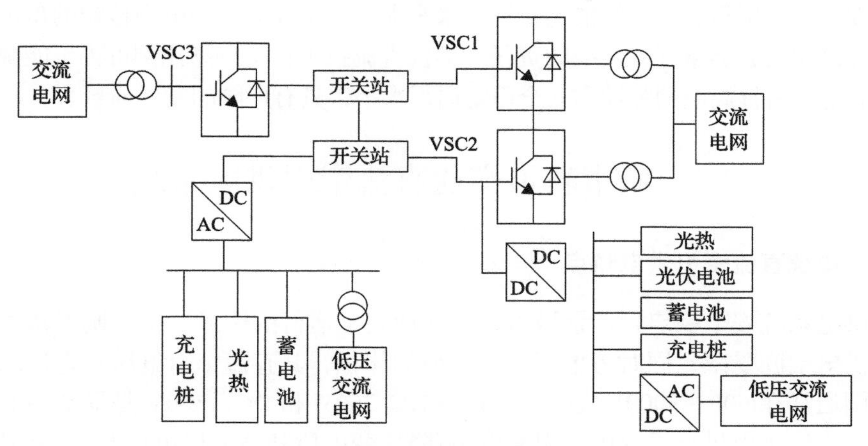

图 2.4　贵州大学直流配电示范工程拓扑

世界部分柔性直流配电工程参数见表 2.4。

表 2.4　世界部分柔性直流配电工程

建造国家	工程名称	拓扑	电压等级	故障隔离措施
美国	SBN (sustainable building and nanogrids)	单端辐射	380V、48V	—
中国	深圳宝龙工业城直流示范工程	双端手拉手	10kV、400V	断路器＋限流电抗器
中国	贵州大学直流配电示范工程	环状	±10kV、±375V	断路器＋换流器
中国	珠海多端柔性直流配电网示范工程	多端	±10kV、±375V、±110V	断路器

柔性直流配电网在提升供电质量和供电容量方面的优势日益凸显，目前，国内外已建或在建的柔性直流配电工程还有德国亚琛大学 10kV 双端直流配电系统、苏州工业园区的±10kV 中压直流配电示范工程、海宁尖山新区的源网荷储协同主动配电网试点工程、杭州江东新城以及张北等地方直流配电网示范工程。

2.3.3　柔性直流配电发展前景

我国风能、太阳能等可再生新能源丰富，将其引入电网中使用是缓解化石能源短缺及应对全球气候变暖问题的有效手段。分布式新能源具有随机性和波动性，可视作一种间歇式电源，将其接入交流系统不仅需要引入大量的电力电子器件，也不利于系统的稳定[22]。由此可见，传统的交流运行方式和设备已无法满足日益增长的供电质量需求。与此同时，以电动汽车为代表的新型能源动力得到了大规模发展，但其易造成电力峰荷增大，进而引起配电网供电容量需求增加。为更好地支撑其充电服务，满足用户负荷需求，必须优化公共充电网络，统筹城市配电网建设。以绿色低碳、安全可靠、高效智能为目标，未来配电网不仅需承担电力传输的角色，更重要的是担负起能量互联转换的责任。柔性直流技术在支持高比例可再生能源接入的基础上，可提高电网弹性和安全稳定运行水平，具有广阔的发展前景。

2.4　城市轨道交通直流牵引供电系统

2.4.1　传统直流牵引供电特点

供电系统安全稳定运行是城市轨道交通安全运行的保障。由于城市轨道交通牵引供电空间受限，同时考虑到机车负荷的体积，其直流牵引电压不宜过高，供电范围通常在 600～3000V(直流)，其中 DC 750V 和 DC 1500V 是最常用的电压等级。直流牵引供电系统由牵引变电站(降压变电所和整流机组)和直流牵引网系统(接触网、直流馈线、回流线)两部分组成。我国地铁工程建设通常采用 24 脉波二极管整流机组将城市中压交流电转化为 750V 或 1500V 直流电以供机车负荷使用。接触网主要有架空接触网和第三轨两种，电流通过正极接触网、机车负荷、走行轨、回流线至整流机组负极从而形成完整供电回路。

典型的直流牵引供电系统如图 2.5 所示。

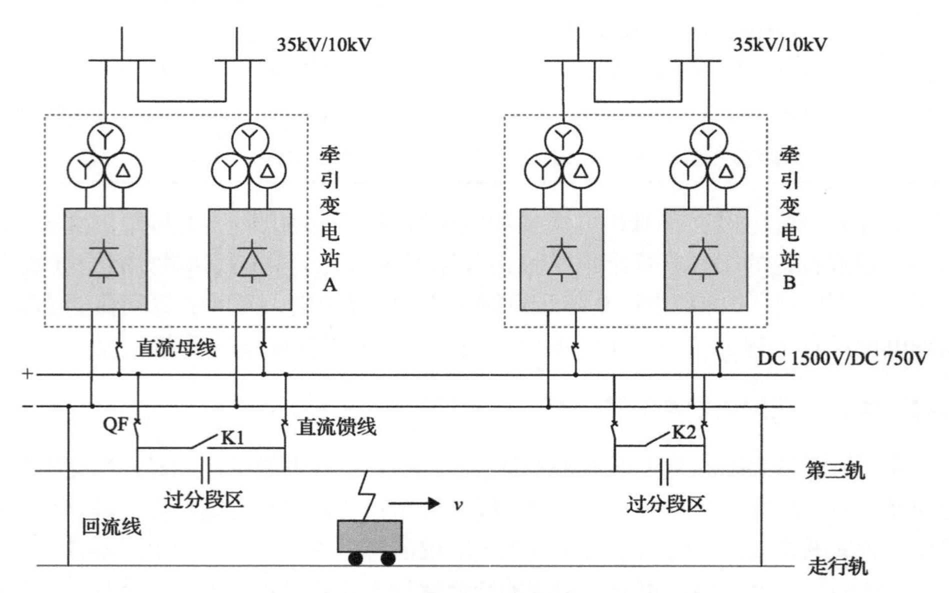

图 2.5　典型直流牵引供电系统供电示意图

通过一定长度的空气间隙可将直流牵引网分隔成若干个供电区间，每一个牵引变电站同时送出上、下行四路牵引馈线，相邻供电区间相互独立，形成双边供电方式，可大大提高系统运行可靠性。

2.4.2　直流牵引供电典型工程介绍

我国北京地铁采用 DC 750V 第三轨供电方式，其中 13 号线是北京市第三条建成运营的城市轨道交通线路，该线西起西直门站，东至东直门站，全长 40.9km，共 17 个站台，由城市 10kV 交流电网对其直流牵引系统供电。

1. 直流牵引网结构

第三轨由供电轨道、绝缘子、防护罩、防爬器、隔离开关等部分组成。如图 2.6 所示，供电轨道放置在与地面接触的枕木上，沿线行驶的机车通过底部集电靴与供电轨接触的方式获取运行所需电能。

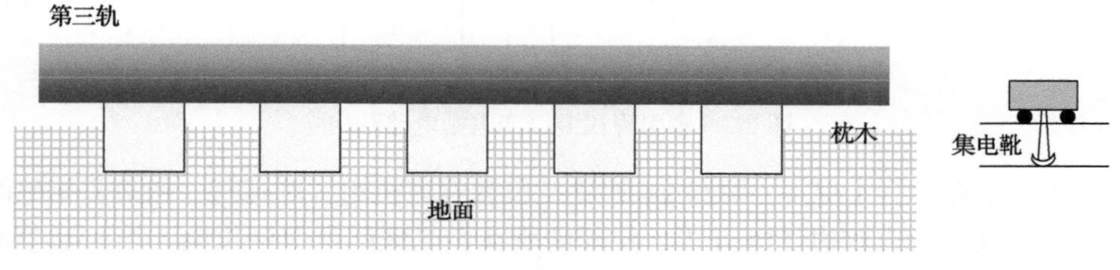

图 2.6　第三轨排布与受流方式

2. 牵引降压混合变电站结构

牵引降压混合变电站的主要功能是将城市中压交流电经降压、整流转化为可供机车负荷正常运行使用的 750V 直流电。

为降低直流牵引供电系统馈线输出侧电压纹波系数、抑制谐波、改善供电质量以满足机车负荷用电需求，在实际工程建设中牵引变电站多采用 24 脉波二极管整流机组。24 脉波二极管整流机组由相位相差 15°的两组 12 脉波二极管整流机组并联运行构成。

降压变压站采用△/ Y-△接线方式分别与整流机组的 6 脉波整流桥相连，此时两个 6 脉波整流桥输出电压在相位上相差 30°，叠加即可得到 12 脉波直流输出，这也是 12 脉波二极管整流机组的电路结构。

为使所获取的两组 12 脉波直流输出相位相差 15°，通过采用交流电源侧延边三角形接线方式，可形成分别移相 7.5°和 –7.5°的移相变压器。此时，两组 12 脉波波形叠加即可获取所需 24 脉波直流输出。

牵引降压混合变电站电路结构如图 2.7 所示。

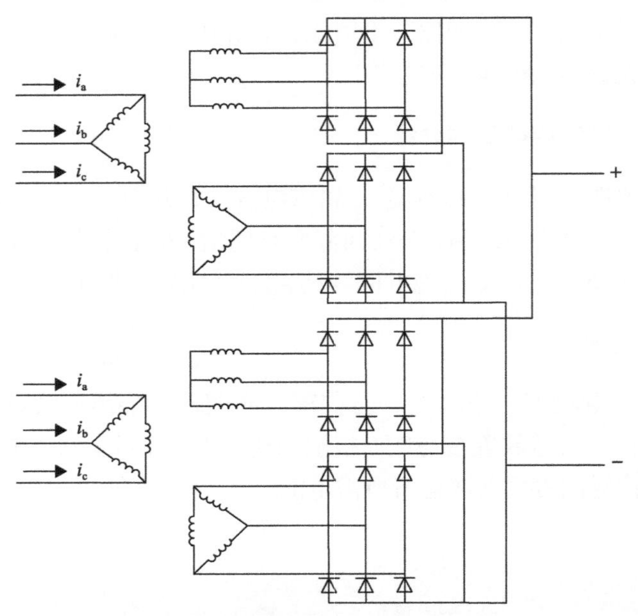

图 2.7　牵引降压混合变电站电路结构

系统正常运行工况下，两组 24 脉波二极管整流机组并联运行，和两侧相邻两座牵引变电站构成双边供电方式，共同向所在供电区间牵引网供电。当一套整流机组故障时，另一套整流机组仍可继续维持供电。当一座牵引变电站退出运行时，将由相邻两座牵引变电站越区构成“大双边”供电。

3. 机车负荷参数

北京地铁 13 号线现有 56 辆机车运营，其中包括 DKZ5G 55 组和 DKZ6 1 组，机车参数如表 2.5 所示。机车传动系统由集电靴、高速断路器、直流滤波电路、逆变器和牵引电机等装置共同构成。考虑系统能耗和传动性能，我国多数机车采用变频调速系统（VVVF）控制的牵引逆变器和三相交流异步电机组合的形式。此时，逆变器由全控型器件 IGBT 组成，通过 VVVF 矢量控制输出频率、电压可调的三相交流电。机车启动运行时，逆变器将直流电转化为交流电供异步电机使用；机车制动时，异步电机作为电源向系统发出电能。

表 2.5　地铁 13 号线机车参数

编组	类型	最高速度	运营速度	供电制式	受电方式	功率	加速度	全车载客量
3M3T（Mc-T-M-T-T-Mc）	6B	80km/h	75km/h	DC 750V	第三轨上接触式	2160kW	0.83m/s^2	1428 人

表 2.5 中，T 为拖车，M 为无司机室动车，Mc 为带司机室动车。地铁 13 号

线机车车组由 6 节车厢组成，包括动车车厢、拖车车厢各 3 节。机车运行所需的牵引力由动车提供，拖车不具备驱动能力。

2.4.3 发展趋势——柔性直流牵引供电

1. 传统直流牵引供电系统的局限性

近年来，全球气候变暖和能源短缺问题日益突显，为实现社会可持续发展，我国于 2020 年提出“双碳”目标[23]。电网作为连接能源生产和消费的关键环节，更应肩负起节能降碳的责任和使命，加快推进电网绿色低碳转型进程，构建以光能、风能等新能源为主体的新型电力系统是未来电网发展的必然趋势[24,25]。显然，传统城市轨道交通直流牵引供电系统已无法适应不断发展的供电要求，其局限性主要表现在三方面。

(1) 机车工况转换复杂，传统二极管整流方式无法控制直流侧输出，易造成牵引网电压波动大等不利影响，导致可再生新能源稳定并网困难[26]。

(2) 机车发车间隔不断缩短，行驶密度不断增大，且启停频繁等独有的负荷特点，造成机车行驶过程中产生大量再生制动能量。但由于二极管的单向导通特性，当机车再生制动能量未被附近车辆完全使用时，将造成牵引网电压升高，可能引起馈线保护装置误动。

(3) 为提高再生制动能量利用率，目前多采用加装能量回馈装置的手段。能量回馈装置大致分为储能型和回馈型两种。但储能型装置受技术和容量制约无法大规模推广；回馈型装置在将机车再生制动能量回馈至交流电网后，受二极管不控整流方式的限制，易引起牵引网直流电压波动，不利于系统的稳定运行[27]。

2. 柔性直流牵引供电系统发展与前景

随着电力电子技术的快速发展，由全控型 IGBT 器件为基础构成的双向换流器逐渐进入人们的视野。双向换流器兼具直流牵引供电系统和能馈装置的作用，不仅可以实现能量的双向流动，还具有稳定牵引网电压、提高系统功率因数、控制灵活、节能环保等诸多优点[28]。

近年来，我国柔性直流输电技术取得了重大进步，舟山工程、张北工程等相继投入运行，标志着我国柔性直流技术和换流设备生产能力不断提高。柔性直流输电技术由于具有控制灵活、适宜远距离运输和可再生能源并网等优点而备受关注。现阶段柔性直流输电技术在牵引供电系统中的应用尚处于理论探索阶段，且多集中于铁路领域[29]。其中，文献[30]提出一种基于模块化多电平换流器的直流牵引供电系统，为分布式能源提供了便捷的接入方式，有利于铁路沿线太阳能、风能等自然资源的利用。文献[31]～[33]指出采用直流电压下垂控制策略的柔性直流牵引供电系统在电能质量和供电容量等方面均得到明显提升，这与人们日益提升的供电需求相符。因此，在已有较为成熟的柔性直流输电技术的基础上，结合地铁实际工程，研究其柔性直流牵引供电系统拓扑、控制方式等内容是极有价值的。

采用双向换流器的柔性直流牵引供电系统不仅可实现机车再生制动能量的充分利用，也在可再生新能源接入方面更加灵活。以光伏发电系统为代表，根据其在柔性直流牵引供电系统中并网位置的不同，共有图 2.8 所示的 3 种接入方式。

(1)接入 10kV 中压交流电网侧。

(2)接入降压变电站 400V 交流输出侧。

(3)接入 750V 直流牵引网侧。

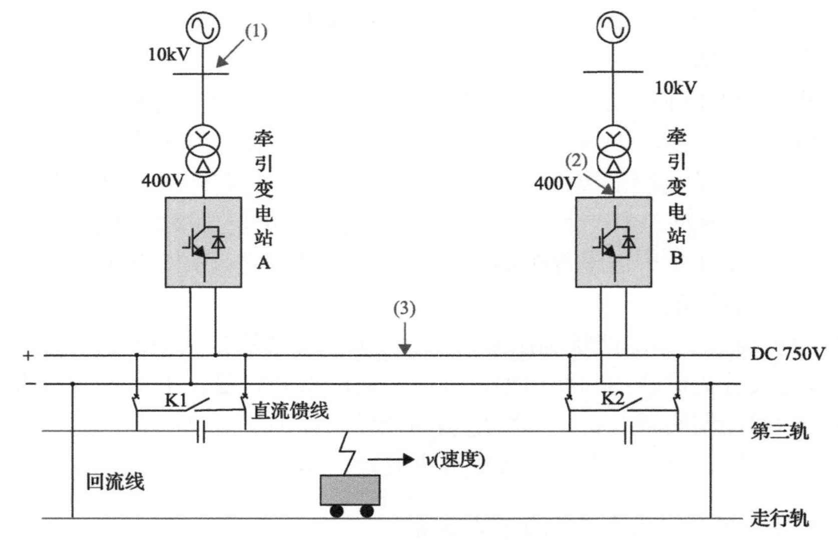

图 2.8　光伏并网接入方式

其中，第三种接入方式仅在以柔性直流牵引供电系统为前提的场景下才具有意义。一方面双向换流器控制灵活，有助于直流电压平稳输出；另一方面，未被机车完全使用的剩余光伏能量可经双向换流器直接馈入交流电网。

未经处理的光电均以直流形式存在，且易受光照强度、光照时长和温度的影响，故光伏并网需借助换流器控制以维持系统稳定。换流器类型和变压器需求应结合所接入电网类型和电压等级确定。在 3 种接入方式中，前两种均为光伏发电系统接入交流电网，故需使用 DC/AC 逆变器；第三种为光伏发电系统接入直流电网，故使用 DC/DC 变换器即可。与此同时，第一种接入方式电压等级较高，仅由光伏电池组合难以实现，故需配有升压变压器。光伏发电系统并入 750V 直流牵引网具有无须逆变、控制简单，可直接被机车使用，供电质量较高等优点。

综上所述，基于双向换流器的柔性直流牵引供电系统是城市轨道交通牵引供电系统未来发展的一大趋势，且具有广阔的应用前景。

参 考 文 献

[1] Glinka M, Marquardt R. A new AC/AC-multilevel converter family applied to a single-phase converter[C]. The Fifth International Conference on Power Electronics and Drive Systems, Singapore, 2003.

[2] Marquardt R, Lesnicar A. New concept for high voltage-modular multilevel converter[C]. Proceedings of the 34th IEEE Annual Power Electronics Specialists Conference, Aachen, 2003: 20-25.

[3] 汤广福. 基于电压源换流器的高压直流输电技术[M]. 北京: 中国电力出版社, 2010.

[4] Ooi B T, Wang X. Boost-type PWM HVDC transmission system[J]. IEEE Transactions on Power Delivery, 1991, 6(4): 1557-1563.

[5] 杨晓峰, 林智钦, 郑琼林, 等. 模块组合多电平变换器的研究综述[J]. 中国电机工程学报, 2013, 33(6): 1-15.

[6] 韦延方, 卫志农, 孙国强, 等. 适用于电压源换流器型高压直流输电的模块化多电平换流器最新研究进展[J]. 高电压技术, 2012, 38(5): 1243-1252.

[7] 王姗姗, 周孝信, 汤广福, 等. 交流电网强度对模块化多电平换流器 HVDC 运行特性的影响[J]. 电网技术, 2011, 35(2): 17-24.

[8] Dom J, Huang H, Retzmann D, et al. A new multilevel voltage-sourced converter topology for HVDC applications[C]. Proceedings of CIGRE Conference, Paris, 2008.

[9] 潘伟勇. 模块化多电平直流输电系统控制和保护策略研究[D]. 杭州: 浙江大学, 2012.

[10] 蒋晓娟, 姜芸, 尹毅, 等. 上海南汇风电场柔性直流输电示范工程研究[J]. 高电压技术, 2015, 41(4): 1132-1139.

[11] 刘黎, 蔡旭, 俞恩科, 等. 舟山多端柔性直流输电示范工程及其评估[J]. 南方电网技术, 2019, 13(3): 79-88.

[12] 陈东, 乐波, 梅念, 等. ±320kV 厦门双极柔性直流输电工程系统设计[J]. 电力系统自动化, 2018, 42(14): 180-185.

[13] 郭贤珊, 周杨, 梅念, 等. 张北柔直电网的构建与特性分析[J]. 电网技术, 2018, 42(11): 3698-3707.

[14] 郭铭群, 梅念, 李探, 等. ±500kV 张北柔性直流电网工程系统设计[J]. 电网技术, 2021, 45(10): 4194-4204.

[15] 束洪春, 赵红芳, 张旭, 等. 昆柳龙混合直流工程送端换流站电气主接线可靠性分析[J]. 电力系统自动化, 2021, 45(22): 115-123.

[16] 董芷函, 王国腾, 徐政, 等. 白鹤滩-江苏特高压混合级联直流系统运行特性分析方法[J]. 电力自动化设备, 2022, 42(6): 1-8.

[17] 李岩, 罗雨, 许树楷, 等. 柔性直流输电技术: 应用、进步与期望[J]. 南方电网技术, 2015, 9(1): 7-13.

[18] 江道灼, 郑欢. 直流配电网研究现状与展望[J]. 电力系统自动化, 2012, 36(8): 98-104.

[19] 王丹, 毛承雄, 陆继明, 等. 直流配电系统技术分析及设计构想[J]. 电力系统自动化, 2013, 37(8): 82-88.

[20] 王成山, 李鹏. 分布式发电、微网与智能配电网的发展与挑战[J]. 电力系统自动化, 2010, 34(2): 10-14,23.

[21] 刘国伟, 赵宇明, 袁志昌, 等. 深圳柔性直流配电示范工程技术方案研究[J]. 南方电网技术, 2016, 10(4): 1-7.

[22] 温家良, 吴锐, 彭畅, 等. 直流电网在中国的应用前景分析[J]. 中国电机工程学报, 2012, 32(13): 7-12,185.

[23] 舒印彪. 发展新型电力系统, 助力实现“双碳”目标[J]. 中国电力企业管理, 2021,(7): 8-9.

[24] 韩肖清, 李廷钧, 张东霞, 等. 双碳目标下的新型电力系统规划新问题及关键技术[J]. 高电压技术, 2021, 47(9): 3036-3046.

[25] 周孝信, 陈树勇, 鲁宗相, 等. 能源转型中我国新一代电力系统的技术特征[J]. 中国电机工程学报, 2018, 38(7): 1893-1904,2205.

[26] 陈维荣, 王璇, 李奇, 等. 光伏电站接入轨道交通牵引供电系统发展现状综述[J]. 电网技术, 2019, 43(10): 3663-3670.

[27] 郑子璇, 丁雅雯, 陈泽宇, 等. 城轨柔性直流牵引供电系统控制特性影响下回流安全参数分析[J]. 铁道标准设计, 2022, 66(8): 1-9.

[28] 全恒立, 张钢, 阮白水, 等. 城市轨道交通混合型能馈式牵引供电装置[J]. 北京交通大学学报, 2013, 37(2): 92-98.

[29] 王鑫, 郭晨曦. 柔性直流输电在铁路供电系统中应用前景分析[J]. 电气化铁道, 2017, 28(6): 16-19,24.

[30] He X Q, Peng J, Han P C, et al. A novel advanced traction power supply system based on modular multilevel converter[J]. IEEE Access, 2019, 7(1): 165018-165028.

[31] 刘刚, 王秀茹, 韩少华, 等. 柔性直流配电系统下垂系数选取范围研究[J]. 电力系统及其自动化学报, 2020, 32(4): 9-13.

[32] Aatif S, Hu H T, Yang X W, et al. Adaptive droop control for better current-sharing in VSC-based MVDC railway electrification system[J]. Journal of Modern Power Systems and Clean Energy, 2019, 7(4): 962-974.

[33] Yang X W, Hu H T, Ge Y B, et al. An improved droop control strategy for VSC-based MVDC traction power supply system[J]. IEEE Transactions on Industry Applications, 2018, 54(5): 5173-5186.

第3章　直流输配电故障解析

当前，直流输配电技术在世界范围内正保持高速发展的趋势，快速可靠的保护方法是保障其安全稳定运行的前提，故障分析是保护研究的基础。然而，直流输配电网的故障特征与传统交流电网存在本质的区别，其故障分析面临巨大挑战。直流输配电系统故障分析的特殊性可以总结如下。

(1) 故障危害大：直流系统的电源和负载为各种类型的换流器，惯性时间常数小，故障响应速度快，故障电流幅值高，威胁系统和设备的安全。

(2) 机理分析难：直流故障发展演化极大地受到换流器中开关元件作用的影响，故障呈现出强烈的非线性特征，并且与换流器控制策略有关，难以用叠加定理等线性系统的分析方法进行分析。

为应对直流输配电系统的故障分析难题，国内外诸多学者前期已开展了颇有成效的工作，本章将在前人工作基础上，结合北京交通大学电力系统保护与控制研究团队在该方面的创新成果对直流输配电系统故障分析进行介绍。作为研究背景，本章首先介绍直流输配电系统常见的直流故障类型。然后介绍直流输配电网中常见的三类 AC/DC 换流器：两电平 VSC、MMC 和 LCC 的直流故障机理，对其直流故障过程进行概述，并分阶段对直流故障电流进行解析。最后在单个换流器故障解析基础上，进一步阐述由多个换流器构成的柔性直流系统和混合直流系统暂态故障电流解析计算方法，并对所推导的解析式的有效性进行仿真验证。

3.1　直流故障类型

直流输配电系统直流侧故障主要包括双极短路故障、单极接地故障和断线故障三种。对于采用电缆的直流系统，直流侧故障一般为永久性故障，其产生机理为外力破坏或电缆及接头故障。对于采用架空线的直流系统，在雷电、污染、外部力量破坏等原因下，直流线路对地绝缘损坏，导致直流侧故障，该故障可能是瞬时性故障，也可能是永久性故障。

直流系统换流站的主接线方式决定了不同类型的直流侧故障的特性。对于对称双极系统，其正极和负极可以独立运行，直流侧三种故障如图 3.1(a) 所示。而对于单极接线方式的系统，直流侧任意一极故障情况下，另一极无法持续运行，直流侧故障如图 3.1(b) 所示。

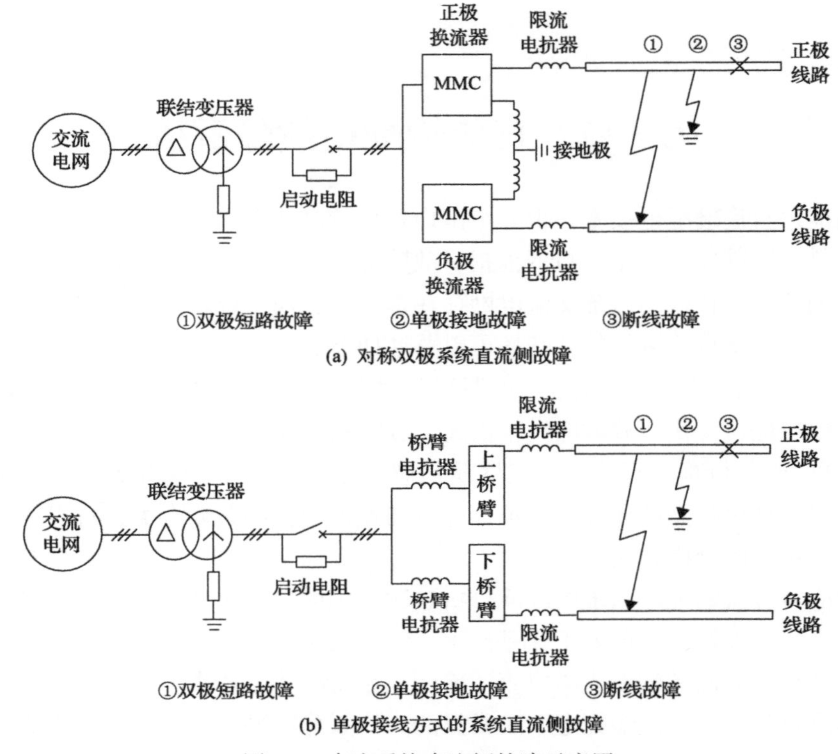

图 3.1　直流系统直流侧故障示意图

1) 双极短路故障

双极短路故障发生概率较低，但是其产生的故障电流最大，对换流设备的危害也最大，是直流系统最严重的故障类型。对于单极接线方式的系统，由于直流侧正负极线路短接后，MMC 子模块并联电容将迅速通过短路点向直流侧放电，相当于交流系统处于三相短路状态，因此其过流情况最为严重，在直流线路、直流母线、换流设备及交流系统均出现很大的过电流，严重威胁系统安全运行。对于对称双极系统，在双极短路故障期间，正极和负极 MMC 等效于串联，并通过直流线路同时向故障点放电。

2) 单极接地故障

单极接地故障是系统发生概率最高的故障，架空线路的单极接地故障一般是由异物、雷电或闪络引起的，电缆线路则通常由线路整体断裂或外皮绝缘失效引起。

不同于双极短路故障，直流侧单极接地故障特征与系统拓扑有关。对于真双极系统，由于正负极换流器呈对称连接，其单极接地故障特征与单极系统双极短路故障特征类似，而伪双极系统的单极接地故障特征则极大地受到换流器交流侧接地方式的影响。当联结变压器采用 YnD 接线方式时，故障极电压降低为 0，非故障极电压抬升至两倍，极间电压差保持不变，换流器阀侧交流对地电压中性点出现偏移。由于联结变压器二次侧没有接地，故障电流没有主要的故障电流通路，直流侧电压变化不会对直流及交流侧电流造成影响，仅在故障接地初期，线路对地分布电容通过故障接地点会有短暂的放电过程。因此，在此条件下只需考虑非故障极电压上升及交流侧电压偏置对直流及交流设备的绝缘水平要求。当联结变压器采用 DYn 接线方式时，变压器二次侧提供了接地通路，直流电压变化引起直流侧电流变化，正负极直流母线电流不再对称。系统处于不可控范围，直流电压失去稳定。换流器阀侧电压将受到直流线路接地故障所造成的零序分量的影响，阀侧电流产生畸变和过流。

3) 断线故障

断线故障发生概率较低，发生故障后，线路功率无法传输，使得送端换流器直流母线出现过压现象，同时换流站出口电压产生随时间增大的直流分量，并出现幅值较小的零序电流分量。

考虑到双极短路是过流危害最大的直流故障类型，且在当前广泛采用的对称双极系统中的单极接地故障与双极短路故障在机理上具有相似性，本章对于换流器和直流系统的故障机理分析和故障电流解析计算主要围绕双极短路故障展开。

3.2　两电平 VSC 直流侧短路故障解析

3.2.1　VSC 故障过程概述

两电平 VSC 直流侧发生短路故障时的等效电路如图 3.2 所示。其中，直流线

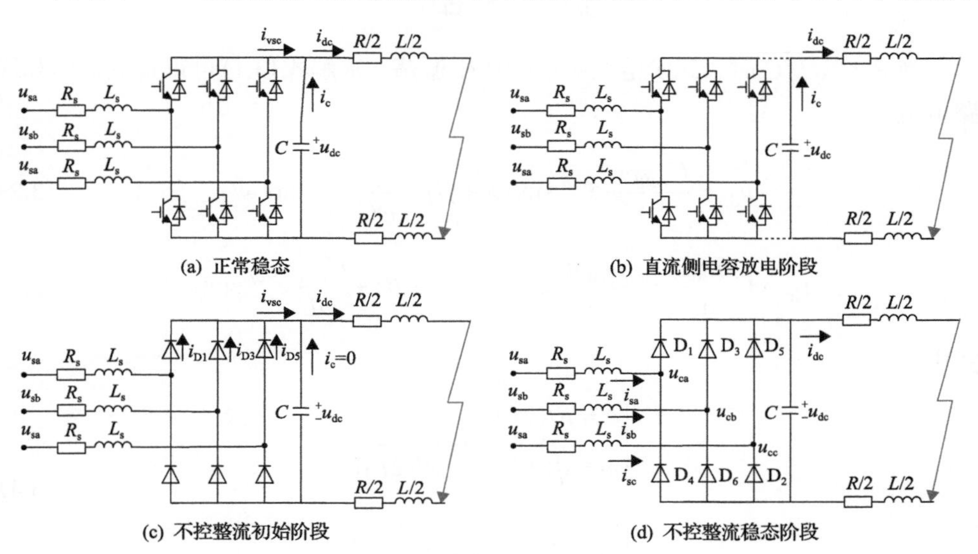

图 3.2　双极短路故障等效放电电路

路采用 RL 等值模型，L 和 R 分别为故障点到换流器直流侧出口处的线路电感和电阻，i_c 为换流器电容放电电流，i_{vsc} 为换流器直流侧电流，D_1～D_6 为桥臂的六个反向二极管。考虑 VSC 直流侧有滤波电容 C，分析中忽略线路对地电容的影响。

直流侧发生双极短路故障瞬间，经过 VSC 的故障电流急剧上升，使得其自身保护动作从而闭锁 IGBT，但与 IGBT 反向并联的续流二极管仍连接在故障回路中。故障初始时刻，由于直流母线电压 u_{dc} 高于交流侧线电压 u_{ac}，交流侧向直流侧提供的短路电流只是限流电抗器 L_s 的续流，直流侧的短路电流以电容快速放电为主。然后，直流电压 u_{dc} 不断下降直至低于交流线电压峰值时，VSC 进入不控整流状态，交流侧通过续流二极管向直流侧提供的短路电流随着直流电压 u_{dc} 的下降而逐渐增大。

根据上述直流线路极间短路的故障响应，将故障过程分为 3 个阶段：直流侧电容放电阶段、不控整流初始阶段和不控整流稳态阶段。以下依次对各阶段进行详细分析，其中假定 IGBT 在故障瞬间闭锁。

3.2.2 直流故障电流分段解析计算

1) 直流侧电容放电阶段

直流故障初始，短路故障电流以电容放电电流为主，为分析直流侧电容放电特性忽略交流侧续流，此时直流极间电容 C、线路电感 L 和电阻 R 构成 RLC 二阶放电电路。设定故障发生时刻为 t_0，电容电压为极间电压 U_{dc0}，直流线路电流为 I_{dc0}。故障后，对 RLC 二阶放电回路有

$$LC\frac{\mathrm{d}^2u_{dc}}{\mathrm{d}t^2}+RC\frac{\mathrm{d}u_{dc}}{\mathrm{d}t}+u_{dc}=0 \tag{3.1}$$

当 $R<2\sqrt{L/C}$ 时，二阶电路响应会产生振荡，求解式(3.1)可得直流电压和线路电流为

$$u_{dc}=\frac{U_{dc0}\omega_0}{\omega}\mathrm{e}^{-\delta t}\sin(\omega t+\beta)-\frac{I_{dc0}}{\omega C}\mathrm{e}^{-\delta t}\sin(\omega t) \tag{3.2}$$

$$i_{dc}=C\frac{\mathrm{d}u_{dc}}{\mathrm{d}t}=-\frac{I_{dc0}\omega_0}{\omega}\mathrm{e}^{-\delta t}\sin(\omega t-\beta)+\frac{U_{dc0}}{\omega L}\mathrm{e}^{-\delta t}\sin(\omega t) \tag{3.3}$$

式中

$$\begin{cases}\delta=R/(2L)\\ \omega=\sqrt{1/(LC)-[R/(2L)]^2}\\ \omega_0=\sqrt{\delta^2+\omega^2}\\ \beta=\arctan(\omega/\delta)\end{cases} \tag{3.4}$$

当 $R > 2\sqrt{L/C}$ 时，电容放电阶段为二阶过阻尼衰减过程，求解同上。

2) 不控整流初始阶段

当直流电压 u_{dc} 减小至小于交流线电压峰值时，故障电路进入不控整流阶段，此时交流电源和电容同时向故障点放电。当短路阻抗较大时，电容放电电流上升较缓，则交流侧电流助增作用较为显著，整个电路在交流电源的作用下逐渐进入稳态。由于暂态过渡较为平缓，因此系统不会受到电流尖峰和电压骤降的严重威胁。当短路阻抗较小时，交流侧所提供的短路电流增长速度低于电容放电速度，直流侧电容将持续放电直至电压为零，该时刻记为

$$t_1 = t_0 + (\pi - \theta) / \omega \tag{3.5}$$

式中

$$\theta = \arctan \frac{\omega U_{dc0}}{-I_{dc0}/C + \delta U_{dc0}} \tag{3.6}$$

t_1 时刻，直流侧电容电压降至零，直流侧短路等效电感 L 储存的能量将通过续流二极管释放，直流侧形成 RL 一阶自由放电电路。而电容被二极管短接，电容电压 U_{dc} 及电流 I_c 保持为零，交流侧可等效为发生三相短路。此时，可从短接电容处将网络划分为两个相对独立的故障回路，交流侧及直流侧等效电路如图 3.3 所示。

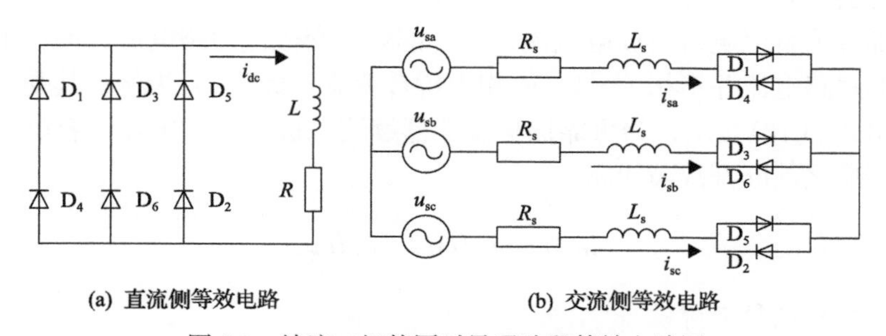

图 3.3　续流二极管同时导通阶段等效电路图

直流侧等效电路：直流侧等效电感通过 RL 一阶放电回路释放储存的能量，短路电流不断衰减。由于三相桥臂上的续流二极管不考虑结构差异完全等同，故三相桥臂各流过 1/3 的自由放电电流。设 t_1 时刻直流侧电流为 I_{dc1}，则直流侧短路电流为

$$i_{dc} = I_{dc1} e^{-(R/L)t} \tag{3.7}$$

交流侧等效电路：由于极间电容被短接，正负极电压电位相等，交流侧等同

于发生三相短路。考虑桥臂上反并联的两个续流二极管完全相同，故各流过 1/2 的对应相短路电流。设 t_1 时刻 A 相电压的相角为 α，则交流侧 A 相电压和电流可由式(3.8)表示。可知，交流侧短路电流由周期分量和非周期衰减分量组成。同理可以推导其他两相的短路电流表达式。

$$\begin{cases} u_{sa} = R_s i_{sa} + L_s \dfrac{di_{sa}}{dt} = U_{sm}\sin(\omega_s t + \alpha) \\ i_{sa} = I_{sm}\sin(\omega_s t + \alpha - \varphi) + [I_{sm|0|}\sin(\alpha - \varphi_0) - I_{sm}\sin(\alpha - \varphi)]e^{-t/\tau} \\ \quad = I_{sm}\sin(\omega_s t + \alpha - \varphi) + I_{smn}e^{-t/\tau} \end{cases} \tag{3.8}$$

式中，ω_s 为交流系统的角频率；$I_{sm|0|}$ 和 φ_0 分别为电流的初始幅值和相位；U_{sm} 为 u_{sa} 的幅值；L_s 和 R_s 分别为交流电网侧的电感和电阻，其他变量如式(3.9)所示。

$$\begin{cases} I_{sm} = U_{sm} \Big/ \sqrt{R_s^2 + (\omega_s L_s)^2} \\ \varphi = \arctan(\omega_s L_s / R_s) \\ \tau = L_s / R_s \\ I_{smn} = I_{sm|0|}\sin(\alpha - \varphi_0) - I_{sm}\sin(\alpha - \varphi) \end{cases} \tag{3.9}$$

续流二极管过电流分析：对于冲击电流承受能力差的续流二极管，其同时导通后可能会受到严重冲击，甚至由此损坏。由上述分析可知，二极管受到的冲击电流一部分为直流侧自由放电电流，另一部分为交流侧短路电流，但各个二极管中流过的短路电流并不相等。以 A 相上桥臂续流二极管 D_1 为例，其受到的冲击电流可由式(3.10)表示，为可靠保护换流器续流二极管，必须在电容电压降为零(即 t_1 时刻)之前断开故障线路。

$$i_{D1}(t) = i_{sa}(t)/2 + i_{dc}(t)/3 \tag{3.10}$$

3) 不控整流稳态阶段

故障回路无论在不控整流初始阶段是否经历续流二极管同时导通的过程，最终都会在交流电源的作用下逐渐达到稳定状态。稳态时，直流侧电容和线路电感组成滤波电路，直流电压为固定值，短路电流几乎为恒定的直流电流。直流线路电感在稳态时对交流侧短路电流计算的影响较小，可近似忽略。

稳态时各相上下桥臂的二极管分别导通半个周期，换流器交流侧出口电压近似为方波。定义 A 相开关函数：A 相上桥臂导通时，S_a=1；A 相下桥臂导通时，S_a=0。B 相、C 相分别滞后 A 相 1/3 周期、2/3 周期。以 A 相为例，换流器 A 相出口电压 u_{ca} 为

$$u_{ca}=\begin{cases}u_{dc}/2, & S_a=1\\ -u_{dc}/2, & S_a=0\end{cases} \tag{3.11}$$

将 u_{ca} 按傅里叶级数展开，忽略高频分量时，其可用基波分量表示为

$$u_{ca1}=\frac{2u_{dc}}{\pi}\sin(\omega_s t) \tag{3.12}$$

忽略交流侧电阻 R_s，交流侧相电压与相电流的近似关系如式(3.13)所示，可求得故障稳态时的交流侧相电流有效值，如式(3.14)所示。

$$\boldsymbol{U}_s=\boldsymbol{U}_c+j\omega_s L_s\cdot\boldsymbol{I}_s \tag{3.13}$$

$$I_s=\sqrt{U_s^2-U_c^2}\Big/(\omega_s L_s) \tag{3.14}$$

式中，变量加粗表示是相量矩阵。

三相桥臂开关函数是与换流器输出电压 u_{ca}、u_{cb}、u_{cc} 及交流侧电流 i_{sa}、i_{sb}、i_{sc} 对应相相位相同的方波。对开关函数按傅里叶级数展开，忽略高频分量时可用基波分量表示为

$$\begin{cases}S_{a1}=\dfrac{1}{2}+\dfrac{2}{\pi}\sin(\omega_s t)\\ S_{b1}=\dfrac{1}{2}+\dfrac{2}{\pi}\sin\left(\omega_s t-\dfrac{2\pi}{3}\right)\\ S_{c1}=\dfrac{1}{2}+\dfrac{2}{\pi}\sin\left(\omega_s t+\dfrac{2\pi}{3}\right)\end{cases} \tag{3.15}$$

设交流侧三相电流为

$$\begin{cases}i_{sa}=I_{sm}\sin(\omega_s t)\\ i_{sb}=I_{sm}\sin(\omega_s t-2\pi/3)\\ i_{sc}=I_{sm}\sin(\omega_s t+2\pi/3)\end{cases} \tag{3.16}$$

则换流器向直流侧提供的短路电流为

$$i_{dc}=S_{a1}i_{sa}+S_{b1}i_{sb}+S_{c1}i_{sc} \tag{3.17}$$

联立式(3.15)～式(3.17)，可得

$$i_{dc}=3I_{sm}/\pi \tag{3.18}$$

3.2.3　仿真验证

本章在 PSCAD/EMTDC 平台上搭建了如图 3.2(a)所示的两电平 VSC 仿真模

型对所提故障电流解析式进行了验证，换流器采用直流电压-无功功率控制方式，直流侧采用伪双极方式连接，系统参数如表 3.1 所示。

表 3.1　两电平 VSC 仿真参数表

参数	数值	参数	数值
交流电网电压	35kV	额定有功功率	10MW
换流变连接方式	YnD	直流侧支撑电容	1000μF
换流变容量	100MV · A	直流电压	±10kV
换流变变比	35/10	直流侧电感	3mH
漏抗	0.2p.u.	直流侧电阻	0.1Ω

设置的故障场景如下：设在 t=1ms 时刻，换流器直流侧发生双极短路故障，在 IGBT 自身保护作用下，换流器立即闭锁，仿真过程持续到 t=1.10s 时刻。图 3.4 给出了故障前后换流器电压和电流的仿真结果。

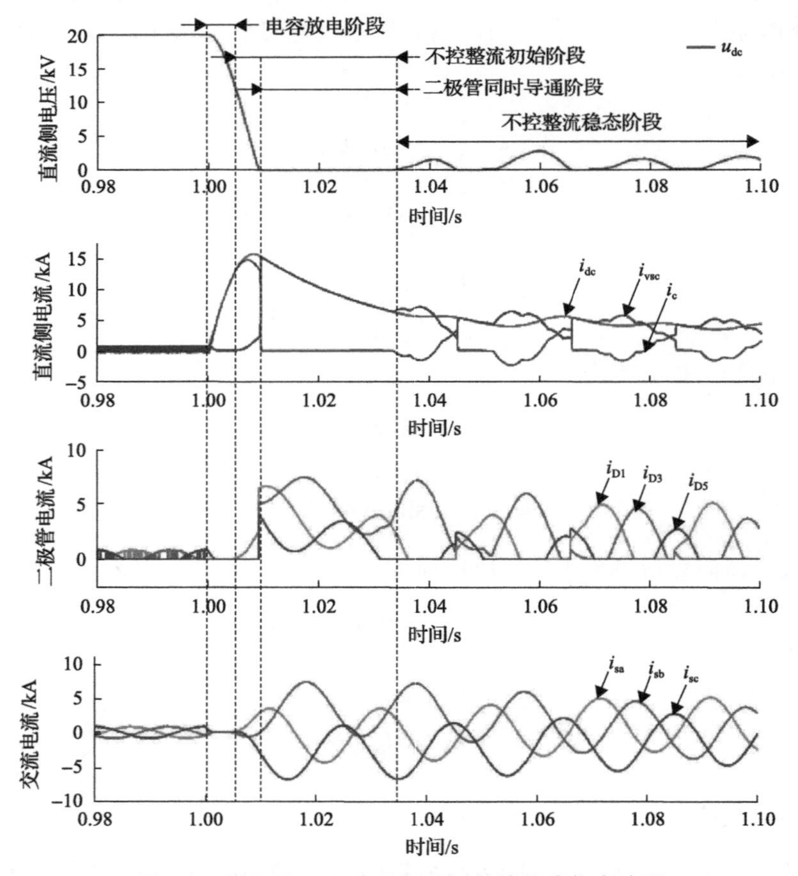

图 3.4　两电平 VSC 直流侧双极短路故障仿真波形

由图 3.4 可以看出，故障后换流器直流侧电压立即下降，故障电流迅速上升，换流器闭锁后，由交流侧馈入的故障电流下降为零，直流侧电流主要由直流侧支撑电容放电电流主导。随着直流侧电压的跌落，交流侧电流开始逐渐馈入直流侧，在不控整流初始阶段，直流侧故障电流由直流侧支撑电容放电电流和交流侧馈入电流两部分组成，直流侧电压继续跌落。当直流侧电压跌落至零时，换流器进入二极管同时导通阶段，交流侧等同于发生了三相短路故障，而直流侧电流主要由直流侧电感续流构成。随着流过反并联二极管的电流下降为零，交流侧电流开始馈入到直流侧，直流电压逐渐恢复，换流器进入不控整流稳态阶段。

为验证所提解析式的有效性，图 3.5 进一步给出了电容放电阶段以及不控整流初始阶段直流侧电压和电流的仿真值与解析值的对比。可以看出，直流侧电压和直流侧电流的解析值与仿真值几乎完全匹配，仅在二极管同时导通阶段的末期有微小的差距。

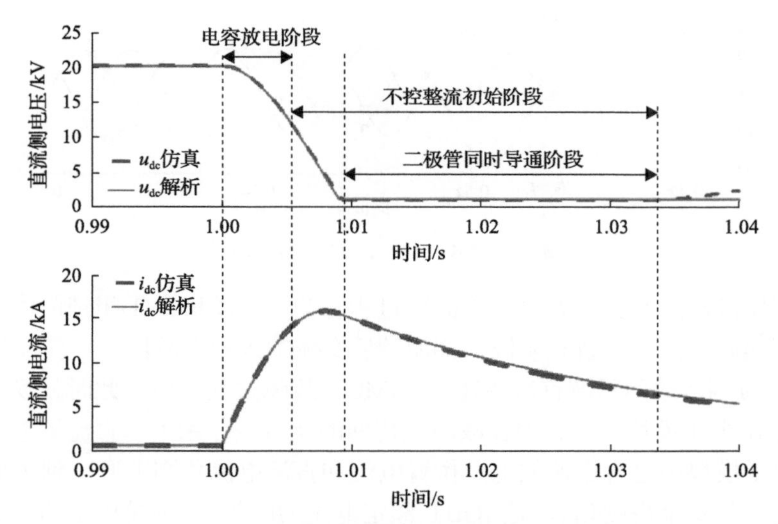

图 3.5　直流侧电压和直流侧电流解析值与仿真值的对比

3.3　MMC 直流侧短路故障解析

3.3.1　MMC 直流故障过程概述

对于采用半桥型子模块的 MMC，在不考虑交流断路器和直流断路器动作情况下，直流侧发生双极短路故障时故障电流典型波形如图 3.6 所示。其中，i_{dc} 和 i_{sa}、i_{sb}、i_{sc} 分别表示 MMC 等效电路直流电流和交流侧故障电流。换流器 abc 三相上桥臂电流分别用 i_1、i_3 和 i_5 表示，下桥臂电流分别用 i_2、i_4、i_6 表示。

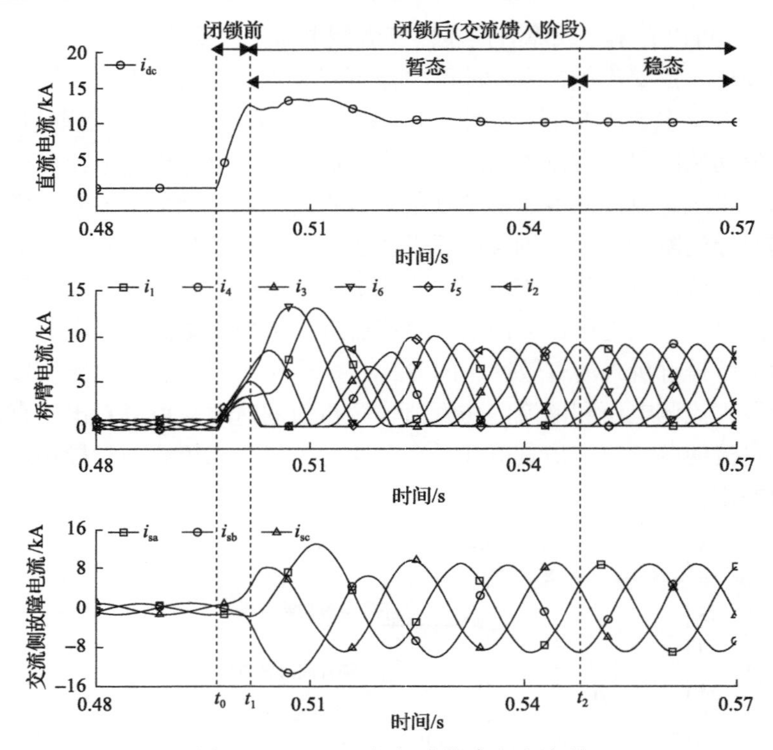

图 3.6　MMC 双极短路故障电流波形

根据换流器的开关状态可以将故障过程分为三个阶段：①闭锁前电容放电阶段；②闭锁后交流馈入暂态阶段；③闭锁后交流馈入稳态阶段。

在 t_0 时刻，故障行波首次传递至 MMC，故障过程开始。此时，换流器各相单元仍有 N 个子模块投入，但在故障点传回的反行波作用下，直流侧电压显著下降，导致子模块中电容迅速放电，桥臂电流和直流电流急剧上升。到 t_1 时刻，桥臂电流超过其安全裕度(通常是 IGBT 额定电流的两倍)，子模块中的 IGBT 将被闭锁，子模块电容停止放电。因此，$t_0 \sim t_1$ 即为闭锁前放电阶段。

闭锁后，故障电流将从子模块中的 IGBT 换流至其反并联二极管，此时 MMC 可等效为一个不控整流桥，故障电流通过换流器 6 个桥臂的反并联二极管自由换相，使直流电流呈现出强烈的非线性特征。同时，由于直流侧失去子模块的电压支撑，直流电压急剧降低，交流电流将通过桥臂反并联二极管馈入到直流侧，使得交流电流和桥臂电流幅值增大。因此，t_1 之后的阶段也称为闭锁后交流馈入阶段。由于桥臂初始故障电流的存在，从 t_1 时刻开始，换流器在到达稳态阶段前还将经历一个暂态调整阶段。在交流馈入暂态阶段($t_1 \sim t_2$)，桥臂电流和交流电流由非周期衰减分量和周期性变化的稳态分量两部分构成，交流侧各相电流幅值不同，各桥臂电流幅值也不同。在交流馈入稳态阶段(t_2 以后)，桥臂电流和交流电流仅含有稳态分量，交流侧各相电流以及各桥臂电流幅值相同，仅相位存在差距。

3.3.2　阶段一：闭锁前电容放电阶段故障解析

在闭锁前电容放电阶段，MMC 出口直流电压降低，子模块电容迅速放电，故障电流急剧上升。此时，交流侧仍然保持三相对称，其对故障电流的贡献远小于电容放电电流，因此可以忽略不计。从直流侧看进去，可以认为 MMC 仅由 3 个含电容、电阻和电感的相单元并联构成，如图 3.7 所示。

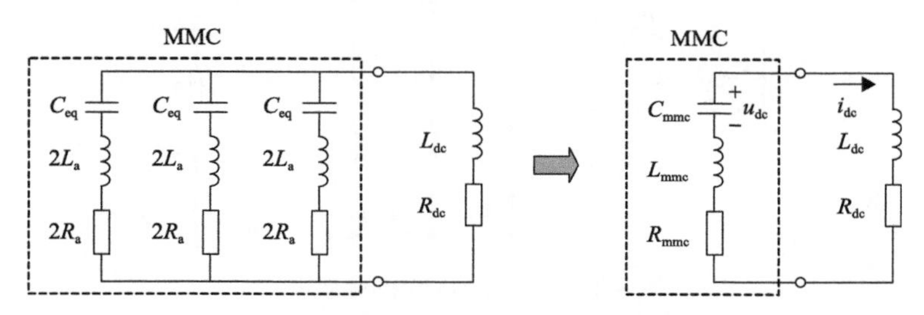

图 3.7　MMC 闭锁前电容放电阶段等效电路图

此时，换流器控制系统仍然按照正常运行时工作，每个时刻各相单元仍然有 N 个子模块投入运行。但是，由于投入的 N 个子模块是动态变化的，相单元的等值电容不能简单地用 N 个子模块电容串联得到。假设故障过程中，各相单元 $2N$ 个子模块电容电压相同且都等于 U_0，基于相单元电容器存储能量守恒原则，将 $2N$ 个子模块用一个电容器 C_{eq} 来等效，则有如下关系式：

$$2N \times \frac{1}{2} C_0 U_0^2 = \frac{1}{2} C_{eq} (NU_0)^2 \tag{3.19}$$

式中，C_0、U_0 分别为单个子模块的电容和电压；C_{eq} 为每相的等效电容。

则闭锁前换流器每相的等效电容可以表示为

$$C_{eq} = \frac{2C_0}{N} \tag{3.20}$$

考虑换流器的桥臂电感 L_a 以及电力电子开关的通态电阻 R_{on}，则换流站可以最终简化为一个 RLC 串联电路，其等效参数如式(3.21)所示。

$$R_{mmc} = \frac{2}{3} NR_{on}，\quad L_{mmc} = \frac{2}{3} L_a，\quad C_{mmc} = \frac{6}{N} C_0 \tag{3.21}$$

与两电平 VSC 故障初始阶段相同，MMC 在电容放电阶段的故障电流也可以用式(3.3)表示。

3.3.3　阶段二：闭锁后交流馈入暂态阶段故障解析

MMC 闭锁后，子模块中的 IGBT 被旁路，相当于一个二极管，此时换流器可以等效为图 3.8 所示的二极管不控整流电路。其中，$e_j\,(j$=a,b,c)为交流电网等值电源，R_{ac}、L_{ac}分别为交流侧等值电阻。

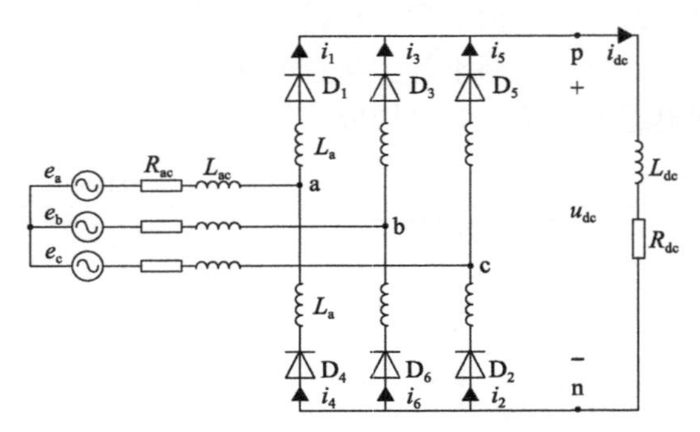

图 3.8　闭锁后 MMC 的等效电路

对于二极管不控整流电路，在稳态阶段，桥臂的导通、关断将按照 D_1-D_2-D_3-D_4-D_5-D_6 的顺序交替进行，并且各桥臂在一个交流周期内的导通持续时间相同。然而，闭锁导致换流器状态发生突变，因此在交流馈入暂态阶段，桥臂电流将出现较大的非周期暂态分量，尽管桥臂的导通、关断仍然按照 D_1-D_2-D_3-D_4-D_5-D_6 的顺序交替进行，但各桥臂导通持续的时间不同，与电路初始状态和电源侧施加的激励有关。

依据同一时刻导通的桥臂(或二极管)个数的不同，在交流馈入暂态阶段，上述不控整流电路存在 4 种可能的工作模式，即 6 桥臂导通模式、5 桥臂导通模式、4 桥臂导通模式和 3 桥臂导通模式。对于传统的六脉波二极管整流桥，在直流侧阻抗较大时，还可能出现 2 桥臂导通的模式，导致交流侧电流断续，但 MMC 中由于桥臂上存在储能元件 L_a，即使在故障电阻较大的情况下也很难出现 2 桥臂导通模式，因此此处不予考虑。为获得交流馈入暂态阶段的故障电流，下面将对上述 4 种桥臂导通模式的机理进行分析，并给出直流故障电流瞬时值的解析式。

1)6 桥臂导通模式

在闭锁时刻，换流器 6 个桥臂均有故障电流流过，MMC 处于 6 桥臂导通模式，此时故障电流通路如图 3.9(a)所示，其中黑色二极管表示其处于导通状态。为求解直流侧故障电流，将换流器及其交流侧等效为一个整体，如图 3.9(b)所示。从直流侧看进去，可得到 6 桥臂导通模式下换流器的戴维南等效电源 E_{eq} 和等效内阻抗 X_{eq}，可分别表示为

$$E_{eq} = 0 \tag{3.22}$$

$$X_{eq} = \frac{2}{3}\omega L_a \tag{3.23}$$

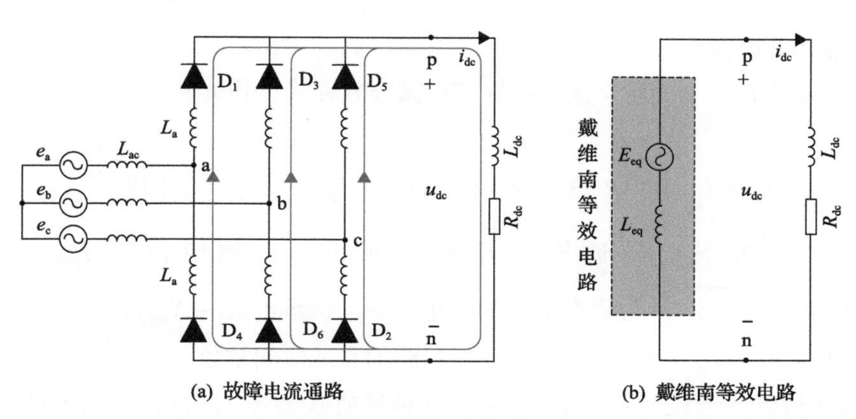

图 3.9　6 桥臂导通模式故障电流通路和戴维南等效电路

由图 3.9(b)中的等效电路可知，6 桥臂导通阶段，直流侧故障电流为桥臂电感续流。交流侧电源虽然对直流侧故障电流无贡献，但会对桥臂电流产生影响，进而影响换流器的导通状态。设闭锁时刻直流故障电流为 I_{dc0}，通过求解图 3.9(b)中的电路，可得 6 桥臂导通阶段直流故障电流解析式为

$$i_{dc} = I_{dc0}e^{-\frac{t}{\tau_1}} \tag{3.24}$$

式中，$\tau_1 = (L_{dc} + L_{eq})/R_{dc}$。

2)5 桥臂导通模式

在交流侧激励源的作用下，换流器中某一桥臂电流逐渐下降为零，此时 MMC 进入 5 桥臂导通模式。以 D_{23456}(即 D_2～D_6，此类表述以此类推)导通的情况为例，故障电流通路如图 3.10(a)所示。从直流侧看进去，图 3.10(a)中换流器的戴维南等效电源 E_{eq} 和等效内阻抗 X_{eq} 可分别表示为

$$E_{eq} = \frac{-L_a}{2(L_a + L_{ac})}e_a \tag{3.25}$$

$$X_{eq} = \omega\frac{(L_a + 2L_{ac})(5L_a + 6L_{ac})}{4(4L_a + 5L_{ac})} \tag{3.26}$$

将式(3.25)、式(3.26)代入图 3.9(b)中的电路，可以列出故障回路的微分方程为

$$R_{dc}i_{dc}+(L_{dc}+L_{eq})\frac{di_{dc}}{dt}=U_{eq}\sin(\omega t+\alpha_s+\pi) \tag{3.27}$$

式中，U_{eq}为戴维南等效电源的幅值，在当前导通模式中$U_{eq}=\dfrac{L_a}{2(L_a+L_{ac})}U_s$；$\alpha_s$为a相交流等值电源初相角。

式(3.27)是一个一阶常系数线性齐次微分方程式，其解为

$$i_{dc}=I_{pm}\sin(\omega t+\alpha_s+\pi-\varphi)+[I_{dc0}-I_{pm}\sin(\alpha_s+\pi-\varphi)]e^{-\frac{t}{\tau_2}} \tag{3.28}$$

式中，I_{dc0}为当前导通模式开始时刻的直流侧电流；$I_{pm}=U_{eq}/\sqrt{R_{dc}^2+(X_{dc}+X_{eq})^2}$，为稳态电流的幅值；$\varphi=\arctan(X_{dc}+X_{eq}/R_{dc})$，为故障回路阻抗角；$\tau_2=L_{dc}+L_{eq}/R_{dc}$，为故障回路的衰减时间常数。

在5桥臂导通模式下，除了D_{23456}这种导通状态外，还存在其他5种导通状态(D_{34561}、D_{45612}、D_{56123}、D_{61234}、D_{12345})。不同导通状态下从直流侧看进去换流器连接结构未发生变化，因此其戴维南等效内阻抗仍可以用式(3.26)表示。同时，由于换流器结构的对称性，不同导通状态下戴维南等效电源幅值不变，但相位不同。由于交流电动势的周期性，上述6种状态将依次轮换出现，每种状态依次相差1/6个基频周期。因此，其戴维南等效电源可由图3.10(b)所示的相量图获得。在D_{23456}导通情况下，戴维南等效电源为$E_{eq}=-e_aL_a/2(L_a+L_{ac})$，当$D_{34561}$导通时，戴维南等效电源可表示为$E_{eq}=e_cL_a/2(L_a+L_{ac})$，其余4种导通状态以此类推。

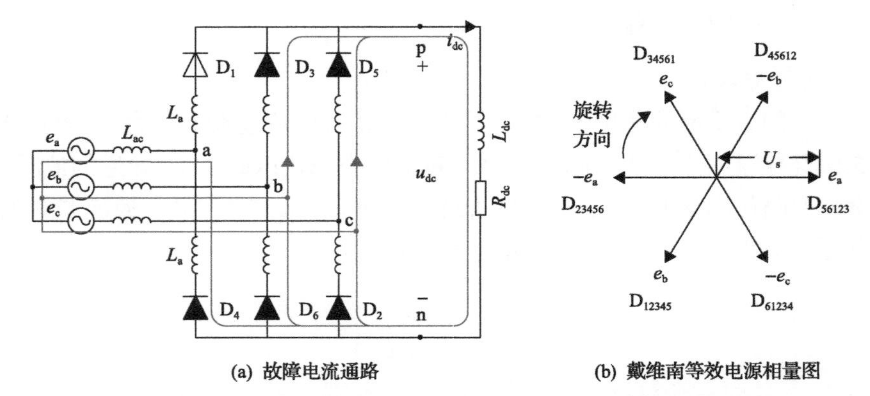

图3.10　5桥臂导通模式故障电流通路和戴维南等效电源相量图

3)4桥臂导通模式

以D_{3456}导通为例，故障电流通路如图3.11(a)所示，此时有一个相单元的上、

下桥臂均处于导通状态。从直流侧看进去，可得换流器的戴维南等效电源和等效阻抗如式(3.29)所示，直流侧故障电流仍可以用式(3.28)表示。同理，根据图 3.11(b)所示相量图可求得其他 5 种导通状态下换流器的戴维南等效电源。

$$E_{eq}=\frac{L_a}{2L_a+L_{ac}}(e_c-e_a),\quad X_{eq}=\omega\frac{2L_a(L_a+L_{ac})}{2L_a+L_{ac}} \tag{3.29}$$

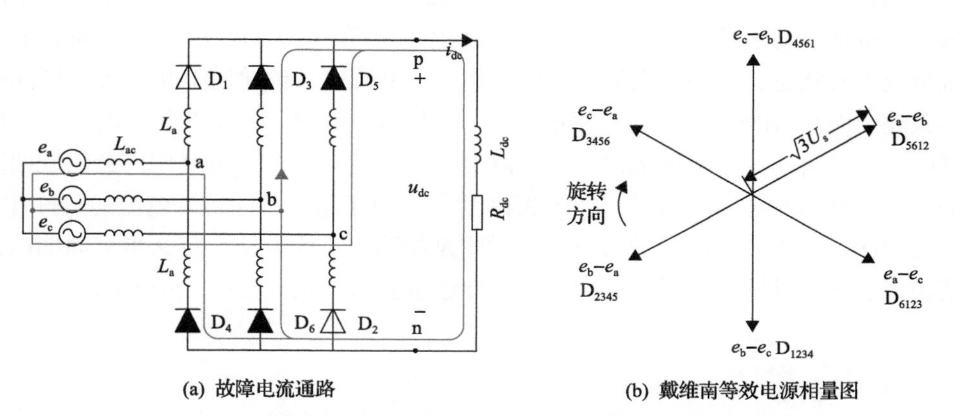

图 3.11　4 桥臂导通模式故障电流通路及戴维南等效电源相量图

4) 3 桥臂导通模式

以 D_{456} 导通为例，故障电流通路如图 3.12(a)所示，易求得其戴维南等效电源和等效内阻抗如式(3.30)所示。根据图 3.12(b)所示相量图可获得其他 5 种导通状态下等效电源相量，直流侧故障电流瞬时值仍然由式(3.28)给出。

$$E_{eq}=\frac{3}{2}e_c,\quad X_{eq}=\omega\frac{3}{2}(L_a+L_{ac}) \tag{3.30}$$

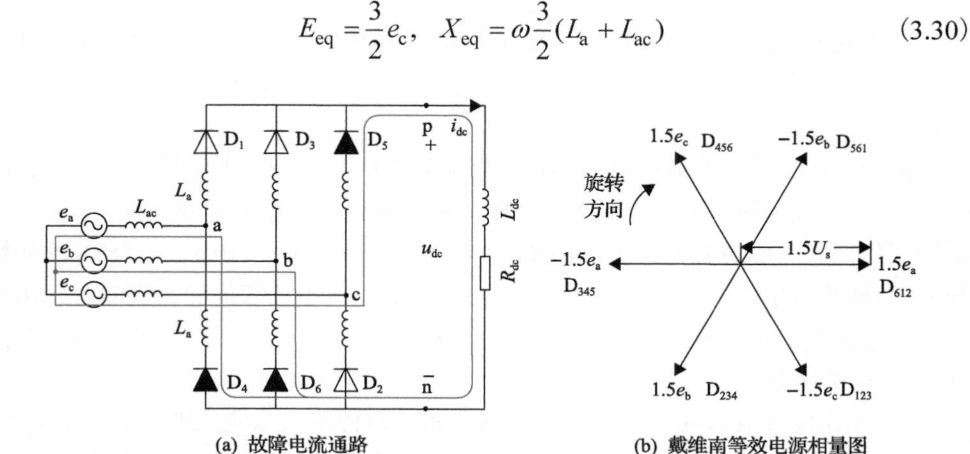

图 3.12　3 桥臂导通模式故障电流通路和戴维南等效电源相量图

3.3.4 阶段三：闭锁后交流馈入稳态阶段故障解析

在交流馈入稳态阶段，MMC 仍然等效为二极管不控整流桥，桥臂的导通、关断按照 D_1-D_2-D_3-D_4-D_5-D_6 的顺序交替进行，由于桥臂电流的暂态分量下降为零，一个周期内 D_1～D_6 将会持续相同的导通时间，且初始导通时刻依次相差 60°。桥臂电感的存在使得稳态阶段的 MMC 表现出了与传统六脉波二极管整流桥不同的故障特征。对于传统六脉波二极管整流桥(即不存在桥臂电感)，流经桥臂的电流呈现半波状态，在一个交流周期内 a 相上、下桥臂交替导通 180°，导通区间互不重叠。而在 MMC 中，当某相单元中一个桥臂导通时，另一个桥臂的电流在桥臂电感的续流作用下可能无法立即下降为零，因此在一个交流周期内会出现两次上、下桥臂同时导通的情况，如图 3.13 所示。由于稳态阶段桥臂电流的对称性，上述两次上、下桥臂同时导通持续的时间是相同的。为方便，定义半个周期内，某相上、下桥臂同时导通持续的时间为导通重叠角，用 γ 表示，$\gamma \in [0,\pi)$。

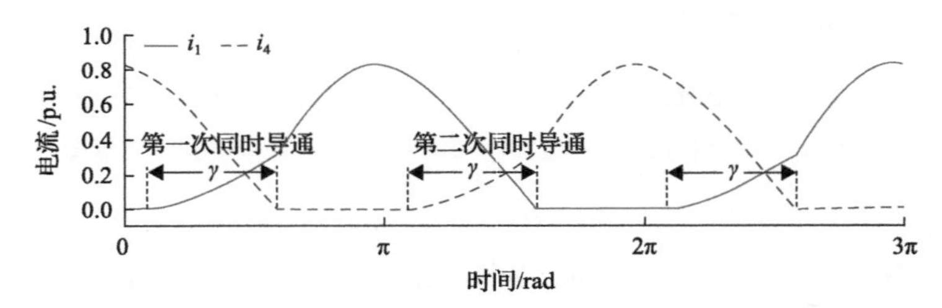

图 3.13 MMC 闭锁后交流馈入稳态阶段 a 相上下桥臂电流波形示意图

1. 稳态工作模式分析

在不同的换流器故障参数下，导通重叠角 γ 的大小发生变化，反映了桥臂电抗器在交直流侧能量交换过程中的作用程度，也对应了故障稳态下 MMC 的不同工作模式。

由于三相二极管整流桥输出的直流电流以 $T/6$ 为一个脉动周期(T=20ms)，以 60°为一个划分区间，可以得到 MMC 的 4 种主要稳态工作模式和 2 种中间模式，不同工作模式下的桥臂电流波形如图 3.14 和图 3.15 所示。图中，α 为 D_1 的初始导通角(即桥臂电流 i_1 正向过零时刻对应的相角)，两个相邻的导通区间分别用黄色和蓝色模块表示，模块上方的标注，如 D_{561}，表示对应区间内二极管 D_5、D_6、D_1 处于导通状态。

(1) 工作模式 A (γ=0)：MMC 桥臂导通状态与传统六脉波二极管整流桥类似，MMC 每相上、下桥臂将交替导通 180°，任一时刻换流器有且仅有 3 个桥臂导通，如图 3.14(a)所示。此时，直流电流为桥臂电流 i_1～i_6 的最大值的包络线。

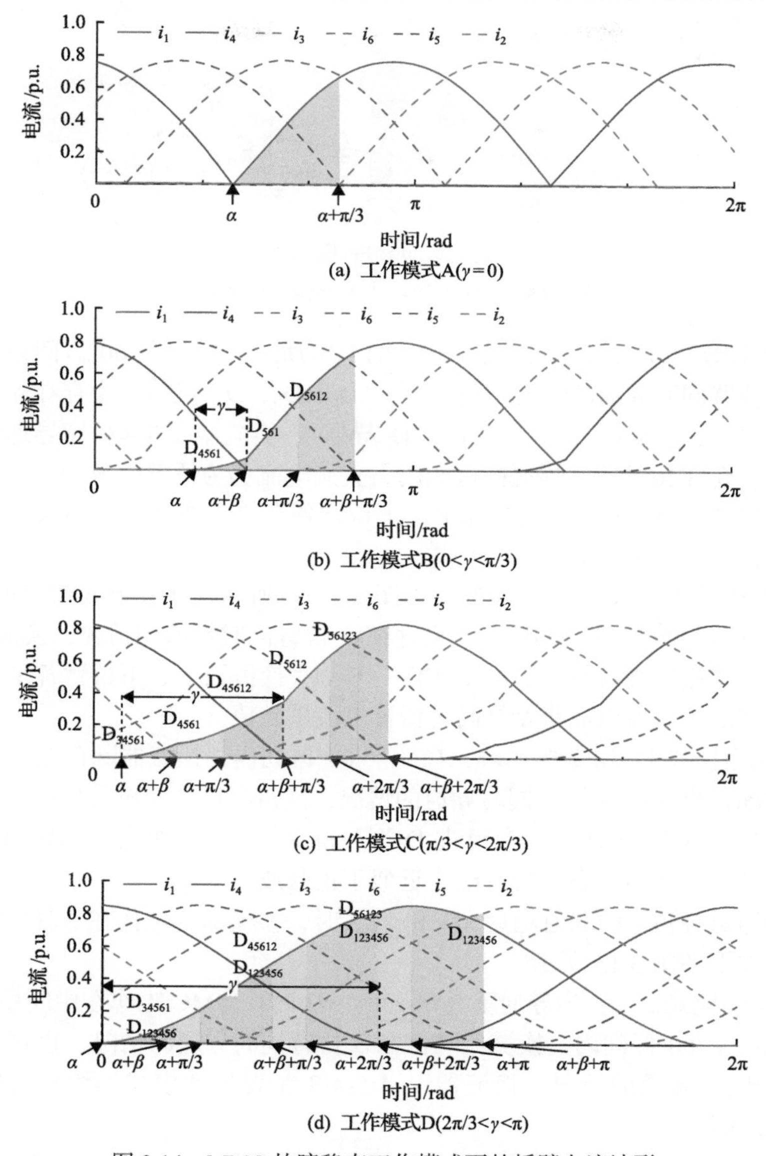

(a) 工作模式A(γ=0)

(b) 工作模式B(0<γ<π/3)

(c) 工作模式C(π/3<γ<2π/3)

(d) 工作模式D(2π/3<γ<π)

图 3.14　MMC 故障稳态工作模式下的桥臂电流波形

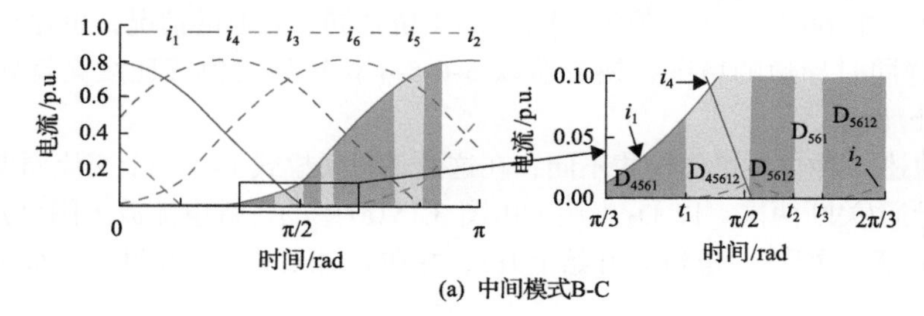

(a) 中间模式B-C

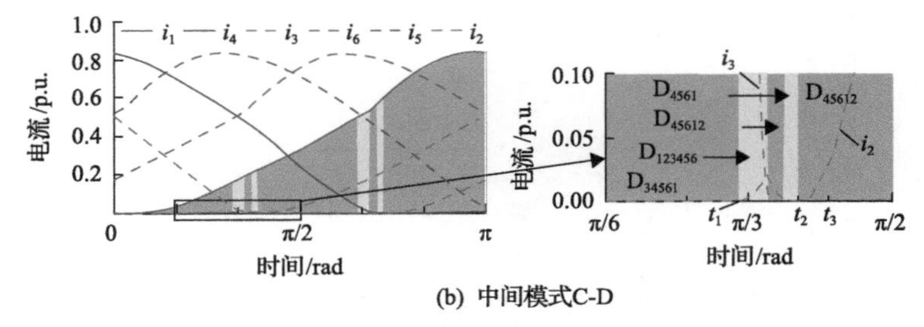

(b) 中间模式C-D

图 3.15　2 种中间模式下的桥臂电流波形

(2) 工作模式 B (0＜γ＜π/3)：如图 3.14(b)所示，在一个 60°区间内，换流器既存在 3 桥臂同时导通的情况(黄色部分，D_5、D_6、D_1 导通)，也存在 4 桥臂同时导通的情况(蓝色部分，D_5、D_6、D_1、D_2 导通)，换流器以 3-4 桥臂导通模式连续交替导通。在 3 桥臂同时导通的区间内，直流电流仍为桥臂电流的最大值，但在 4 桥臂同时导通的区间内，换流器上、下桥臂各有 2 组处于导通状态，直流电流将高于桥臂电流的最大值。

(3) 工作模式 C (π/3＜γ＜2π/3)：如图 3.14(c)所示，在一个 60°区间内，换流器既存在 4 桥臂同时导通的情况，也存在 5 桥臂同时导通的情况，换流器以 4-5 桥臂导通模式连续交替导通。由于在任一时刻，换流器上、下桥臂各至少有 2 组处于导通状态，直流电流将始终高于桥臂电流最大值。

(4) 工作模式 D (2π/3＜γ＜π)：在一个 60°区间内，换流器既存在 5 桥臂同时导通的情况，也存在 6 桥臂同时导通的情况，换流器以 5-6 桥臂导通模式连续交替导通，如图 3.14(d)所示。在模式 D 下，每个桥臂在一个交流周期内仅有很小一段时间处于未导通状态，桥臂电流近似于正弦波。

当导通重叠角 γ 的取值趋近 π/3 和 2π/3 时，换流器将工作在 2 种中间模式，桥臂电流波形如图 3.15 所示。

(1) 中间模式 B-C：当导通重叠角 $\gamma \approx \pi/3$ 时，MMC 工作在中间模式 B-C。此时，在一个 60°区间内，换流器既存在 3 桥臂同时导通的情况，也存在 4 桥臂和 5 桥臂同时导通的情况，换流器以 4-5-4-3 桥臂导通模式连续交替导通，如图 3.15(a)所示。

(2) 中间模式 C-D：当导通重叠角 $\gamma \approx 2\pi/3$ 时，MMC 工作在中间模式 C-D。此时，在一个 60°区间内，换流器既存在 4 桥臂同时导通的情况，也存在 5 桥臂和 6 桥臂同时导通的情况，换流器以 5-6-5-4 桥臂导通模式连续交替导通，如图 3.15(b)所示。

与前述 4 种主要工作模式不同，在这两种中间模式下，一个交流周期内每个桥臂将导通/关断两次。以 D_2 为例，由图 3.15(a)中的桥臂电流放大图可知，在 t_1 时刻，D_2 第一次导通(电流 i_2 开始上升)，并在 t_2 时刻关断。经过一个很小的时间间隔后，在 t_3 时刻，D_2 再次导通。当 D_2 的第一次导通区间和第二次导通区间产生重叠时，中间模式消失，换流器将过渡到前述的主要工作模式。由于 D_2 两次导通之间的时间间隔(t_2～t_3)较短，系统故障参数的微小变化很容易导致该时间间隔消失。同时，D_2 在其第一个导通区间内的电流非常小(图 3.15 所示的例子中分别为 0.02p.u.和 0.002p.u.)，对故障电流幅值的影响较小。考虑到上述两个因素，在计算稳态故障电流时，可以忽略这两种中间模式。

2. 稳态交直流故障电流解析式推导

基于上述工作模式的分析，可以对 MMC 在交流馈入稳态阶段的交、直流侧故障电流解析式进行推导。故障稳态阶段 MMC 的等效电路如图 3.8 所示。由于初相角不影响交直流侧故障电流的幅值，此处令 e_a 的初相角 α_s 为零，则交流电网等值电源 e_j 可进一步表示为

$$
\begin{aligned}
e_{\mathrm{a}} &= U_{\mathrm{s}} \sin(\omega t) \\
e_{\mathrm{b}} &= U_{\mathrm{s}} \sin(\omega t - 2\pi/3) \\
e_{\mathrm{c}} &= U_{\mathrm{s}} \sin(\omega t + 2\pi/3)
\end{aligned} \tag{3.31}
$$

式中，U_s 为交流等效电源相电压幅值。

为表征桥臂电抗器的作用，定义桥臂电感系数 k 如式(3.32)所示，则 $0 \leqslant k < 1$。

$$
k = \frac{L_{\mathrm{a}}}{L_{\mathrm{ac}} + L_{\mathrm{a}}} \tag{3.32}
$$

同时，为便于推导过程中可能涉及的反三角函数的求解，引入角度 β 来替代导通重叠角 γ 的计算。对于模式 B，有 $\gamma = \beta + 0$；对于模式 C，有 $\gamma = \beta + \pi/3$；对于模式 C，有 $\gamma = \beta + 2\pi/3$。其中，β 的取值范围为 $0 \leqslant \beta < \pi/3$。

在故障电流解析式推导过程中，有如下基本假设。

(1)先不考虑交流侧等值电阻的影响，在推导出基本故障电流表达式后再进行修正。

(2)假设直流侧电感无穷大，意味着忽略直流侧电流纹波，求取的是直流侧稳态电流平均值，而非瞬时值。

(3)假设子模块中的二极管是理想开关元件，意味着二极管两端施加正向电压即导通，且不计二极管的导通压降和通态电阻。

故障电流解析式推导思路如下：由图 3.8 易知，直流电流可以表示为三相桥臂电流之和，而交流故障电流幅值与桥臂电流峰值相同。因此，求出三相桥臂电流即可得到交、直流侧电流表达式。考虑到稳态情况下 abc 三相对称，桥臂电流 i_1～i_6 波形相同，仅相位存在差距，因此只需计算任意一个桥臂电流即可。在稳态模式下，换流器桥臂的导通状态仍然持续变化，换流器的状态方程不连续，为此

可以将桥臂电流划分为多个子区间，作为分段函数进行求解。

依据上述思路，本节以 i_1 的计算为例，推导了工作模式 B 下 MMC 的直流和交流侧故障电流解析表达式，其余工作模式下的故障电流解析式推导过程与之类似。

1) 工作模式 A

由于工作模式 A 中，MMC 有且仅有 3 个桥臂导通，与传统两电平 VSC 类似，其交直流侧故障电流解析式已在诸多文献中给出，如式(3.33)、式(3.34)所示，此处不再额外进行推导。

$$I_{dc}=\frac{9\sqrt{3}(1-k)U_s}{2\sqrt{(9X_{ac})^2+[\sqrt{3}(1-k)\pi R_{dc}]^2}} \tag{3.33}$$

$$I_{sm}=\frac{\pi}{3}I_{dc} \tag{3.34}$$

式中，X_{ac} 为交流侧等效电抗。

2) 工作模式 B

由图 3.14(b)可知，模式 B 下直流电流平均值近似为桥臂电流 i_1 在 $\omega t=\alpha+\beta+\pi/3$ 时刻的瞬时值，而在不考虑直流侧纹波的情况下，桥臂电流的峰值可视为等于直流电流，则有

$$I_{dc}=i_1\big|_{\omega t=\alpha+\beta+\pi/3} \tag{3.35}$$

$$I_{sm}=I_{dc} \tag{3.36}$$

为求得 i_1 在 $\omega t=\alpha+\beta+\pi/3$ 时刻的值，将区间 $[\alpha, \alpha+\beta+\pi/3]$ 划分为 3 个子区间：$[\alpha, \alpha+\beta)$、$[\alpha+\beta, \alpha+\pi/3)$、$[\alpha+\pi/3, \alpha+\beta+\pi/3]$，并分别进行求解，各区间内的 MMC 等效电路分别如图 3.16(a)～(c)所示。

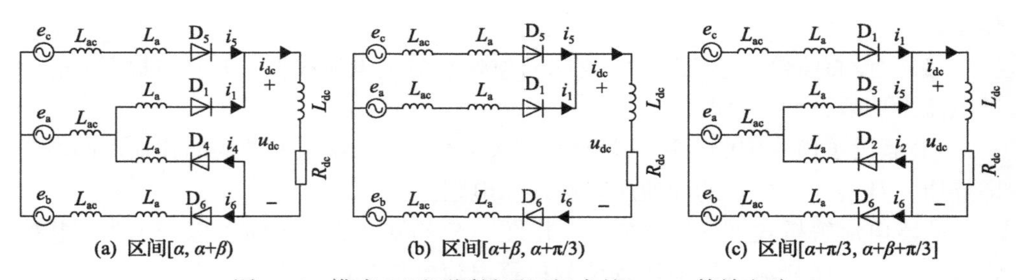

图 3.16 模式 B 下不同导通区间内的 MMC 等效电路

对于上述三个不同子区间，分别依据电路分析理论求解对应的 MMC 等效电路，可得直流电压 u_{dc} 和桥臂电流 i_1 的分段解析表达分别为

$$
u_{\mathrm{dc}}=\begin{cases}\dfrac{L_{\mathrm{a}}}{L_{\mathrm{ac}}+2L_{\mathrm{a}}}f(e_{\mathrm{c}}-e_{\mathrm{b}}), & \alpha\leqslant\omega t<\alpha+\beta\\ -1.5e_{\mathrm{b}}, & \alpha+\beta\leqslant\omega t<\alpha+\pi/3\\ \dfrac{L_{\mathrm{a}}}{L_{\mathrm{ac}}+2L_{\mathrm{a}}}f(e_{\mathrm{a}}-e_{\mathrm{b}}), & \alpha+\pi/3\leqslant\omega t\leqslant\alpha+\beta+\pi/3\end{cases}\tag{3.37}
$$

$$
i_1=\begin{cases}\sqrt{3}U_{\mathrm{s}}\left[-\dfrac{m}{\omega}\cos\left(\omega t+\dfrac{\pi}{6}\right)+\dfrac{n}{\omega}\cos\left(\omega t+\dfrac{\pi}{2}\right)\right]+C_1, & \alpha\leqslant\omega t<\alpha+\beta\\ -\dfrac{p}{\omega}\dfrac{\sqrt{3}}{2}U_{\mathrm{s}}\cos\left(\omega t-\dfrac{\pi}{6}\right)+C_2, & \alpha+\beta\leqslant\omega t<\alpha+\pi/3\\ \sqrt{3}U_{\mathrm{s}}\left[\dfrac{m}{\omega}\cos\left(\omega t+\dfrac{\pi}{2}\right)-\dfrac{n}{\omega}\cos\left(\omega t+\dfrac{\pi}{6}\right)\right]+C_3, & \alpha+\pi/3\leqslant\omega t\leqslant\alpha+\beta+\pi/3\end{cases}\tag{3.38}
$$

式中，参数 m、n、f、p 为与系统电感参数相关的常数，且有 $m=1/(3L_{\mathrm{ac}}+2L_{\mathrm{a}})$、$n=2m(L_{\mathrm{ac}}+L_{\mathrm{a}})/(L_{\mathrm{ac}}+2L_{\mathrm{a}})$、$f=L_{\mathrm{a}}/(L_{\mathrm{ac}}+2L_{\mathrm{a}})$、$p=1/(L_{\mathrm{ac}}+L_{\mathrm{a}})$；$C_1$、$C_2$ 和 C_3 分别为第 1、2、3 个子区间内桥臂电流的积分时间常数，可将式(3.39)所示的边界条件代入式(3.38)求得。

$$
\begin{cases}i_1^1\big|_{\omega t=\alpha}=0\\ i_1^2\big|_{\omega t=\alpha+\beta}=i_1^1\big|_{\omega t=\alpha+\beta}\\ i_1^3\big|_{\omega t=\alpha+\pi/3}=i_1^2\big|_{\omega t=\alpha+\pi/3}\end{cases}\tag{3.39}
$$

基于上述直流电压 u_{dc}、桥臂电流 i_1 的分段解析表达式，可以对交直流侧电流的解析式进行进一步推导，共包含 4 个步骤。

(1) 直流电流平均值方程。将 $I_{\mathrm{dc}}=i_1\big|_{\omega t=\alpha+\beta+\pi/3}$ 代入式(3.40)，可求得直流电流平均值方程：

$$
I_{\mathrm{dc}}=\frac{U_{\mathrm{s}}}{4\omega}(A\sin\beta+B\cos\beta+C)\tag{3.40}
$$

式中，参数 A、B、C 为初始导通角 α 的函数，整理可得

$$
\begin{cases}A=(12m-3p)\sin\alpha+\sqrt{3}p\cos\alpha\\ B=(-12m+3p)\cos\alpha+\sqrt{3}p\sin\alpha\\ C=(12m-3p)\cos\alpha+\sqrt{3}p\sin\alpha\end{cases}\tag{3.41}
$$

(2) 直流电压平均值方程。在 1/6 周期内，直流电压平均值可表示为

$$U_{\mathrm{dc}}=\frac{3}{\pi}\left[\int_{\alpha/\omega}^{(\alpha+\beta)/\omega}\frac{L_{\mathrm{a}}}{L_{\mathrm{ac}}+2L_{\mathrm{a}}}(e_{\mathrm{c}}-e_{\mathrm{b}})\mathrm{d}(\omega t)+\int_{(\alpha+\beta)/\omega}^{\left(\frac{\pi}{3}+\alpha\right)/\omega}-1.5e_{\mathrm{b}}\mathrm{d}(\omega t)\right] \tag{3.42}$$

整理可得

$$U_{\mathrm{dc}}=\frac{3U_{\mathrm{s}}}{4\pi}(D\sin\beta+E\cos\beta+F) \tag{3.43}$$

式中，参数 D、E、F 为初始导通角 α 的函数，且有

$$\begin{cases}D=\sqrt{3}(4f-3)\cos\alpha-3\sin\alpha\\E=\sqrt{3}(4f-3)\sin\alpha+3\cos\alpha\\F=\sqrt{3}(-4f+3)\sin\alpha+3\cos\alpha\end{cases} \tag{3.44}$$

(3) 约束方程。联立式 (3.40)、式 (3.43) 可知，直流电压和电流平均值方程组中包含两个未知数 α、β。为获得直流电流关于系统参数的解析表达，还需要引入两个约束以消除方程组中的未知数 α、β。

首先，在换流器直流侧，直流电压和电流平均值存在如下约束：

$$U_{\mathrm{dc}}=R_{\mathrm{dc}}I_{\mathrm{dc}} \tag{3.45}$$

其次，依据换流器等效电路还可以求得初始导通角的约束。对于图 3.16(a) 所示的电路，假设仅有二极管 D_4、D_5、D_6 导通，则该情况下 D_1 两端的电压可表示为

$$u_{\mathrm{D1}}=\frac{L_{\mathrm{ac}}}{L_{\mathrm{ac}}+L_{\mathrm{a}}}\left(-e_{\mathrm{a}}-\frac{1}{2}e_{\mathrm{c}}\right)+e_{\mathrm{a}}-e_{\mathrm{c}} \tag{3.46}$$

由于 D_1 是理想开关，当 $u_{\mathrm{D1}}>0$ 时，D_1 导通，换流器将进入 D_4、D_5、D_6、D_1 同时导通的状态。因此，可以认为 $u_{\mathrm{D1}}\geqslant 0$ 的时刻对应的相角为 i_1 的初始导通角。

令 $u_{\mathrm{D1}}=0$，则求得模式 B 的初始导通角约束为

$$\tan\alpha=\frac{3-k}{\sqrt{3}(k+1)} \tag{3.47}$$

(4) 交直流电流解析式。将直流侧约束式 (3.45) 和初始导通角约束式 (3.47) 代入式 (3.40)、式 (3.43)，可求解得到直流电流平均值和交流电流幅值的解析表达式

分别为

$$I_{dc}=\frac{3\sqrt{3}(1-k)\sqrt{3+k^2}U_s}{3X_{ac}(3-k)+\pi R_{dc}(1-k^2)} \tag{3.48}$$

$$I_{sm}=I_{dc} \tag{3.49}$$

将 I_{dc} 的表达式代入式(3.40)，求得导通重叠角 γ 为

$$\gamma=\beta=\arcsin\frac{(4\omega/U_s)I_{dc}-C}{\sqrt{A^2+B^2}}+\arctan\left(-\frac{B}{A}\right) \tag{3.50}$$

3) 工作模式 C

工作模式 C 的故障电流解析式推导流程与模式 B 类似。由图 3.14(c)可知，在模式 C 中，直流电流平均值和交流电流幅值与 i_1 的关系可分别表示为

$$I_{dc}=i_1\big|_{\omega t=\alpha+\beta+2\pi/3}+i_1\big|_{\omega t=\alpha+\beta} \tag{3.51}$$

$$I_{sm}=i_1\big|_{\omega t=\alpha+\beta+2\pi/3} \tag{3.52}$$

为获得 i_1 的表达式，将[α, $\alpha+\beta+2\pi/3$]划分为 5 个子区间，即[α, $\alpha+\beta$)、[$\alpha+\beta$, $\alpha+\pi/3$)、[$\alpha+\pi/3$, $\alpha+\beta+\pi/3$)、[$\alpha+\beta+\pi/3$, $\alpha+2\pi/3$)、[$\alpha+2\pi/3$, $\alpha+\beta+2\pi/3$]，如图 3.14(c)所示。

通过分别求解这 5 个子区间内的直流电压和桥臂电流，并考虑所有的边界条件，可以求得直流电流平均值 I_{dc} 和直流电压平均值 U_{dc} 关于 α、β 的方程，如式(3.53)所示。

$$\begin{cases} I_{dc}=\dfrac{U_s}{4\omega}(A\sin\beta+B\cos\beta+C) \\ U_{dc}=\dfrac{3U_s}{4\pi}(D\sin\beta+E\cos\beta+F) \end{cases} \tag{3.53}$$

式中，参数 A～F 的取值为

$$\begin{cases} A=3\sqrt{3}g\cos\alpha+(9g-12m)\sin\alpha \\ B=3\sqrt{3}g\sin\alpha+(9g+12m)\cos\alpha \\ C=3\sqrt{3}(2m-g)\sin\alpha+(9g-6m)\cos\alpha \end{cases},\quad \begin{cases} D=\sqrt{3}(q-4f)\cos\alpha-q\sin\alpha \\ E=\sqrt{3}(q-4f)\sin\alpha+q\cos\alpha \\ F=\sqrt{3}(2f-q)\sin\alpha+(6f-q)\cos\alpha \end{cases} \tag{3.54}$$

其中，$g=1/(2L_{ac}+L_a)$；$q=L_a/(L_{ac}+L_a)$。

为确定初始导通角 α 的取值，设换流器中二极管 D_3、D_4、D_5、D_6 处于导通状态，求得此时 D_1 两端的电压为

$$u_{D1} = \frac{k[(e_a - e_b) + (1-k)(e_b - e_c)]}{4-(1-k)^2} - \frac{k}{1+k}(e_c - e_a) \tag{3.55}$$

令 $u_{D1} = 0$，则求得初始导通角 α 满足：

$$\tan\alpha = \frac{\sqrt{3}(1-k)}{5-k} \tag{3.56}$$

将直流侧约束和初始导通角约束代入式(3.53)中，求得模式 C 下直流电流平均值解析式为

$$I_{dc} = \frac{3(1-k)k\sqrt{7-4k+k^2}U_s}{k(6-5k+k^2)X_{ac} + (1-k^2)\pi R_{dc}} \tag{3.57}$$

导通重叠角 γ 为

$$\gamma = \beta + \frac{\pi}{3} = \arcsin\frac{(4\omega / U_s)I_{dc} - C}{\sqrt{A^2+B^2}} + \arctan\frac{B}{A} + \frac{\pi}{3} \tag{3.58}$$

将 α、β 的取值代入式(3.52)，可求得交流侧故障电流幅值解析式为

$$I_{sm} = \frac{U_s}{X_{ac}} \frac{1}{2(k-3)(k-2)\sqrt{7-4k+k^2}} \begin{bmatrix} 6\sqrt{3}(k-1)(k-2)\sin\beta \\ +(24-55k+41k^2-11k^3+k^4)\cos\beta \\ +(7k-11k^2+5k^3-k^4) \end{bmatrix} \tag{3.59}$$

4）工作模式 D

在模式 D 中，区间[α, $\alpha+\beta+\pi$]被分为 7 个子区间分别进行求解，如图 3.14(d)所示。直流电流平均值和交流电流幅值可分别表示为

$$I_{dc} = i_1\big|_{\omega t=\alpha+\beta+\pi} + i_1\big|_{\omega t=\alpha+\beta+\pi/3} \tag{3.60}$$

$$I_{sm} = i_1\big|_{\omega t=\alpha+\pi} \tag{3.61}$$

通过求解 7 个子区间内的直流电压和桥臂电流，可得到 I_{dc} 和 U_{dc} 关于 α、β 的方程组仍然如式(3.53)所示。其中，参数 A～F 的取值为

$$\begin{cases} A = 3\sqrt{3g} \\ B = 3g \\ C = 6g \end{cases}, \quad \begin{cases} D = -3\sqrt{3}q \\ E = -3q \\ F = 6q \end{cases} \tag{3.62}$$

设换流器中二极管 D_2～D_6 导通，求得 D_1 两端的电压为

$$u_{D1} = \frac{3L_a}{2(L_{ac} + L_a)} e_a \tag{3.63}$$

令 $u_{D1} = 0$，则求得初始导通角 α 为

$$\alpha = 0 \tag{3.64}$$

将直流侧约束和初始导通角约束代入直流侧电压电流方程，求解得到模式 D 下直流电流平均值解析式为

$$I_{dc} = \frac{3k(1-k)U_s}{k(2-k)X_{ac} + (1-k)\pi R_{dc}} \tag{3.65}$$

导通重叠角为

$$\gamma = \beta + \frac{2\pi}{3} = \arcsin\frac{(4\omega / U_s)I_{dc} - C}{\sqrt{A^2 + B^2}} - \arctan\frac{B}{A} + \frac{2\pi}{3} \tag{3.66}$$

将 α、β 的取值代入式(3.61)，可求得交流侧故障电流幅值解析式为

$$I_{sm} = \frac{U_s}{X_{ac}} \frac{k(k-1)}{k-2} \left(\frac{\sqrt{3}}{4} \sin\beta + \frac{1}{4} \cos\beta + 2 \right) \tag{3.67}$$

3. 计及交流侧电阻影响的故障电流解析式修正

在前面的推导中，将交流侧和变压器等效为纯感性的电路，并未考虑交流侧电阻的影响，适用于换流器交流侧系统短路电阻电抗比(R/X)较小的场景。事实上，不同电压等级的交流电网 R/X 存在着较大的差距。在以架空线为主要传输介质的输电网中，R/X 通常小于 0.5。而在架空线和电缆混合使用的配电网中，R/X 通常高于 0.5，在电压等级较低的配电网中，交流线路 R/X 可高达 7。随着分布式清洁能源的不断发展，大量的换流器将不可避免地接入到 R/X 较大的中、低压配电网中，此时若忽略交流侧电阻将带来较大的计算误差。

在稳态运行时，交流侧三相对称，因此可以将不考虑交流侧电阻的换流器等效成阻抗为 Z_c($Z_c=R_c+jX_c$)的三相对称负载，其等效电路和对应的相量图如图 3.17(a)

所示。其中，换流器交流侧电压、电流相量分别为 $\dot{E}$ 、$\dot{I}$ ，其幅值分别为 U_s 、I_{sm} 。则考虑交流侧电阻的换流器可以等效为图 3.17(b)所示的形式，此时换流器交流侧的等效电压、电流相量分别为 $\dot{E}'$ 、$\dot{I}'$ ，其幅值分别为 U_s' 、I_{sm}' 。

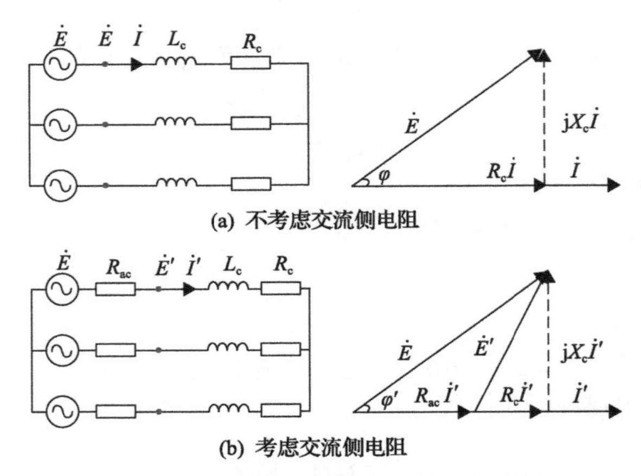

图 3.17　换流器三相等效电路图和相量图

利用换流器交、直流侧功率守恒原则，对图 3.17(a)可求得换流器等效电阻和等效电抗为

$$R_c = \frac{U_s \cos\varphi}{I_{sm}}, \quad X_c = \frac{U_s \sin\varphi}{I_{sm}} \tag{3.68}$$

$$\cos\varphi = R_{dc} I_{dc}^2 / (U_s I_{sm}) \tag{3.69}$$

式中，φ 为相量 $\dot{E}$ 、$\dot{I}$ 间的相角。

将上述换流器等效电阻 R_c 和等效电抗 X_c 代入图 3.17(b)中的电路，依据相量图可求得考虑交流侧电阻的 MMC 交流侧电流幅值和相角为

$$I_{sm}' = \frac{U_s}{\sqrt{(R_{ac}+R_c)^2 + X_c^2}}, \quad \varphi' = \arctan\frac{X_c}{R_{ac}+R_c} \tag{3.70}$$

交流侧等效电压为

$$\dot{E}' = U_s - R_{ac} I_{sm}' \cos\varphi' + \mathrm{j} R_{ac} I_{sm}' \sin\varphi' \tag{3.71}$$

其幅值为

$$U_s' = \sqrt{(U_s - R_{ac} I_{sm}' \cos\varphi')^2 + (R_{ac} I_{sm}' \sin\varphi')^2} \tag{3.72}$$

由于桥臂的导通主要受储能元件的影响，在交流侧电阻增大时，尽管故障电流水平发生了明显的变化，但换流器工作模式和导通重叠角始终保持不变。为此，可以认为交流侧阻尼的存在仅仅使换流器交流侧等效电源幅值发生了变化。因此，在计算含交流侧电阻影响的换流器故障电流时，只需将解析式中的 U_s 替换为 U_s' 即可。

最后，在进行故障电流计算之前，还需确定任一系统参数下 MMC 所处的工作模式。从推导的故障电流表达式可以看出，对于给定的 X_{ac} 和 k，导通重叠角 γ 的大小仅取决于直流侧电阻 R_{dc}。由于导通重叠角 γ 关于直流侧电阻 R_{dc} 的函数是单调变化的，因此可以通过几个临界电阻来区分这些工作模式。此处将各工作模式分界点处对应的直流侧电阻定义为临界电阻，在临界电阻处，相邻两种模式的直流电流相同，由此可得 3 个临界电阻值为

$$\begin{cases} R_{A/B}=\dfrac{X_{ac}}{\pi}\dfrac{9(1+k)}{3-4k+k^2} \\ R_{B/C}=\dfrac{X_{ac}}{\pi}\dfrac{(k^2-3k)\left[(k-2)\sqrt{9+3k^2}+3\sqrt{7-4k+k^2}\right]}{(k^2-1)(\sqrt{9+3k^2}-k\sqrt{7-4k+k^2})} \\ R_{C/D}=\dfrac{X_{ac}}{\pi}\dfrac{(2k-k^2)(\sqrt{7-4k+k^2}-3+k)}{(k-1)(\sqrt{7-4k+k^2}-1-k)} \end{cases} \tag{3.73}$$

式中，$R_{A/B}$、$R_{B/C}$、$R_{C/D}$ 分别为模式 A 和 B、模式 B 和 C、模式 C 和 D 之间的临界电阻，且 $R_{A/B}>R_{B/C}>R_{C/D}$。

得到临界电阻后，MMC 故障稳态工作模式可按照式(3.74)中的判据来确定。

$$\text{MMC故障稳态工作模式}=\begin{cases} \text{模式D}, & 0<R_{dc}\leqslant R_{C/D} \\ \text{模式C}, & R_{C/D}<R_{dc}\leqslant R_{B/C} \\ \text{模式B}, & R_{B/C}<R_{dc}\leqslant R_{A/B} \\ \text{模式A}, & R_{A/B}<R_{dc} \end{cases} \tag{3.74}$$

3.3.5　仿真验证

为验证所推导的故障电流解析式的有效性，在 PSCAD/EMTDC 电磁暂态仿真软件平台上搭建了两个单端 MMC 测试模型。其中 MMC1 用于模拟接入输电网的场景，MMC2 用于模拟接入配电网的场景。两个换流器均采用直流电压-无功功率控制方式，主回路参数如表 3.2 所示。

表 3.2　MMC 测试模型参数表

项目	参数	MMC1（输电）	MMC2（配电）
交流电网	线电压有效值	380kV	10.5kV
	短路比（SCR）	10	5
	电阻电抗比 R/X	0.1	0.5～1.2
换流变	连接方式	YnD	Dyn11
	容量	800MV · A	24MV · A
	变比	380/220	10.5/10.5
	漏抗	0.15p.u.	0.1p.u.
换流器	额定有功功率	400MW	20MW
	桥臂电感	50mH	3.5mH
	子模块电容	131μF	35mF
	子模块个数	200	25
直流侧	直流电压	400kV	±10kV
	限流电抗器	50mH	0
	直流线路长度	240km	11km
	直流线路等效阻抗	0.058Ω/km, 2.35mH/km	0.0773Ω/km, 0.03578mH/km

1. 交流馈入暂态阶段解析式有效性验证

针对交流馈入暂态阶段，以线路末端故障为例，分析交流馈入暂态阶段换流器导通状态和直流侧电流变化特征，通过故障电流仿真值与计算值的对比验证所提解析式的有效性。

对于 MMC1，在线路末端设置金属性短路故障，故障时刻为 t=0.5s，当任意一个桥臂电流幅值超过 4kA 时，换流器闭锁。图 3.18(a)显示了直流故障电流的发展过程，图 3.18(b)进一步给出了交流馈入暂态阶段故障电流的解析值和计算值以及桥臂电流波形和导通的桥臂个数。

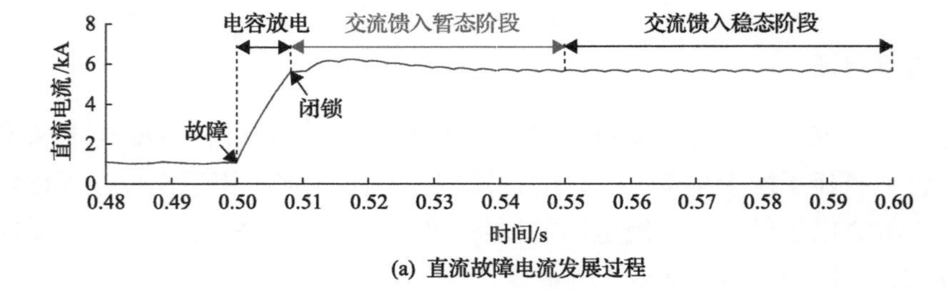

(a) 直流故障电流发展过程

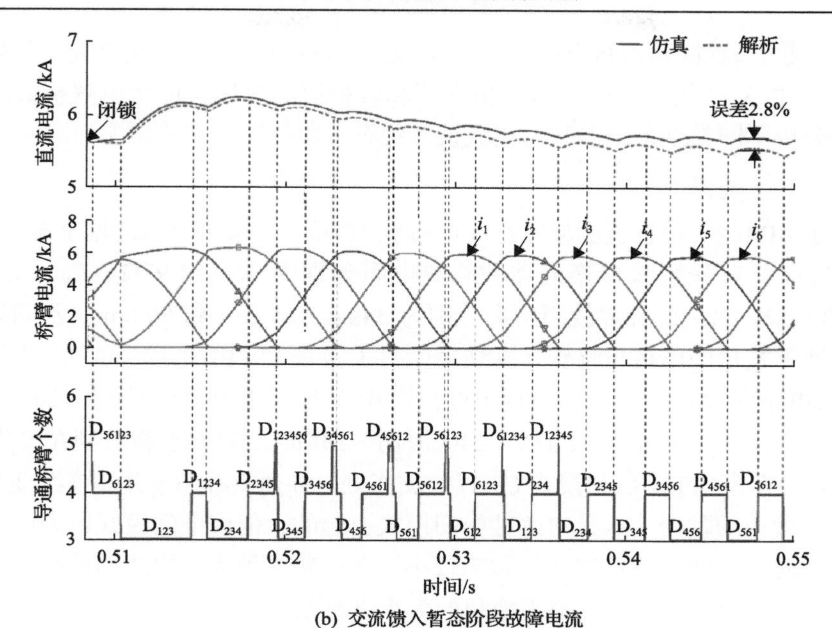

(b) 交流馈入暂态阶段故障电流

图 3.18　MMC1 线路末端直流故障电流波形

如图 3.18(a)所示，故障发生约 8ms 后(t=0.508s 时刻)桥臂电流 i_1 达到保护阈值 4kA，引发换流器闭锁，此后直流故障电流仍有小幅度的上升，并在约 t=0.55s 时刻达到稳态。由图 3.18(b)进一步可知，在交流馈入暂态阶段，桥臂电流非周期性地变化，在任意一个桥臂电流下降为零的时刻，桥臂导通个数变化一次。在当前故障情况下，交流馈入暂态阶段换流器导通的桥臂个数在 3～5 范围内变化。当把换流器看作一个整体时，依据换流器的导通状态和对应的戴维南等效电路可求得直流电流的瞬时值，如图 3.18(b)中虚线解析值所示。由图 3.18(b)可知，在换流器导通状态已知的情况下，采用所提解析式可以较为准确地描述交流馈入暂态阶段故障电流的变化趋势，仅幅值上有微小误差。该误差一方面来源于忽略交流侧和桥臂电阻的计算误差，另一方面来源于换流器导通状态判断产生的误差，由于下一导通阶段电流计算需要以上一阶段的电流作为初值，计算误差会持续累积。但由图 3.18(b)可知，最大误差不超过 2.8%，验证了所提解析式的有效性。

必须说明的是，仅给出系统参数的情况下，获取换流器在交流馈入暂态阶段的导通状态需要逐个对桥臂电流进行求解，计算量较大，因此此处换流器的导通状态由仿真获得。对于如何由换流器参数直接获得交流馈入暂态阶段直流电流解析式还需进一步深入研究。

2. 交流馈入稳态阶段解析式有效性验证

为验证交流馈入稳态阶段解析式的有效性，共设置了 3 个测试场景：①改变直流侧参数(包括限流电抗器的影响)；②改变桥臂电感；③改变交流侧参数。下面通过上述 3 个场景下故障电流仿真值和解析值的对比验证所提解析式的有效性，并分析不同类型系统参数对交流馈入稳态阶段故障电流的影响。

1)改变直流侧参数

对于 MMC1，设直流侧故障距离以每次 10km 的增量从 10km 增加至 240km。根据式(3.73)首先可获得换流器的临界电阻分别为 $R_{C/D}$=1.97Ω、$R_{B/C}$=9.22Ω、$R_{A/B}$=53.52Ω，对应的临界故障距离分别为 34km、159km 和 992km，不同故障距离下导通重叠角的仿真与解析计算结果如图 3.19 所示。由图 3.19 可知，当故障距离小于34km时，MMC故障稳态将工作在模式D，导通重叠角γ范围在120°～180°；故障发生在 34～159km 以及 159～240km 时，MMC 故障稳态将分别在模式 C 和 B 下运行。在模式 D、C 和模式 C、B 的交界处，导通重叠角γ并非连续变化，而是有一个微小的跳变，这是由两种中间模式引起的，但该中间模式所处的范围非常小，因此对导通重叠角的计算影响较小，在忽略两种中间模式的情况下，所提解析式仍然可以较好地对导通重叠角的大小进行预估。

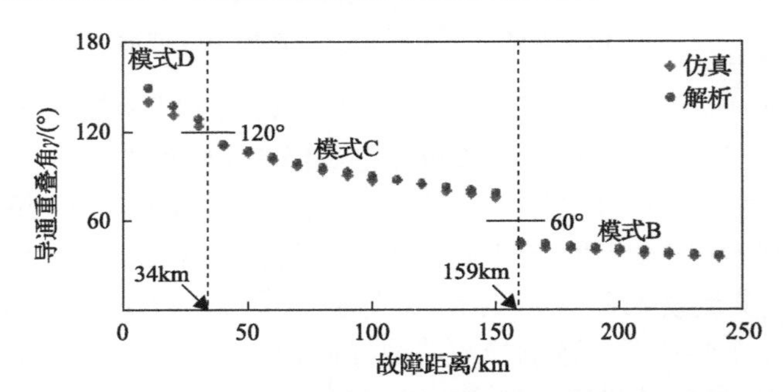

图 3.19　不同故障距离下导通重叠角 γ 的计算结果

确定工作模式后，图 3.20 进一步给出了不同故障距离下故障稳态直流电流平均值和交流电流幅值的计算结果，并与文献[1]中的国际电工委员会(IEC)标准法、文献[2]中的 IEC 校正法，以及文献[3]中的电压电流(VI)曲线法进行了比较。

由图 3.20 可知，随着故障距离的增加，交流馈入稳态阶段交直流侧电流非线性地减小。在图 3.20(a)所对比的 4 种计算方法中，IEC 标准法由于仅考虑了 3 桥臂同时导通的情况，其计算值远低于仿真值，最大误差高达 47.8%。IEC 校正法在 IEC 标准法的基础上增加了一个指数变化的修正系数，尽管能够大致体现故障电流的变化趋势，但计算误差仍高达 11.3%。而本书解析法和 VI 曲线法都能够准确地描述故障电流的变化特征，其计算结果与仿真值最接近，最大相对误差仅为 2%。相比于 VI 曲线法，本书解析法还能够给出交流馈入稳态阶段交流电流的幅值，如图 3.20(b)所示。由图 3.20(b)可知，在大多数情况下，由本书解析法得到的交流电流幅值略高于仿真值，但总体相对误差较小，最大为2.05%。最大误差发生在直流侧电阻接近临界电阻的位置，这是忽略直流电流纹波和两种中间工作模式造成的。

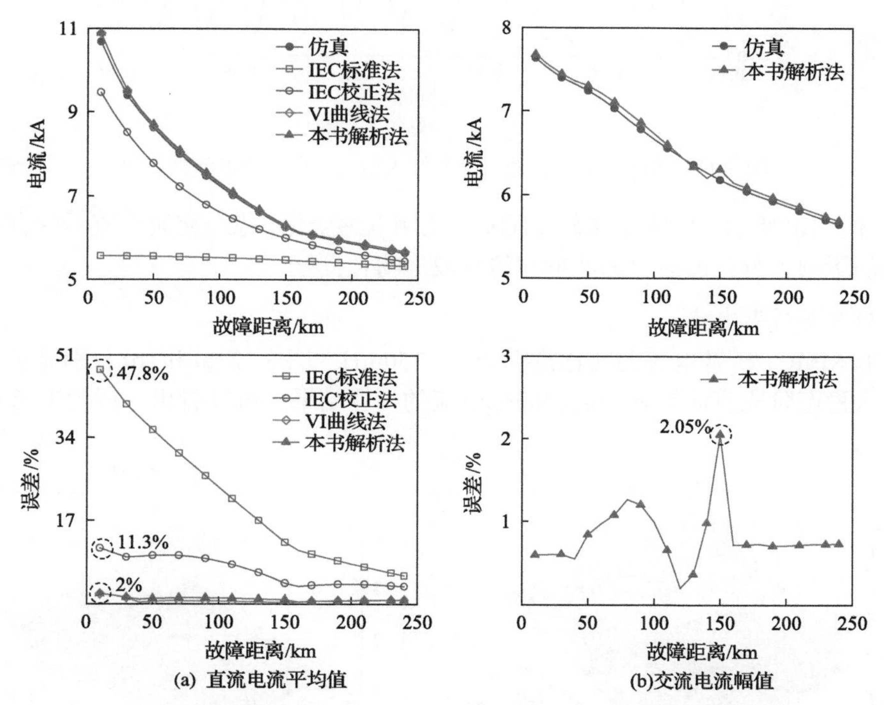

图 3.20　不同故障距离下交流馈入稳态阶段故障电流计算结果

2) 限流电抗器的影响

改变 MMC1 直流侧限流电抗器的大小，得到换流器的直流侧和交流侧故障电流波形如图 3.21 所示。由图 3.21(a)可知，直流侧电感的增加显著降低了电容放电阶段以及交流馈入暂态阶段故障电流的上升速度和幅值。在交流馈入稳态阶段，随着直流侧电感的减小，电流纹波的幅度逐渐增大，但直流侧故障电流平均值大致相同，由本书解析法得到的解析值略高于仿真值。对于交流侧故障电流，

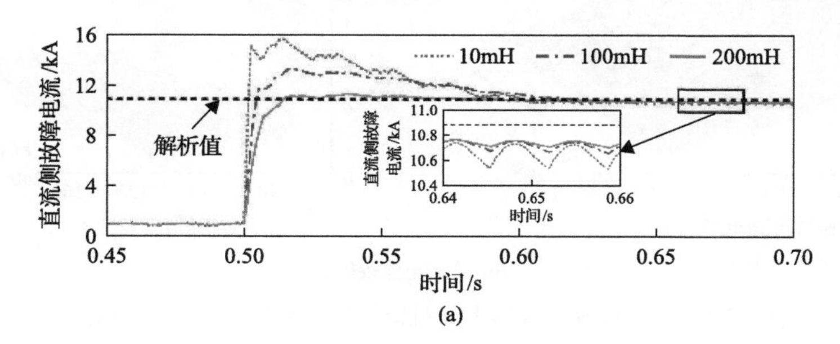

(a)

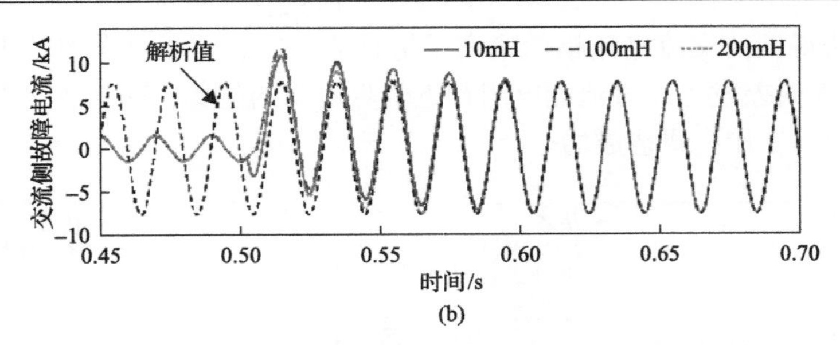

图 3.21　不同限流电抗器下交流馈入稳态阶段故障电流的对比

如图 3.21(b)所示，其只有暂态过程随直流侧电感变化，稳态交流电流不受直流侧电感的影响，解析值给出的波形与仿真波形吻合良好。

3)改变桥臂电感

取 MMC1 桥臂电感的变化范围为 5～150mH。图 3.22(a)和(b)分别显示了交流馈入稳态阶段直流侧和交流侧故障电流的计算结果。可以看出，桥臂电感对稳

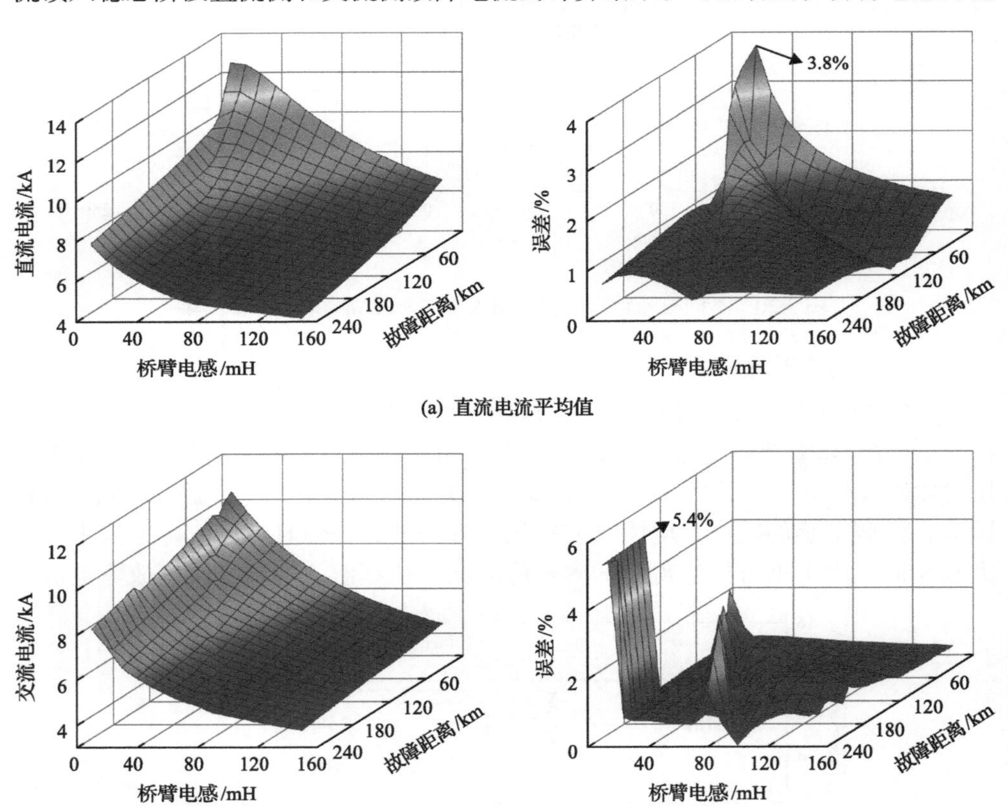

图 3.22　不同限流电抗器下交流馈入稳态阶段故障电流的对比

态故障电流的限流作用明显，随着桥臂电感的增加，直流电流平均值和交流电流幅值均呈现下降趋势。采用推导的解析式得到的直流电流平均值计算误差在 3.8% 以内，交流电流幅值总体计算误差也较小，最大误差为 5.4%。

桥臂电感不仅直接影响了故障电流水平，也改变了换流器的工作模式。图 3.23 中给出了不同桥臂电感系数 k 下的临界电阻 R_{critical}（$R_{\mathrm{A/B}}$、$R_{\mathrm{B/C}}$、$R_{\mathrm{C/D}}$ 的总称）与交流电抗 X_{ac} 比值的变化趋势。可以看出，随着桥臂电感系数的增加，$R_{\mathrm{critical}}/X_{\mathrm{ac}}$ 逐渐增大，在 $k\in[0,0.6]$ 时，$R_{\mathrm{critical}}/X_{\mathrm{ac}}$ 近似为线性增长，当 $k>0.6$ 时，该比值以近似于指数的规律急速上升。$R_{\mathrm{critical}}/X_{\mathrm{ac}}$ 随 k 的变化趋势表明，在同一故障距离下，桥臂电感越大，桥臂电感的续流作用越明显，桥臂换流时间越长，换流器越容易出现上下桥臂导通的情况，桥臂导通重叠角也越大。

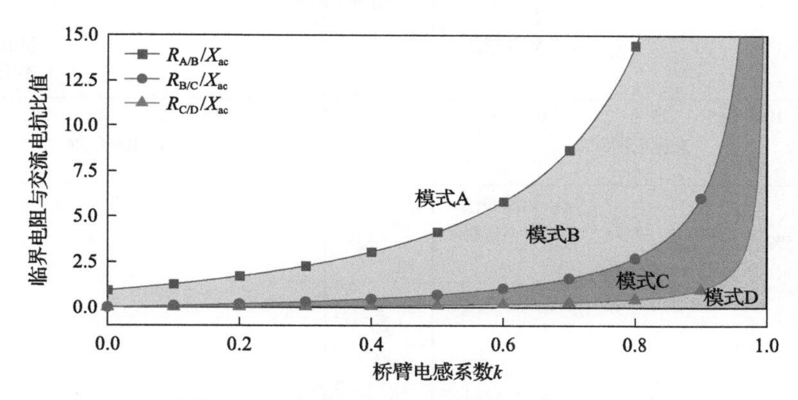

图 3.23　不同桥臂电感系数下的临界电阻与交流电抗比值变化趋势

4）改变交流侧参数

交流系统参数可以用与换流器相连的交流侧公共点处的 SCR 和 R/X 来刻画。为验证所提方法在交流侧存在较大阻尼时的有效性，参考文献[4]和 IEC60909 标准中对配电网 R/X 的描述，取 MMC2 交流侧 R/X 变化范围为 0.5～1.2，交流电网 SCR 范围为 5～40，研究交流侧参数对稳态故障电流的影响。

图 3.24 展示了当 R/X 为 0.5 时，不同交流电网 SCR 情况下稳态故障电流的计算结果。可知，随着交流系统强度增加，交流侧阻抗降低，导致交流馈入稳态阶段交、直流侧故障电流上升。依据所提解析式可以对交、直流侧故障电流进行预估，直流电流平均值的误差低于 1.5%，交流电流幅值的误差低于 2.1%。在 R/X 固定的情况下，依据已有的 VI 曲线法得到的计算值略高于仿真值，总体误差最大为 4.5%。

图 3.25 进一步展示了交流电网 SCR 为 5 时，不同 R/X 情况下故障电流的计算结果。可以看出，随着 R/X 的不断增大，交直流故障电流约呈线性增加。本书解析式能够准确地描述故障电流的演变趋势，交、直流侧电流计算误差小于 1%。

相比之下，VI 曲线法呈现出一定的局限性，忽略交流侧电阻使得 VI 曲线法的计算值高于仿真值，相对误差可达 14%。通过对比可以看出，本书解析法在系统任意参数变化情况下均能较为准确地对交流馈入稳态阶段的故障电流进行预估，适用于多种场景，具有较强的适应性。

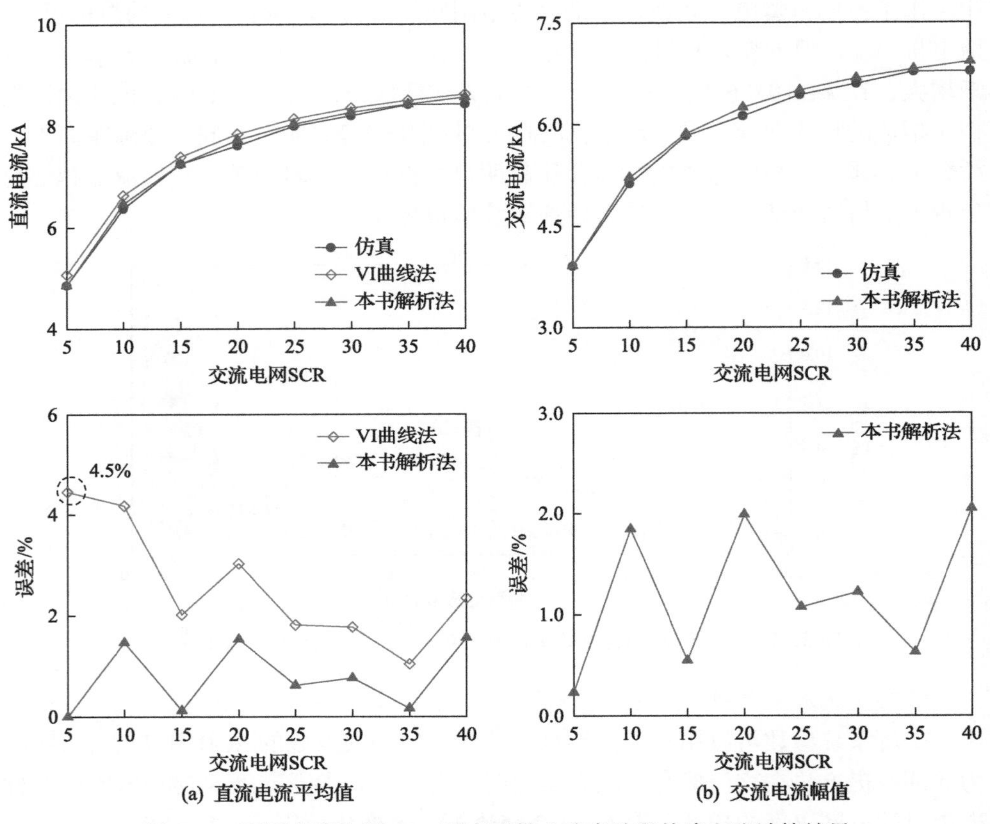

图 3.24　不同交流电网 SCR 下交流馈入稳态阶段故障电流计算结果

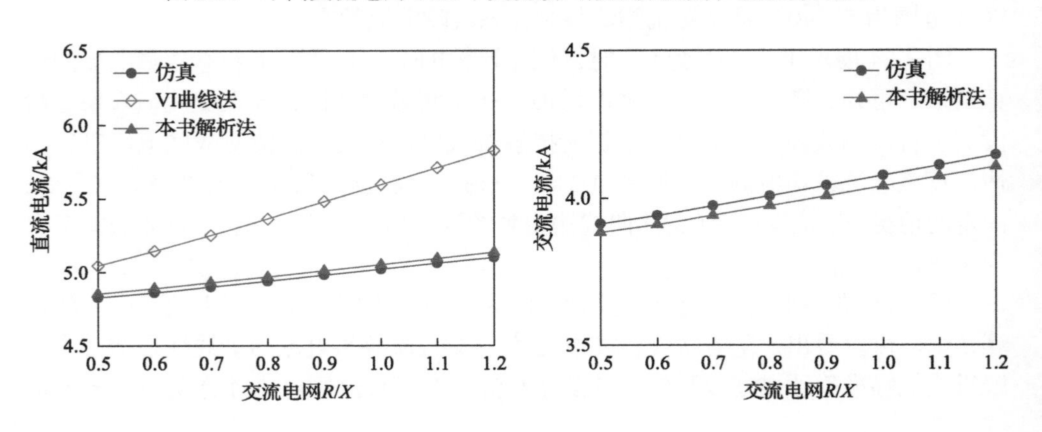

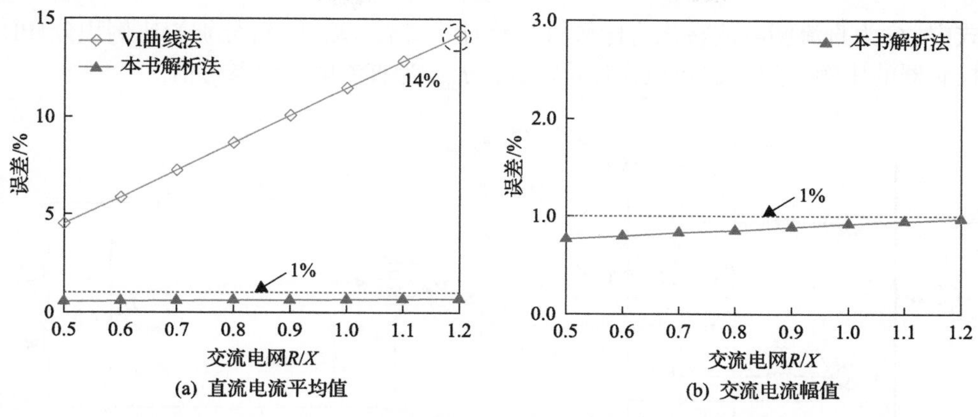

(a) 直流电流平均值　(b) 交流电流幅值

图 3.25　不同交流电网 R/X 下交流馈入稳态阶段故障电流计算结果

3.4　LCC 直流侧短路故障解析

3.4.1　LCC 直流故障过程概述

1. LCC 稳态数学模型

由于晶闸管的单向导通特性，LCC 直流侧发生故障时，整流侧 LCC 故障电流逐渐上升，逆变侧 LCC 直流电流逐渐下降。因此，在本章的 LCC 直流故障电流解析中，仅考虑整流侧 LCC。

在常规高压直流系统和混合直流系统中，LCC 换流站每一极换流单元通常由两个交流电压相位相差 30°的 6 脉动换流器串联组成，如图 3.26(a)所示。对于单个 6 脉动 LCC，从直流侧看进去可以将其等效为如图 3.26(b)所示的稳态数学模型，其直流侧电压可表示为

$$U_{\mathrm{d}}=U_{\mathrm{d0}}\cdot\cos\alpha-X_{\mathrm{r}}I_{\mathrm{d}} \tag{3.75}$$

式中，U_{d}、I_{d} 分别为 LCC 直流侧出口电压和电流；U_{d0} 为 LCC 直流侧空载电压，其值为 $U_{\mathrm{d0}}=1.35U_{\mathrm{LL}}$，$U_{\mathrm{LL}}$ 为交流侧线电压有效值；X_{r} 为由换流阀换相而产生的等值换相电抗，其值与变压器漏抗 X_{T} 有关，可表示为 $X_{\mathrm{r}}=(3/\pi)X_{\mathrm{T}}$；$\alpha$ 为 LCC 触发角，与 LCC 的控制环节有关。

在常规高压直流系统和 LCC-VSC 混合直流系统中，整流侧 LCC 通常采用定电流控制，其控制环节如图 3.27 所示，则 LCC 的触发角 α 可表示为

$$\alpha=\pi-G\int_0^t K_{\mathrm{I}}\cdot(I_{\mathrm{dref}}-I_{\mathrm{d}})\cdot\mathrm{d}t-G\cdot K_{\mathrm{P}}\cdot(I_{\mathrm{dref}}-I_{\mathrm{d}}) \tag{3.76}$$

式中，G 为直流侧电流转化为标幺值控制时的增益；K_P 和 K_I 分别为比例积分(PI)控制器的比例时间常数和积分时间常数；I_{dref} 为直流电流的参考值。

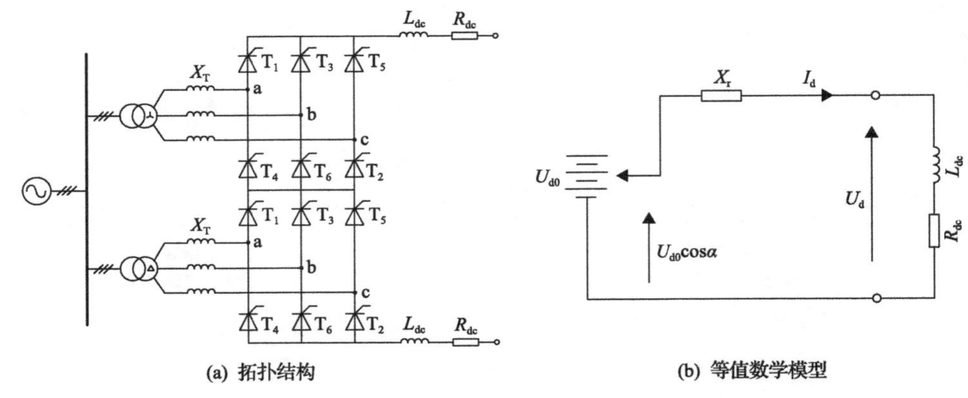

图 3.26 整流侧 LCC 拓扑和等值数学模型

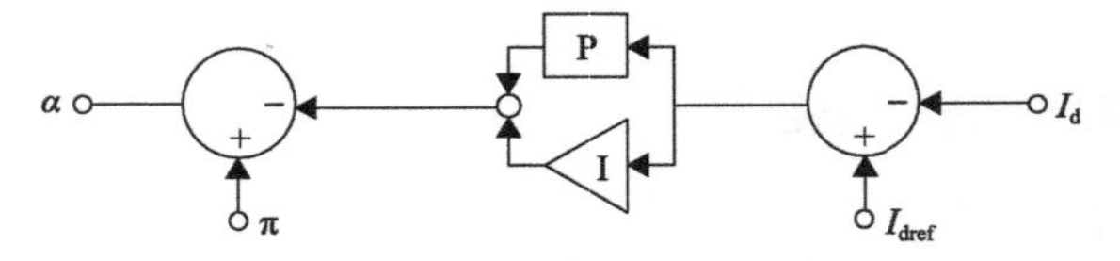

图 3.27 整流侧 LCC 控制环节

2. LCC 直流侧短路故障过程

根据式(3.75)，LCC 直流侧电压电流极大地受到换流器触发角的影响，在直流侧故障情况下，随着换流器控制方式的变化，直流侧故障特性发生改变。依据 LCC 换流器在直流故障过程中控制方式的不同，可以将 LCC 直流侧短路分为三个阶段：换流器动态调节阶段；换流器移相控制阶段；去游离稳态阶段。

(1) 换流器动态调节阶段：故障发生后很快进入换流器动态调节阶段，在故障行波的作用下，整流侧 LCC 直流电压快速跌落，直流侧故障电流上升。由于晶闸管载流能力较强，具备一定的过载能力，当直流电压跌落时 LCC 可以承受一定的过电流。为降低故障低电压和过电流的影响，换流器低压限流环节被触发，随着直流电压的降低，LCC 直流侧电流参考值降低，触发角增大，从而使得换流器输出的直流电流降低。

(2) 换流器移相控制阶段：在行波、微分欠压、纵差等直流线路保护动作后，在控制保护的指令下，换流器触发角向 120°偏移，将换流器从整流状态切换为逆变状态运行，从而快速释放直流侧的能量。当直流侧电流下降后，将触发角停留在 160°。由于晶闸管的单向导通性，短路电流下降为零。

(3) 去游离稳态阶段：当故障电流下降为零后，进入去游离稳态阶段。此时，整流侧触发角一直保持在 160°，直流电压处于很低的水平，线路上不存在功率传输。当线路去游离结束后，发出重启信号。

3.4.2　计及控制策略影响的 LCC 直流侧短路计算模型

1. 换流器动态调节阶段

式(3.75)、式(3.76)分别给出了整流侧 LCC 直流侧电压电流数学关系式以及触发角的表达式，通过对上述两式的联立求解，可以获得 LCC 直流侧电流。在稳态运行情况下，触发角保持恒定，因此直流侧电流维持在参考值附近。但故障情况下，由于控制的调节作用，触发角发生改变，由于存在非线性环节 $\cos\alpha$，无法直接对式(3.75)和式(3.76)进行解析求解。为了获得故障情况下的整流侧 LCC 直流电流的解析表达，需要将非线性环节进行线性化处理。

为在较大的自变量区间内获得非线性函数的近似值，此处采用线性最小二乘法对函数 $\cos\alpha$ 进行拟合，通过最小化误差的平方和来寻找其最佳函数匹配。为方便，令非线性函数为 $f(\alpha)$，其拟合函数为 $g(\alpha)$，有

$$f(\alpha)=\cos\alpha \tag{3.77}$$

$$g(\alpha)=k(\alpha-\alpha_0)+\cos\alpha_0 \tag{3.78}$$

在拟合区间 $[\alpha_0,\alpha_1]$ 内，原函数和拟合函数的误差平方和可表示为

$$\begin{aligned}S&=\|g-f\|_2^2\\&=\int_{\alpha_0}^{\alpha_1}[k(\alpha-\alpha_0)+\cos\alpha_0]^2\mathrm{d}\alpha-2\int_{\alpha_0}^{\alpha_1}[k(\alpha-\alpha_0)+\cos\alpha_0]\cdot\cos\alpha\mathrm{d}\alpha+\int_{\alpha_0}^{\alpha_1}\cos^2\alpha\mathrm{d}\alpha\end{aligned} \tag{3.79}$$

当误差平方和 S 最小时，有

$$\frac{\partial S}{\partial k}=0 \tag{3.80}$$

则可求得系数 k 为

$$k=3\frac{(\alpha_1-\alpha_0)\sin\alpha_1+\cos\alpha_1-\cos\alpha_0-\dfrac{1}{2}\cos\alpha_0(\alpha_1-\alpha_0)^2}{(\alpha_1-\alpha_0)^3} \tag{3.81}$$

为了得到线性化的模型，将 LCC 的电气量用正常分量和故障分量之和表示：

$$\begin{cases}I_\mathrm{d}=I_\mathrm{d}^0+\Delta I_\mathrm{d}\\U_\mathrm{d}=U_\mathrm{d}^0+\Delta U_\mathrm{d}\\\alpha=\alpha_0+\Delta\alpha\end{cases} \tag{3.82}$$

式中，I_{d}^0、U_{d}^0、α_0分别为LCC直流电流、直流电压、触发角的正常分量；ΔI_{d}、ΔU_{d}、$\Delta\alpha$分别为直流电流、直流电压和触发角的故障分量。

将式(3.82)代入LCC稳态数学方程式(3.75)和触发角方程式(3.76)中，可得直流电压和触发角故障分量关于直流电流故障分量的表达式为

$$\begin{cases}\Delta U_{\mathrm{d}}=U_{\mathrm{d0}}\cdot(\cos\alpha-\cos\alpha_0)-X_{\mathrm{r}}\Delta I_{\mathrm{d}}\\ \Delta\alpha=G\int_0^t K_{\mathrm{I}}\cdot\Delta I_{\mathrm{d}}\cdot\mathrm{d}t+G\cdot K_{\mathrm{P}}\cdot\Delta I_{\mathrm{d}}\end{cases}\tag{3.83}$$

用获得的线性拟合函数$g(\alpha)$代替式(3.83)中的cosα并求解，可得

$$\Delta U_{\mathrm{d}}\approx\int_0^t G\cdot K_{\mathrm{I}}\cdot k\cdot U_{\mathrm{d0}}\cdot\Delta I_{\mathrm{d}}\cdot\mathrm{d}t+(G\cdot K_{\mathrm{P}}\cdot k\cdot U_{\mathrm{d0}}-X_{\mathrm{r}})\cdot\Delta I_{\mathrm{d}}\tag{3.84}$$

为消除积分环节，将式(3.84)转换到复频域，有

$$\frac{\Delta U_{\mathrm{d}}(s)}{\Delta I_{\mathrm{d}}(s)}=\frac{G\cdot K_{\mathrm{I}}\cdot k\cdot U_{\mathrm{d0}}}{s}+(G\cdot K_{\mathrm{P}}\cdot k\cdot U_{\mathrm{d0}}-X_{\mathrm{r}})\tag{3.85}$$

式(3.85)表明，在复频域内，整流侧LCC直流侧发生故障时，直流电压和电流故障分量的端口特性可以表示为一个固定的阻抗。根据式(3.85)，在换流器动态调节阶段，LCC的故障叠加模型可以表示为等效电阻R_{LCC}和等效电容C_{LCC}串联电路，如图3.28所示。

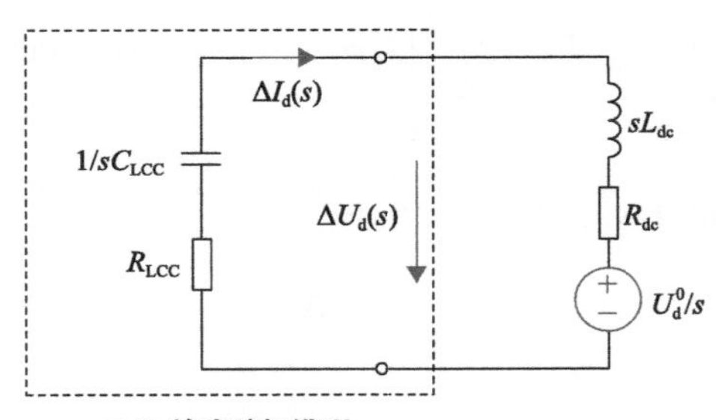

图3.28 换流器动态调节阶段LCC故障叠加模型

图3.28中，R_{LCC}和C_{LCC}的表达式如下：

$$\begin{cases}R_{\mathrm{LCC}}=X_{\mathrm{r}}-K_{\mathrm{P}}\cdot k\cdot U_{\mathrm{d0}}\\ C_{\mathrm{LCC}}=-1/(K_{\mathrm{I}}\cdot k\cdot U_{\mathrm{d0}})\end{cases}\tag{3.86}$$

设LCC直流侧故障回路总电感和总电阻分别为L_{dc}和R_{dc}，则可得到换流器动态调节阶段LCC直流电流故障分量的复频域表达式为

$$\Delta I_{\mathrm{d}}(s)=\frac{U_{\mathrm{d}}^{0}/s}{(R_{\mathrm{dc}}+R_{\mathrm{LCC}})+sL_{\mathrm{dc}}+1/sC_{\mathrm{LCC}}} \tag{3.87}$$

在换流器动态调节阶段，LCC 直流侧故障电流可以表示为正常分量和故障分量的叠加，即

$$\begin{aligned}I_{\mathrm{d}}(s)&=I_{\mathrm{d}}^{0}(s)+\Delta I_{\mathrm{d}}(s)\\&=\frac{I_{\mathrm{d}}^{0}}{s}+\frac{U_{\mathrm{d}}^{0}}{(R_{\mathrm{dc}}+R_{\mathrm{LCC}})+sL_{\mathrm{dc}}+1/sC_{\mathrm{LCC}}}\end{aligned} \tag{3.88}$$

将式(3.88)转化到时域，即可得到换流器动态调节阶段 LCC 直流侧故障电流时域解析式。

2. 换流器移相控制阶段

当触发角 α 增加到 90°时，LCC 会启动移相控制将触发角移相至 120°，故障电流逐渐下降。此时，LCC 直流侧电压和电流的数学方程变为

$$U_{\mathrm{d}}=U_{\mathrm{d0}}\cdot\cos\frac{2}{3}\pi-X_{\mathrm{r}}I_{\mathrm{d}} \tag{3.89}$$

此时，LCC 可以表示为内阻和电压源串联结构，系统故障回路如图 3.29 所示，其中 E_{LCC} 为 LCC 换流器的等效电动势。

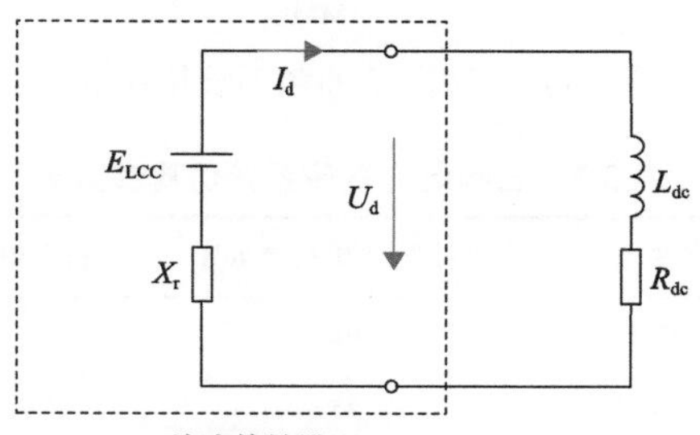

图 3.29　换流器移相控制阶段 LCC 故障等效模型

则根据上述故障回路，有

$$R_{\mathrm{dc}}I_{\mathrm{d}}+L_{\mathrm{dc}}\frac{\mathrm{d}I_{\mathrm{d}}}{\mathrm{d}t}=U_{\mathrm{d0}}\cdot\cos\frac{2}{3}\pi-X_{\mathrm{r}}I_{\mathrm{d}} \tag{3.90}$$

利用三要素法容易求解式(3.90)，可得直流电流表达式为

$$i_{\mathrm{d}}(t)=I_{\mathrm{k}}+(I_{\mathrm{d}}^{0}-I_{\mathrm{k}})\mathrm{e}^{-\frac{t}{\tau}} \tag{3.91}$$

式中，I_{d}^{0} 为移相控制时刻直流电流初始值；I_{k} 为稳态电流值，且 $I_{\mathrm{k}} = U_{\mathrm{d0}}/[2(R_{\mathrm{dc}}+X_{\mathrm{r}})]$；$\tau$ 为故障回路衰减时间常数，且 $\tau = L_{\mathrm{dc}}/R_{\mathrm{dc}}+X_{\mathrm{r}}$。

3.4.3　仿真验证

为验证所提 LCC 直流侧暂态故障电流解析式的有效性，在 PSCAD/EMTDC 平台中搭建了一个三端混合直流系统，其拓扑结构如图 3.30 所示。该系统由 1 个电网换相换流器(LCC)和两个模块化多电平换流器(MMC_1、MMC_2)组成，LCC 直流侧配置了直流滤波器。其中，LCC 和 MMC_2 分别通过线路 1 和线路 2 连接到与 MMC_1 相连的直流汇流母线上。系统采用真双极对称接地方式，电压等级为±800kV，送端采用 2 个 400kV 高低阀组串联结构，受端采用 800kV 单阀组结构。系统参数如表 3.3 所示。

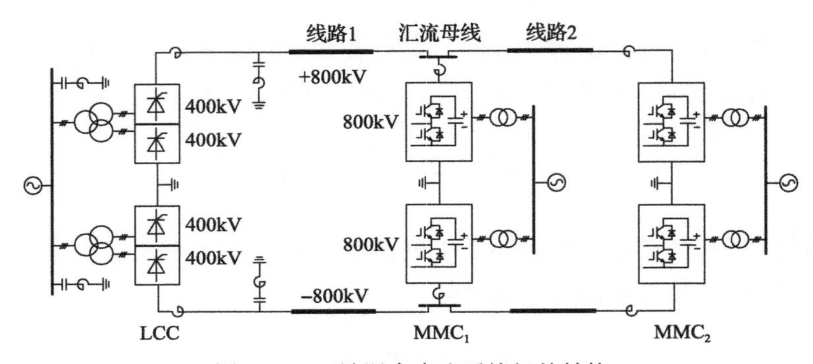

图 3.30　三端混合直流系统拓扑结构

表 3.3　三端混合直流系统仿真参数表

额定容量/MW	变压器变比	平波/限流电抗器/mH	桥臂电感/mH	子模块电容/μF
4000	525/172.3	300	—	—
1500	525/440	75	110	225
2500	525/488	75	80	225

在 t=2.00s 时，设 LCC 直流侧平波电抗器出口发生双极短路故障，故障持续时间为 1s。图 3.31 显示了故障过程中换流器的动态响应特性。

由图 3.31 可知，由于故障发生在换流器出口，故障后换流器电压立即下降，故障电流上升，在换流器动态调节阶段，触发角增大。在 t=2.0065s，保护检测到故障发生，进入换流器移相控制阶段，LCC 触发角首先被移相至 120°，此时 LCC 电压极性开始发生反转，故障电流逐渐降低。在 t=2.02s 左右，直流电流下降至 0.05kA，在 50ms 延时后，将 LCC 触发角升至 160°，清除了直流故障。在故障电

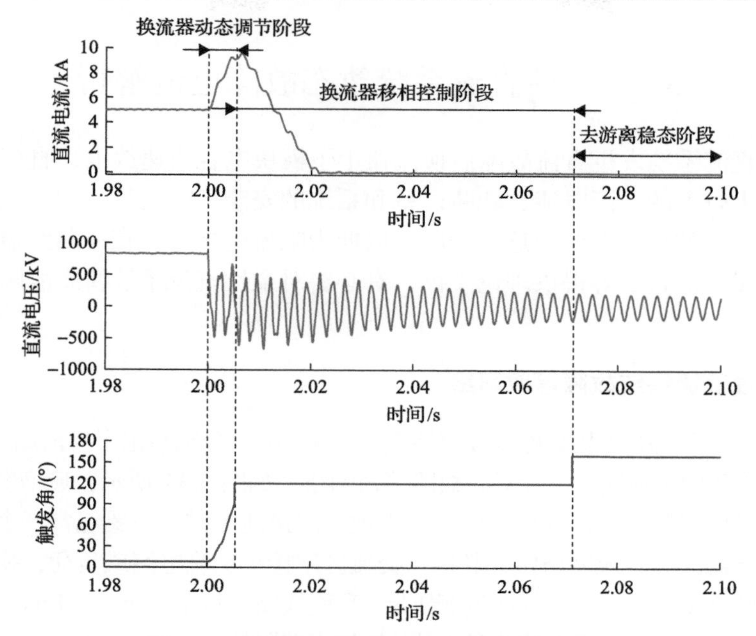

图 3.31　整流侧 LCC 直流侧故障仿真波形图

流下降为零后，进入去游离稳态阶段。在该阶段，LCC 出口电压可以观察到明显的波过程，这是由于故障电流下降为零后，LCC 端口处仍然存在负向的直流电压，等同于换流器端口处产生一个故障行波源，该故障行波在换流器和故障点来回反射，使得 LCC 端口电压在零值附近上下波动。

图 3.32 进一步给出了 LCC 直流侧故障电流仿真值和解析值的对比。由图 3.32 可知，故障电流解析值的变化趋势与仿真值大体相同，但在具体数值上存在一些差距。在换流器动态调节阶段，直流电流仿真值中存在高频的谐波，而解析值则不存在高频谐波。该误差一方面来源于忽略了直流滤波器，另一方面来源于对控制环节中非线性环节的线性近似。在换流器动态调节阶段的误差也会累积到换流器移相控制阶段，使得换流器移相控制阶段电流解析值整体小于仿真值。总体来说，所提解析模型能够大致地描述 LCC 直流故障的发展特征，但其计算精度还有待进一步提升。

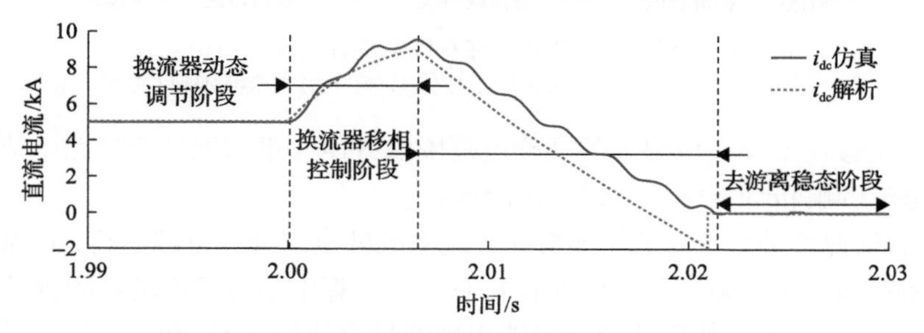

图 3.32　LCC 直流侧故障电流仿真值和解析值对比

3.5 柔性直流系统暂态故障电流解析

柔性直流系统发生直流故障后换流器中子模块电容快速放电，直流系统各支路都将产生较大的故障电流，威胁设备和系统的安全稳定运行。为了准确评估不同故障场景下的故障电流的危害程度，以期为限流电抗器、直流断路器等设备的选型以及保护的整定等提供理论支撑，有必要对柔性直流系统暂态故障电流进行解析计算。

3.5.1 柔性直流系统故障等效网络

本节以一个四端环状对称双极柔性直流系统为例，分别给出了换流站、线路的故障等值电路和用于短路电流计算的故障等效网络。如图 3.33 所示，典型的柔性直流系统通常采用双极金属回线接地或双极大地回路接地方式，主要包含三个区域：交流区、换流器区和直流网络区。其中，交流区连接至交流电网或负荷；换流器区主要包含了换流器和与之相连的换流变压器；直流线路($Line_{12}$、$Line_{23}$、$Line_{34}$、$Line_{14}$)、直流母线(B_1～B_4)、限流电抗器(L_s)以及接地支路阻抗(Z_g)则主要位于直流网络区。

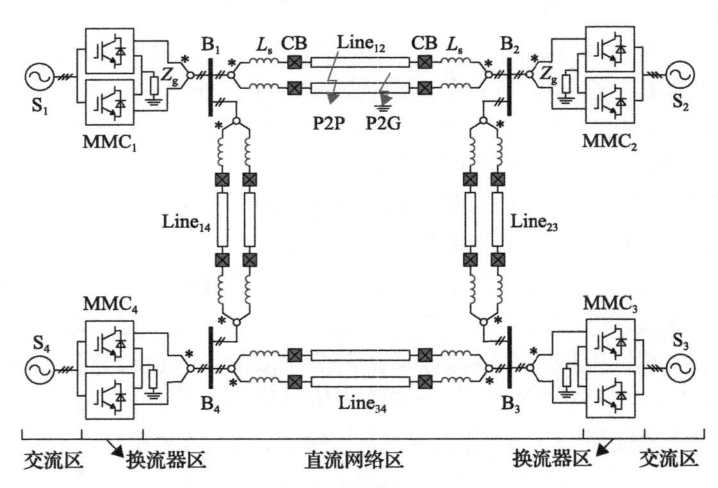

图 3.33 四端环状对称双极柔性直流系统拓扑

S_1～S_4 为交流换流站；P2P 表示极对极故障；P2G 表示极对地故障

为了能够在工程实用要求的准确度范围内方便、迅速地计算短路电流，在暂态故障电流的解析计算中，有以下两个假设。

(1) 直流侧故障时，为了保证柔性直流系统健全部分的持续运行，通常要求在换流器闭锁前隔离故障线路，因此在暂态电流计算中不考虑换流器闭锁的情况。

(2) 为获得闭锁前故障线路上可能出现的最大故障电流，在暂态电流计算中不考虑直流断路器动作的情况。

1. 元件的故障等值模型

1) 相模变换

双极对称直流系统发生直流侧故障时，正、负极线路间存在复杂的电磁耦合关系，为故障特性的分析和暂态故障电流计算带来了巨大的困难。常见的简化分析方法是通过相模变换将相域中耦合的电气量转换为模域内解耦的电气量。相模变换能够消除网络方程中的互感耦合，将阻抗矩阵变换为对角矩阵，每一个非零对角元素对应一个模式。

在三相交流系统中，常用的相模变换方法包括对称分量变换、帕克变换、克拉克变换、卡伦鲍尔变换等。对于两相双极对称直流系统，可以采用式(3.92)所示的相模变换矩阵，将相域内的正、负极电气量转变为模域内的零模和一模分量。其中，零模分量大小相等、极性相同，经正、负极线路向接地支路流动，并与大地构成回路。一模分量大小相等，方向相反，不流经接地支路，仅在正、负极线路间流通。

$$\begin{bmatrix} x_{\mathrm{p}} \\ x_{\mathrm{n}} \end{bmatrix} = \frac{1}{\sqrt{2}} \begin{bmatrix} 1 & 1 \\ 1 & -1 \end{bmatrix} \begin{bmatrix} x_0 \\ x_1 \end{bmatrix} \tag{3.92}$$

式中，x_{p}、x_{n}分别为相域内的正、负极电气量；x_0、x_1分别表示模域内的零模和一模分量。

2) MMC 故障等效电路和参数

由 3.3 节可知，闭锁前电容放电阶段，MMC 可以等效为一个二阶 RLC 串联电路，其等效参数 R_{c}、L_{c}、C_{c}计算方式如下：

$$R_{\mathrm{c}} = \frac{2}{3} N R_{\mathrm{on}},\quad L_{\mathrm{c}} = \frac{2}{3} L_{\mathrm{a}},\quad C_{\mathrm{c}} = \frac{6}{N} C_0 \tag{3.93}$$

式中，N为桥臂子模块个数；R_{on}为子模块通态电阻；L_{a}为桥臂电感；C_0为子模块电容值。由于正、负极换流站对称且无耦合作用，因此 MMC 的零模和一模等值电路相同。

3) 直流线路等效电路和参数

精确的直流线路模型考虑了线路的频变、分布参数特性，但是很难从数学上得到其解析解。因此在计算故障电流时，通常将直流线路等效为集中参数表示的电路。同时，考虑到故障电流的发展由换流站等效电容主导，因此在柔性直流系统故障解析中可忽略线路等效电容，将线路等效为 RL 串联电路。

对称双极系统中，正、负极线路采用平行排布，具有对称性，其相域等值电路如图 3.34(a)所示。其中，R_s是线路的等效电阻，L_s、L_m分别是线路的自感和互感。则正、负极线路两端电压和线路电流的关系可以表示为

$$\begin{bmatrix} u_p \\ u_n \end{bmatrix} = \begin{bmatrix} R_s & 0 \\ 0 & R_s \end{bmatrix} \begin{bmatrix} i_p \\ i_n \end{bmatrix} + \begin{bmatrix} L_s & L_m \\ L_m & L_s \end{bmatrix} \frac{d}{dt} \begin{bmatrix} i_p \\ i_n \end{bmatrix} \tag{3.94}$$

式中，u_p、u_n分别为正、负极线路两端的电压；i_p、i_n分别为正、负极线路的电流。对式(3.94)进行相模变换，可得

$$\begin{bmatrix} u_0 \\ u_1 \end{bmatrix} = \begin{bmatrix} R_s & 0 \\ 0 & R_s \end{bmatrix} \begin{bmatrix} i_0 \\ i_1 \end{bmatrix} + \begin{bmatrix} L_s + L_m & 0 \\ 0 & L_s - L_m \end{bmatrix} \frac{d}{dt} \begin{bmatrix} i_0 \\ i_1 \end{bmatrix} \tag{3.95}$$

基于式(3.95)可以将相域内相互耦合的双极对称直流线路等效为模域内两个独立的 RL 串联电路，如图 3.34(b)所示，矩阵方程中对角元素分别对应了零模分量和一模分量的阻抗，即 $R_0=R_s$、$L_0=L_s+L_m$，$R_1=R_s$、$L_1=L_s-L_m$。

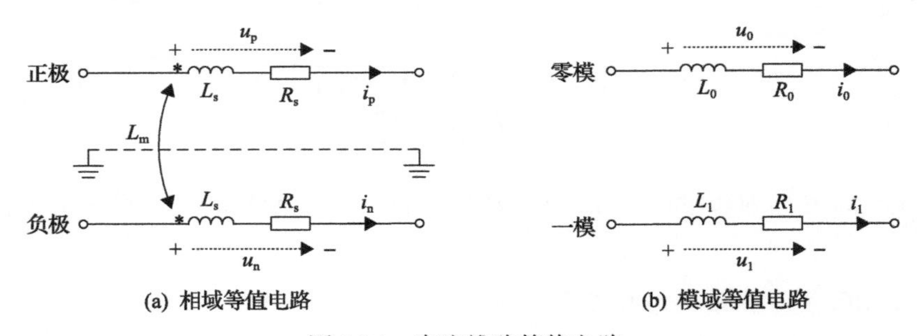

图 3.34　直流线路等值电路

4) 其他元件的等效电路和参数

直流网络正、负极限流电抗器对称且不存在耦合，其等值模型可以用电感L_s表示。

接地支路是影响单极接地故障电流水平的关键支路之一，设相域内接地支路的阻抗为 Z_g，单极接地故障时，零模电气量分别通过正、负极线路和接地支路与大地形成回路，而一模电气量则不经过接地支路。因此，接地支路的零模阻抗为 $2Z_g$。

2. 柔性直流系统故障等效网络

双极短路故障时，故障电流仅在正、负极线路间流动，不存在零模分量。基于元件的故障等效模型，对图 3.33 中的四端柔性直流系统，当线路 $Line_{12}$ 发生双极短路故障时，建立其一模故障等效网络，如图 3.35(a)所示。将故障点处的节点

记为 B_0，则 B_0 和 B_1 间的支路 B_{01} 以及 B_0 和 B_2 间的支路 B_{02} 称作故障支路，节点 B_i 和 B_j 间的支路 B_{ij} ($i, j = 1,2,3,4$，且 $i<j$，后同) 为健全支路。其中，R_{ij} 和 L_{ij} 为支路 B_{ij} 的等效参数，R_j、L_j、C_j 表示 MMC_j 的等效参数，且均为一模参数。一模网络中激励源是一模电压，即 $\sqrt{2}\,U_{dc}$，同时根据一模网络求出的是一模故障电流，即 $\sqrt{2}\,(I_0+\Delta i)$。为方便，图 3.35(a) 中同时省去系数 $\sqrt{2}$，则一模网络激励源变为相域电压 U_{dc}，故障电流 $I_0+\Delta i$ 即为相域故障电流。

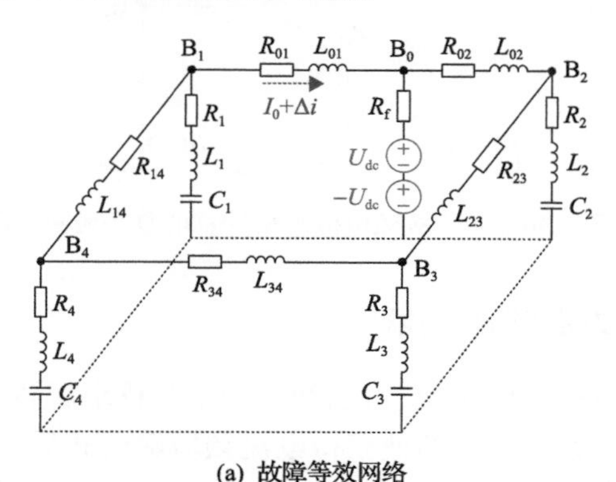

(a) 故障等效网络

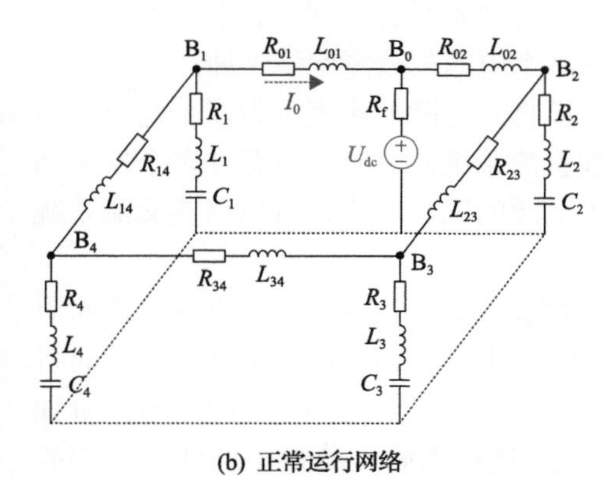

(b) 正常运行网络

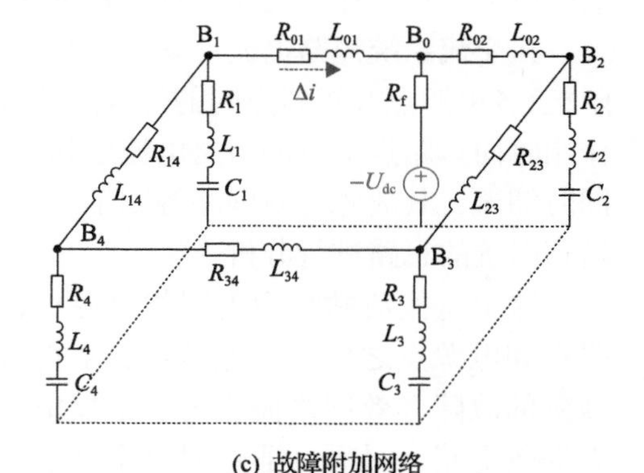

(c) 故障附加网络

图 3.35　四端柔性直流系统的时域故障等效网络

图 3.35(a) 所示的线性化故障等效网络可以用叠加定理进行分析。短路故障发生后，故障点电压迅速降为零，等同于在故障点处叠加了一个与稳态电压 (U_{dc}) 幅值相同、方向相反的阶跃电源 ($-U_{dc}$)。根据叠加定理，可以将故障后的网络拆分为正常运行网络和故障附加网络，分别如图 3.35(b) 和 (c) 所示，则最终的故障电流可以表示为 $I_0+\Delta i$。其中，I_0 是电流正常分量，由图 3.35(b) 所示的正常运行网络决定，Δi 是电流故障分量，由图 3.35(c) 所示的故障附加网络决定。由于 I_0 可由稳态潮流计算获得，通常已知，这里仅考虑故障附加网络。为避免微分方程的求解，将时域的故障附加网络转换到频域，最终得到用于故障电流计算的复频

域故障附加等效网络，如图 3.36 所示。

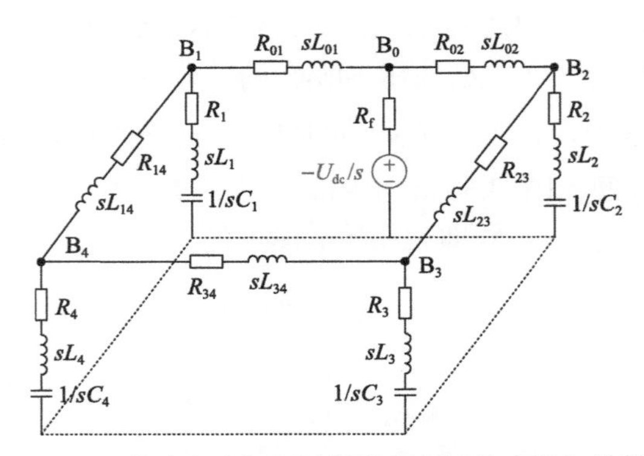

图 3.36 用于故障电流解析计算的复频域故障附加等效网络

3.5.2 故障等效网络简化与解耦

对于图 3.36 所示的系统,可以利用网络分析求解各支路电流的频域解析表达。但是由于系统阶数过高，即使获得电流频域解析式后，也很难将其转换为时域的故障电流解析表达。为此，有必要对图 3.36 所示的高阶系统进行简化和解耦。

在交流系统短路电流计算中，对于含有多个电源的故障网络，通过引入转移阻抗(各电源点和短路点间的等效阻抗)，可以将其短路电流表示为多个电源分别作用时向短路点提供的短路电流之和。柔性直流系统故障时，也存在多个换流站同时馈流，其故障等效网络等同于含有多个电源的线性网络，可以借鉴交流系统转移阻抗的思路进行分析。

这里将换流站视为不同的电源点，通过网络简化和公共支路解耦，消除短路点和电源点之外的其他节点，求得各电源点到故障点间的等效阻抗，进而将高阶的故障等效网络简化为多个仅由电源点、转移阻抗、故障点构成的低阶独立等效电路。最后，通过对多个独立等效电路进行求解，获得不同线路上的故障电流解析表达。

1. 网络简化

柔性直流系统中，通常会在线路两端加装限流电抗器用于抑制故障电流。定义故障线路两端的换流站为故障换流站，其余换流站为健康换流站。由于限流电抗器的存在，健康换流站的放电电流通常小于故障换流站的电流。因此，现有的一些故障电流解析计算方法中，仅保留了故障换流站，而忽略所有健康换流站的馈流。这种简化方法在故障点靠近换流器或相邻直流线路较短的情况下会导致较大的计算误差。然而，如果把所有健康换流站都纳入考虑，解析计算的复杂度又将大大增加。

综合考虑解析计算复杂度与精度，提出了如下网络简化原则。

(1)计及与故障线路两端母线相连的所有健康换流站。

(2)忽略未与故障线路两端母线相连的所有健康换流站。

依据上述原则，可以消除图 3.36 中的支路 B_{34}，进而将图 3.36 所示的环网简化为图 3.37(a)所示的开式网络。其中，I_{mj} 和 I_{ij} 分别是流过换流站 MMC_j 和支路 B_{ij} 的电流。

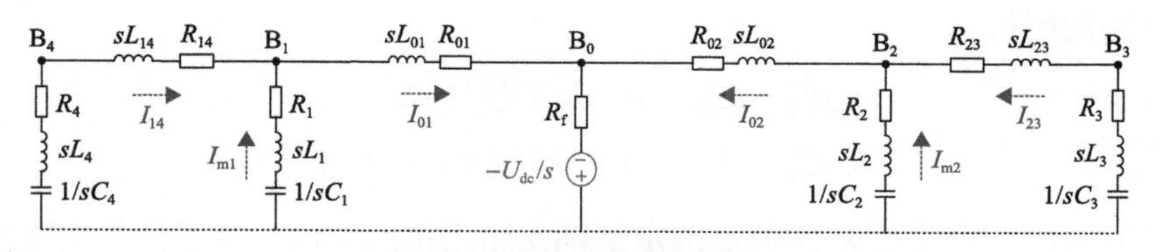

(a) 四端环网的简化故障等效网络

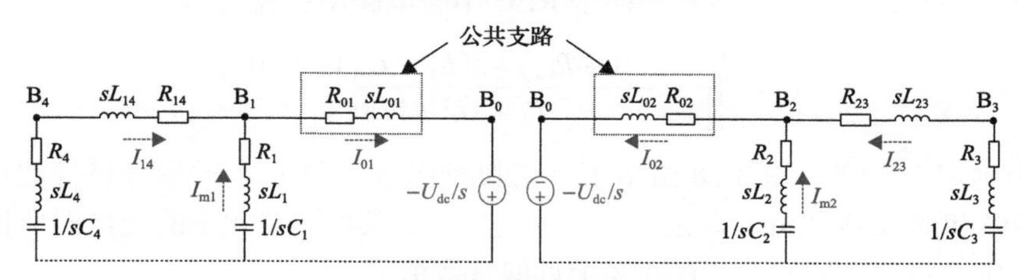

(b) 无故障电阻时的解耦电路

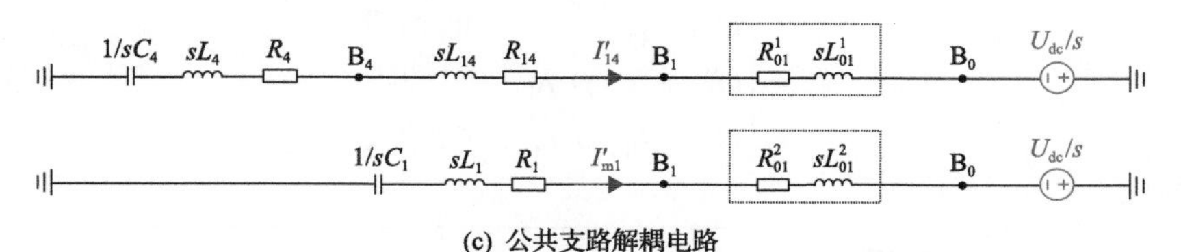

(c) 公共支路解耦电路

图 3.37　四端环网的故障等效网络的简化与解耦

2. 公共支路解耦

对于图 3.37(a)中的网络，首先假设故障电阻(R_f)为零，此时网络在故障点处自动解耦，可以将其等效为图 3.37(b)所示的两个独立电路。然而，由于存在公共支路 B_{01} 和 B_{02}，仍然无法直接获得故障点与换流站间的等效阻抗，因此还需要进一步对公共支路进行解耦。

以图 3.37(b)中左侧的电路为例，支路 B_{01} 两端的电压可以表示为

$$U_{01} = I_{01}(R_{01} + sL_{01}) \tag{3.96}$$

设图 3.37(b)中虚线处为零电位，并将公共支路 B_{01} 解耦为两条独立的支路，如图 3.37(c)所示，根据解耦前后公共支路两端电压和电流不变的原则，有

$$
\begin{aligned}
U_{01} &= I'_{14}(R_{01}^1 + sL_{01}^1) \\
U_{01} &= I'_{m1}(R_{01}^2 + sL_{01}^2)
\end{aligned} \tag{3.97}
$$

式中，I'_{14}、I'_{m1} 分别为图 3.37(c)中两条解耦支路上的电流，且有 $I_{01}=I'_{14}+I'_{m1}$；$R_{01}^1+sL_{01}^1$、$R_{01}^2+sL_{01}^2$ 为解耦支路的阻抗。

联立式(3.96)、式(3.97)并定义公共支路耦合系数 $k_c = I'_{m1}/I'_{14}$，则可求得解耦后支路的阻抗为

$$
\begin{aligned}
R_{01}^1 + sL_{01}^1 &= (1+k_c)(R_{01} + sL_{01}) \\
R_{01}^2 + sL_{01}^2 &= (1+1/k_c)(R_{01} + sL_{01})
\end{aligned} \tag{3.98}
$$

公共支路耦合系数 k_c 的值是确定解耦支路阻抗的关键。由于公共支路左侧的两条支路并联，k_c 也可以表示为两个 RLC 串联电路阻抗比的形式，即

$$
k_c = \frac{I'_{m1}}{I'_{14}} = \frac{(R_4 + R_{14}) + s(L_4 + L_{14}) + 1/sC_4}{R_1 + sL_1 + 1/sC_1} \tag{3.99}
$$

为确定 k_c 的值，图 3.38 给出了一组典型阻抗参数下 k_c 的幅频特性曲线。由式(3.99)和图 3.38 可知，k_c 是一个频变的参数，其值随着频率的变化而变化，但在高、中、低三个频段，k_c 存在 3 个近似常数值

$$
k_c \approx \begin{cases} C_1/C_4, & \text{低频段} \\ (R_4 + R_{14})/R_1, & \text{中频段} \\ (L_4 + L_{14})/L_1, & \text{高频段} \end{cases} \tag{3.100}
$$

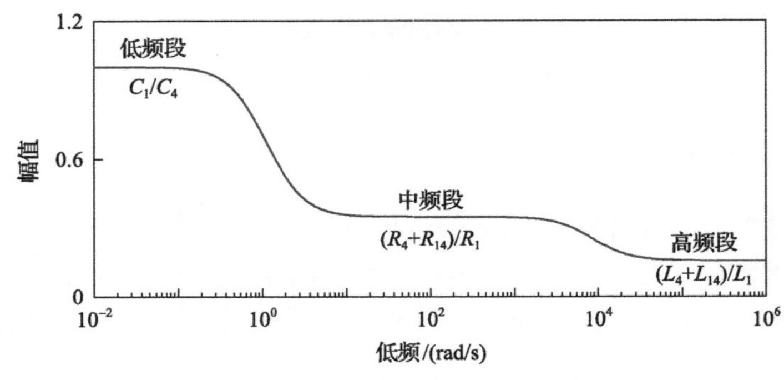

图 3.38　公共支路耦合系数的幅频特性曲线

在低频段，电容呈现出较大的阻抗值，而电感呈现出较小的阻抗值，忽略电阻的作用时，k_c 可以表示为两个 RLC 串联电路的容抗之比。同理，在高频段，电感的阻抗值远远大于电容和电阻，因此 k_c 可以近似为 RLC 串联电路的感抗之比。在中频段，即频率趋近于 RLC 串联电路谐振频率时，电感和电容的阻抗相互抵消，

k_c近似等于两 RLC 串联电路的电阻值之比。

尽管k_c随着频率不断变化，但并非所有频段的k_c都需要纳入考虑。根据文献[5]提出的高频等效定理，有

$$f(t)_{\text{initial}} \approx L^{-1}(F(s)_{\text{HF-band}}) \tag{3.101}$$

式(3.101)的含义为：信号$f(t)$在时域初始阶段的值$f(t)_{\text{initial}}$近似等于该信号在复频域内象函数$F(s)$的高频部分$F(s)_{\text{HF-band}}$的拉普拉斯反变换。高频等效定理可以看作对连续系统中初值定理的延伸，它表明了对连续可导的时域初始信号起主导作用的是该信号在复频域内的高频部分。

因此，当仅考虑故障初始阶段的故障电流时，k_c可以取其在高频段的近似值。对于图 3.37(c)所示的电路，则有$k_c=(L_4+L_{14})/L_1$。求得k_c后，即可确定解耦支路的阻抗并对故障支路和健全支路电流进行求解。

3.5.3　暂态故障电流解析表达

1. 故障支路短路电流解析表达

求解图 3.37(c)中两个 RLC 电路的阶跃响应电流并叠加，即可得到公共支路B_{01}的故障电流：

$$I_{01}(s)=\frac{1}{s}\frac{U_{dc}}{\dfrac{1}{sC_4}+L_{eq}^1 s+R_{eq}^1}+\frac{1}{s}\frac{U_{dc}}{\dfrac{1}{sC_1}+L_{eq}^2 s+R_{eq}^2} \tag{3.102}$$

式中，R_{eq}^1、L_{eq}^1和R_{eq}^2、L_{eq}^2分别为两条 RLC 串联电路的总电阻和总电感，且有

$$\begin{cases}R_{eq}^1=R_4+R_{14}+(1+k_c)R_{01}\\L_{eq}^1=L_4+L_{14}+(1+k_c)L_{01}\end{cases},\quad\begin{cases}R_{eq}^2=R_1+(1+1/k_c)R_{01}\\L_{eq}^2=L_1+(1+1/k_c)L_{01}\end{cases} \tag{3.103}$$

式(3.102)的$1/sC_4+L_{eq}^1 s+R_{eq}^1$、$1/sC_1+L_{eq}^2 s+R_{eq}^2$相当于两个幅值为$U_{dc}$的电源所对应的转移阻抗。

由于式(3.102)是两个二阶电路的阶跃响应表达式相加，对其进行拉普拉斯反变换容易得到支路B_{01}的故障电流时域解析表达式，对于图 3.37(b)右侧的电路也可用同样的方法求解支路B_{02}上电流的解析表达，此处不再赘述。

2. 健全支路短路电流解析表达

将求得的故障支路电流$I_{01}(s)$代入图 3.37(b)中，可得节点B_1处的对地电压为

$$U_{B1}(s) = I_{01}(s)Z_{01} - U_{dc}/s \tag{3.104}$$

则健全支路电流 I_{14} 和 I_{m1} 可表示为

$$\begin{cases} I_{14}(s) = \dfrac{U_{dc}/s}{Z_{14}+Z_{m4}} - I_{01}(s)\dfrac{Z_{01}}{Z_{14}+Z_{m4}} \\ I_{m1}(s) = \dfrac{U_{dc}/s}{Z_{m1}} - I_{01}(s)\dfrac{Z_{01}}{Z_{m1}} \end{cases} \tag{3.105}$$

式中，Z_{01}、Z_{14}、Z_{m4}、Z_{m1} 分别为支路 B_{01}、B_{14} 和换流站 MMC_4、MMC_1 的阻抗。

由式(3.105)可知，健全支路故障电流频域表达包含两部分。以 $I_{14}(s)$ 为例，其值等同于故障支路电流 $I_{01}(s)$ 经传递函数 $Z_{01}/(Z_{14}+Z_{m4})$ 作用后的输出电流与健全支路 Z_{14} 本身的阶跃响应电流的叠加。

对式(3.105)进行拉普拉斯反变换即可得到健全支路的故障电流时域表达。尽管式(3.105)中第二部分函数阶数较高，但不同于常规的高阶表达式，该函数的分母是多个小于或等于 2 次的多项式乘积的形式，因此理论上也可以采用部分分式法等写出其对应的时域解析解。

3.5.4　一般性柔性直流系统暂态故障电流解析计算

3.5.3 节通过一个金属性短路故障例子给出了柔性直流系统故障电流解析计算的基本思路，但实际中故障点处可能存在过渡电阻，同时直流网络拓扑结构也更加复杂。在上述网络简化和解耦理论的基础上，本节将考虑更具一般性的直流网络(即含有复杂拓扑和故障电阻的情况)，推导其故障支路和健全支路的故障电流解析表达。

1. 一般性柔性直流系统的简化故障等效网络

一个一般性的网络通常具有多条直流母线，且可能同时存在环状和辐射状结构。利用提出的两个原则对一般性的网络进行简化，可以得到不同结构的简化网络。根据简化网络中是否存在换流站(直接或通过线路)同时与故障线路两端的母线相连，可将上述简化网络分为 2 种类型。

类型Ⅰ:简化网络中不存在与故障线路两端母线同时相连的换流站,如图 3.39(a)所示。其中，B_0 表示故障点，节点 B_L 和 B_R 分别表示故障线路左、右两侧的直流母线。连接在节点 B_L、B_0 和 B_R、B_0 间的两条支路为故障支路，节点 B_L 和 B_R 还分别连接了 n 条和 m 条健全支路。

类型Ⅱ：存在一个或多个换流站通过线路同时与故障线路两端母线相连，如图 3.39(b)所示。将此类换流站称作公共换流站，则图 3.39(b)中存在公共换流站 Z_{mmc1} 和 Z_{mmc2} 同时与故障线路两端的母线 B_L 和 B_R 连接。

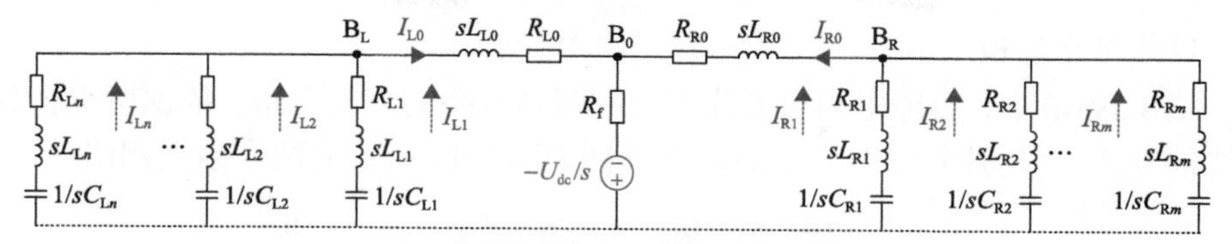

(a) 类型Ⅰ：故障线路两端直流母线未连接同一换流站

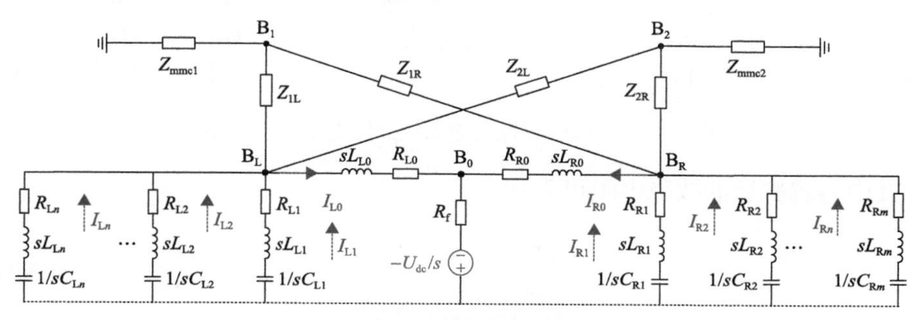

(b) 类型Ⅱ：故障线路两端直流母线与同一换流站相连

图 3.39　一般性柔性直流系统的两类简化故障等效网络

对于类型Ⅰ所示的简化网络，故障线路左右两侧的支路仅通过故障电阻相互耦合，容易进行解耦。对于类型Ⅱ中的网络，还需要对公共换流站进行解耦，将其简化为类型Ⅰ中的网络计算。

以图 3.39(b)中 Z_{mmc1} 为例，将其解耦为两个独立支路的关键在于确定解耦系数 k_{mmc1}。依据高频等效定理，k_{mmc1} 可近似为分别从 Z_{1L} 和 Z_{1R} 处看进去的戴维南等效电感之比。为求得上述戴维南等效电感，假设故障电阻支路和公共换流站 Z_{mmc2} 都已经被解耦，解耦系数分别为 k_{Rf} 和 k_{mmc2}。由于解耦后的故障电阻支路不包含电感，k_{Rf} 的取值不会影响 k_{mmc1} 的计算，因此故障点处可以当作金属性故障，仅需确定 k_{mmc2} 即可。由于电路中 k_{mmc2} 和 k_{mmc1} 相互影响，在求解 k_{mmc1} 时将对 k_{mmc2} 进行近似处理，先求得忽略 Z_{mmc1} 时的 k_{mmc2} 的近似值，然后利用 k_{mmc2} 近似值对 Z_{mmc2} 解耦后，再通过解耦网络戴维南等效电感之比求得 Z_{mmc1} 的解耦系数 k_{mmc1}。同理，计算 Z_{mmc2} 的解耦系数 k_{mmc2} 时，需要先求得忽略 Z_{mmc2} 时的 k_{mmc1} 的近似值，再利用解耦网络戴维南等效电感之比求得 Z_{mmc2} 的解耦系数 k_{mmc2}。当母线 $\mathrm{B_L}$ 和 $\mathrm{B_R}$ 两端连接了多个(≥3)公共换流站时的解耦方法以此类推。

通过对公共换流站的解耦，一般性网络的简化故障等效网络最终都可以表示为图 3.39(a)所示的形式。

2. 一般性柔性直流系统简化故障等效网络解耦

对图 3.39(a)所示的网络，分别在故障点和故障支路进行解耦即可得到用于故障电流解析计算的多个二阶等效电路。

1) 故障点解耦

图 3.39(a)中，故障电阻可看作左、右两侧电路的公共支路，依据所提公共支路解耦方法，可将图 3.39(a)中的网络解耦为图 3.40 所示的两个独立网络。

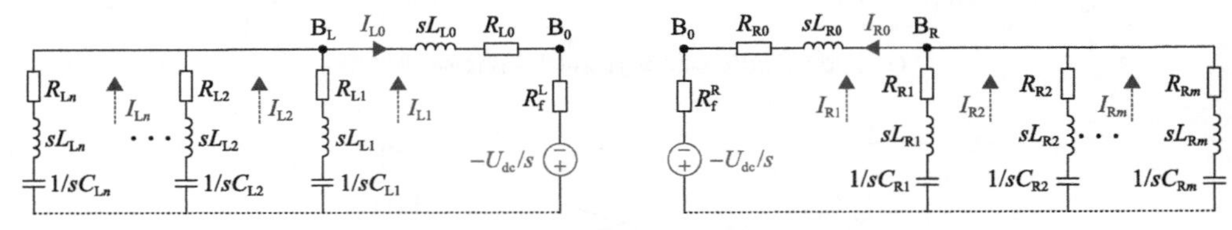

图 3.40　一般性柔性直流系统故障电阻解耦电路

其中，解耦后的故障电阻可表示为

$$\begin{cases} R_{\mathrm{f}}^{\mathrm{L}} = (1+k_{\mathrm{f}})R_{\mathrm{f}} \\ R_{\mathrm{f}}^{\mathrm{R}} = (1+1/k_{\mathrm{f}})R_{\mathrm{f}} \end{cases} \tag{3.106}$$

定义 k_{f} 为故障点耦合系数，则 k_{f} 可以表示为

$$k_{\mathrm{f}} = \frac{I_{\mathrm{R0}}}{I_{\mathrm{L0}}} = \frac{Z_{\mathrm{L}}}{Z_{\mathrm{R}}} = \frac{Z_{\mathrm{L0}} + Z_{\mathrm{L1}} \| Z_{\mathrm{L2}} \| \cdots \| Z_{\mathrm{L}n}}{Z_{\mathrm{R0}} + Z_{\mathrm{R1}} \| Z_{\mathrm{R2}} \| \cdots \| Z_{\mathrm{R}m}} \tag{3.107}$$

其中，Z_{L} 和 Z_{R} 分别为图 3.40 左右两个电路从故障点看进去的戴维南等效阻抗；符号“‖”表示做并联计算。

与公共支路耦合系数相同，仅考虑高频段时，故障点耦合系数 k_{f} 可以近似为

$$k_{\mathrm{f}} \approx \frac{L_{\mathrm{L0}} + L_{\mathrm{L1}} \| L_{\mathrm{L2}} \| \cdots \| L_{\mathrm{L}n}}{L_{\mathrm{R0}} + L_{\mathrm{R1}} \| L_{\mathrm{R2}} \| \cdots \| L_{\mathrm{R}m}} \tag{3.108}$$

2) 故障支路解耦

故障点处解耦后的网络还需在故障支路处进一步解耦以求得解析解。以图 3.40 中左侧的电路为例，故障支路 B_{L0} 可看作左侧 n 条健全支路的公共支路。利用公共支路解耦的方法对其进行解耦，可以得到 n 个由健全支路和解耦后的故障支路串联而成的独立电路，如图 3.41 所示。

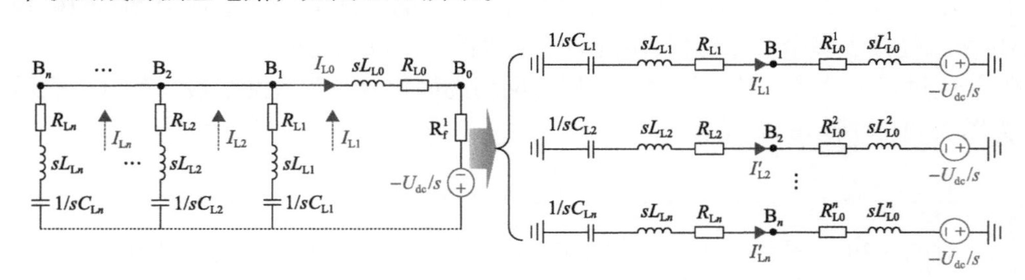

图 3.41　一般性柔性直流系统的故障支路解耦电路

其中，与第 j (j=1,2,⋯,n，后同) 条健全支路串联的解耦支路阻抗可表示为

$$R_{\mathrm{L0}}^{j}+sL_{\mathrm{L0}}^{j}=k_{\mathrm{c}}^{j}(R_{0}+sL_{0}) \tag{3.109}$$

式中，k_{c}^{j} 为对应第 j 条解耦支路的耦合系数，将 k_{c}^{j} 写为阻抗比的形式，有

$$k_{\mathrm{c}}^{j}=\frac{I_{\mathrm{L0}}}{I_{\mathrm{L}j}}=\sum_{i=1}^{n}\frac{I_{\mathrm{L}i}}{I_{\mathrm{L}j}}=\sum_{i=1}^{n}\frac{Z_{\mathrm{L}j}}{Z_{\mathrm{L}i}} \tag{3.110}$$

同理，仅考虑高频段的阻抗时，k_{c}^{j} 可取为

$$k_{\mathrm{c}}^{j}\approx\sum_{i=1}^{n}\frac{L_{\mathrm{L}j}}{L_{\mathrm{L}i}} \tag{3.111}$$

3. 一般性柔性直流系统的短路电流解析表达

分别求解图 3.41 中二阶解耦电路的阶跃响应电流 $I'_{\mathrm{L1}}\sim I'_{\mathrm{L}n}$ 并叠加，可以得到故障支路 $\mathrm{B_{L0}}$ 的电流 I_{L0}。将 I_{L0} 代入图 3.40 左侧电路中，可以得到节点 $\mathrm{B_L}$ 处的直流电压，依据 $\mathrm{B_L}$ 处的电压和健全支路的阻抗，即可求得健全支路的故障电流。

综上，对于图 3.39 所示的一般性网络，其左侧故障支路电流 $I_{\mathrm{L0}}(s)$ 和健全支路电流 $I_{\mathrm{L}j}(s)$ 的频域表达分别为

$$I_{\mathrm{L0}}(s)=\sum_{j=1}^{n}\frac{1}{s}\frac{U_{\mathrm{dc}}}{1/(sC_{\mathrm{L}j})+sL_{\mathrm{eq}}^{j}+R_{\mathrm{eq}}^{j}} \tag{3.112}$$

$$I_{\mathrm{L}j}(s)=\frac{U_{\mathrm{dc}}/s-I_{\mathrm{L0}}(s)[R_{\mathrm{L0}}+(1+k_{\mathrm{f}})R_{\mathrm{f}}+sL_{\mathrm{L0}}]}{R_{\mathrm{L}j}+sL_{\mathrm{L}j}+1/sC_{\mathrm{L}j}} \tag{3.113}$$

式中，$1/sC_{\mathrm{L}j}+sL_{\mathrm{eq}}^{j}+R_{\mathrm{eq}}^{j}$ 为各电源点和短路点间的转移阻抗，且有

$$\begin{cases}L_{\mathrm{eq}}^{j}=L_{\mathrm{L}j}+(1+k_{\mathrm{c}}^{j})L_{\mathrm{L0}}\\R_{\mathrm{eq}}^{j}=R_{\mathrm{L}j}+(1+k_{\mathrm{c}}^{j})[R_{\mathrm{L0}}+(1+k_{\mathrm{f}})R_{\mathrm{f}}]\end{cases} \tag{3.114}$$

式(3.112)表明，复杂高阶直流网络的故障支路动态响应可以近似等同于多个独立二阶 RLC 电路阶跃响应的叠加。为便于进行拉普拉斯反变换，将式(3.112)进一步整理为如下形式：

$$I_{\mathrm{L0}}(s)=\sum_{j=1}^{n}K_{j}\frac{\omega_{j0}^{2}}{s^{2}+2\xi_{j}\omega_{j0}s+\omega_{j0}^{2}} \tag{3.115}$$

式中，ω_{j0} 为无阻尼自然角频率；ξ_{j} 为阻尼比；K_j 为比例系数，且有

$$\begin{cases}\xi_j=(R_{\text{eq}}^j/2)\sqrt{C_{\text{L}j}/L_{\text{eq}}^j}\\ \omega_{j0}=\sqrt{1/(L_{\text{eq}}^jC_{\text{L}j})}\\ \omega_j=\omega_{j0}\sqrt{1-\xi_j^2}\\ K_j=U_{\text{dc}}/C_{\text{L}j}\end{cases} \tag{3.116}$$

其中，ω_j 为阻尼角频率。

依据阻尼比 ξ_j 取值的不同，式(3.112)转化到时域有四种可能的解，分别对应了欠阻尼、无阻尼、临界阻尼和过阻尼四种状态：

$$i_{\text{L}0}(t)=\sum_{j=1}^{n}\begin{cases}K_j\omega_{j0}\sin(\omega_{j0}t), & \xi_j=0\\ K_j\dfrac{\omega_{j0}}{\sqrt{1-\xi_j^2}}\text{e}^{-\xi_j\omega_{j0}t}\sin(\omega_jt), & 0<\xi_j<1\\ K_j\omega_{j0}^2t\text{e}^{-\omega_{j0}t}, & \xi_j=1\\ K_j\dfrac{\omega_{j0}}{2\sqrt{\xi_j^2-1}}\left(\text{e}^{-(\xi_j-\sqrt{\xi_j^2-1})\omega_{j0}t}-\text{e}^{-(\xi_j+\sqrt{\xi_j^2-1})\omega_{j0}t}\right), & \xi_j>1\end{cases} \tag{3.117}$$

式(3.117)即为柔性直流系统故障支路暂态电流的时域解析表达，由该解析式可知，故障支路电流可近似由多个独立的二阶振荡电流叠加而成，每个振荡电流的无阻尼自然角频率 ω_{j0} 由相连的 MMC 等效电容和解耦电路等效电感主导，其幅值和衰减程度则与解耦电路的 RLC 参数均有关。

3.5.5 仿真验证

为验证上述故障电流解析计算方法应用于一般性柔性直流系统的有效性，在 PSCAD/EMTDC 软件中搭建了改进 CIGRE B4 柔性直流系统测试模型，其连接拓扑如图 3.42 所示。测试模型采用对称双极接地方式，系统参数如表 3.4 所示。其

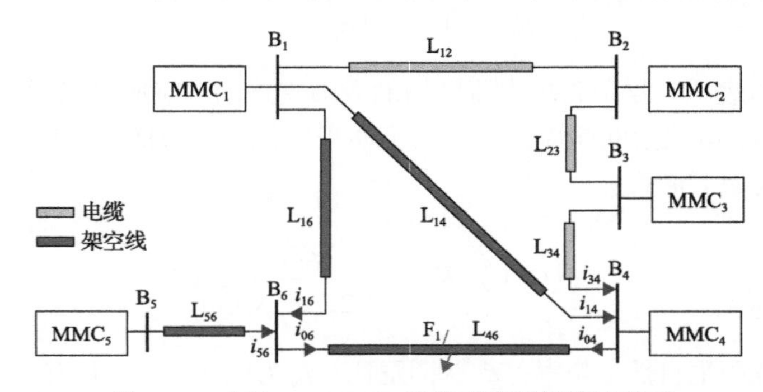

图 3.42　改进 CIGRE B4 柔性直流系统测试模型

表 3.4　测试模型系统参数

换流器区					
参数	MMC_1	MMC_2	MMC_3	MMC_4	MMC_5
直流电压/kV	±400	±400	±400	±400	±400
子模块个数	200	200	200	200	200
SM 电容/μF	15000	5000	10000	15000	10000
SM 通态电阻/mΩ	0.908	2.727	1.361	0.908	1.361
桥臂电感/mH	19	58	29	19	29

直流网络区			
参数	$L_{12}/L_{23}/L_{34}$	$L_{14}/L_{16}/L_{46}$	L_{56}
线路长度/km	200/300/400	400/500/200	300
线路稳态频率/Hz	0.001	0.001	0.001
等效电阻/(mΩ/km)	11.0936	5.6002	6.6502
等效电感/(mH/km)	0.6468	0.9382	0.8367

中，直流电缆和架空线的阻抗等效参数由 PSCAD/EMTDC 中的 LCP(line constant program)程序给出。

设故障发生在线路 L_{46} 上，根据所提的一般性柔性直流系统简化方法，换流站 MMC_2 以及线路 L_{12}、L_{23} 将被忽略；换流站 MMC_1 则被解耦为两条支路，解耦后的支路分别与线路 L_{14} 和线路 L_{16} 连接。通过在 L_{46} 上设置不同故障距离和不同故障电阻的双极短路故障，验证所提解析计算方法应用于不同故障场景的有效性。

1) 不同故障距离

在线路 L_{46} 上每隔 20km 设置一个金属性双极短路故障，根据所提的方法可以求得母线 B_6 和 B_4 处连接的所有线路的故障电流，各线路电流的正方向如图 3.42 中箭头所示。

图 3.43 和图 3.44 分别给出了故障点左侧的故障支路电流(i_{06})和相邻健全线路 L_{16} 的故障电流(i_{16})的计算结果。其中，"仿真值"表示换流器和直流线路均采用详细模型时得到的故障电流数值解，"理论值"表示将换流器和直流线路分别等效为 RLC 和 RL 模型时得到的故障电流数值解，"所提解析法"和"已有解析法"则分别表示根据本书所提方法和已有典型方法[6]得到的故障电流解析值。

从图 3.43 可以看出，由于采用了详细的 MMC 和依频线路模型，故障电流仿真值处可以观察到明显的波过程。相比之下，理论值和其余两种解析值计算时将线路等效为 RL 模型，因此得到的故障电流平稳上升，未显示出行波效应。尽管所提解析法对故障等效网络进行了简化，但得到的故障电流仍然与理论值基本一致，在不同故障距离下的计算误差也高度相似，在 t=10ms 时刻解析值与仿真值的最大相对误差不超过 7.1%(此时理论值与仿真值的误差为 8.0%)，然而，已有解析法由于忽略了所有

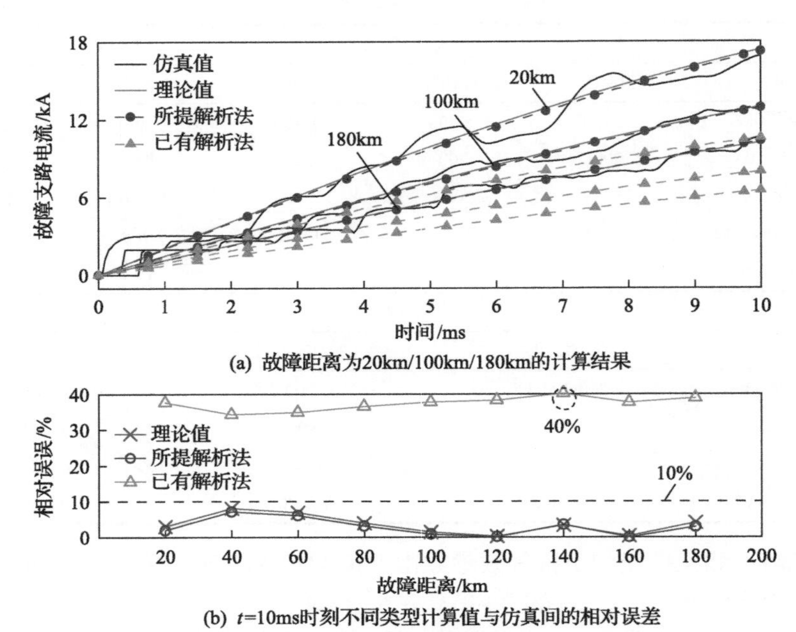

图 3.43 不同故障距离下故障支路电流 (i_{06}) 计算结果

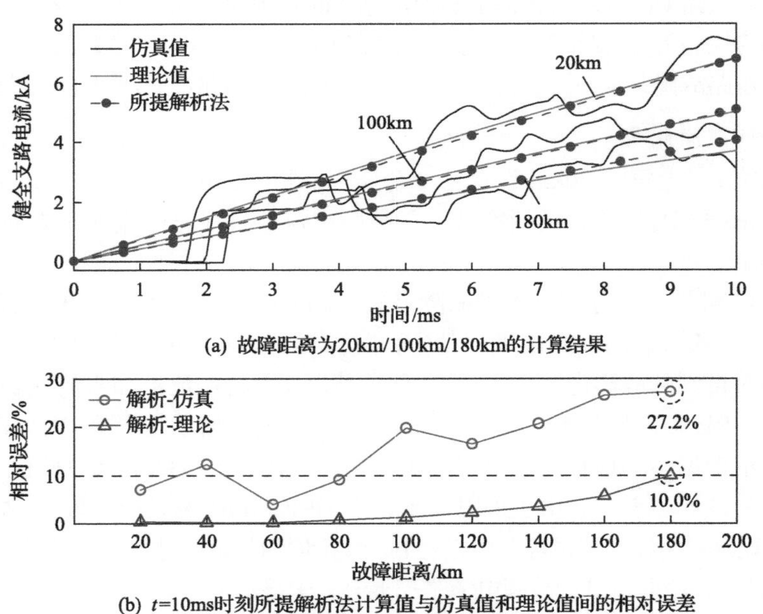

图 3.44 不同故障距离下健全支路电流 (i_{16}) 计算结果

健康换流站的馈流，得到的故障电流远远低于理论值。从图 3.43(b) 可以看出，已有解析法在不同故障距离下的值和仿真值间的相对误差高达 40%，远高于所提解析法。

由图 3.44 可知，由于测试模型线路两端未配置限流电抗器，健全支路的故障电流仿真值也能观察到较为明显的波过程，故障电流波形较为杂乱。尽管如此，由理论值和所提解析法得到的计算波形仍然能够较为准确地描述故障电流的总体发展趋势。由于忽略了线路的分布参数特性，所提解析法计算值和仿真值之间不可避免地存在一定的误差，在 180km 处，所提解析法计算值和仿真值的最大相对误差为 27.2%。但是，在不同故障距离下，由所提解析法得到的故障电流与未解耦简化网络得到的理论值之间最大相对误差仍然不高于 10%，证明了所提解析法在理论上的有效性。

2) 不同故障电阻

设故障发生在 L_{46} 中点，故障电阻为 1～300Ω，图 3.45 给出了故障点右侧故障支路电流 (i_{04}) 和健全支路电流 (i_{34}) 的计算结果。

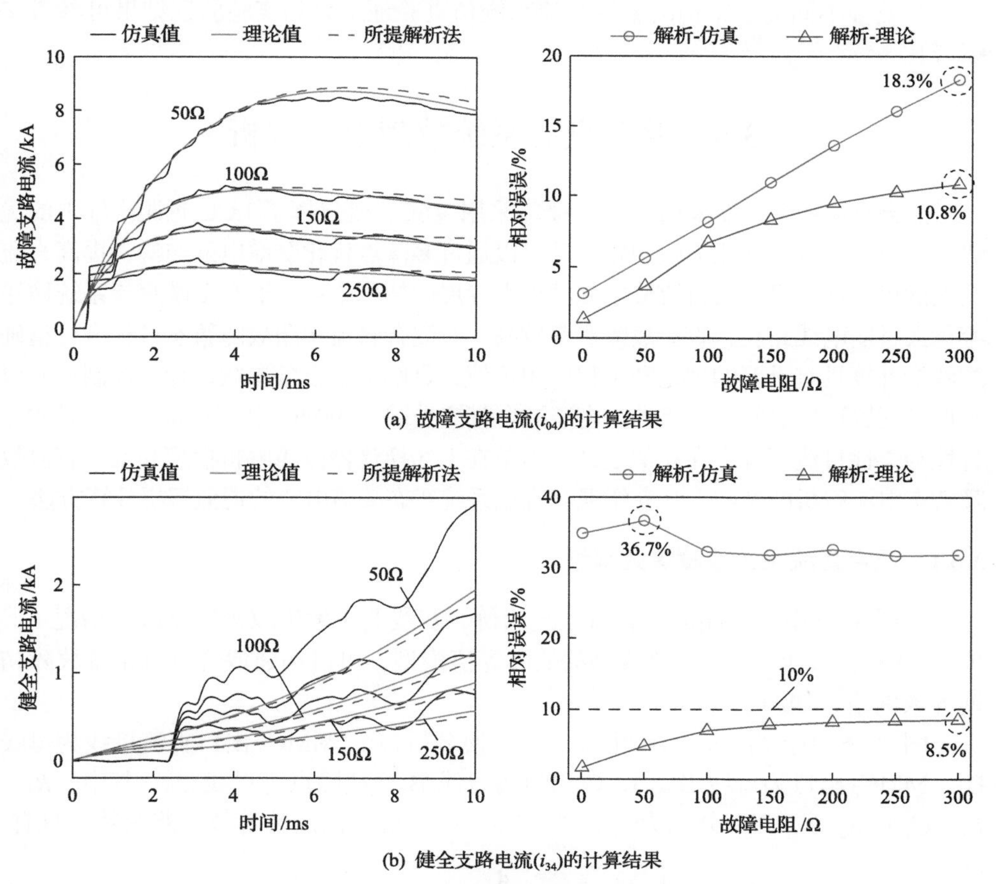

(a) 故障支路电流(i_{04})的计算结果

(b) 健全支路电流(i_{34})的计算结果

图 3.45　不同故障电阻下故障电流计算结果

图 3.45 表明，故障电阻极大地限制了柔性直流系统故障电流的幅值和增长率，且故障支路和健全支路上的电流发展轨迹存在不同。由理论值和所提解析法得到的计算波形都能够较为准确地描述故障电流的总体变化趋势。然而，由于故障电流幅值较小，且行波特性明显，所提解析法得到的计算值与仿真值间会存在一定误差。对于故障支路，在不同故障电阻下，利用所提解析法得到的故障电流与仿真值最大相对误差为 18.3%，这一数据在健全支路中可达 36.7%，这是因为 L_{34} 采用的是电缆线路，受分布电容电流的影响更大。但是，忽略线路分布参数特性情况下，所提解析法得到的故障电流与理论值基本一致，相对误差在 12%以下，证明了所提计算方法在理论上的有效性。此外，理论值和解析值间的误差随着故障电阻的增大呈现上升的趋势，这是远端换流站解耦时将故障视为金属性故障而造成的。尽管如此，总体计算误差仍在可接受的范围内，证明了所提网络简化和解耦方法的有效性。

由于内容篇幅限制，本章仅给出了改进 CIGRE B4 测试系统的部分仿真验证结果，更多不同类型结构的柔性直流系统仿真验证结果和实验验证结果可参考文献[7]。

3.6　混合直流系统故障电流解析

混合直流系统送端采用 LCC，受端采用 VSC，既发挥了 LCC 远距离输电的优势，解决了逆变侧换相失败问题，又可以通过多落点优化受端电网结构，提高直流受电的可靠性，已成为直流输电领域重点发展的技术之一。混合多端直流系统输送容量大且输电线路长，直流故障概率较高，对混合直流线路故障暂态过程进行精确的解析计算具有重要的理论和工程应用价值，是解决其设备参数设计、控制策略以及保护配置选择等问题的基础。由于混合直流受端为 MMC 串、并联结构，其故障特性与柔性直流系统存在相似之处。本节在上述换流器故障解析模型和柔性直流故障暂态电流解析的基础上，介绍混合直流系统暂态故障电流的近似解析计算方法。

3.6.1　混合直流系统故障等效网络

以图 3.30 中的三端混合直流系统为例，在线路 1 发生双极短路故障情况下，依据 LCC、MMC 以及直流线路的故障等值模型，可以构建混合直流系统故障初期等效网络，如图 3.46 所示。

图 3.46 中，R_f 表示故障电阻。为方便分析，令 MMC_1 出口直流母线为母线 B_1，MMC_2 出口为母线 B_2，LCC 出口为母线 B_3，故障点为母线 B_0。其中，R_1、L_1、C_1 和 R_2、L_2、C_2 分别为换流器 MMC_1 和 MMC_2 的故障等效电路参数，且有

$$R_1 = \frac{4}{3}NR_{on},\quad L_1 = \frac{4}{3}L_a + 2L_s,\quad C_1 = \frac{3}{N}C_0 \tag{3.118}$$

$$R_2 = \frac{4}{3}NR_{\text{on}},\quad L_2 = \frac{4}{3}L_{\text{a}} + 2L_{\text{CLR}},\quad C_2 = \frac{3}{N}C_0 \tag{3.119}$$

式中，L_{CLR} 为换流器出口限流电感。由于双极短路故障情况下正、负极换流器同时向故障点馈流，所得故障等效电路阻抗为两换流器阻抗串联之和。

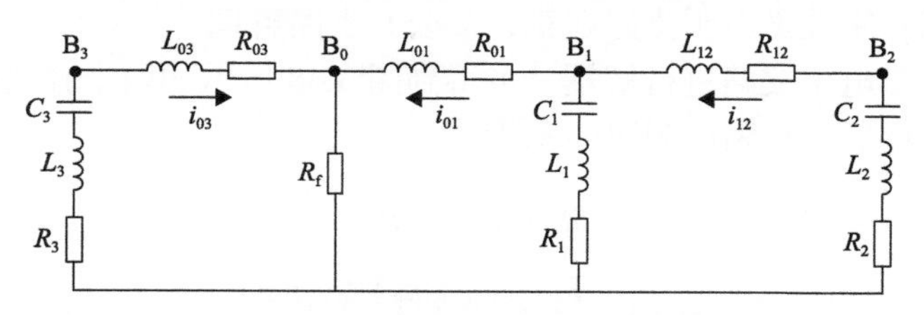

图 3.46　三端混合直流系统时域故障等效网络

R_3、L_3、C_3 为换流器 LCC 的故障等效电路参数，且有

$$R_3 = 8(X_{\text{r}} - K_{\text{P}} \cdot k \cdot U_{\text{d0}}),\quad C_3 = -1/(8K_{\text{I}} \cdot k \cdot U_{\text{d0}}),\quad L_3 = 2L_{\text{s}} \tag{3.120}$$

式中，L_{s} 为平波电抗器电感；U_{d0} 为 LCC 直流侧空载电压；X_{r} 为等值换相电抗；k 为控制环节的近似线性比例系数；K_{p} 和 K_{I} 分别为 PI 控制器的比例时间常数和积分，上述参数的取值可由 3.4 节获得。由于混合直流系统正、负极均由两个 12 脉动的整流器串联构成，所得整流侧 LCC 等效电路阻抗为 8 个六脉波换流器故障等值阻抗串联之和。

此外，R_{01}、L_{01} 和 R_{03}、L_{03} 分别表示故障线路两侧的一模电阻和电感，R_{12} 和 L_{12} 则表示线路 2 的一模电阻和电感。

对于图 3.47 所示的线性网络，仍然采用叠加定理将其拆分为稳态运行网络和故障附加网络，则可以得到用于故障分量计算的频域故障附加网络，如图 3.48 所示。

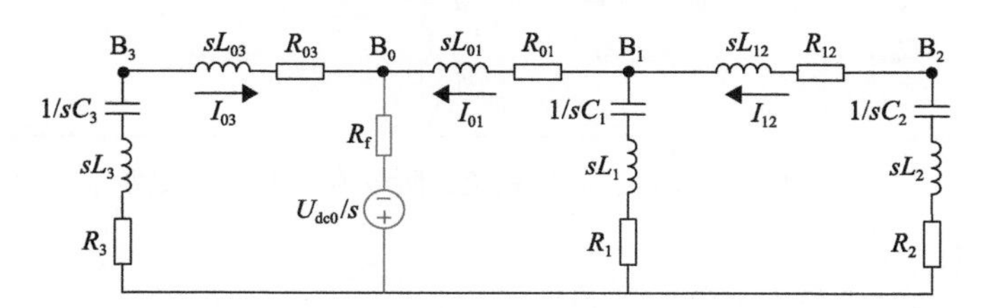

图 3.47　用于故障分量计算的复频域故障附加网络

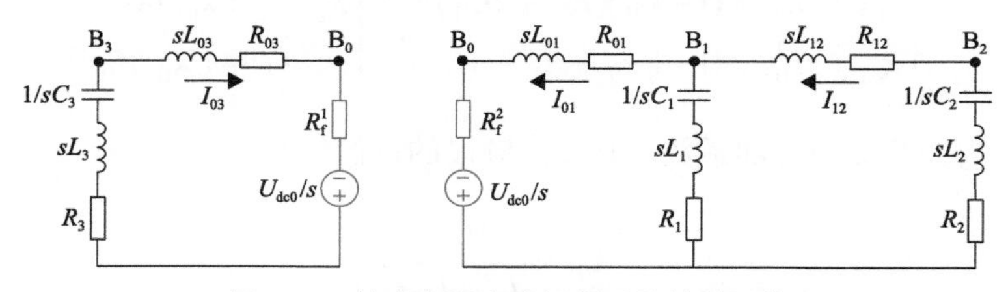

图 3.48　故障电阻支路解耦后的等效网络

3.6.2 混合直流系统故障电流解析计算

观察图 3.47 所示的网络，其结构与图 3.39(a)中的一般性柔性直流系统故障简化等效网络相同，因此可以采用 3.5.4 节所提的网络解耦方法对其进行简化，共包含两个步骤：①故障电阻支路解耦；②公共支路解耦。

首先对故障电阻支路进行解耦，可得到图 3.48 所示的两个独立的解耦电路。其中，解耦后的故障电阻可表示为

$$\begin{aligned} R_f^1 &= (1+k_f)R_f \\ R_f^2 &= (1+1/k_f)R_f \end{aligned} \tag{3.121}$$

式中，k_f为故障电阻解耦系数，且 $k_f=I_{01}/I_{03}$，I_{01} 和 I_{03} 分别为故障支路电流的复频域表示。

依据高频等效定理，在仅考虑故障初始阶段电流时，k_f 可以取其在高频段的近似值，即

$$k_f = \frac{L_3 + L_{03}}{L_{01} + \dfrac{L_1(L_2 + L_{12})}{L_1 + L_2 + L_{12}}} \tag{3.122}$$

对于图 3.48 中右侧电路，可以进一步对公共支路 B_{01} 和 R_f^2 进行解耦，进而得到图 3.49 所示的二阶等效计算电路。

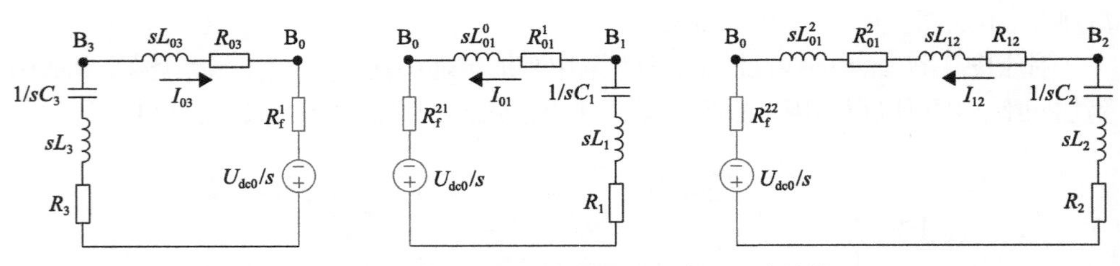

图 3.49　三端混合直流系统低阶故障解析计算模型

图 3.49 中，有

$$\begin{cases} R_{01}^1 + sL_{01}^1 = (1+k_{01})(R_{01}+sL_{01}) \\ R_{01}^2 + sL_{01}^2 = (1+1/k_{01})(R_{01}+sL_{01}) \end{cases}, \quad \begin{cases} R_f^{21} = (1+k_{01})R_f^2 \\ R_f^{22} = (1+1/k_{01})R_f^2 \end{cases} \tag{3.123}$$

式中，k_{01} 为公共支路解耦系数，其在高频段的近似值为

$$k_{01} = \frac{L_1}{L_2 + L_{12}} \tag{3.124}$$

根据图 3.49，可以得到三端混合直流系统各线路的电流故障分量频域表达式为

$$I_{03}(s)=\frac{U_{\mathrm{dc0}}/s}{R_3+R_{03}+R_{\mathrm{f}}^1+s(L_3+L_{03})+1/sC_3} \tag{3.125}$$

$$\begin{aligned}I_{01}(s)=&\frac{U_{\mathrm{dc0}}/s}{R_1+R_{01}^1+R_{\mathrm{f}}^{21}+s(L_1+L_{01}^1)+1/sC_1}\\&+\frac{U_{\mathrm{dc0}}/s}{R_2+R_{12}+R_{01}^2+R_{\mathrm{f}}^{22}+s(L_2+L_{01}^1+L_{12})+1/sC_2}\end{aligned} \tag{3.126}$$

$$I_{12}(s)=\frac{I_{01}(s)(R_{\mathrm{f}}^2+R_{01}+sL_{01})-U_{\mathrm{dc0}}/s}{R_1+sL_1+1/sC_1} \tag{3.127}$$

通过拉普拉斯反变换将上述表达式转化到时域可获得故障初始阶段混合直流系统各线路的电流故障分量，通过将电流故障分量与正常分量叠加，即可获得混合直流系统各线路的故障电流。

3.6.3　仿真验证

在 PSCAD/EMTDC 平台上搭建了图 3.30 所示的三端混合直流系统仿真模型，系统参数如表 3.3 所示。其中，线路 1 和线路 2 总长分别为 932km 和 557km，采用依频模型，一模等效电感和电阻分别为 0.717mH/km、0.004Ω/km。

设 t=0ms 时刻，在线路 1 上距离 LCC 200km 处发生双极短路故障，依据式(3.125)～式(3.127)求得的电流故障分量解析值与仿真值的对比如图 3.50 所示。

由图 3.50 可知，由于采用了依频模型，故障电流仿真值可以观察到明显的波过程，相比之下，通过解析式计算得到的故障电流平稳上升，其发展趋势与仿真值大体相同，但在故障电流具体数值上与仿真值存在较大差距，这是因为建立的故障等效网络中，直流线路采用 RL 模型，未考虑线路的分布电容。线路分布电容的引入等同于在平稳上升的故障电流上叠加了一个幅值随时间逐渐衰减的高频

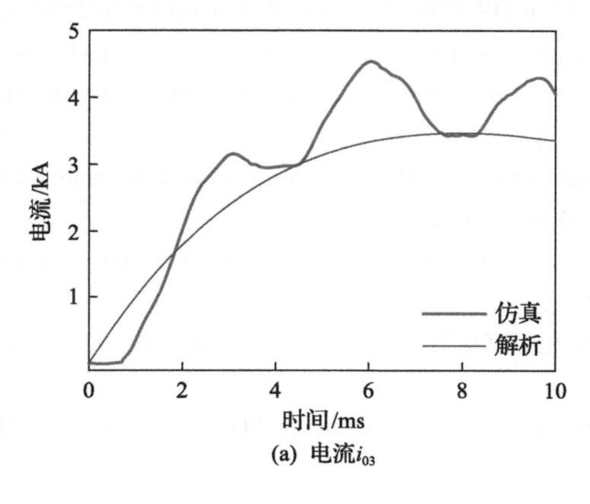

(a) 电流i_{03}

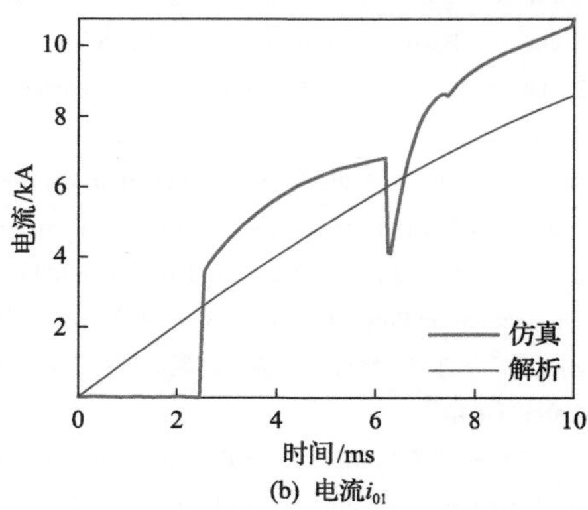

(b) 电流i_{01}

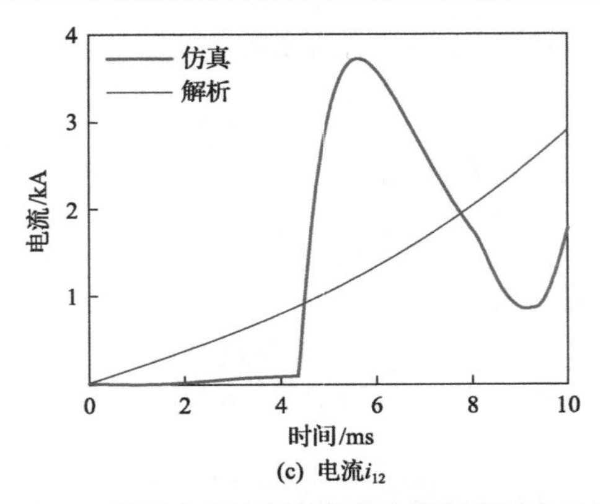

(c) 电流i_{12}

图 3.50　三端混合直流系统故障电流解析及仿真结果

振荡分量。随着线路长度的增加，线路分布电容增大，对应的高频振荡分量幅值增大，振荡频率减小。对于上述故障场景，由于故障点与整流侧 LCC 距离较短(200km)，LCC 侧直流电流(i_{03})中高频振荡分量幅值相对较小，振荡频率更高，而故障点距离 MMC_1 和 MMC_2 分别为 732km 和 732km+557km，因此电流 i_{01} 和 i_{12} 中高频振荡分量幅值相对较大，振荡频率更低。

上述结果表明，混合直流系统故障电流的发展趋势由换流器等效电容主导，但故障电流的幅值还将受到线路分布电容的影响。由于混合直流系统输电线路较长，分布电容较大，其对故障电流的影响难以忽略，所提解析式仅能够描述混合直流系统暂态故障电流平均变化趋势，可以用于分析参数对故障发展的影响，但在故障电流幅值的精确计算方面还需要进一步研究。

参 考 文 献

[1] Berizzi A, Silvestri A, Zaninelli D, et al. Short-circuit current calculations for DC systems[J]. IEEE Transactions on Industry Applications, 1996, 32(5): 990-997.

[2] Wasserrab A, Balzer G. Determination of DC short-circuit currents of MMC-HVDC converters for DC circuit breaker dimensioning[C]. 11th IET International Conference on AC and DC Power Transmission, Birmingham, 2015: 1-7.

[3] Saciak A, Balzer G, Hanson J. A calculation method for steady-state short-circuit currents in multi-terminal HVDC-grids[C]. 15th IET International Conference on AC and DC Power Transmission (ACDC 2019), Coventry, 2019: 1-6.

[4] Blazic B, Papic I. Voltage profile support in distribution networks—influence of the network R/X ratio[C]. 13th International Power Electronics and Motion Control Conference, Poznan, 2008: 2510-2515.

[5] Li Y J, Wu L, Li J P, et al. DC fault detection in MTDC systems based on transient high frequency of current[J]. IEEE Transactions on Power Delivery, 2019, 34 (3) : 950-962.

[6] 汤兰西，董新洲．MMC 直流输电网线路短路故障电流的近似计算方法[J]．中国电机工程学报，2019，39(2)：490-498, 646.

[7] Luo Y P, He J H, Li M, et al. Analytical calculation of transient short-circuit currents for MMC-based MTDC grids[J]. IEEE Transactions on Industrial Electronics, 2022, 69 (7) : 7500-7511.

第4章　直流线路保控协同保护原理

相比于传统高压直流输电技术，柔性直流输电技术不存在换相失败的问题，同时拥有可对有功和无功实现解耦控制、便于新能源灵活接入、输出电压谐波小、系统稳定性更强等优点[1-3]。但是，柔性直流输电中一旦发生短路故障，故障电流将迅速上升，对整个柔性直流电网中的电力电子器件造成严重的威胁。因此，快速可靠的直流线路保护方案是保证系统运行安全的关键。目前，行波保护已被广泛研究并用作识别直流线路故障的主要保护[4]。在实际应用中，西门子和ABB公司提出的行波保护根据电压电流的变化来识别区内和区外故障。这些行波保护方案虽然可以快速识别故障，但也存在一些缺陷：①作为单端量保护，依赖物理边界元件才能实现全线速动；②抗噪声干扰能力和抗过渡能力弱，导致灵敏性低；③阈值的设置依赖于仿真，缺乏理论依据。在多端柔性直流电网中，通常利用在线路两端配置限流电抗器来识别故障区。文献[5]中提出了一种基于瞬态电流的边界保护方案。文献[6]和[7]中使用限流电抗器两侧的电压变化率和暂态电压之比来识别故障。然而，这些保护方案依赖于线路两端的边界条件强度。进而基于前行波和反行波幅值比的保护方案在文献[8]中被提出，虽然该保护方案不依赖于边界条件，但保护性能很容易受到换流器控制带来的非线性影响，从而导致可靠性和灵敏度降低。因此，本章欲通过利用换流器的高可控性，产生稳定可靠的特征信号来识别故障区间，提升保护的可靠性。

4.1　均匀传输线特性

4.1.1　输入阻抗特性

在真双极直流输电系统中，正负极之间存在相互耦合[9]。为了消除耦合的影响，需要采用相模变换对线路进行解耦，其表达式为

$$\begin{cases}\begin{bmatrix}U_0\\U_1\end{bmatrix}=\dfrac{1}{\sqrt{2}}\begin{bmatrix}1 & 1\\1 & -1\end{bmatrix}\begin{bmatrix}U_\mathrm{P}\\U_\mathrm{N}\end{bmatrix}\\ \begin{bmatrix}I_0\\I_1\end{bmatrix}=\dfrac{1}{\sqrt{2}}\begin{bmatrix}1 & 1\\1 & -1\end{bmatrix}\begin{bmatrix}I_\mathrm{P}\\I_\mathrm{N}\end{bmatrix}\end{cases}\tag{4.1}$$

式中，U_1 为线模电压；U_0 为地模电压；I_1 为线模电流；I_0 为地模电流；U_P 为正极电压；U_N 为负极电压；I_P 为正极电流；I_N 为负极电流。

由于地模分量在故障过程中的衰减程度远远大于线模分量，因此，后续的内容都基于线模分量进行分析。

基于分布参数的均匀传输线模型如图 4.1 所示，在时域响应下的电压电流表达式为[10]

$$\begin{cases} -\dfrac{\partial u(x,t)}{\partial x} = R_0 i + L_0 \dfrac{\partial i(x,t)}{\partial t} \\ -\dfrac{\partial i(x,t)}{\partial x} = G_0 u + C_0 \dfrac{\partial u(x,t)}{\partial t} \end{cases} \tag{4.2}$$

式中，G_0 为单位长度并联电导；C_0 为单位长度并联电容；R_0 为单位长度串联电阻；L_0 为单位长度串联电感；x 为长度；t 为时间。

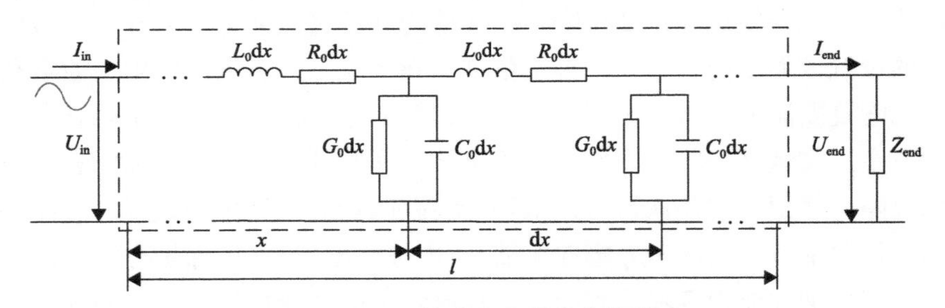

图 4.1　均匀传输线的分布参数模型

分析图 4.1 中的电路，并假设起始端的电源是角频率 ω 的正弦时间函数。在这种情况下，沿均匀传输线的电压和电流也是相同角频率下的正弦时间函数。因此，矢量法可用于分析沿均匀传输线的电压和电流。由此可得到在角频率 ω 下电压和电流的表达式为

$$\begin{cases} -\dfrac{\mathrm{d}U(x)}{\mathrm{d}x} = (R_0 + \mathrm{j}\omega L_0)I(x) = Z_0 I(x) \\ -\dfrac{\mathrm{d}I(x)}{\mathrm{d}x} = (G_0 + \mathrm{j}\omega C_0)U(x) = Y_0 U(x) \end{cases} \tag{4.3}$$

式中，Z_0 为单位长度阻抗；Y_0 为单位长度导纳；$U(x)$ 为角频率 ω 下 x 位置的电压；$I(x)$ 为角频率 ω 下 x 位置的电流。

其中，单位长度阻抗 $Z_0=R_0+\mathrm{j}\omega L_0$；单位长度导纳 $Y_0=G_0+\mathrm{j}\omega C_0$。进一步，角频率 ω 下电压和电流满足下面的波动方程：

$$\begin{cases} \dfrac{\mathrm{d}^2U(x)}{\mathrm{d}x^2} = Z_0Y_0U(x) = \gamma^2U(x) \\ \dfrac{\mathrm{d}^2I(x)}{\mathrm{d}x^2} = Z_0Y_0I(x) = \gamma^2I(x) \end{cases} \tag{4.4}$$

式中，γ 为均匀传输线路传播系数。

其中，均匀传输线路传播系数 γ 满足：

$$\gamma=\sqrt{Z_0Y_0}=\sqrt{(R_0+\mathrm{j}\omega L_0)(G_0+\mathrm{j}\omega C_0)} \tag{4.5}$$

通过式(4.4)，可以得到均匀传输线始端和线路 x 处的电压电流关系式

$$\begin{bmatrix} U_{\mathrm{in}} \\ I_{\mathrm{in}} \end{bmatrix} = \begin{bmatrix} \cosh(\gamma x) & Z_{\mathrm{c}}\sinh(\gamma x) \\ \sinh(\gamma x)/Z_{\mathrm{c}} & \cosh(\gamma x) \end{bmatrix} \begin{bmatrix} U(x) \\ I(x) \end{bmatrix} \tag{4.6}$$

式中，Z_{c} 为线路波阻抗；U_{in} 为线路始端的电压；I_{in} 为线路始端的电流。

其中，线路波阻抗 Z_{c} 的表达式为

$$Z_{\mathrm{c}} = \sqrt{Z_0/Y_0} = \sqrt{(R_0+\mathrm{j}\omega L_0)/(G_0+\mathrm{j}\omega C_0)} \tag{4.7}$$

当线路的长度为 l 时，线路始端和末端的电压电流关系式为

$$\begin{bmatrix} U_{\mathrm{in}} \\ I_{\mathrm{in}} \end{bmatrix} = \begin{bmatrix} \cosh(\gamma l) & Z_{\mathrm{c}}\sinh(\gamma l) \\ \sinh(\gamma l)/Z_{\mathrm{c}} & \cosh(\gamma l) \end{bmatrix} \begin{bmatrix} U_{\mathrm{end}} \\ I_{\mathrm{end}} \end{bmatrix} \tag{4.8}$$

式中，U_{end} 为线路末端的电压；I_{end} 为线路末端的电流。

通过式(4.8)，可计算得到线路的输入阻抗：

$$Z_{\mathrm{in}} = \frac{U_{\mathrm{in}}}{I_{\mathrm{in}}} = Z_{\mathrm{c}}\frac{Z_{\mathrm{end}} + Z_{\mathrm{c}}\tanh(\gamma l)}{Z_{\mathrm{end}}\tanh(\gamma l) + Z_{\mathrm{c}}} \tag{4.9}$$

式中，Z_{end} 为末端等效阻抗。

由式(4.9)可知，线路的输入阻抗和角频率、线路的参数、末端阻抗大小等因素有关。由于线路的长度和末端阻抗等为固定参数，且是已知量，故而只需要考虑当始端的电压电流角频率发生变化时输入阻抗的变化特性。

4.1.2　不同区间故障输入阻抗特性

本节将以柔性直流输电系统为研究对象，分析探究区内和区外故障时输入阻抗之间的差异，以构建基于阻抗差异性的保护判据。采用典型的多端柔性直流输电系统的布局，如图 4.2 所示，其中所有的换流器都是基于半桥子模块的模块化多电平换流器(HB-MMC)。直流系统中包含两条直流输电线路 L_{12} 和 L_{23}，长度都

是 60km。在 50Hz 电源频率下，线路的线模串联电抗为 j0.42629Ω/km，线模并联电纳为 j3.098μS/km。在理论分析和实际计算中，电阻和电导都可以忽略不计，因为它们在高频区间的影响远小于电感和电纳[11]。同时，多个限流电抗器(CLR)分别配置在线路的始端和末端。

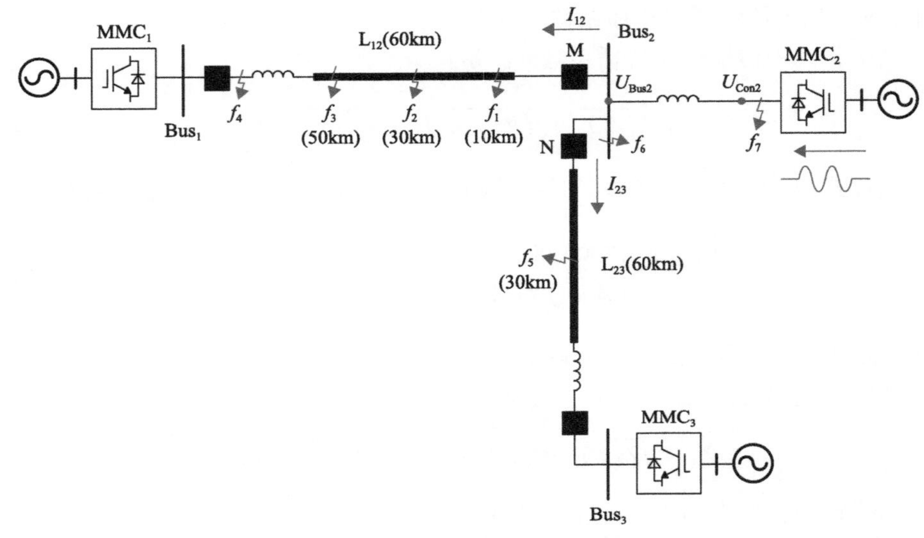

图 4.2　多端柔性直流输电系统

为了便于分析，图 4.2 中的多端柔性直流输电系统可等效为图 4.3 中的模型，其中换流器 MMC$_1$、MMC$_2$、MMC$_3$ 的等效阻抗分别为 Z_1、Z_2、Z_3；限流电抗器的电感值为 L；U_{in} 为始端电压；I_{M} 和 I_{N} 为线路 L$_{12}$、L$_{23}$ 的始端电流。

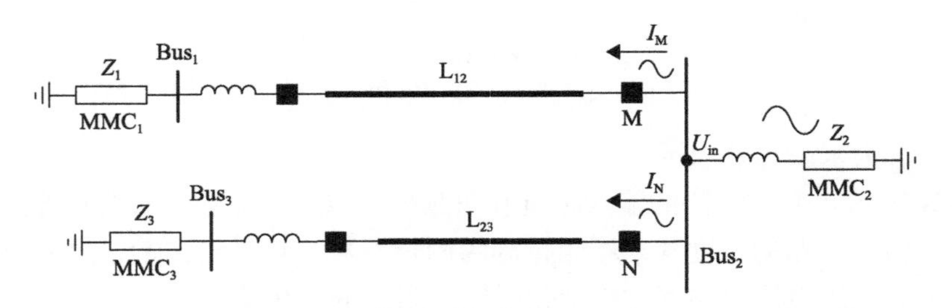

图 4.3　多端柔性直流输电系统等效模型

4.1.3　区内故障特性

如果区内发生正极接地短路故障，则末端阻抗(包含限流电抗器与换流器)被短路，如图 4.4 所示。在这种情况下，输入阻抗的表达式为

$$Z_{\text{in}} = \text{j}Z_{\text{c}}\tan(\omega l\sqrt{L_0C_0}) \tag{4.10}$$

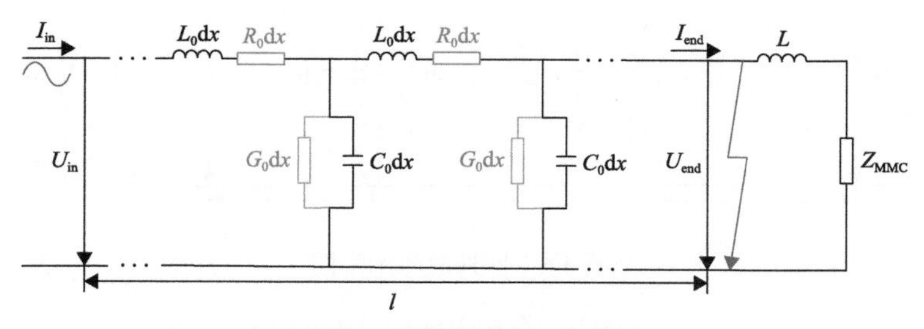

图 4.4　区内故障示意图

Z_{MMC}为末端换流器的等效阻抗

根据式(4.10)，可得输入阻抗 Z_{in} 的相频和幅频特性，如图 4.5 所示。随着频率的增加，输入阻抗在感性和容性之间交替变化。临界点 ω_{ip} 处为首个并联谐振点，输入阻抗的幅值在此处达到最大值。临界点 ω_{is} 处是首个串联谐振点，在此输入阻抗的幅值达到最小值。每个谐振点之间的间隔相等，且在第一个输入阻抗呈现感性的角频率区间[0，ω_{ip}]中输入阻抗 Z_{in} 的幅值与故障点距离呈现出正相关的特性。

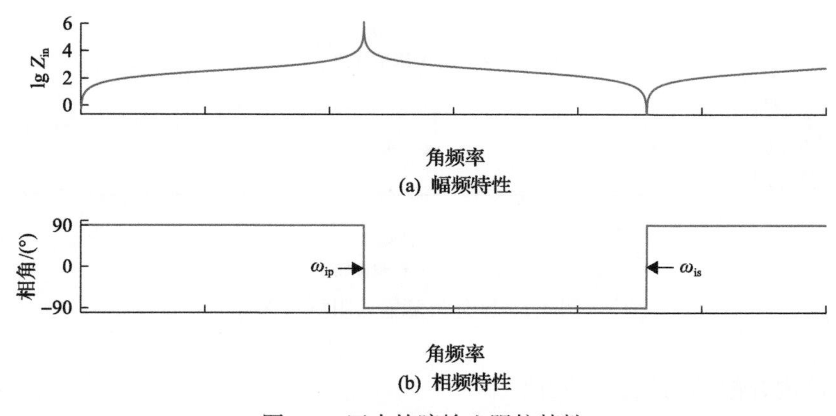

图 4.5　区内故障输入阻抗特性

4.1.4　区外故障特性

区外发生正极接地短路故障时，末端的大电感此时仍与传输线相连，如图 4.6 所示。该情况下输入阻抗的表达式为

$$Z_{\text{in}} = \text{j}Z_{\text{c}}\frac{\omega L + Z_{\text{c}}\tan(\omega l\sqrt{L_0C_0})}{Z_{\text{c}} - \omega L\tan(\omega l\sqrt{L_0C_0})} \tag{4.11}$$

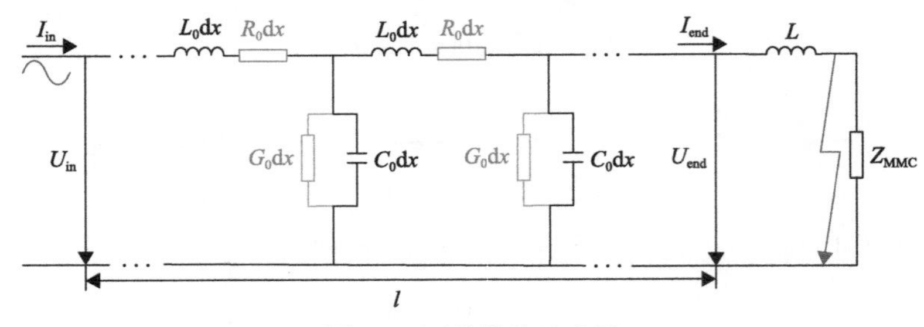

图 4.6　区外故障示意图

根据式(4.11)，可得输入阻抗 Z_{in} 的相频和幅频特性如图 4.7 所示。同样，随着角频率的增加，输入阻抗在感性和容性之间交替变化。ω_{ep} 和 ω_{es} 分别是第一个并联谐振点和第一个串联谐振点的角频率。相比于区内故障下的特性，区外故障的输入阻抗在第一个角频率区间$[0,\omega_{ep}]$的输入阻抗仍然是感性的，且输入阻抗的幅值随着角频率的增加而增加。但是，第一个频率区间$[0,\omega_{ep}]$明显缩短，并且后面的每个角频率带之间的间隔不再相等。

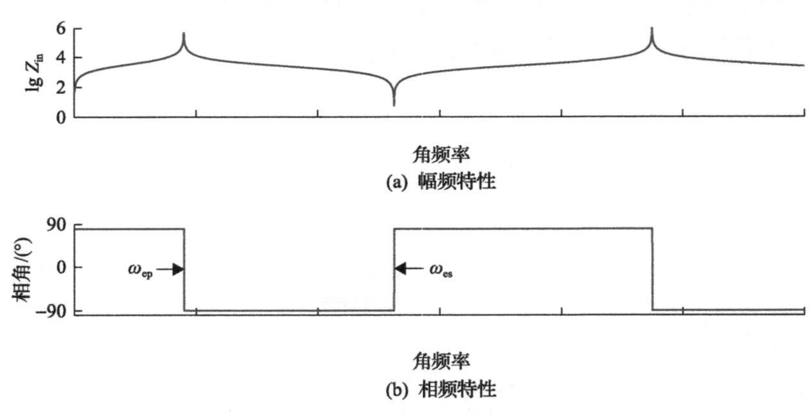

图 4.7　区外故障输入阻抗特性

4.1.5　区内外故障特性差异对比

由上述区内故障与区外故障下输入阻抗在不同角频率下的特性分析比较可知，当区内发生故障时，末端的阻抗被短路后不再影响线路本身的输入阻抗特性，因此输入阻抗随着角频率的增加而呈现出感性与容性交替出现的规律，且各个区间的长度一致；当区外发生故障时，线路末端还连接着限流电抗器，由于限流电抗器的值较大，故此时末端阻抗依然对线路输入阻抗的特性产生影响，导致第一个感性区间的范围极度缩小，并且各个容感性区间之间的长度不再一致。

通过比较区内故障和区外故障下的输入阻抗特性，得到图 4.8 所示的不同区间故障下的输入阻抗幅值上的差异性。ω_1 为区内故障下的输入阻抗幅值曲线和区外故障下的输入阻抗幅值曲线的第一个交叉点的角频率。根据图中的特性可得，当角频率在[0, ω_1]时，区内故障下的输入阻抗幅值小于区外故障下的输入阻抗的幅值，由此可根据该区段下的输入阻抗幅值关系确定故障区间。

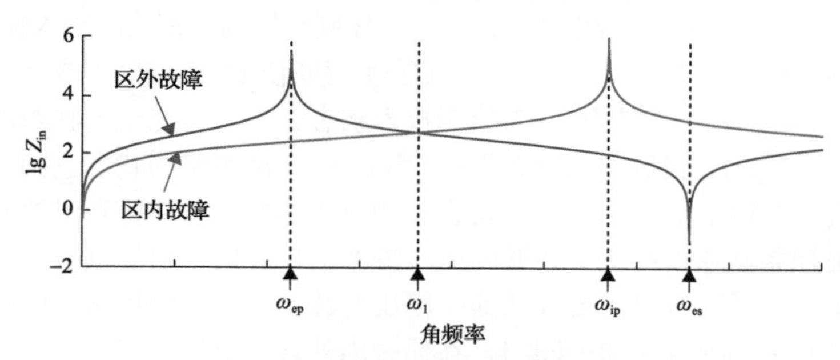

图 4.8　不同区间故障下的输入阻抗幅频特性比较图

4.2　换流器控制原理

4.2.1　换流器基本控制原理

本章直流电网中采用的换流器都是 HB-MMC，其主拓扑如图 4.9 所示。换流器共有六个桥臂，每个桥臂包括一个电抗器 L_0 和 N 个 SM 串联。每相上、下桥臂合在一起为一个相单元，MMC 由 3 个完全相同的相单元构成。O 点为零电位参考点；U_{dc} 为直流侧电压；i_{dcp}、i_{dcn} 为直流侧电流；u_a、u_b、u_c 和 i_a、i_b、i_c 为外部交

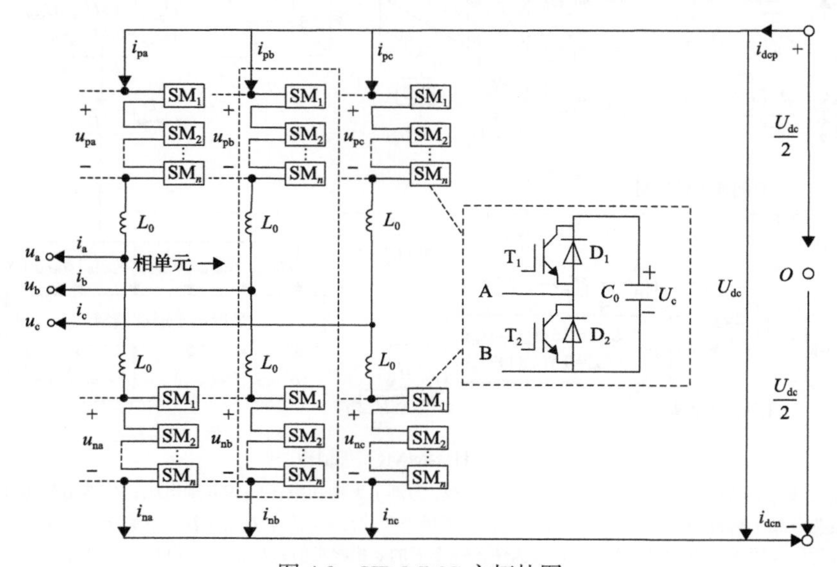

图 4.9　HB-MMC 主拓扑图

流系统三相交流电压、电流；i_{pa}、i_{pb}、i_{pc}和i_{na}、i_{nb}、i_{nc}分别为三相上、下桥臂电流；u_{pa}、u_{pb}、u_{pc}和u_{na}、u_{nb}、u_{nc}分别为三相上、下桥臂除桥臂电抗器的电压。半桥子模块包括一个IGBT半桥结构(T_1、T_2为开关，D_1、D_2为续流二极管)和一个直流储能电容C_0。U_c为子模块电容电压，端口A、B则分别为子模块的输入输出端口。

在稳态工作情况下，通过T_1、T_2的开通/关断使C_0处于投入或旁路的状态。当T_1/D_1导通时，直流储能电容C_0处于投入状态，此时的充放电状态由电流的方向来决定；当T_2/D_2导通时，直流储能电容C_0处于被旁路的状态。同一个相单元投入的子模块总数不变为N，以维持直流侧电压的稳定。在稳态时的常规控制模式中，将极控制器输出的六个桥臂的电压参考信号除以子模块电容电压的额定值后，得到了上下桥臂各自需要开通的子模块的数量，作为阀控制器的控制命令。对于如图4.10中所示的控制模式1，在通过内外环调节后，得到三相参考电压，通过最近电平逼近调制，得到上下桥臂的子模块投入数量分别为

$$\begin{aligned} N_{\text{pi,ref}} &= \text{round}(0.5U_{\text{dcn}} - U_{\text{i,ref}})/N \\ N_{\text{ni,ref}} &= \text{round}(0.5U_{\text{dcn}} + U_{\text{i,ref}})/N \end{aligned} \tag{4.12}$$

式中，$N_{\text{pi,ref}}$为上桥臂子模块投入数量；$N_{\text{ni,ref}}$为下桥臂子模块投入数量；U_{dcn}为直流侧额定电压；$U_{\text{i,ref}}$为桥臂电压交流分量；round表示取整。

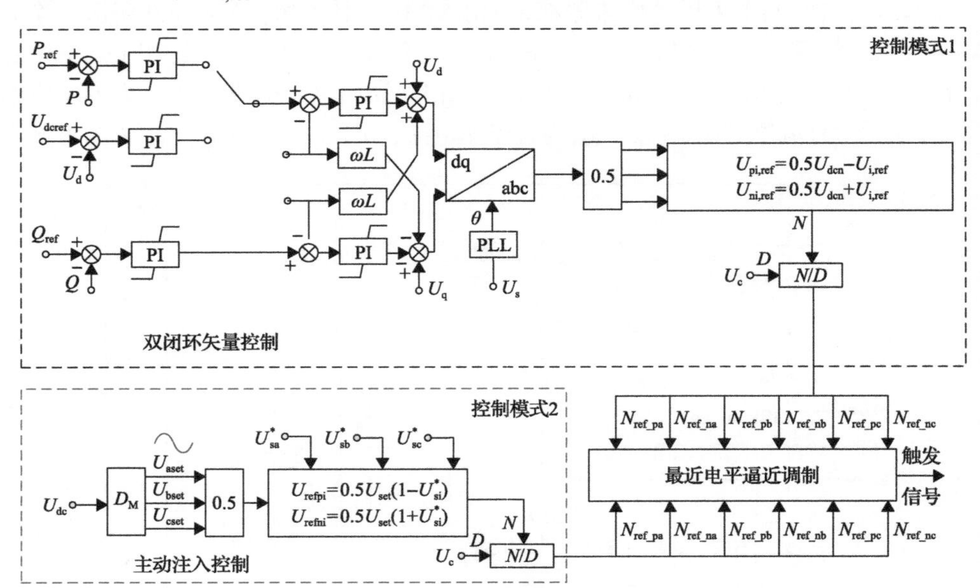

图4.10　HB-MMC控制框图

P_{ref}为额定有功功率；U_{dcref}为额定直流电压；Q_{ref}为额定无功功率；U_d为d轴电压；U_q为q轴电压；$U_{\text{pi,ref}}$为各相上桥臂调制参考电压；$U_{\text{ni,ref}}$为各相下桥臂调制参考电压；U_{aset}为注入频率下的a相参考值；U_{bset}为注入频率下的b相参考值；U_{cset}为注入频率下的c相参考值；U_{refpi}为各相上桥臂调制参考电压；U_{refni}为各相下桥臂调制参考电压；$N_{\text{ref\_pa}}$～$N_{\text{ref_nc}}$为各桥臂子模块开通数量

4.2.2　换流器附加注入控制

在故障发生之后，换流器闭锁前的等值电路如图 4.11 所示，其中 R_{ac}、L_{ac}分别为交流侧电阻和电感，L_{arm}为桥臂电感，u_{arm}为桥臂暂态投入子模块的电压之和，L_{dc}，R_{dc}分别为直流侧等效电感和等效电阻，i_j中 j =a, b, c。

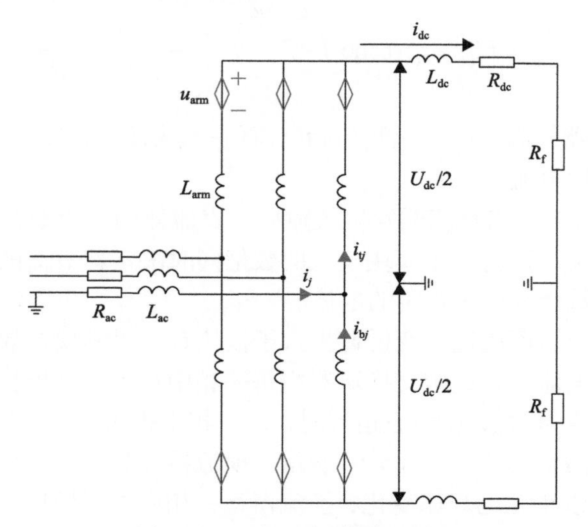

图 4.11　HB-MMC 等值电路图

根据基尔霍夫电流定律，可得直流侧电流与换流器三相桥臂电流之间的关系为

$$i_{dc} = i_{ta} + i_{tb} + i_{tc} \tag{4.13}$$

式中，i_{ta}为 a 相上桥臂电流；i_{tb}为 b 相上桥臂电流；i_{tc}为 c 相上桥臂电流。

根据 a、b、c 三相桥臂可列微分方程得

$$\begin{aligned}
u_a - R_{ac}i_a - L_{ac}\frac{di_a}{dt} - L_{arm}\frac{di_{ta}}{dt} + u_{arm} = \frac{u_{dc}}{2} \\
u_b - R_{ac}i_b - L_{ac}\frac{di_b}{dt} - L_{arm}\frac{di_{tb}}{dt} + u_{arm} = \frac{u_{dc}}{2} \\
u_c - R_{ac}i_c - L_{ac}\frac{di_c}{dt} - L_{arm}\frac{di_{tc}}{dt} + u_{arm} = \frac{u_{dc}}{2}
\end{aligned} \tag{4.14}$$

通过联立 a、b、c 三相微分方程式(4.14)和式(4.13)可得

$$-R_{arm}i_{dc} - L_{arm}\frac{di_{dc}}{dt} + 3u_{arm} = \frac{3}{2}u_{dc} \tag{4.15}$$

通过列直流侧的微分方程可得

$$R_{dc}i_{dc}+R_f i_{dc}+L_{dc}\frac{di_{dc}}{dt}=\frac{u_{dc}}{2} \tag{4.16}$$

联立式(4.15)与式(4.16)，可得直流侧电流的表达式为

$$i_{dc}=[I_{dc}^{-}-i_{cl}(t_0)]e^{-\frac{3R_{dc}+3R_f}{L_{arm}+3L_{dc}}(t-t_0)}+\frac{3u_{arm}}{3R_{dc}+3R_f} \tag{4.17}$$

式中，I_{dc}^{-}为换流器控制前的直流侧初始电流值；t_0为注入控制开始的时间；$i_{cl}(t_0)$为暂态投入子模块电流。

由式(4.17)可知，当直流侧发生故障后，直流侧的电流跟桥臂子模块投入的电压总和 u_{arm} 相关，而桥臂子模块投入的数量同时决定着 u_{arm} 的大小，故可通过调节投入子模块数量来产生特定的电流。

因此，在故障后可通过改变桥臂投入子模块数量以实现在故障回路中产生特定频率的电压与电流。在此定义换流器中每一相中投入的子模块数量与总的子模块数量之间的比值为 D_M，在稳态运行时，每一相中投入的子模块数量为 N，而总数为 $2N$，故此时 D_M=0.5。如图 4.10 所示，换流器控制将从控制模式 1 切换到控制模式 2。D_M将以正弦的规律变化，换流器每一相中的子模块总和可认为是一个可控的电压源，放电回路中产生该频率下的正弦电流。D_M可在[0，1]以正弦规律变化，并产生特定频率的故障特征。

为了得到故障后控制模式 2 的效果，利用图 4.2 中的直流电网开展仿真进行验证。在 Bus_2 处设置金属性短路接地故障，发生时刻 t=0.8s。所测的电压电流均为换流器 MMC_2 出口电流。在控制模式 1 中，由于故障后换流器中每一相的桥臂投入数量不变，D_M始终保持为 0.5，所以故障电流急剧增大。在控制模式 1 中，当接地故障引起的电压剧烈变化被检测到后，换流器立刻将控制模式切换到模式 2，D_M的值从 t=0.8002s 开始在[0，0.5]范围内正弦变化，可见电压电流中不仅仅存在特定频率下的特征量，同时故障电流也受到了抑制。上述仿真结果如图 4.12 所示。

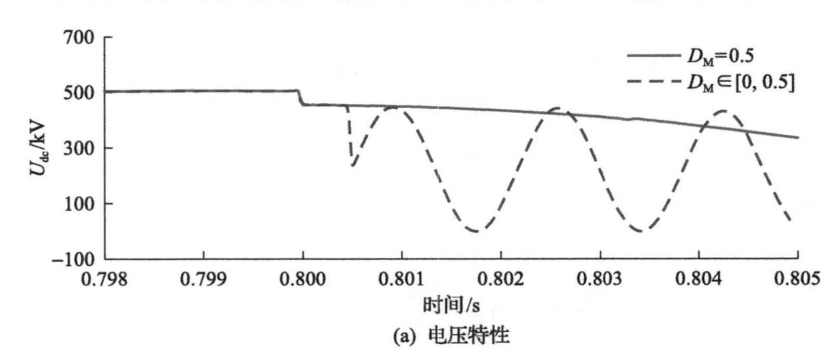

(a) 电压特性

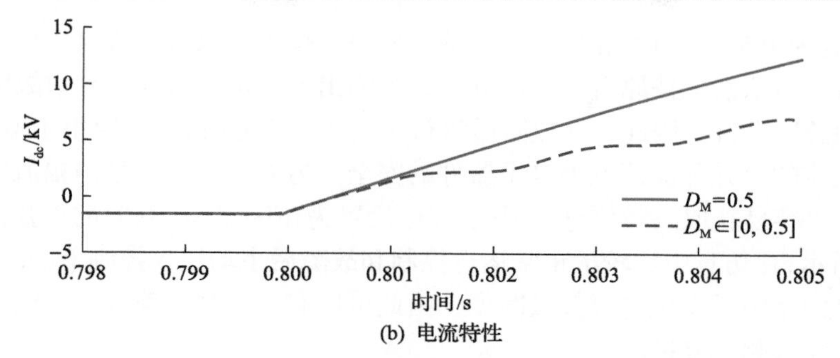

(b) 电流特性

图 4.12　故障后换流器不同控制模式下电压、电流特性比较示意图

4.3　特征信号选取

4.3.1　特征信号频率

根据在 4.1.4 节中分析的输入阻抗的特性，区内故障和区外故障情况之间的幅频特性如图 4.8 所示，这表明注入信号频率应小于交点的频率 f_1。如图 4.13 所示，根据系统参数计算，f_{ep} 为 450Hz，f_1 为 737Hz。在频带[0,450]Hz 内，满足区内故障情况下的输入阻抗幅值小于区外故障情况下的输入阻抗幅值，但频率越低，注入时间越长，会影响到保护动作的时间。在[450Hz，737Hz]频段内，如果注入频率接近 450Hz，区外故障情况下的输入阻抗过大，在一定程度上会影响故障信息的提取。如果注入频率接近 737Hz，则两种情况之间的输入阻抗差异会很小。因此，考虑到上述因素，注入频率折中设置为 600Hz。

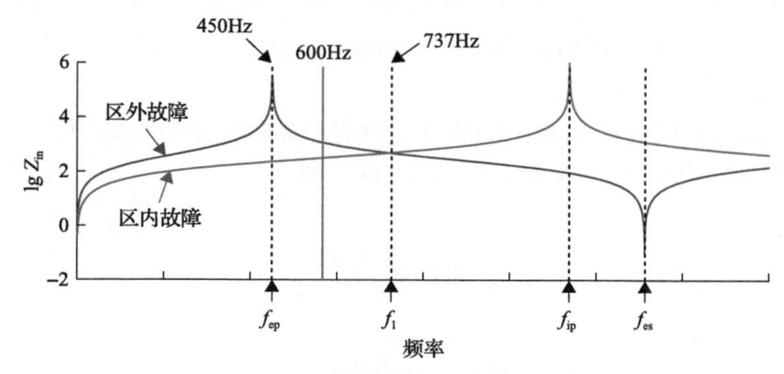

图 4.13　区内故障和区外故障下的幅频特性比较示意图

4.3.2　特征信号幅值

根据以上分析，D_M 的值决定了故障换流器的输出电压。在没有额外控制的情

况下，D_M为 0.5，并且每相中有一半的子模块被投入以保持直流电压稳定。如果在发生故障后依然保持原有的控制方式，则输出电压仍然很大，导致故障电流在几毫秒内急剧上升。因此，在故障后进行主动注入控制时，D_M应小于 0.5，可抑制故障电流的上升并保证电力电子器件的安全。另外，注入信号的幅值应尽可能大，以便更容易获取故障信息。因此，D_M设置为在区间[0，0.5]的正弦信号。如图 4.12 所示，在仿真中比较了正常运行控制和故障后主动注入控制下的故障特性。由于放电回路中子模块电容数量减少，因此可以有效限制故障电流。同时，故障电流包含注入频率分量。

4.3.3 特征信号长度

因为发生故障之后的暂态过程不仅存在注入的特征量，还同时存在各种谐波分量，所以需要研究能有效提取 4.1 节中所产生特征信号的方法。电力系统中常用的信号处理方法有傅里叶变换、小波算法、自回归谱估计法以及 Prony 算法等。其中，傅里叶变换存在采样时间长、频率分辨率低且无法体现信号时域特点的缺点；小波算法能体现时变特性，但是基波的选择是个难题且无法得到信号的频点信息；自回归谱估计法分辨率较高，但是谱峰位置易受到初相位影响；与上述几种常见的信号分析方法不同，Prony 算法是用一组带衰减分量的余弦信号对信号进行拟合，可得到频率、幅值、相位与衰减因子四个重要的信号特征要素，其算法简单，数据量需求较小，适合作为特征信号提取的方法。

1) Prony 算法原理

1795 年，为分析动态信号，法国数学家 Prony 提出了用复指数函数的线性组合来描述等间距采样的数学模型。该模型经拓展后形成了能够估算给定信号的频率、衰减因子、幅值和初相位等特征的 Prony 算法，被广泛应用于电力系统信号分析尤其是低频振荡分析中。

Prony 算法采用 p 个指数项的线性组合对原始数据进行近似拟合。设 N 个原始数据的近似拟合值为 $\hat{x}(0),\hat{x}(1),\cdots,\hat{x}(N-1)$，则

$$\begin{cases} \hat{x}(n)=\sum_{k=1}^{p} b_k Z_k^n \\ b_k = A_k \mathrm{e}^{\mathrm{j}q_k} \\ Z_k = \mathrm{e}^{(\rho_k+\mathrm{j}2\pi f_k)\Delta t} \end{cases} \tag{4.18}$$

式中，A_k为振幅；ρ_k为阻尼因子；f_k为频率；q_k为初相位；Δt 为采样间隔；p 为阶数；$\hat{x}(n)$ 为原始数据的近似拟合值。

构造目标函数：

$$Q=\sum_{n=0}^{N-1}e_n^2=\sum_{n=0}^{N-1}|x(n)-\hat{x}(n)|^2 \tag{4.19}$$

求解 Q 的最小值：

$$\min Q=\sum_{n=0}^{N-1}|x(n)-\hat{x}(n)|^2 \tag{4.20}$$

直接求解一个非线性最小二乘问题比较困难，此处引入加权最小二乘法，利用差分方程来求解该问题。

当权系数 $W_i(i=1,2,\cdots,n)$ 不全为 1 时，即权系数均为常数并加权于最小二乘法。此时目标函数为

$$Q=\sum_{i=0}^{N-1}W_i e_i^2 \tag{4.21}$$

即

$$\min Q=\sum_{i=1}^{n}W_i(y_i-b_0-b_1x_{i1}-\cdots-b_px_{ip})^2 \tag{4.22}$$

选取 $\hat{b}_0,\hat{b}_1,\hat{b}_2,\cdots,\hat{b}_p$，使 Q 达到最小。分别求取式(4.22)关于 $b_0,b_1,b_2,\cdots,b_p$ 的偏导数，并令所得偏导数都等于零，记全系数矩阵为

$$W_{n\times n}=\mathrm{diag}(w_1,w_2,\cdots,w_n) \tag{4.23}$$

又记 B 的估计值为 $\hat{B}$，经过整理式(4.23)，即得方程组的矩阵形式为

$$X^{\mathrm{T}}WX\hat{B}=X^{\mathrm{T}}WY \tag{4.24}$$

由于 $x_1,x_2,\cdots,x_p$ 线性无关，所以 X 的列向量线性无关。这样式(4.24)的系数矩阵 $X^{\mathrm{T}}WY$ 是可逆的，得到上面求偏导式子的唯一解为

$$\hat{B}=[\hat{b}_0,\hat{b}_1,\hat{b}_2,\cdots,\hat{b}_p]^{\mathrm{T}}=(X^{\mathrm{T}}WX)^{-1}X^{\mathrm{T}}WY \tag{4.25}$$

其中，当权系数 $W_i=1(i=1,2,\cdots,n)$ 时，目标函数就是最小二乘估计的目标函数，而常用的权系数有 Huber 函数、Bi-square 函数和 Andrews 函数等。

2）基于加权最小二乘法的 Prony 算法

当信号中噪声含量较高时，Prony 算法的求解过程等同于非线性问题的最优化求解，原有非严格最优算法对噪声敏感，输出结果偏离真实值。为降低噪声影响，Prony 算法中引入加权最小二乘法，利用权重系数来抑制噪声干扰。在此基础上，以严格最优的算法求解系数矩阵 A 来代替非严格最优求解矩阵，提升算法的抗噪性。

借助采样数据，利用选定权系数函数构造的迭代算法求解差分方程的系数矩阵 A，其模型参数估计值为

$$A=\hat{B}=(X^{\mathrm{T}}WX)^{-1}X^{\mathrm{T}}WY \tag{4.26}$$

式中

$$X=\begin{bmatrix}\hat{x}(p-1) & \cdots & \hat{x}(0)\\ \vdots & & \vdots\\ \hat{x}(N-2) & \cdots & \hat{x}(N-p-1)\end{bmatrix}$$
$$Y=\begin{bmatrix}\hat{x}(p) & \hat{x}(p+1) & \cdots & \hat{x}(N-1)\end{bmatrix}^{\mathrm{T}} \tag{4.27}$$

继而通过式(4.28)，从以这些系数为参数的多项式方程中求出多项式的根 Z：

$$\sum_{k=0}^{p}a_kZ^{p-k}=0 \tag{4.28}$$

式中，a_k 为衰减系数。

求出 Z 之后，依据式(4.18)即可求解 $b_k(k=1,2,\cdots,p)$，从而 Prony 算法要辨识的四个参数均可通过式(4.29)得到

$$\begin{cases}A_k=|b_k|\\ q_k=\arctan|\mathrm{Im}(b_k)/\mathrm{Re}(b_k)|\\ a_k=\mathrm{In}|Z_k|/\Delta t\\ f_k=\arctan|\mathrm{Im}(b_k)/\mathrm{Re}(b_k)|/2\Delta\pi t\end{cases} \tag{4.29}$$

通过引入 Prony 算法，可以直接对测量值进行分解，并得到注入信号频率下的幅值信息。但是，注入信号长度应考虑算法估计的准确性。如果时间窗太短，数据会丢失，导致估计结果误差很大；如果时间窗过长，计算复杂度增加，不利于在线分析，保护速度将会受到影响。此外，为了减少主动注入开始和结束时测

量数据突然变化的影响，信号提取时间窗口的长度应小于主动注入控制时间的长度。如图 4.14 所示，t_0 时刻为故障发生时刻，t_1 时刻为换流器切换到主动注入控制时刻，$[t_2,t_3]$ 为特征信号幅值提取的时间窗，t_4 为换流器注入控制结束的时刻。综合以上考虑，当注入信号的频率为 600Hz 时，注入信号的长度设定为特征信号周期的 1.5 倍(2.5ms)。时间窗口的长度设置为特征信号周期的 1.2 倍(2ms)，在主动注入控制开始后 0.25 ms 开始。

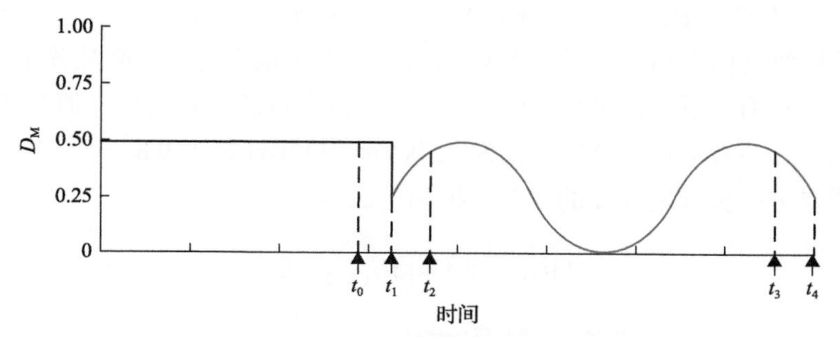

图 4.14　换流器中子模块投入比 D_M 变化规律

4.4　保护原理构建

本节提出了主动注入控制的故障识别方法，其过程如图 4.15 所示。区间$[t_0,t_1)$表示直流故障发生后行波传播到保护安装点的过程。区间$[t_1,t_2)$表示保护启动的过程。区间$[t_2,t_3)$表示故障极识别过程。区间$[t_3,t_7)$表示所选的换流器注入特征信号的过程。在信号注入过程中，处理并提取$[t_4,t_5]$中的故障信息来识别故障。经过一定的计算延时之后，故障区间在 t_6 被识别。本节的保护构建皆基于图 4.3 中所示的多端柔性直流输电系统。

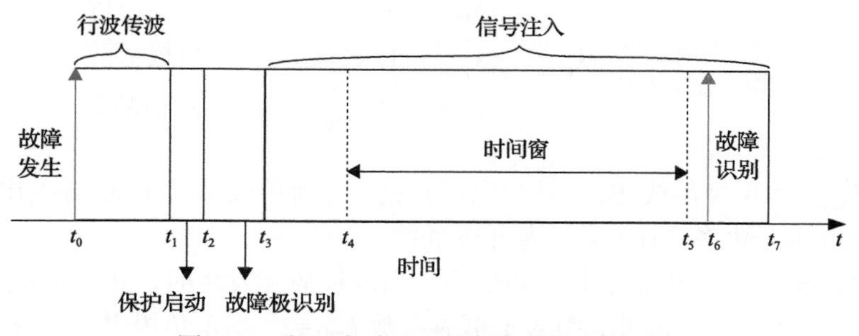

图 4.15　基于主动注入控制的故障识别流程

4.4.1 保护启动判据

通过电压变化率来检测故障是否发生，具有计算量小、采样频率低、配置简单、检测速度快等优点。其判据如下：

$$|\mathrm{d}U_{\mathrm{Bus2}} / \mathrm{d}t|>\Delta U \tag{4.30}$$

式中，U_{Bus2}为母线 Bus_2处的电压；ΔU为故障检测的门槛值。

故障检测的门槛值 ΔU 应小于区内最远处发生最大过渡电阻故障下测得的电压变化率绝对值。通常，在柔性直流电网中，最大过渡电阻的典型值为300Ω。因此，根据实际仿真值可将 ΔU 设置为225kV/s，可靠性数为0.8。

还需要进一步确定故障的方向。提出的故障方向判据如下：

$$|\mathrm{d}U_{\mathrm{Bus2}} / \mathrm{d}t|>|\mathrm{d}U_{\mathrm{Con2}} / \mathrm{d}t| \tag{4.31}$$

式中，U_{Con2}为限流电抗器换流器侧的电压。

由于限流电抗器构建了边界，故而可以通过比较限流电抗器两侧的电压变化率大小来判断故障发生的方向。当式(4.31)不满足时，表明故障发生在换流器侧，反之则表明故障发生在线路侧，该情况下换流器 MMC_2将切换到主动注入控制模式。

4.4.2 故障极识别判据

由于传输线之间的耦合效应，非故障极也可能感应到电压的变化，从而导致对应极换流器主动注入控制的误启动。因此，通过利用两极之间的电压变化率之比来区分故障极。

$$\frac{|\mathrm{d}U_{\mathrm{Bus2P}} / \mathrm{d}t|}{|\mathrm{d}U_{\mathrm{Bus2N}} / \mathrm{d}t|}=k_{\mathrm{pole}},\quad \begin{cases} k_{\mathrm{pole}} > k_{\mathrm{rel1}}, & \text{正极故障} \\ k_{\mathrm{pole}} < 1 / k_{\mathrm{rel1}}, & \text{负极故障} \\ 1 / k_{\mathrm{rel1}} \leqslant k_{\mathrm{pole}} \leqslant k_{\mathrm{rel1}}, & \text{双极故障} \end{cases} \tag{4.32}$$

式中，U_{Bus2P}为正极母线 Bus_2处的电压；U_{Bus2N}为负极母线 Bus_2处的电压；k_{pole}为正负极电压变化率之比；k_{rel1}为可靠系数。

考虑到噪声干扰和分布电容的影响，当双极故障发生时，正负极电压变化率之比不一定恒定为1。因此，引入了可靠系数 $k_{\mathrm{rel1}}=2$。当正负极电压变化率之比大于2时表明是正极发生了故障；当正负极电压变化率之比小于0.5时表明是负极发生了故障；当正负极电压变化率之比在0.5～2时表明发生了双极故障。

4.4.3　故障区间识别判据

由 4.3 节中对注入特征信号参数的分析可知，当注入频率设置为 600Hz 时，区内故障下的输入阻抗远小于区外故障下的输入阻抗。如图 4.16 所示，当外部金属性接地故障 f_4 发生时，理论上输入阻抗(Z_e)为 1081.43Ω。因此，输入阻抗的判据可以表示为

$$\frac{U_{in}}{I_{in}} = Z_{in}，\quad Z_{in} < \Delta Z = k_{rel2} \cdot Z_e \tag{4.33}$$

式中，U_{in} 为正极母线 Bus_2 处的电压；I_{in} 为线路出口处的电流；Z_{in} 为正负极电压变化率之比；ΔZ 为保护门槛值；k_{rel2} 为可靠系数。

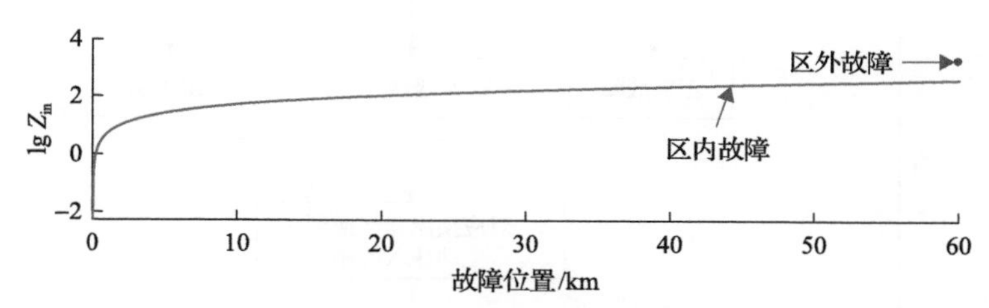

图 4.16　输入阻抗在不同位置下的幅值特性

其中，可靠系数 k_{rel2} 取值为 0.8，因此可计算得到门槛值 $\Delta Z=k_{rel2}\cdot Z_e=865.144$。当式(4.33)满足时，可以识别为区内故障；当式(4.33)不满足时，表明发生了正向区外故障。另外，如果保护单元 M 与 N 计算得到的输入阻抗都不满足式(4.33)，则表明母线 Bus_2 发生了故障。

4.4.4　保护方案总体流程

结合上述故障识别流程与保护判据设计，基于保控协同保护原理的整体方案如图 4.17 所示。详细过程如下。

(1)一旦电网中某处发生故障，通过式(4.30)可检测到故障的发生，然后利用式(4.31)来判别故障的方向。

(2)如果式(4.31)识别为正向故障，则进一步通过式(4.32)判别故障极。当判别为正极故障或双极故障发生时，正极换流器 MMC_{2P} 切换到主动注入控制模式。当判别为负极故障发生时，负极换流器 MMC_{2N} 切换到主动注入控制模式。

(3)提取和处理时间窗内的故障信息，获取注入频率下的电压和电流值。

(4)计算各保护单元的输入阻抗值，若保护单元 M 满足式(4.33)，则识别出区内故障发生在线路 L_{12} 上；若保护单元 N 满足式(4.33)，则识别出区内故障发生在线路 L_{23} 上；否则，故障发生在区外。

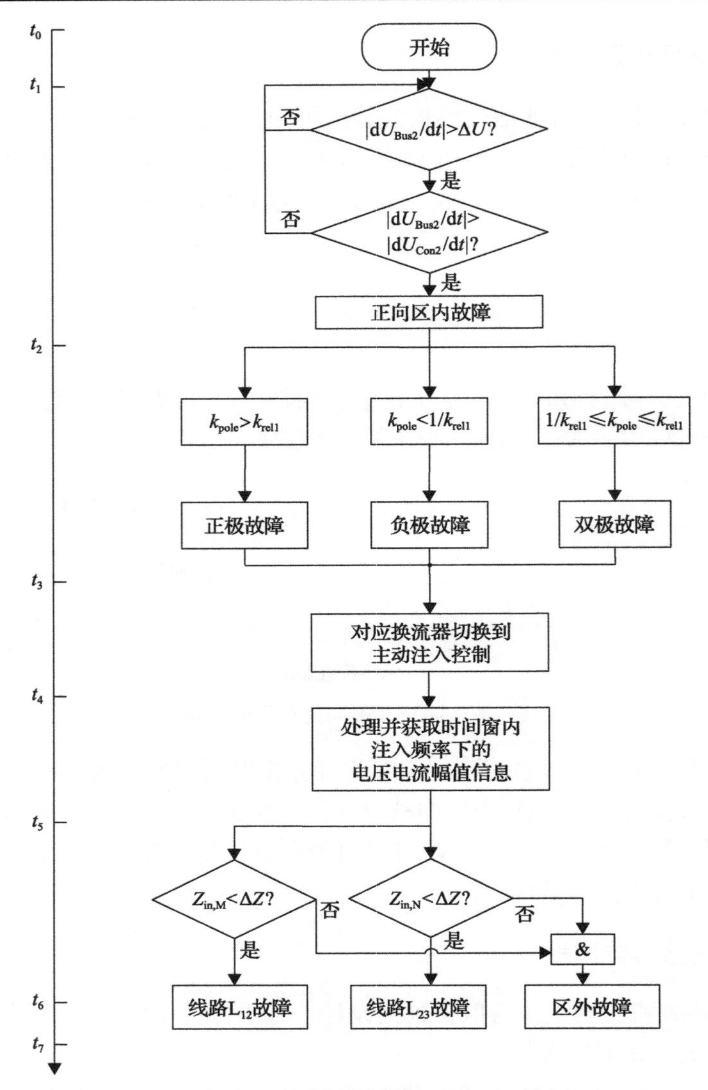

图 4.17　基于保控协同保护原理的整体方案

4.5　仿 真 验 证

为了验证所提出的保护方案，本节采用的测试系统为图 4.2 中的多端柔性直流输电系统，其详细参数如表 4.1 所示。故障后，对应的换流器切换到主动注入控制模式，注入信号的频率为 600Hz，持续时间为 2.5ms，时间窗为 2ms，仿真采样频率设置为 10kHz。

表 4.1　系统参数

参数	MMC_1	MMC_2	MMC_3
额定容量/MW	1500	750	750
桥臂子模块数量	200	200	200
子模块电容/mF	15	10	10
桥臂电感/mH	50	50	50
限流电抗器电感/mH	150	50	150

4.5.1　区内故障

图 4.18 为区内正极接地故障 f_1 下的仿真结果，故障发生时间为 1s，初始故障行波到达时间为 1.0001s，导致电压急剧跌落。测得的电压变化率满足判据式(4.30)

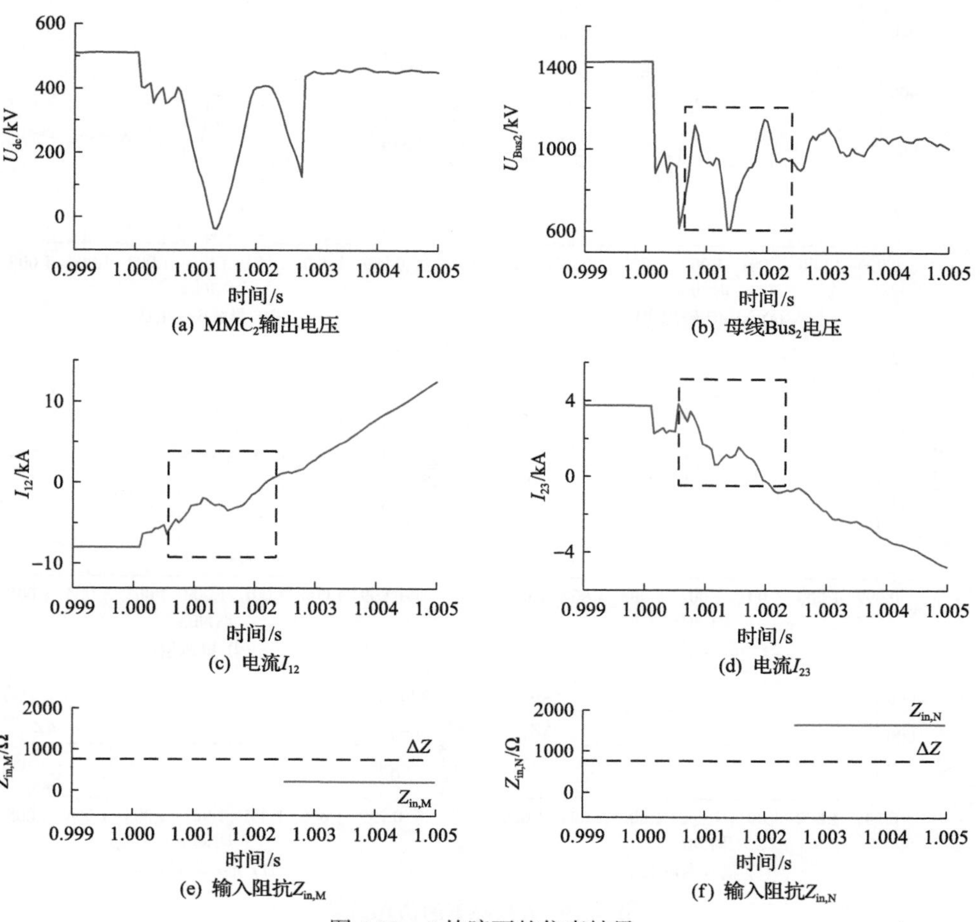

图 4.18　f_1 故障下的仿真结果

和式(4.31)，保护启动。同时，通过式(4.32)识别为正极发生故障，故而正极的换流器在 1.0003s 开始切换到主动注入控制，换流器的输出电压如图 4.18(a)所示。获取 I_{12}、I_{23}、U_{Bus2} 在 1.00055～1.00255s 的故障信息，进行处理得到注入频率下的电压电流幅值，并计算输入阻抗。保护单元 M 和 N 处计算得到的输入阻抗 $Z_{\mathrm{in,M}}=U_{\mathrm{Bus2}(600)}/I_{12(600)}$(下标中“(600)”表示频率为 600Hz)和 $Z_{\mathrm{in,N}}=U_{\mathrm{Bus2}(600)}/I_{23(600)}$分别为 166.42Ω 和 1529.41Ω。$Z_{\mathrm{in,M}}$小于 ΔZ，故识别出在线路 L_{12} 上发生了区内故障。$Z_{\mathrm{in,N}}$ 大于 ΔZ，说明线路 L_{23} 上无故障。

图 4.19 为区内正极接地故障 f_5 下的仿真结果，该故障位于线路 L_{23}。类似地，在检测到故障发生并识别故障极后，换流器切换到主动注入控制，提取时间窗内故障信息并计算得到输入阻抗 $Z_{\mathrm{in,M}}=U_{\mathrm{Bus2}(600)}/I_{12(600)}$和 $Z_{\mathrm{in,N}}=U_{\mathrm{Bus2}(600)}/I_{23(600)}$分别为 1530.23Ω 和 165.95Ω。$Z_{\mathrm{in,M}}$ 大于 ΔZ，说明线路 L_{12} 上无故障。$Z_{\mathrm{in,N}}$小于 ΔZ，故识别出在线路 L_{23} 上发生了区内故障。

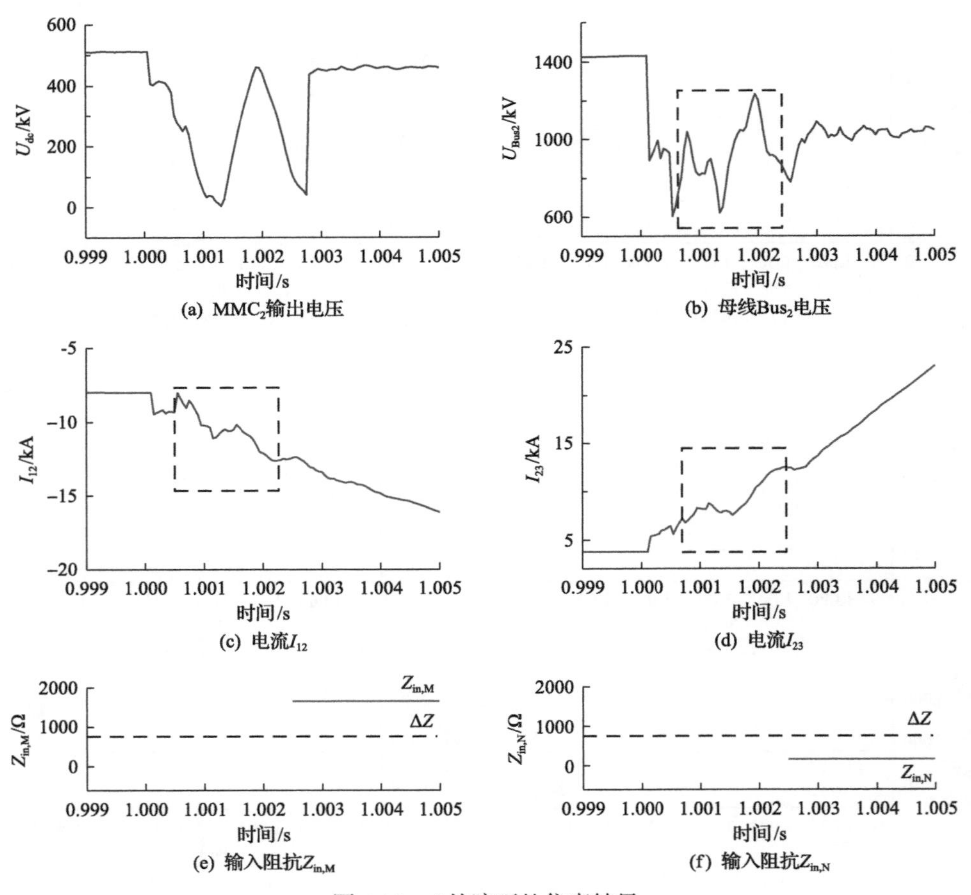

图 4.19　f_5 故障下的仿真结果

4.5.2　区外故障

对于反向区外故障 f_7，将不会启动主动注入控制，因为$|\mathrm{d}U_{\mathrm{Bus2}}/\mathrm{d}t|$远小于$|\mathrm{d}U_{\mathrm{Con2}}/\mathrm{d}t|$。正向区外故障$f_4$的仿真结果如图 4.20 所示。在该情况下换流器将切换到主动注入控制，正极换流器在 1.0004s 开始注入特征信号。然后获取 I_{12}、I_{23}、U_{Bus2} 在 1.00065～1.00265s 的故障信息并处理，计算得到输入阻抗，其中 $Z_{\mathrm{in,M}}=U_{\mathrm{Bus2(600)}}/I_{12(600)}$，$Z_{\mathrm{in,N}}=U_{\mathrm{Bus2(600)}}/I_{23(600)}$分别为 1059.30Ω 和 1528.17Ω。$Z_{\mathrm{in,M}}$和$Z_{\mathrm{in,N}}$均大于 ΔZ。因此，正向外部故障也不会引起保护动作。

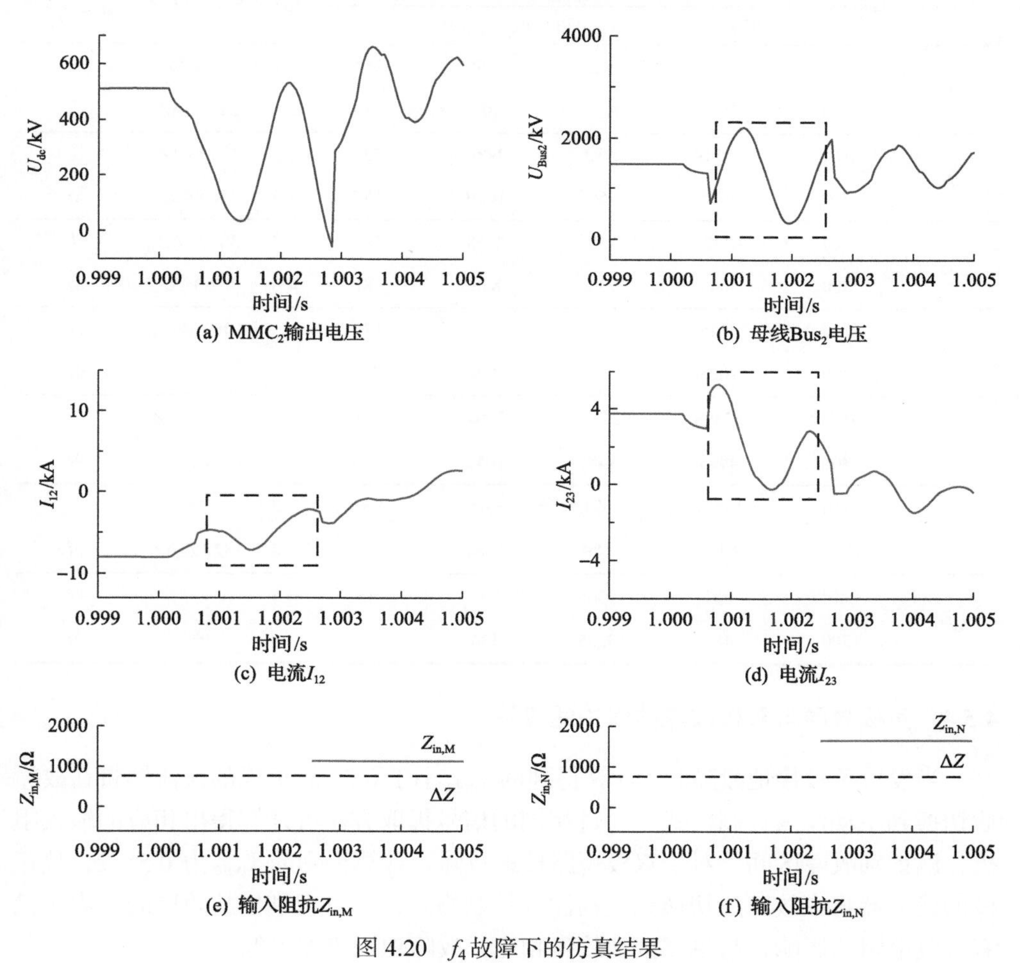

图 4.20　f_4故障下的仿真结果

4.5.3　耐受过渡电阻能力验证

为了验证所提保护的耐受过渡电阻能力，在三端柔性直流系统中仿真了在不同位置上过渡电阻高达 300Ω 的正极接地故障。以保护单元 M 为例，来测试过渡电阻的影响，其仿真结果如表 4.2 所示。对于正向区内故障(f_1～f_3)，虽然过渡电阻增加了计算的输入阻抗，但仍然可以识别出正向区内故障。对于区外故障(f_4～f_7)，保护单元 M 都不会发生误动作。因此，所提出的保护方案可以承受 300Ω 的过渡电阻，可靠识别故障区间。

表 4.2　在不同过渡电阻下的仿真结果

故障位置	过渡电阻/Ω	电压变化率/(kV/ms)				k_{pole}	输入阻抗/Ω	保护单元 M 是否动作
		$\|dU_{Bus2,P}/dt\|$	$\|dU_{Con2,P}/dt\|$	$\|dU_{Bus2,N}/dt\|$	$\|dU_{Con2,N}/dt\|$			
f_1	0.01	10635	1922	2855	584	3.7	51.2<ΔZ	是
	300	3520	617	909	189	3.8	285.8<ΔZ	是
f_2	0.01	15549	2782	2989	528	5.2	163.7<ΔZ	是
	300	5018	966	1009	157	4.9	336.8<ΔZ	是
f_3	0.01	12025	155	2568	492	4.7	305.5<ΔZ	是
	300	4041	730	848	181	4.8	467.0<ΔZ	是
f_4	0.01	3845	683	1138	176	1.5	1059.3>ΔZ	否
	300	1025	216	419	79	—	—	否
f_5	0.01	15498	2797	2967	541	5.2	1529.4>ΔZ	否
	300	4993	948	1042	153	4.8	1529.3>ΔZ	否
f_6	0.01	19571	3674	5320	967	3.7	—	否
	300	6330	1189	1664	332	3.8	1527.2>ΔZ	否
f_7	0.01	661	19565	190	45	3.5	—	否
	300	484	13205	136	55	3.6	—	否

4.5.4　负极故障与双极故障的保护适应性

当发生负极接地故障时，计算得到的 k_{pole} 小于 0.5，故负极的换流器将在故障后切换到主动注入控制模式，通过相同的信号提取方法可计算得出相应的输入阻抗，以识别故障区间。对于双极短路接地故障，计算得到的 k_{pole} 为 0.5～2，故正极的换流器将在故障后切换到主动注入控制模式，亦可识别出故障区间，由于没有过渡电阻的影响，与单极接地故障相比，故障识别难度更低。

参 考 文 献

[1] Meyer C, Hoing M, Peterson A, et al. Control and design of DC grids for offshore wind farms[J]. IEEE Transactions on Industry Applications, 2007, 43(6): 1475-1482.

[2] Li Y F, Tang G F, Ge J, et al. Modeling and damping control of modular multilevel converter based DC grid[J]. IEEE Transactions on Power Systems, 2017, 33 (99) : 723-735.

[3] Adeuyi O D, Cheah-Mane M, Liang J, et al. Fast frequency response from offshore multi-terminal VSC-HVDC schemes[J]. IEEE Transactions on Power Delivery, 2016, 32 (6) : 2442-2452.

[4] He J H, Chen K A, Li M, et al. Review of protection and fault handling for a flexible DC grid[J]. Protection and Control of Modern Power Systems, 2020, 5 (1) : 1-15.

[5] Zhao L, Zou G B, Tong B B, et al. Novel traveling wave protection method for high voltage DC transmission line[C]. 2015 IEEE Power & Energy Society General Meeting, Denver, 2015.

[6] Sneath J, Rajapakse A D. Fault detection and Interruption in an earthed HVDC grid using ROCOV and hybrid DC breakers[J]. IEEE Transactions on Power Delivery, 2016, 31 (3) : 973-981.

[7] Liu J, Tai N L, Fan C J. Transient-voltage-based protection scheme for DC line faults in the multiterminal VSC-HVDC system[J]. IEEE Transactions on Power Delivery, 2017, 32 (3) : 1483-1494.

[8] Tong N, Lin X N, Li C C, et al. Permissive pilot protection adaptive to DC fault interruption for VSC-MTDC[J]. International Journal of Electrical Power & Energy Systems, 2020, 123: 106234.

[9] Hingorani G N. Transient overvoltage on a bipolar HVDC overhead line caused by DC line faults[J]. IEEE Transactions on Power Apparatus & Systems, 1970, PAS-89 (4) : 592-610.

[10] Tang L. Analysis of the characteristics of fault-induced travelling waves in MMC-HVDC grid[J]. The Journal of Engineering, 2018, 2018 (15) : 1349-1353.

[11] Sheng W, Li C Y, Daniel A, et al. Coordination of MMCs with hybrid DC circuit breakers for HVDC grid protection[J]. IEEE Transactions on Power Delivery, 2018, 34 (1) : 11-22.

第 5 章　直流线路信息指纹保护原理

传统的差动电流保护易受线路分布电容暂态电流的影响，导致其应用于柔性直流输电系统中需增加延时躲过故障暂态过程，在工程中一般作为后备保护。上述问题的根源在于差动电流保护依赖于差动电流的幅值判定区内外故障，而区外故障时分布电容暂态电流也导致差动电流增大，因此影响保护的可靠性。除了幅值特征，差动电流还蕴含丰富的特征可供故障判别，但如何明晰及刻画这些特征是一大挑战。本章在差动保护中引入信息指纹的概念，提出了一种基于信息指纹的差动保护方案，为解决上述问题提供了一种可行思路。

5.1　信息指纹介绍

5.1.1　信息指纹的概念

“指纹”一般指每个人或个体独有的标识，是唯一确定且不容易更改的。通过“指纹”这样的特性我们可以识别不同的个体。类似地，任何一段信息(包括文字、语音、视频、图片等)，都可以对应一个独一的、不易修改且方便识别的代码，作为区别该段信息和其他信息的标识，这个标识即信息的指纹。

信息指纹本质上是对信息关键特征的一种哈希函数映射，其剔除了原信息冗余的部分，将较长的一段信息压缩到一定长度的信息摘要。哈希函数的性质保证了每一段序列上的信息都能得到唯一的映射，在保证了信息完整性的同时也保证了指纹的唯一性。实际上，在不同领域中利用信息指纹技术能使计算量大大降低。以网址去重为例，网址去重需要将访问过的网址存储到哈希表，对比哈希表中相同的字符串来去除重复网址。现在互联网中的网页数量在千亿级别，一个网址链接的长度可达 100 个字符以上，要存储千亿数量级别的网址需要的内存要在几百太字节以上。另外，即使能存放千亿级别的网址数量，但网址长度不确定，而且字符串索引较为烦琐也会导致效率低下。但若利用信息指纹技术，将 100 个字符的网址随机映射为几十位的二进制数，存放数据所需要的内存将会大大减小。假如网址的信息指纹大小为 128bit(16B)，那么只需要原来内存大小的 1/6 就能存放相同数量的网址信息，而且只要哈希函数设置合理，每个信息指纹都会是独立的、不重复的。当需要查找是否存在相同的网址时便可以利用信息指纹技术计算出网址的信息指纹，比较哈希表中是否存在相同的信息指纹来达到去重的目的。所以利用信息指纹技术在使存储所需内存降低的同时也可以减少运算时间。

如图 5.1 所示，信息指纹的制作步骤一般包括特征提取、哈希函数映射、生成指纹几个步骤。原始信息一般是冗余、复杂的，利用原始信息制作信息指纹不仅会增加指纹数据量也会大大降低指纹的抗碰撞能力。对原始信息提取的特征需要能准确反映原始信息，同时也应该尽可能地与其他信息存在差异，如网页的网址便可以看作网页所提取的特征。哈希函数的选取应该具有一定的抗碰撞能力，即两个不同的信息所生成的指纹也应是不一致的。同时，哈希函数也应该具有一定的鲁棒性，即当原始信息存在一定的干扰时应保证生成的指纹变化不大。对提取的特征进行哈希映射便可以生成原始数据的信息指纹。

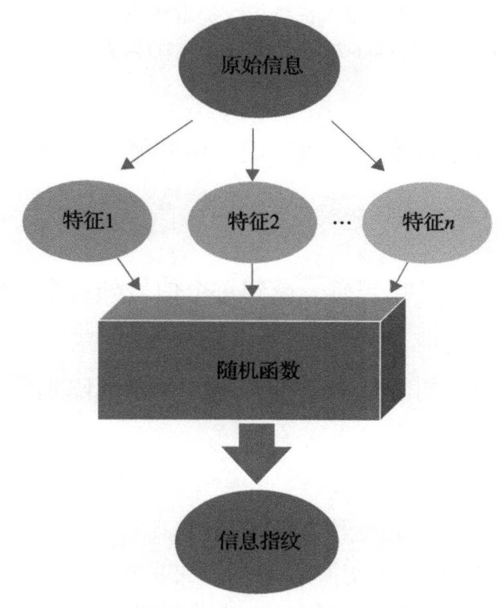

图 5.1　信息指纹制作步骤

5.1.2　信息指纹的应用

1. 信息指纹在音频、视频识别的应用

作为信息标识，信息指纹是唯一确定的、不容易更改的，其中一个重要用途就是检索，在存有大量信息的数据库中，利用信息指纹与其对应的信息建立的索引关系可以实现信息的快速检索，提高检索的效率。信息指纹技术已广泛用于音频识别[1,2]、视频识别[3]等领域。

文献[4]最早将信息指纹应用到音频识别领域，同时也在音频识别领域取得了广泛认可。如图 5.2 所示，文献[4]所提指纹提取算法可分为以下几步。

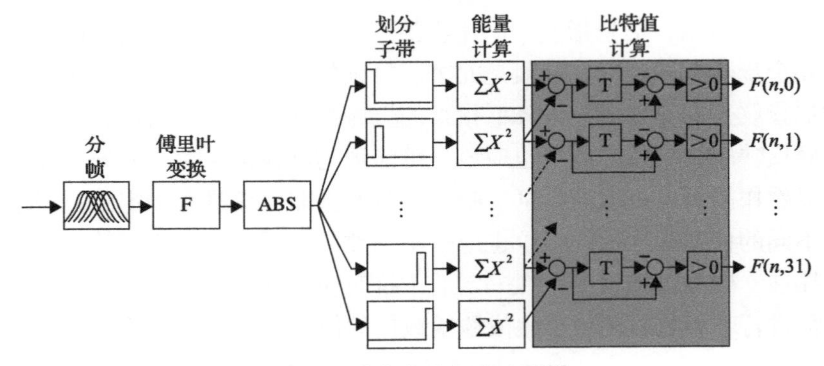

图 5.2　音频指纹提取步骤[4]

ABS 表示求取数据绝对值函数；$F(n, m)$ $(m=1, 2,\cdots,31)$ 为第 m 个子带第 n 帧的哈希值

1) 预处理

原始音频信号被划分为数个时间较短的信号帧，每两帧之间保持一定的重叠部分。

2) 信号帧能量计算

对每个信号帧进行傅里叶变换，得到每个信号帧每个频段的能量。

3) 划分子带

将进行傅里叶变换后的能量频谱按一定的频段间隔划分为不同的子带，求解每个子带的能量值。

4) 指纹映射

利用哈希函数将子带能量映射为音频指纹。

文献[4]以音频信息傅里叶变换后不同频带的能量作为特征，经过哈希映射最终得到的音频指纹是一个只含有 0 和 1 的二进制指纹，由 n 个 32bit 的列向量组成，如图 5.3 所示。通过上述步骤，将数秒的音频压缩为只含有几百字节的音频指纹，大大缩小了存储所需要的数据量。同时利用音频指纹进行音频匹配时，只需要对比二进制指纹即可，简化了比对步骤并使运算量大大降低。这也使得音频指纹成

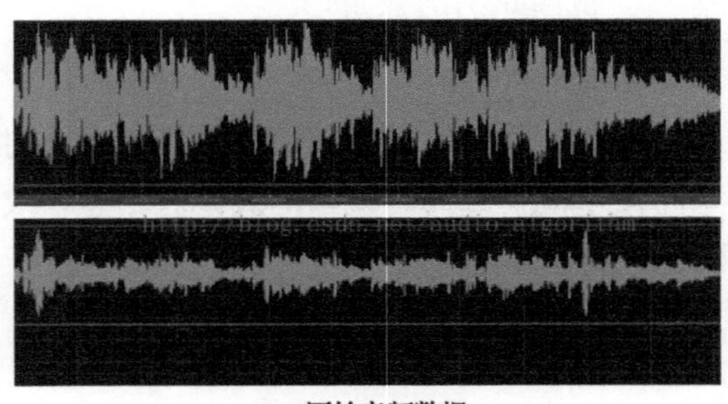

(a) 原始音频数据

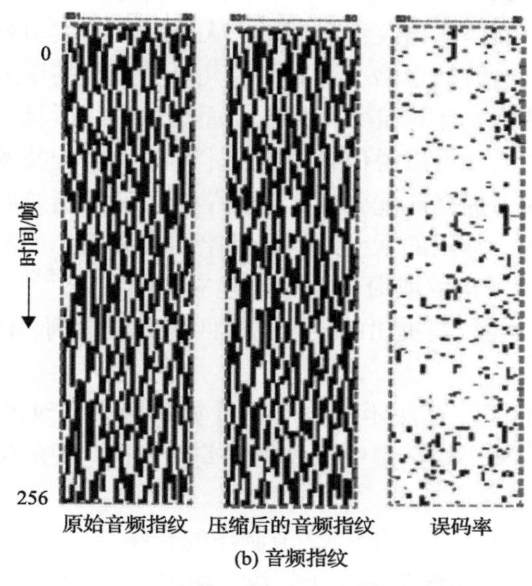

图 5.3　原始音频数据和音频指纹[4]

为音频识别领域的主流。

相同地，文献[3]仿照音频指纹，将信息指纹技术应用到了视频识别领域，也取得了较好的效果。

2. 信息指纹在反盗版上的应用

反盗版技术实际上就是另外一个角度上的识别技术，其本质上就是从巨量数据中找到与原始信息相似的未经授权的信息。互联网的蓬勃发展和监管制度的不完善，导致互联网中存在大量的盗版信息，但从互联网巨量信息中找出盗版信息却不是一件容易的事情。如果利用信息指纹技术提取原始信息的关键特征并制作成指纹，那么查询盗版数据就类似于比较两个元素是否相同，运算量大大降低。另外，反盗版的另外一种方案——电子水印本质上就是一种信息指纹。利用独特的数据特征进行指纹加密，将指纹存放于自己的作品中使得其他人无法轻易篡改来达到保护版权的目的。由于指纹的抗碰撞能力，只要改变其中的某一个位置，指纹将会变得完全不同，所以利用指纹做成的水印可以很好地保护原始信息，防止修改。

5.1.3　指纹匹配技术

信息指纹技术对原始信息加密实现了信息的压缩，大大降低了数据量，而这带来的另外一个优势就是匹配效率高。一方面，匹配一般需要首先建立索引列表，利用索引列表搜寻数据库中的相关数据，而随着数据库数据的增多，索引列表所消耗的内存也增加，而信息指纹将数据量大大降低，给索引列表的建立带来了巨大优势；另一方面，当数据量缩小为原来的几十分之一甚至上百分之一时，利用线性搜索本身就会使搜索运算量大大降低，而信息指纹所具有的指纹匹配形式又使匹配的效率大大提高，可以说信息指纹技术与指纹匹配技术的融合为检索速度带来了质的飞跃。为了提高匹配效率，各国学者也针对指纹匹配引进行了各种研究。以音频检索为例，常用的索引结构包括哈希表和树，而哈希表则主要通过指纹技术来构建，如以子指纹或简化子指纹建立的哈希表[5-8]、以局部子指纹建立的哈希表[9]等。现以文献[4]提出的经典指纹匹配算法为例，详述音频指纹的匹配方案。

基于音频指纹的匹配算法不需要暴力计算每两个指纹的误差来实现指纹匹配，而只需要计算与某个候选集中指纹的误差，候选集中的指纹有极大概率包含数据库中的匹配指纹。

首先需要构建索引列表。由 5.1.2 节制作的音频指纹包含 n 个 32bit 的二进制数，每一个 32bit 的二进制数为一个子指纹。利用子指纹构建哈希散列，每一个子指纹都以固定的地址存放在哈希列表中。每个子指纹都指向一个指纹候选集，指纹候选集中包含着所有含有这个子指纹的音频指纹。当需要对音频指纹进行索引时，提取音频指纹的子指纹，并在哈希表相应地址中找到子指纹所指向的候选指纹集，从候选指纹集中便可以索引到相似指纹。通过图 5.4 可知具体的索引步骤。

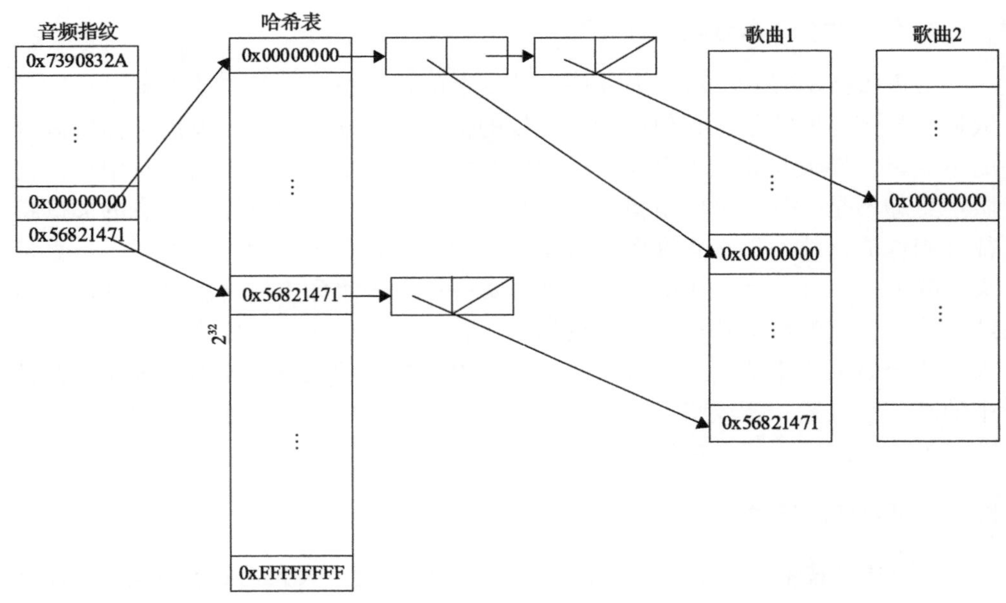

图 5.4　音频指纹索引步骤[4]

假设指纹库中包含 10000 首歌曲，利用指纹提取算法生成的子指纹约有 2.5

亿个，如果用线性索引，则需要匹配 2.5 亿次才可以找到误差最小的指纹。若用上述匹配算法来进行索引，假设每个子指纹出现概率相等，则每个子指纹对应候选集中指纹数量为 0.058 个($2.5\times10^8/2^{32}$)，每次索引所需要比对的指纹数为 14.8 次(0.058×256)。但实际上，每个子指纹对应的候选集并不是均匀相等的，而是具有一定的稀疏性，指纹的对比次数需要增加 20～100 倍，在这种情况下最高也仅需要 1500 次，匹配时间大大缩短。

5.1.4　信息指纹在直流输电线路保护的应用前景

传统的直流输电保护方案通常是以单一的故障特征差异作为保护判据实现线路保护。此类基于局部故障信息的保护方案在弱故障条件或雷击等干扰条件下可能会因为获取故障信息不足而导致可靠性不高。而基于全时频域故障信息的保护方案因占用内存大、冗余特征多、识别效率低而实用性不高。如何兼顾故障全景的关键特征并降低数据量以提高保护效率需要进一步研究。信息指纹技术将复杂的原始信息浓缩为一小段数据，在保留了其关键特征的同时也降低了数据量。利用信息指纹与原始信息建立起的唯一映射关系，能高效地实现信息索引，为上述问题提供了一种可行的解决思路。将信息指纹应用到直流线路保护具有重要的指导意义。传统的保护方案单纯利用了故障信号的单一特征，存在一些不足，如纵联电流保护受分布电容暂态电流的影响，行波保护受过渡电阻影响；若利用故障信号全时-频域的数据构造保护特征，则由于存在大量冗余信息而占用大量储存空间，并增加了匹配的计算压力，不利于保护的速动性。如果提取故障信号的关键特征并映射成故障信号指纹，可在保留故障信号关键特征的同时，兼顾信息指纹数据量小、便于检索、简化计算的优势，适合保护应用场景。因此，信息指纹技术为电力系统继电保护提供了一种新的思路，即通过大数据匹配的方式实现故障判别。为实现基于信息指纹的保护，需要采集故障数据并制作大量指纹样本，构建关于故障信号的指纹库。如何提取、处理故障信号的关键特征并映射为数据量小且抗碰撞性强的信息指纹是实现保护的重点。

5.2　基于信息指纹的直流线路差动保护

差动电流保护具有天然的选择性，但其受线路分布式电容的影响，需要通过设置延迟，提高门槛来防止区外故障误动作，导致其难以满足速动性。针对上述问题，本章引入信息指纹思想，提出了一种基于差动电流指纹的直流线路暂态差动保护原理。首先对不同故障条件下的差动电流进行分析，探究区内、区外差动电流的关键特征差异，然后利用指纹映射方案将其映射为差动电流指纹，利用信息指纹的强抗碰撞能力实现区内外差动电流的区分，最后将实时的差动电流指纹与预先构建的数据库中的指纹进行匹配，实现区内、外故障判别。该方案充分利用了故障暂态量的时频信息，动作速度快、选择性好，理论上不受分布电容和过渡电阻的影响，并可实现故障测距。

5.2.1　差动电流特征分析

差动电流包含了大量故障信息，不同故障条件下，其故障特征具有显著差异。对于直流线路区内故障，差动电流主要包括两部分，一部分是换流站向故障点馈入的故障电流，另一部分是线路分布电容的充放电电流。对于区外故障，换流站馈入电流对线路表现为穿越性，差动电流主要包含线路分布电容电流。现对换流站馈入电流和线路分布电容电流的特性进行分析。

本章所提保护定位为快速保护，本节主要分析换流器子模块电容放电阶段。

1. 换流站馈入电流特性分析

直流侧发生短路故障后，在电容放电阶段，故障回路主要包括子模块放电电容、桥臂电感、故障回路的等效电阻和电感，放电回路如图 5.5 所示，此阶段中 MMC 直流侧可以近似等效为二阶 RLC 电路，故障电流的主要成分为衰减周期分量。

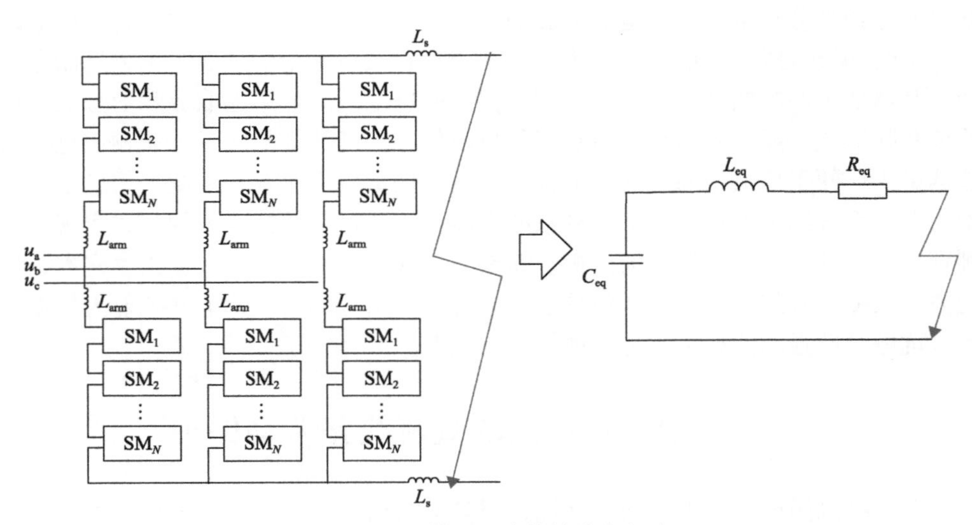

图 5.5　子模块电容等效放电电路

图 5.5 中，C_{eq} 为子模块等效电容；L_{eq} 为回路等效电感，包括桥臂等效电感、限流电抗器、线路电感；R_{eq} 为回路等效电阻，包括换流站等效电阻、线路电阻、过渡电阻。由电路分析可知，电容放电电流为

$$i = \mathrm{e}^{-\delta t}\left[\frac{U_{\mathrm{dc}}}{\omega L_{\mathrm{eq}}}\sin(\omega t) - \frac{I_0\omega_0}{\omega}\sin(\omega t - \beta)\right] \tag{5.1}$$

式中，U_{dc}为直流线路额定电压；I_0为故障前回路电流；其他变量求解如下：

$$\begin{cases} \delta = \dfrac{R_{\mathrm{eq}}}{2L_{\mathrm{eq}}}, \quad \omega_0 = \sqrt{\dfrac{1}{L_{\mathrm{eq}}C_{\mathrm{eq}}}} \\ \omega = \sqrt{\dfrac{1}{L_{\mathrm{eq}}C_{\mathrm{eq}}} - \left(\dfrac{R_{\mathrm{eq}}}{2L_{\mathrm{eq}}}\right)^2}, \ \beta = \arctan\dfrac{\omega}{\delta} \end{cases} \tag{5.2}$$

由式(5.1)、式(5.2)可以得出，换流站馈入电流受换流站参数、线路阻抗、过渡电阻、故障位置等多种因素影响。在不同故障场景下，影响因素的改变会引起换流站馈入电流幅值与频率等时频特征的变化，最终使得波形差异显著。

2. 线路分布电容电流特性分析

分布电容电流是由线路分布电容充放电引起的电流。本质上是故障电压行波在线路上的传输引起了分布电容的电压变化，从而产生了分布电容电流，所以，线路分布电容电流的频率应与行波固有频率相关。固有频率可由式(5.3)得出：

$$f_{\mathrm{s}} = \frac{(\theta_{\mathrm{S}} + \theta_{\mathrm{F}} + 2k\pi)v}{4\pi d}, \quad k = 1,2,\cdots,n \tag{5.3}$$

式中，θ_{S}为系统处的折射系数；θ_{F}为故障处的折射系数；v为故障行波的传播速度；d为故障点到测量端的距离；n为任一正整数。

线路发生故障后，初始行波在系统处和故障点处发生多次反射，从而产生固有频率与高次固有频率。由式(5.3)可以看出，固有频率与故障距离有关，随着距离的减小而增大。

不同位置故障时，差动电流中的分布电容电流成分也存在差异。图 5.6 为线路分布电容的放电过程，其中 C_{p}为线路分布电容，i_{m}、i_{n}为线路两侧保护安装处的同名电流。如图 5.6 所示，当发生区内故障时，差动电流中的分布电容电流为除去所保护线路的系统剩余线路的分布电容充放电电流；当发生区外故障时，差动电流中的分布电容电流为所保护线路分布电容的充放电电流之和。同时，由电容电流计算公式可知，电容的充放电电流与电容大小和电压变化率成正比。由于不同故障距离下的等效分布电容大小不同以及不同的过渡电阻对线路电压变化率的影响，因此分布电容电流会出现较大差异。故由上述分析可知，故障位置、保护线路长度、系统线路总长度、过渡电阻等因素都会影响差动电流中分布电容电流的时频特性。

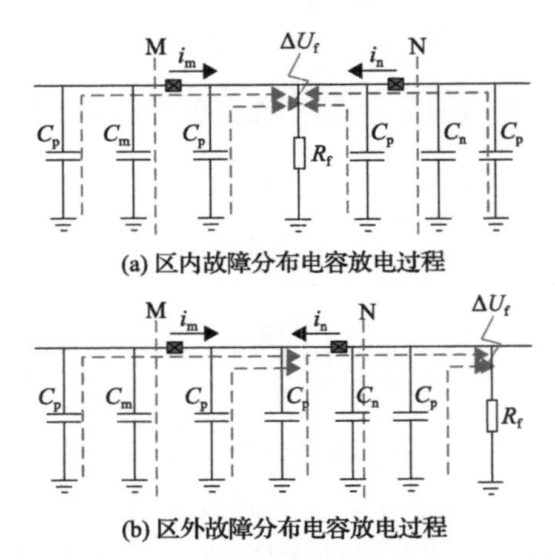

图 5.6　线路分布电容放电过程的故障回路

综上，差动电流的时频特性包含了故障位置、过渡电阻、故障类型等丰富的故障信息。区内、外故障时差动电流成分(区内故障时包含子模块放电电流和分布电容电流，区外故障时仅包括分布电容电流)存在本质差异；区内不同位置故障时，差动电流的时频特性也存在差异。因此，可将差动电流的时频差异作为保护判别的关键特征。

5.2.2　基于差动电流指纹的保护方案

本节所提保护方案的总体思路为：基于差动电流时频特性的差异，通过具有强抗碰撞性的指纹映射方法制作各种故障条件下的差动电流指纹，并构建指纹数据库，通过将实际故障差动电流指纹与数据库匹配，实现故障判别和测距。

1. 差动电流指纹制作

指纹制作主要包括预处理、特征提取、指纹映射三方面，下面将从上述三方面介绍差动电流的制作步骤。

1) 预处理

为全面提取差动电流特征，需选用能综合处理频域与时域信息的工具。小波变换能对信号进行时频局部化分析，所以本节利用离散小波变换对故障信号进行处理。

对于差动电流的不同成分，换流站馈入电流频率主要集中在 100Hz 以下，而对于 200km 左右的架空输电线路，利用式(5.3)计算可得其分布电容电流频率在 750Hz 以上。为更精细地提取差动电流的不同成分，同时避免过度分解造成的假频问题，需要合理地设置分解层数。假设信号的采样频率为 50kHz，对信号进行 5 层小波分解重构，得到 d_1、d_2、d_3、d_4、d_5、a_5共 6 层重构信号。a_5层(0～0.75kHz)反映了子模块电容放电电流的波形特征，d_1～d_5层(0.75～25kHz)则反映分布电容电流的波形特征，所以利用 5 层小波分解对差动电流进行频段划分，可以更有效地聚焦差动电流的不同成分。由于高次固有频率的能量随频率的升高而降低，差动电流的高频段部分难以影响其主要特征，所以，为避免信息特征冗余，本节使用 d_3、d_4、d_5、a_5这 4 层重构信号制作指纹。

对采集的差动电流数据进行 5 层小波分解重构，取 d_3、d_4、d_5、a_5层记为第 1 层～第 4 层重构信号。将每层重构信号按照一定的点数进行分帧，每层划分成 N 帧信号。

2) 特征提取

由 5.2.1 节分析可知，不同故障场景下差动电流的时频特性差异主要通过波形、幅值、频率体现。因此，为具体描述差动电流的时频特性，现定义信号帧能量和信号帧过零率。信号帧能量如式(5.4)所示，为信号帧在一帧内幅值平方的时间积分，其整体体现了信号在时域内的能量变化。信号帧能量不仅描述了信号局部的幅值大小，也从时域上刻画了信号的波形特征。信号帧过零率如式(5.5)所示，为信号帧在一帧内过零的次数，本质上与频率相对应，体现信号的频率变化特征。信号帧能量与信号帧过零率综合反映了暂态信号在时间-频率多尺度上的全景信息，同时刻画了暂态信号的局部时频特性。

$$\mathrm{Fr}=\sum_{k=1}^{m}\left|S_i(k)\right|^2 \tag{5.4}$$

$$\mathrm{ZCR}=\frac{1}{2}\sum_{k=2}^{m}\left|\mathrm{sign}[S_i(k)]-\mathrm{sign}[S_i(k-1)]\right| \tag{5.5}$$

式中，S_i为第 i 层重构信号；m 为每帧的点数；sign 为符号函数。利用式(5.4)、式(5.5)分别求取 d_3、d_4、d_5、a_5层每一帧的能量和 d_4、d_5层每一帧的过零率作为差动电流特征，并利用其制作指纹。

3) 指纹映射

指纹映射主要包括信号帧能量映射与信号帧过零率映射两部分。相邻帧与相邻频带的信号帧能量之间的差值关系可反映出信号能量频域与时域间的动态变化特征，由此可以得到基于信号帧能量的指纹计算公式，如式(5.6)所示。式(5.6)中，Fr(n,m)为第 m 层第 n 帧的信号帧能量，$F_1(n,m)$为对应的指纹位值。当相邻两帧之间(n+1 帧和 n 帧)该频带(m+1 层频带)信号帧能量与相邻频带(m 层频带)

信号帧能量差的差值大于 0 时，位值为 1，反之为 0。每一帧信号过零率与整个频带过零率的差值关系反映了每层信号频率的动态变化特征，由此可以得到基于信号帧过零率的指纹计算公式，如式(5.7)所示。式(5.7)中 $\mathrm{ZCR}(n,m)$ 为第 m 层第 n 帧的过零率，$\mathrm{ZCR}(m)$ 为第 m 层的过零率，$F_2(n,m)$ 为对应的指纹位值。当信号帧过零率大于频带过零率时，位值为 1，反之为 0。

$$F_1(n,m)=\begin{cases}1, & [\mathrm{Fr}(n+1,m+1)-\mathrm{Fr}(n+1,m)] \\ & \quad -[\mathrm{Fr}(n,m+1)-\mathrm{Fr}(n,m)]>0 \\ 0, & [\mathrm{Fr}(n+1,m+1)-\mathrm{Fr}(n+1,m)] \\ & \quad -[\mathrm{Fr}(n,m+1)-\mathrm{Fr}(n,m)]\leqslant 0\end{cases} \tag{5.6}$$

$$F_2(n,m)=\begin{cases}1, & \mathrm{ZCR}(n,m)-\mathrm{ZCR}(m)>0 \\ 0, & \mathrm{ZCR}(n,m)-\mathrm{ZCR}(m)\leqslant 0\end{cases} \tag{5.7}$$

通过式(5.6)、式(5.7)将 d_3、d_4、d_5、a_5 层信号帧能量映射为前三层指纹，将 d_4、d_5 层信号帧过零率映射为后两层指纹。

差动电流指纹算法最终生成的是一个只有 0、1 值的二进制矩阵，如图 5.7 所示。通过差动电流特征映射生成的指纹描述了故障差流在时-频尺度上的能量变化和频率特性。

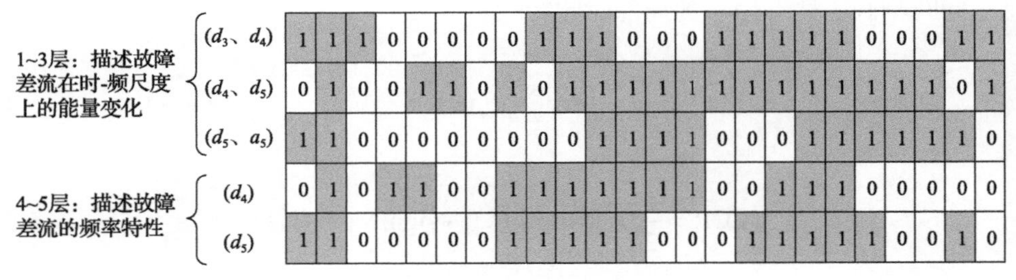

图 5.7　差动电流指纹结构图

2. *差动电流指纹相似度判断依据*

本节生成的差动电流指纹使用误码率(BER)来代表两个指纹的差异。误码率表示两个差动电流指纹之间各位值的不一致率。为提高指纹的抗碰撞能力和鲁棒性，本节在计算误码率时对各层重构信号映射的指纹层进行加权处理。同时，为扩大区内外指纹间的误码率，本节利用两个差动电流的能量比值计算能量比例系数 k，对误码率进行调整，最终的误码率通过式(5.8)计算得到，式(5.8)中 k 的计算公式如式(5.9)所示。

$$\mathrm{BER}=k\cdot\frac{\sum_{i=1}^{5}n_i\cdot T_i}{N\cdot\sum_{i=1}^{5}T_i} \tag{5.8}$$

$$k=\frac{E_{\mathrm{n}}}{E_{\mathrm{m}}} \tag{5.9}$$

式中，n_i 为第 i 层指纹中位值不同的个数；N 为每层位值的个数；T_i 为每一层指纹的权重；E_{n} 为数据库差动电流能量值，通过对故障信号幅值平方的时间积分求得；E_{m} 为实际故障差动电流能量值，通过对故障信号幅值平方的时间积分求得。

下面分析权重的设置原则。由前面分析可知，a_5 层主要为换流器的放电电流，反映了差动电流的低频特性，是区内区外故障差动电流差异的主要成分，同时差流的低频部分耐受噪声能力强，所以由 a_5 层映射的指纹层不易受到噪声干扰，该指纹层应设置较大权重；d_3～d_5 层描述了分布电容电流的波形特征，主要体现了故障距离的差异，为差动电流差异的次要成分，其对应的高频部分能量较低，易受到噪声干扰，所以由 d_3～d_5 层特征量映射的指纹层应设置较低权重。按上述原则设置权重，通过仿真验证，当第一层（d_3、d_4）权重设为 1，第二层（d_4、d_5）权重设为 2，第三层（d_5、a_5）权重设为 5，第四层（d_4）权重设为 2，第五层（d_3）权重设为 1，即 T_i 设为[1,2,5,2,1]时，保护与测距效果较为理想。

3. 基于差动电流指纹的保护与测距原理

利用前面所述方案对仿真与实际采集的差动电流数据进行指纹制作，结合差动电流能量值、相应故障位置与类型信息构建指纹数据库。通过数据库指纹匹配的方式可以判断区内、外故障，即当线路发生区内故障时，可以在数据库中匹配到相近的指纹数据；如果所保护线路无故障，则无法在数据库中匹配到相近指纹。为定量描述两个指纹的相似性，设置相似度阈值β，当误码率低于阈值β时，认为两个指纹是匹配的，反之是不匹配的。大量仿真各种故障场景下的区内外故障并进行匹配，结果表明：区内故障匹配的最大误码率为 6%，区外故障匹配的最小误码率为 20%，所以考虑到一定的裕度，将阈值β设为 10%。

本方案采用正负极母线电压变化量构成启动判据。启动判据如式（5.10）所示：

$$\begin{cases}\Delta u_{\mathrm{p}}>0.1U_{\mathrm{n}}\\ \Delta u_{\mathrm{n}}>0.1U_{\mathrm{n}}\end{cases} \tag{5.10}$$

式中，Δu_{p} 为正极母线电压变化量；Δu_{n} 为负极母线电压变化量；U_{n} 为母线额定电压值。

若上述判据满足，则启动保护判断和故障测距算法。

4. 基于差动电流指纹的故障测距原理

数据库中的数据是将差动电流指纹和其能量值、故障位置、故障类型组合整体存放。当线路发生故障时，计算故障差动电流指纹与数据库中指纹之间的误码率并匹配相似指纹，读取匹配指纹的故障位置即可实现故障测距。但由于对称系统在线路的两端存在对称故障点，会出现对称故障位置指纹相似的情况。如图 5.8(a)所示，故障点位置为线路 30%处，对称故障点位置为线路 70%处，两点差动电流波形相似，对应的差动电流指纹误码率也较小，所以当线路某一位置发生故障时，可能会出现定位在对称故障位置的问题。

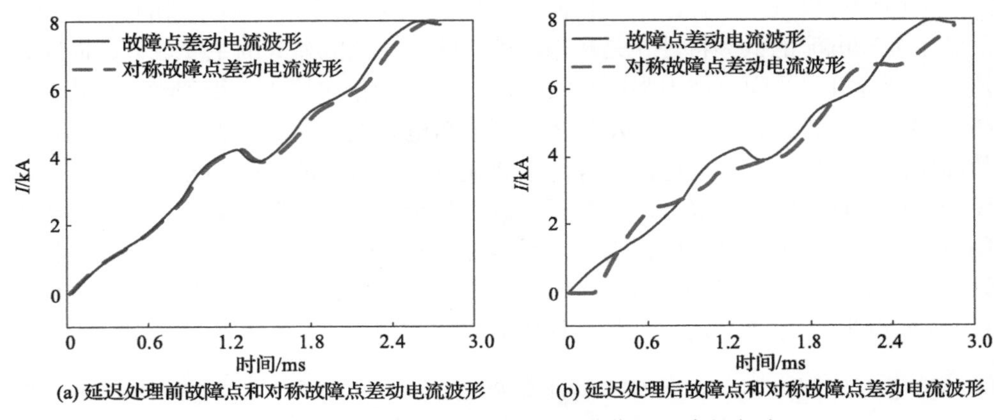

(a) 延迟处理前故障点和对称故障点差动电流波形　(b) 延迟处理后故障点和对称故障点差动电流波形

图 5.8　延迟处理前与延迟处理后对称位置差动电流对比

为解决对称故障点产生的匹配错误问题，构建延迟指纹数据库。其存放的差动电流指纹是将一侧采集的故障电流延迟 10 个采样点后，重新制作的差动电流指纹数据。通过上述方案，对称故障点差动电流波形将产生较大的差异，如图 5.8(b)所示。在未作处理时故障点及其对称位置的指纹误码率为 0.0452，经过延迟处理后误码率上升为 0.2576。

据此给出故障测距方案：当保护动作后，读取在保护判断中匹配到的所有误码率低于阈值β的指纹的故障位置。对故障差动电流进行延迟处理，制作延迟差动电流指纹，与延迟指纹数据库中上述故障位置处的指纹进行匹配，读取最小误码率时的故障位置信息即为实际故障位置。具体保护与测距流程图如图 5.9 所示。

5.2.3　影响因素分析

本节对采样频率、时间窗、分布电容、噪声干扰、同步误差等各影响因素进行理论定性分析，仿真部分将对各影响因素进行定量分析。

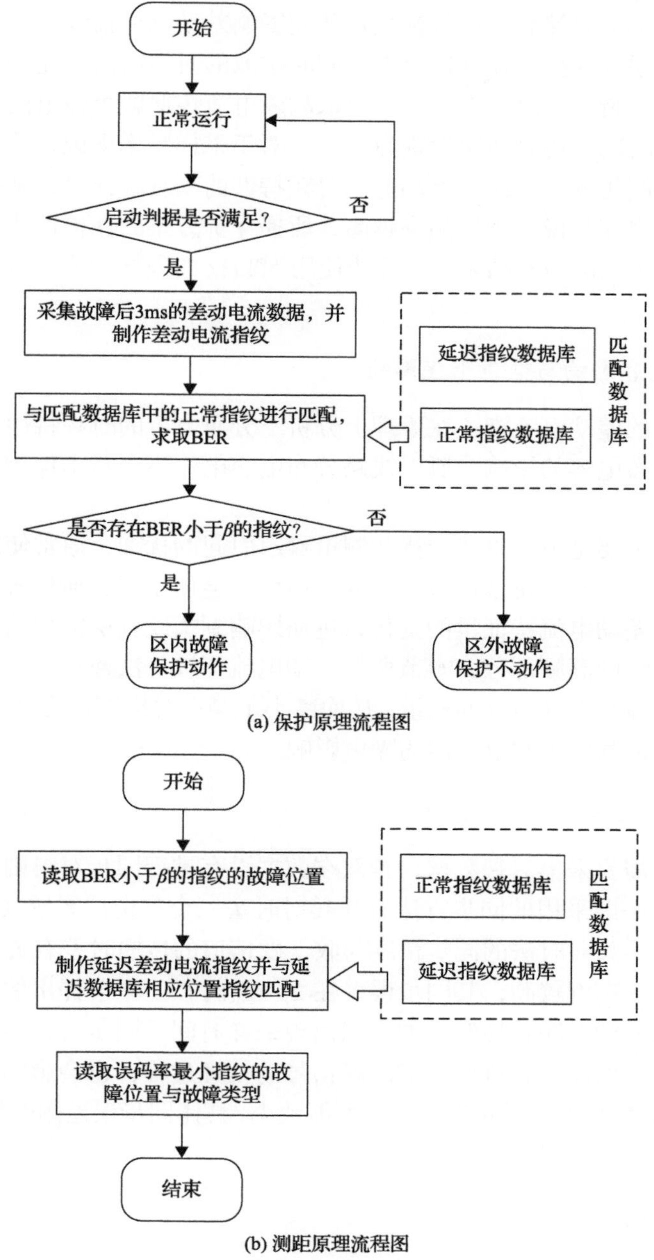

(a) 保护原理流程图

(b) 测距原理流程图

图 5.9　保护与测距原理流程图

1. 采样频率与时间窗的影响

本节所提的差动电流指纹是通过对信号帧特征的处理得到的，时间窗长度、采样频率大小都会直接影响信号帧数量从而影响差动电流指纹。对于时间窗长度来说，需要考虑到保护的速动性要求，同时选取的时间窗需要充分体现差动电流不同成分的波形特征和时频差异，所以取故障电流传遍整个输电网络至波形采集装置所需要的时间，将时间窗设置为 3ms。对于采样频率来说，采样频率越高，每帧代表的时间越短，指纹对差动电流时频特性的刻画越详尽，则指纹间的区分度也会越大。也就是说，采样频率越高，所提保护方案的保护性能和故障测距能力越强。根据下面的仿真结果，本算法使用 50kHz 的采样频率，可以满足本保护方案的可靠性。

2. 分布电容影响与噪声干扰影响

本节所提的差动电流指纹在原理上分析了分布电容的时频特性，在制作过程中也计及了分布电容的影响，所以线路分布电容电流不会对本保护方案的可靠性造成影响。

噪声干扰主要是由电磁波干扰和测量噪声引起的扰动，通常使用白噪声分析噪声干扰的影响。当在正常信号中加入噪声后，会使小波变换后各层重构信号出现失真，引起差动电流特征量的变化，进而影响到指纹各层的位值。由于噪声干扰主要影响信号的高频部分，本节所提差动电流指纹算法通过对不同层指纹加权的方式降低了高频部分指纹的权重，从而减小了噪声对指纹稳定性的干扰。因此，本保护方案可以耐受正常范围内的噪声影响。

3. 同步误差影响

纵联保护需要采集双端数据，若双端数据没有进行同步对时则会出现同步误差。差动保护一般采用的同步方法有乒乓对时法、全球定位系统(GPS)同步法和北斗对时法。乒乓对时法的同步精度与收、发信道的传输时差有关；GPS 同步法和北斗对时法的精度较高，其同步误差在 2μs 以内[10]。本节提出的信息指纹算法是利用故障信号的时频特性制作的，当出现采样时间不同步时，会对小波变换重构信号产生一定的畸变，进而影响故障信号的处理过程，也会影响到指纹匹配的准确性。因此，本方法需要同步误差尽可能地小，具体同步误差耐受情况将在 5.2.4 节验证。

5.2.4 仿真分析

本节在 PSCAD/EMTDC 平台中搭建四端伪双极柔性直流输电系统，系统拓扑图如图 5.10 所示，线路参数参考某实际工程，系统参数如表 5.1 所示。以线路 1 为保护线路验证本节所提保护算法。以线路 1 两端限流电抗器为界划分为区内部分和区外部分，被保护线路为线路 1。其中 F1、F2、F3 为线路 1 区内故障，故障发生位置分别为距离 MMC_1 换流器 41.5km、121.3km、184.5km；F4、F5、F6 分别为线路 2 区外故障、线路 3 区外故障、线路 4 区外故障。保护装置设置在线路 1 两端，考虑到实际工程需要和本节算法的可靠性，本节仿真所采用的采样频率设为 50kHz，保护通道假设采用专用光纤通道。

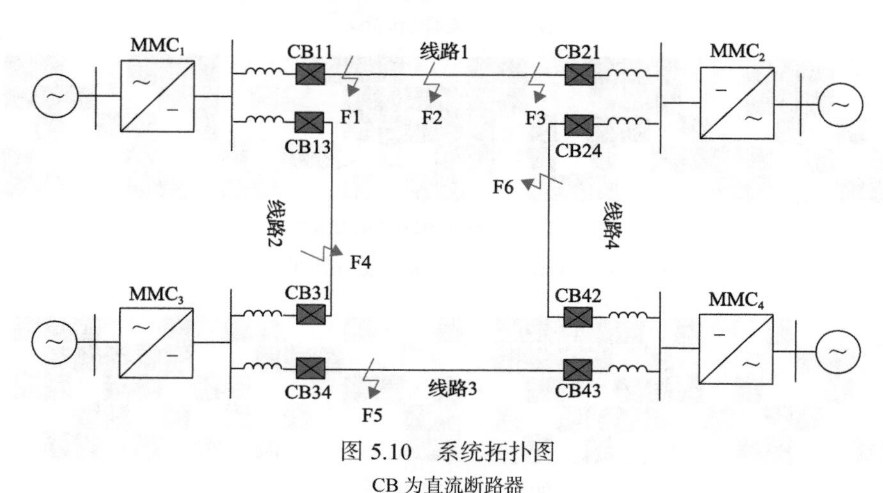

图 5.10 系统拓扑图

CB 为直流断路器

表 5.1 系统参数

换流站名称	额定直流电压/kV	额定功率/MW	线路名称	长度/km
MMC_1	±250	1500	线路 1	207
MMC_2	±250	750	线路 2	50
MMC_3	±250	1500	线路 3	192
MMC_4	±250	1500	线路 4	217

1. 保护方案验证

当实时监测的直流侧电压满足式(5.10)时，保护装置启动。采集 3ms 的差动电流数据并制作差动电流指纹，计算差动电流指纹与数据库指纹的误码率，进行保护判断。以故障点 F1 和 F5 为例，F1 金属性接地故障差动电流指纹如图 5.11(a)所示，其匹配最小误码率指纹如 5.11(b)所示，经过计算可知匹配最小误码率为 5.63%，低于阈值β，即从数据库中匹配到相似指纹，判别为区内故障。读取匹配指纹的故障位置为 150km，与实际情况相符。F5 金属性接地故障差动电流指纹如 5.12(a)所示，匹配最小误码率指纹如图 5.12(b)所示，经过计算可知匹配最小误码率为 60.23%，高于阈值β，即无法从数据库中匹配到相似指纹，判别为区外故障。

对其他不同位置的故障进行仿真，得到保护结果，如表 5.2 所示。

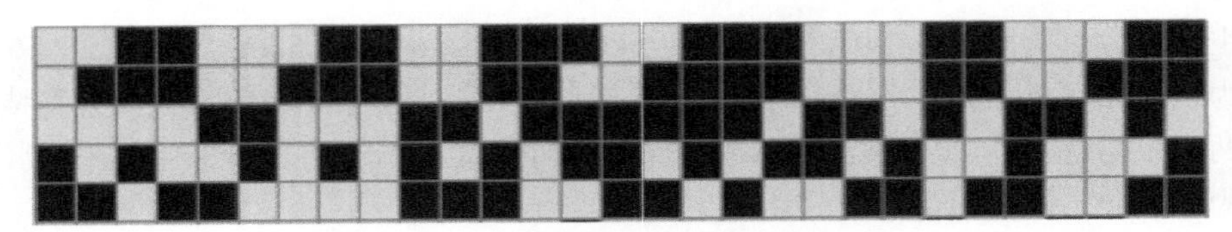

(a) F1故障差动电流指纹

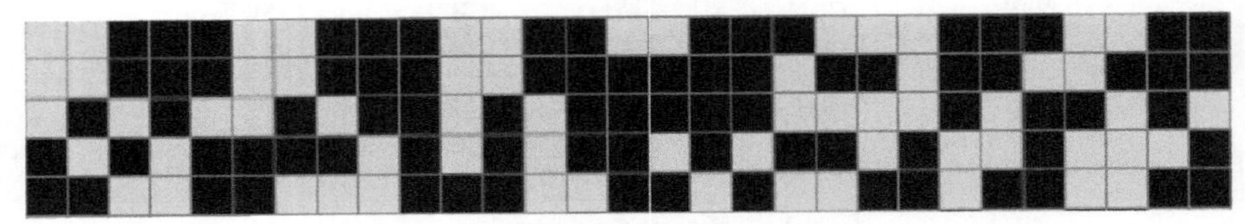

(b) F1故障数据库匹配差动电流指纹

图 5.11　F1 故障差动电流指纹与其匹配指纹

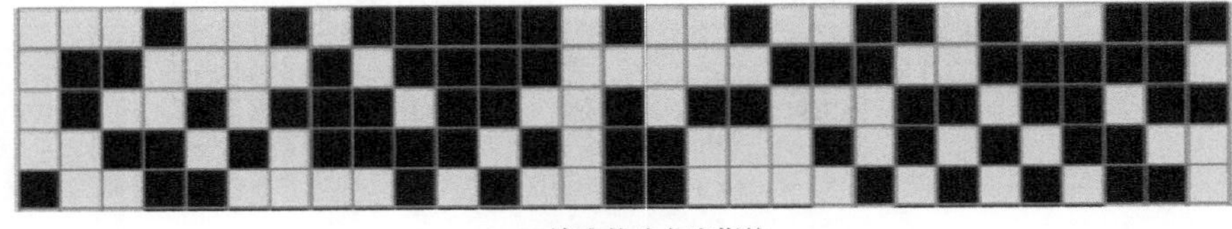

(a) F5故障差动电流指纹

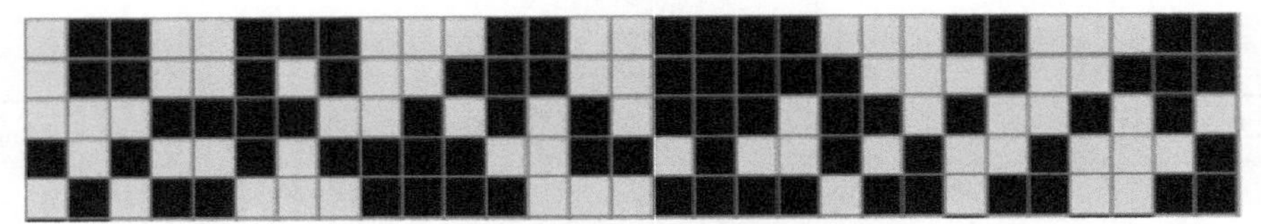

(b) F5故障数据库匹配差动电流指纹

图 5.12　F5 故障差动电流指纹与其匹配指纹

表 5.2　不同位置故障保护结果

故障名称	故障位置/km	故障类型	匹配最小误码率/%	保护动作情况
F1	41.5	PGF	1.14	正极动作
	41.5	NGF	2.07	负极动作
	41.5	PPF	0.98	正负极动作
F2	121.3	PGF	2.46	正极动作
	121.3	NGF	2.87	负极动作
	121.3	PPF	1.56	正负极动作
F3	184.5	PGF	2.77	正极动作
	184.5	NGF	3.26	负极动作
	184.5	PPF	2.13	正负极动作

续表

故障名称	故障位置/km	故障类型	匹配最小误码率/%	保护动作情况
F4	区外	PGF	66.99	不动作
F5	区外	NGF	43.75	不动作
F6	区外	PPF	26.89	不动作

注：PGF 表正极接地故障，NGF 为负极接地故障，PPF 为双极短路故障。

由表 5.2 可知，差动电流指纹算法能正确识别区内、区外故障。大量仿真表明，本节所提算法能准确进行故障识别并具有很高的可靠性。

2. 耐受过渡电阻能力分析

实际工程中，大多数的接地故障都是非金属性接地故障，所以需要验证本节算法的抗过渡电阻能力。本节利用仿真来模拟非金属性接地故障，首先完善指纹数据库，每个故障位置按照 20 Ω 过渡电阻间隔制作差动电流指纹。以故障点 F1、F2、F5、F6 故障为例，设置不同过渡电阻验证本节所提保护方案。本节所提方案的保护结果如表 5.3 所示

表 5.3　不同过渡电阻下的保护结果

故障名称	过渡电阻/Ω	匹配最小误码率/%	保护动作情况
F1	0.1	5.41	动作
	100	4.94	动作
	300	5.31	动作
F2	0.1	0	动作
	100	3.08	动作
	300	6.19	动作
F5	0.1	66.26	不动作
	100	62.16	不动作
	300	56.42	不动作
F6	0.1	53.26	不动作
	100	50.33	不动作
	300	48.37	不动作

由表 5.3 可以得出，在不同故障位置下，对于过渡电阻为 0.1～300Ω的非金属性故障，本节算法都能正确识别故障。大量仿真表明，本节算法有很强的耐受过

渡电阻能力。

3. 抗噪声能力分析

本节提出的差动电流指纹算法提取的是差动电流的时频特征，当差动电流存在噪声的时候，对其不同频段都会产生一定的影响，从而使电流指纹的误码率上升。因此需要考虑在不同程度噪声干扰下差动电流指纹的可靠性。向故障位置F1、F2、F5、F6的差动电流加入不同信噪比的高斯白噪声，通过指纹数据库进行匹配，其保护结果如表5.4所示。

表5.4 不同信噪比噪声下的故障保护结果

故障名称	信噪比/dB	匹配最小误码率/%	保护动作情况
F1	40	3.37	动作
	30	8.76	动作
F2	40	6.35	动作
	30	11.90	动作
F5	40	66.54	不动作
	30	62.91	不动作
F6	40	49.65	不动作
	30	55.72	不动作

由表5.4可以看出，对故障F1、F2加入40dB和30dB的高斯白噪声，其在数据库中匹配到的差动电流指纹误码率都在阈值β以内，同时故障F5、F6加入噪声后匹配到的指纹误码率都在阈值β范围以外，即本节所提出的保护方案在存在一定噪声的情况下仍能进行可靠的保护判断。

4. 故障测距验证

本节所构建的数据库按每隔1km距离制作数据库指纹，读取匹配指纹的故障位置信息则可以实现故障测距。分别设置多个位置的接地故障测试算法的测距能力，其故障测距结果如表5.5所示。

表5.5 故障测距结果

故障位置/km	信噪比/dB	匹配最小误码率/%	定位故障位置/km	测距误差/%
5.5	0	3.79	6	0.24
	30	6.20	5	0.24
27.6	0	2.14	27	0.28
	30	6.32	25	1.25

续表

故障位置/km	信噪比/dB	匹配最小误码率/%	定位故障位置/km	测距误差/%
78.3	0	0.38	78	0.14
	30	3.03	78	0.14
99.4	0	3.01	100	0.28
	30	4.92	100	0.28
135.7	0	4.17	136	0.33
	30	5.30	140	2.07
168.9	0	0.87	169	0.04
	30	3.41	168	0.43
205.7	0	1.82	202	1.70
	30	4.25	200	2.75

由表 5.5 可以看出，本节算法对于不同故障都能较为准确地判断故障位置。由于换流站出口位置故障的故障电流主要由子模块电容放电电流决定，而子模块电容放电电流受故障距离的影响较小，所以线路靠近换流站位置故障时，差动电流间相似度较高，故障测距误差较大。大量仿真验证，在无噪声干扰的情况下，本节算法的测距精度在2%，在存在噪声干扰的情况下，测距精度也能达到3%，能较好地对故障进行定位。

5. 同步误差

现取一个采样点间隔的同步误差(20μs)验证差动电流指纹算法的可靠性。表5.6给出了同步误差为20μs时，不同位置故障下，差动电流指纹与数据库匹配指纹的测距结果。可以看出，存在20μs同步误差时，均能在指纹库中匹配到相近指纹，同时测距结果均低于3%，所以，本节所提的差动电流指纹具有一定的耐受同步误差的能力。

表5.6　同步误差为20μs时故障测距结果

故障位置/km	匹配最小误码率/%	定位故障位置/km	测距误差/%
8	0.38	5	1.5
39.2	7.20	39	0.1
51.5	2.65	51	0.25
99.4	1.89	99	0.2
135.1	2.27	134	0.55
168.9	4.17	168	0.45
198.1	1.89	200	0.95

5.3 基于信息指纹的直流线路反行波波形特征保护

基于单端量的保护方案，如行波保护，仅需要一端的故障数据，无须传输对侧故障数据，保护的动作速度大大提高，但易受过渡电阻、噪声等因素的影响。同时传统的指纹提取方案的映射函数较为简单，难以反映行波更为复杂的时频特征。为解决上述问题，本章提出了一种基于SPB(symmetric pairs boost)算法的故障反行波指纹映射方案，在此基础上提出了基于故障反行波指纹的直流线路单端量保护方案。大量仿真结果表明，本章所提指纹算法能很好地反映故障反行波的时频特征，同时所提保护方案克服了行波保护耐受过渡电阻、噪声能力弱的问题，具有较高的可靠性。

5.3.1 行波特征分析

1. 行波在线路上的传播特性

输电线路的波过程实际上是输电线路电磁能与电场能的转换过程。输电线路的波过程可由式(5.11)表示，其中，F_m、B_m、F_n、B_n分别为 m、n 端的前行波和反行波；$\gamma(s)$为线路传播系数，可由式(5.12)表示，其中 R、L、G、C 分别为单位电阻、单位电感、单位电导、单位电容。由式(5.11)可知，线路一端的反行波由线路另一端的前行波与线路传播参数共同决定。线路传播参数 $e^{-\gamma(s)l}$ 由两部分组成，一部分是线路的传播系数 $\gamma(s)$，由线路的电阻、电感、电导、电纳确定；另一部分是长度 l，表示的是行波在线路上传输的距离。$e^{-\gamma(s)l}$ 表明了初始行波与其传输距离 l 后的波形的关系，即故障行波传播距离 l 过程中产生的幅值衰减和波形畸变。对于某一特定频率来说，线路传播系数 $\gamma(s)$ 为一常量，$e^{-\gamma(s)l}$ 与传播距离呈比例关系，即传播距离越长，衰减与畸变也越明显。图 5.13 为不同位置故障时首端测量点测得的故障反行波波形，其中 0km 表示故障初始行波，200km、400km 分别为故障点与测量点间的距离。

$$\begin{cases} B_m(s) = e^{-\gamma(s)l} \cdot F_n(s) \\ B_n(s) = e^{-\gamma(s)l} \cdot F_m(s) \end{cases} \tag{5.11}$$

$$\gamma(s) = \sqrt{(R + sL)(G + sC)} \tag{5.12}$$

由图 5.13 可知，(从时域上看)故障行波传输距离越远，在线路传播系数的衰减作用下故障反行波幅值越小，波头越平缓，同时相位也越滞后；在频域上则表现为高频分量降低，低频分量增加。由上述分析可知，故障行波不同频段的能量变化与传输距离呈现很强的相关性，同时，故障行波在一定的传输距离下，其不同频段能量的变化程度也是一定的。

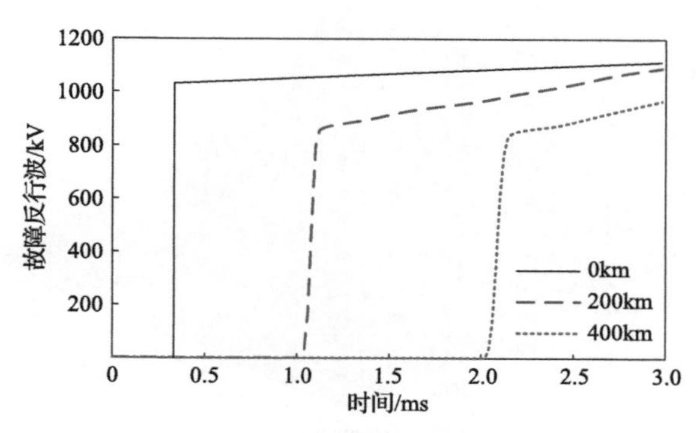

图 5.13　故障反行波波头的衰减和畸变

2. 行波经过边界

由于柔性直流输电系统的弱阻尼特性，在输电线路发生接地故障时故障电流上升迅速，幅值较大，容易对电力电子器件造成损害，所以在柔性直流换流站出口处需要装设限流电抗器来抑制故障电流的上升速度与幅值。故障行波经过限流电抗器前后波形的变化规律如图 5.14 所示，可以看出，限流电抗器对故障行波有阻滞作用，将故障行波的波头拉长，降低了故障行波的波前陡度。图 5.15 为区内故障与区外故障时测量点测得的故障行波频谱图。由频谱图可知，由于区内故障时故障行波只在线路内传播，并不经过限流电抗器，所以故障行波除了直流分量外，其能量主要集中在 1kHz 及以上的高频段；当区外故障行波穿过限流电抗器到达测量点后，由于高频分量无法通过限流电抗器，只有较低频分量通过，所以区外故障时故障行波的能量主要集中在 1kHz 以下的低频段。同时由于限流电抗器的阻滞作用，在故障发展的暂态过程中区外故障行波的能量远低于区内故障行波，这也是区内外故障行波最主要的差异。

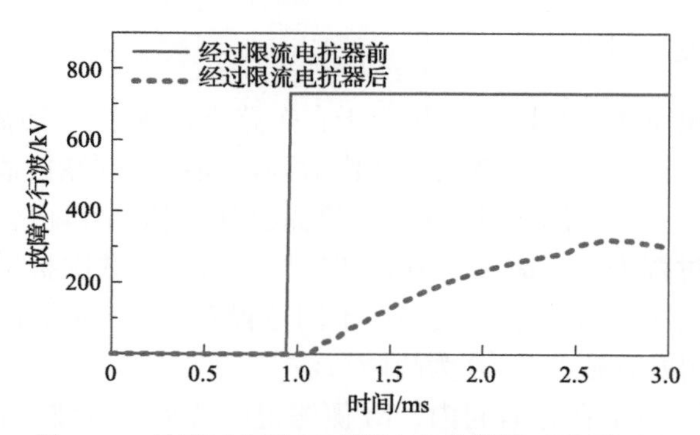

图 5.14　故障反行波经过限流电抗器前后波形对比

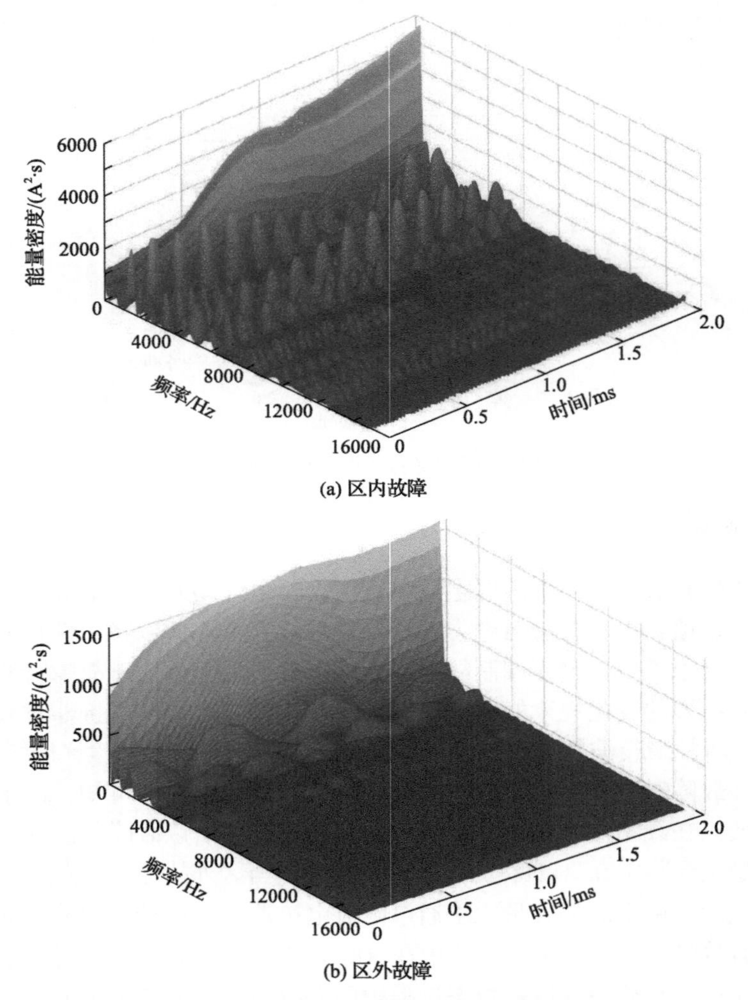

图 5.15　区内外故障时故障行波频谱图

3. 行波的折反射过程

当线路发生短路接地故障时，相当于在短路点设置了一个幅值为线路电压的负电压源 U_f，这一扰动会以行波的形式由故障点向线路两端传播。当行波传输至换流器出口处时，由于波阻抗的不连续，行波在换流器端口也会发生折反射。对于故障后的暂态过程来说，故障行波是初始故障行波经数次折反射后形成的不同行波的叠加。图 5.16 描述了输电线路在不同位置发生故障后，故障行波的传输过程，M、N 为两侧换流站，F、B 为故障行波。

由图 5.16 可以得出在 t_k 时间内，M 侧测得的故障反行波如式(5.13)所示：

$$
\begin{aligned}
B_{\mathrm{m}}(\omega) &= F_1(\omega)+F_2(\omega)\cdots+B_1(\omega)+B_2(\omega)+B_3(\omega)+\cdots \\
&= U_{\mathrm{f}}\cdot\left[A(\omega)+A(\omega)\cdot\Gamma_{\mathrm{M}}(\omega)\cdot\Gamma_{\mathrm{F}}(\omega)+\cdots\right] \\
&\quad +U_{\mathrm{f}}[A(\omega)\cdot\Gamma_{\mathrm{N}}(\omega)\cdot N_{\mathrm{F}}(\omega)+A(\omega)\cdot\Gamma_{\mathrm{N}}^{2}(\omega)\cdot\Gamma_{\mathrm{F}}(\omega)\cdot N_{\mathrm{F}}(\omega)+\cdots] \\
&= U_{\mathrm{f}}\cdot A(\omega)\cdot P(\omega)
\end{aligned} \tag{5.13}
$$

式中，$A(\omega)$ 为线路的传输函数；$\Gamma_{\mathrm{N}}(\omega)$ 为 N 端反射系数；$\Gamma_{\mathrm{M}}(\omega)$为 M 端反射系数；$\Gamma_{\mathrm{F}}(\omega)$ 为故障点处反射系数；$P(\omega)$ 为等效系数，表征的是故障行波在线路传输及折反射过程形成的不同行波的叠加过程。

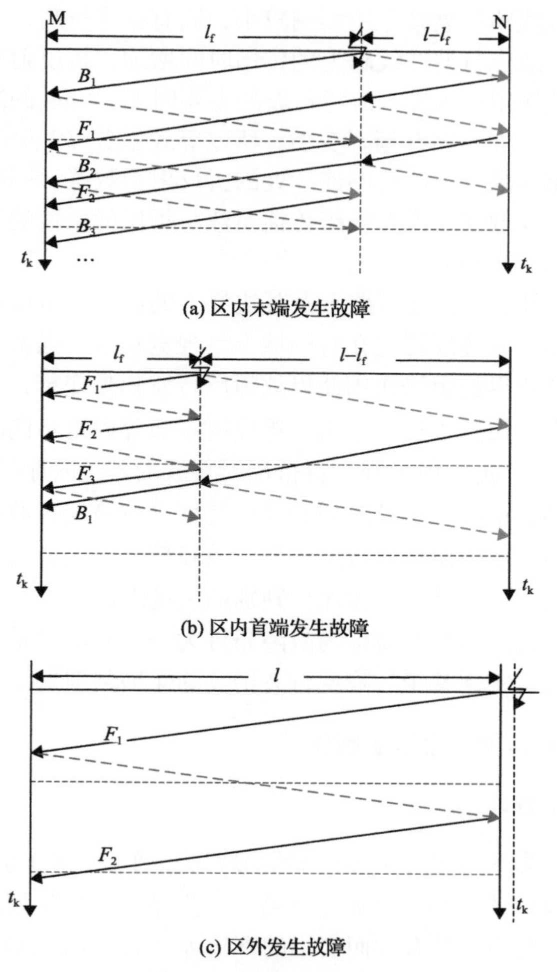

图 5.16　故障行波网格图

l 为线路全长；l_f 为故障距离

由式(5.13)可知，故障反行波的波形主要由初始行波、线路传播系数、等效系数决定。初始行波由波阻抗、过渡电阻决定。其中波阻抗由输电线路参数决定，所以过渡电阻是影响初始行波的主要因素。$A(\omega)$可由线路传播系数$\gamma(s)$计算得到，表征了线路对行波传输产生的畸变影响，与传播距离呈正比例关系。等效系数 $P(\omega)$ 是故障后系统不连续点折反射系数与传播时序的组合，本质上代表了故障后故障行波在线路上的传播发展过程，也反映了行波的固有频率特征。当故障位置不同时，行波到达各检测点处的时间与线路引起的畸变程度也不同，相应地，在检测点与故障点处产生的折反射过程和波形变化也会出现差异。例如，当故障位置接近检测点时，故障行波会在检测点与故障点间反复折反射，所以 $P(\omega)$ 含有丰富的高频分量且线路的衰减作用影响较小，固有频率较高；当故障位置在线路末端或者区外时，故障行波在线路上的传播时间增加，折反射次数减少，线路或限流电抗器的衰减作用成为影响故障行波的主要因素，$P(\omega)$ 的高频分量则大大减少，低频分量占比增加，固有频率变小。所以等效系数 $P(\omega)$ 的主要影响因素包括故障距离、线路参数、波阻抗不连续处的折反射系数等。同时，等效系数也是频率的函数，主要体现在频率对线路传播系数与折反射系数的影响上，使得不同的故障条件下 $P(\omega)$ 在频域上呈现出较大差异。

由上面分析可知，行波在线路上及其边界上的传播、折反射过程会引起波形的衰减和畸变，使得故障反行波在时频域上呈现宽频带、强暂态的特性。区外故障时，限流电抗器边界的阻滞作用使得故障反行波频带变窄，暂态过程变弱；区内故障时，故障发生位置、过渡电阻、折反射系数等因素不同时，行波的传输特性(行波的幅值特征、折反射过程、各折反射行波的到达时序等)也不相同，使故障反行波波形各异，最终影响其时域和频域特征。故障反行波的时频特征同样综合反映了过渡电阻、故障距离、故障类型等故障信息，具有时频唯一性的特点，所以故障反行波的时频差异可作为保护判别的关键因素。

综上，故障反行波的时频特征与故障条件为一一对应关系，可以制作具有碰撞能力的信息指纹，实现基于故障反行波指纹的保护判别。

5.3.2　基于 SPB 算法的信息指纹制作

1. SPB 集成学习算法

集成学习是一类适用于分类的机器学习算法，通过对多个弱分类器进行训练，并赋予每个分类器权值，将所有弱分类器的分类结果通过加权进行结合，以形成一个强分类器[11]。其中一种有效而实用的算法为 Adaboost 集成分类算法。其算法原理是将样本数据按类别分别标签，利用迭代调整样本权重和弱分类器权值，在每次迭代过程中筛选出权重误差最小的弱分类器组合成一个最终强分类器。但 Adaboost 算法只适用于具有共同特征的样本的类别辨识，并无法实现样本间的辨识，而不同指纹间应具有强抗碰撞能力，所以仅利用 Adaboost 算法制作信息指纹存在一定的局限性。Lee 等[12]对 Adaboost 算法进行改进，提出了一种名为 SPB 的算法。不同于 Adaboost 算法赋予样本本身标签值，SPB 算法将一对样本进行标签化处理，使用样本对作为训练数据进行训练。样本对包括相似样本对与不相似样本对，其中相似样本对可以由样本与其畸变样本组成，不相似样本对可以由不同样本组成。对相似样本对与不相似样本对分别赋予不同的标签值，利用 Boosting 算法进行二分类，实现相似样本与不相似样本的分类，进而实现不同样本的辨识。SPB 算法的具体步骤如下。

1) 确定训练数据

以样本对 $\{(X_1,\tilde{X}_1,y_1),(X_2,\tilde{X}_2,y_2),\cdots,(X_n,\tilde{X}_n,y_n)\}$ 作为训练数据，其中 X_n、$\tilde{X}_n$ 为第 n 组样本特征集合，$y_n \in \{1,-1\}$ 为样本标签，当样本为相似样本时，y_n 为 1；当样本为不相似样本时，y_n 为−1。

2) 初始化权值分布

对参与迭代的训练数据赋予权重。在第一次迭代中各训练数据赋予的权重为相同值，即 $d_n^{(1)}=1/N$，$n=1,2,\cdots,N$，N 为训练数据个数。

3) 迭代求解

在每次迭代中选择合适的分类器 $h_m \in H$（H 为分类器集合，m 为迭代次数）使权重误差 ε_m 最小。权重误差 ε_m 的计算公式如式(5.14)所示，其中 I 为逻辑函数，当输入为真时，输出为 1；当输入为假时，输出为 0。

$$\varepsilon_m=\sum_{n=1}^{N} d_n^{(m)}\cdot I[h_m(X_n,\tilde{X}_n)\neq y_n] \tag{5.14}$$

计算所选分类器的权重 c_m，其计算公式如式(5.15)所示：

$$c_m=\ln\left[(1-\varepsilon_m)/\varepsilon_m\right] \tag{5.15}$$

更新训练数据对的权值分布。其权值分布可由式(5.16)计算。其中 Z_m 为规范化因子，可由式(5.17)计算。

$$d_n^{(m+1)}=d_n^{(m)}\cdot \exp[-c_m y_n h_m(X_n,\tilde{X}_n)]/Z_m \tag{5.16}$$

$$Z_m=\sum_{n=1}^{N} d_n^{(m)}\cdot \exp[-c_m y_n h_m(X_n,\tilde{X}_n)] \tag{5.17}$$

4) 训练结果输出

当权重误差低于给定值时，训练结束。最终得到 M 个分类器 $\{h_1, h_2,\cdots, h_M\}$，将得到的分类器组合便是最终的强分类器。

在 SPB 算法中，分类器一般由量化器 Q 与滤波器函数 f 构成，其表达式由式(5.18)给出。滤波器函数 f 的输出作为量化器 Q 的输入，最终输出分类结果。

$$h(X_1,\ X_2)=\begin{cases}1, & Q(f(X_1))=Q(f(X_2))\\ -1, & \text{其他}\end{cases} \tag{5.18}$$

2. 基于 SPB 算法的反行波指纹

指纹识别是通过指纹间的强抗碰撞能力实现的，即对于任意两个不同的信息片段其指纹也应是完全不同的。所以指纹识别可以看作一个分类问题，将每个信息片段均看作单独的类别，通过合适的分类算法将所有信息片段进行分类，其分类结果便可以作为信息片段的指纹。

SPB 算法通过迭代将若干弱分类器组合形成一个强分类器，实现了相似样本对与不相似样本对的分类。相对于单个强分类器，弱分类器组合能更全面地捕捉故障反行波的复杂故障特征，从多维度刻画区内外故障反行波之间、区内不同故障反行波之间的时频差异，提高了故障反行波指纹的抗碰撞能力。同时，又因为该算法训练数据中的相似样本对为原始样本和其畸变样本，所以该算法在保证分类结果具有强抗碰撞能力的条件下也提高了分类结果的鲁棒性，从原理上保证了故障反行波指纹的抗干扰能力。故 SPB 算法不仅适用于反映故障特征，也能很好地适应信息指纹的特点，利用 SPB 算法制作故障反行波指纹具有一定的优越性。

图 5.17 为基于 SPB 算法的指纹制作步骤，主要包括离线训练和在线处理两部分。离线训练主要包括训练样本选择，滤波器、量化器选择等步骤。在线处理主要包括样本预处理、样本特征提取、滤波器处理、量化器处理、生成指纹几个步骤。

1) 样本数据选择

SPB 算法是将样本对作为训练数据进行迭代训练的，其中样本对包括相似样本对与不相似样本对。相似样本对要求两个样本的总体特征相似，而仅存在一定程度的特征污染，包括噪声污染、异常点数据、部分数据丢失等。不相似样本对则要求两个样本间具有明显特征差异，仅允许少部分特征重合。遵循上述选择样本数据的原则，同时考虑实际电力系统中存在的常见干扰形式，将相似样本对设置为区内故障反行波数据和其存在噪声干扰下的故障特征；将不相似样本对设置

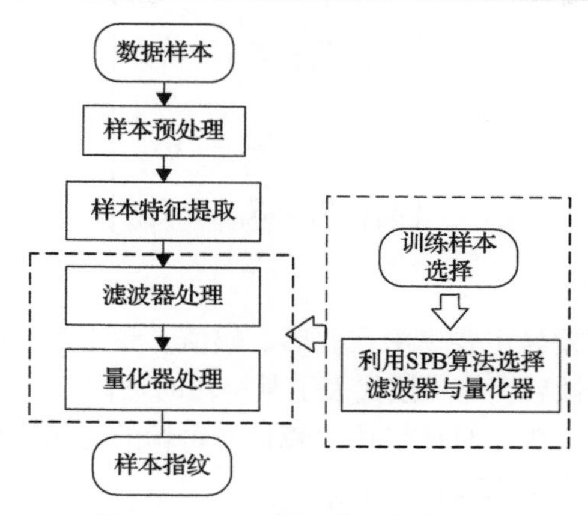

图 5.17　SPB 算法指纹制作流程

为区外故障反行波数据和区内故障反行波的故障特征。利用 SPB 算法对上述样本对进行训练分类，在提高抗噪声能力的同时也实现了区内反行波故障特征与区外反行波故障特征的区分。

2) 预处理

故障反行波的时频特征综合反映了过渡电阻、故障距离、故障类型等故障信息，是故障辨别的关键特征。为了全面反映故障反行波的时频特征，需选择能在时域-频域多维度处理信息的时频工具。与前面类似，这里仍选择利用离散小波变换对故障反行波进行处理。

由 5.3.1 节分析可知，由于线路长度、故障位置、故障过渡电阻等条件的不同，故障反行波时频特性的频段分布也不相同，总体呈现出宽频带的特征。同时由于限流电抗器的平波作用，区外故障时故障反行波的频带更窄、幅值更低，集中在几百赫兹的低频段，而区内故障反行波主要集中在 1～5kHz 的高频段，其高频分量随着故障距离的减小、过渡电阻的减小而增加，低频分量特性相反。假设信号的采样频率为 50kHz，为全面反映不同故障反行波的时频特征，同时保证具有足够的频率分辨率，本方案对故障信号 s 进行 5 层小波分解重构得到重构矩阵 S，并取其 d_3(3.125～6.25kHz)、d_4(1.5625～3.125kHz)、d_5(0.78125～1.5625kHz)、a_5(0～0.78125kHz)层重构信号制作指纹。

为了提取故障信号的局部特征，同时方便体现故障信号的整体变化特征，需要对重构信号进行分帧处理。将重构矩阵 S 按照一定的点数进行分帧，划分成 N 个信号帧，如式(5.19)示，F_n 为第 N 帧信号。F_i 由一段时域内四层小波重构信号 $S_{i,j}$(i=1,2,3,4；j=1,2,⋯,k，k 为该帧内所包含的该层小波重构信号的个数)构成，包含了某一时间段内的故障信号的时频特征，可由式(5.20)表示。

$$S=[F_1 \quad F_2 \quad F_3 \cdots F_n] \tag{5.19}$$

$$F_i=\begin{bmatrix} S_{1,1} & S_{1,2} & S_{1,3}\cdots S_{1,k} \\ S_{2,1} & S_{2,2} & S_{2,3}\cdots S_{2,k} \\ S_{3,1} & S_{3,2} & S_{3,3}\cdots S_{3,k} \\ S_{4,1} & S_{4,2} & S_{4,3}\cdots S_{4,k} \end{bmatrix} \tag{5.20}$$

3) 样本特征提取

故障信号的时频差异主要集中在波形、幅值、频率等方面。利用小波分解进行故障信号重构、分帧后，每一帧代表了某一段时域内，故障信号在时域-频域二维尺度上的变化特征。为了具体描述故障信号每帧的时频变化特征，现定义小块能量 E_{k}，其计算公式如式(5.21)所示。

$$E_{\mathrm{k}}=\sum_{i=m_0}^{m_1}\sum_{j=n_0}^{n_1}\left|S_{i,j}\right|^2 \tag{5.21}$$

式中，m_0、m_1 分别为起始重构层数与所包含的重构频带数；n_0、n_1 分别为起始时间点数与持续时间点数。

4) 滤波器与量化器选择

SPB 算法需要从多个候选滤波器与量化器选择合适的滤波器与量化器组合来实现样本分类，所以需要预先定义候选滤波器与量化器。

图 5.17 为本算法所使用的滤波器及其类型。每个滤波器由类型(*T*)、高度(*H*)、宽度(*W*)、参考点(*P*)等元素组成。不同的元素组合便生成了不同的候选滤波器。其中，滤波器参考点 *P* 定义了需处理的特征的起始位置；滤波器高度 *H* 代表了所选的频带范围；滤波器宽度 *W* 代表了所选的时域范围；滤波器类型 *T* 代表了不同的处理方式。利用滤波器来计算小块能量间的变化特征，可用式(5.22)描述。其中 $E_{\mathrm{k}1}$ 为图 5.18(a)中的白色部分，$E_{\mathrm{k}2}$ 为图 5.18(a)中的黑色部分。滤波器主要有四种类型，如图 5.18(b)所示。其中，滤波器①计算不同频带间的小块能量差，表征了故障信号一定时间内频域能量的变化特征；滤波器②计算相邻时间段内的小块能量差，表征了故障信号一定频域内能量随时间的变化特征；滤波器③计算相邻频带与相邻时域内的小块能量差，表征了故障信号时-频两尺度的变化特征；滤波器④计算整个小块能量，表征了故障信号一帧的能量大小。不同的滤波器刻画了样本特征在一帧内单维度或多维度的时频变化特性，而不同的滤波器组合则全方位地描述了样本的时频特征。

$$\mathrm{Fr}=E_{\mathrm{k}1}-E_{\mathrm{k}2} \tag{5.22}$$

量化器 *Q* 为一个 *K* 位的标准量化器，其量化函数由 2*K*–1 个门槛构成，输出

为 K 位位值，可由式(5.23)计算。量化器的实际输出为输出值的 2 进制位值形式，例如，当 K 为 3，量化器的输出为 2 时，实际输出则为二进制数 010。实际上，本算法中量化器的输出并非实际意义上的量化值，其主要的功能为匹配判别，即若一对训练数据的滤波器相应的量化值相同，则可以判别为相似训练数据，反之则不相同。

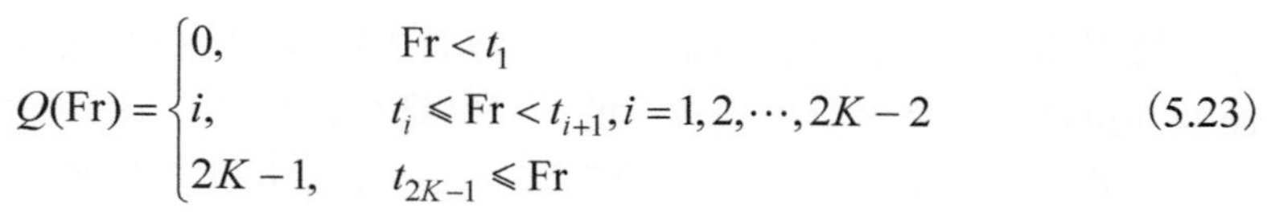

$$Q(\mathrm{Fr})=\begin{cases}0, & \mathrm{Fr}<t_1\\ i, & t_i\leqslant \mathrm{Fr}<t_{i+1}, i=1,2,\cdots,2K-2\\ 2K-1, & t_{2K-1}\leqslant \mathrm{Fr}\end{cases} \tag{5.23}$$

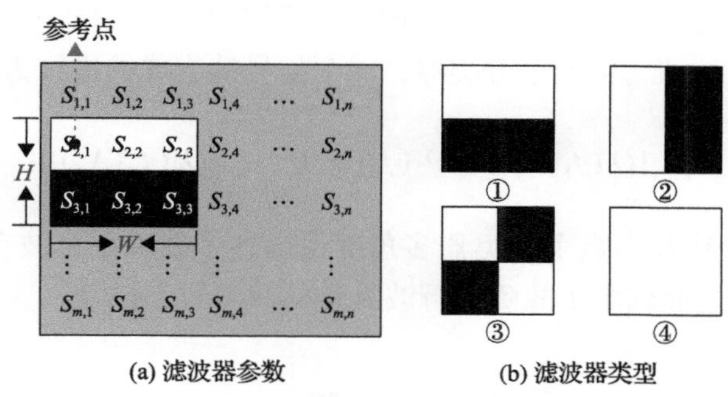

(a) 滤波器参数　(b) 滤波器类型

图 5.18　滤波器参数及其类型

通过改变滤波器与量化器的参数便可以组合成新的分类器。假设故障信号一帧的重构层数为 M、点数为 N，滤波器的高度为 h、宽度为 w，参考点为(ms，1)，ms 为参考点在滤波器中的行序号。当选用滤波器①时，得到的候选滤波器个数 $N_{\mathrm{f}}^{(1)}=\sum_{\mathrm{ms}=1}^{M-1}(M-\mathrm{ms}+1)\cdot N/2$；当选用滤波器②时，得到的候选滤波器个数 $N_{\mathrm{f}}^{(2)}=\sum_{\mathrm{ms}=1}^{M}(M-\mathrm{ms}+1)\cdot N/2$；当选用滤波器③时，得到的候选滤波器个数 $N_{\mathrm{f}}^{(3)}=\sum_{\mathrm{ms}=1}^{M-1}(M-\mathrm{ms}+1)\cdot N/4$；当选用滤波器④时，得到的候选滤波器个数 $N_{\mathrm{f}}^{(4)}=\sum_{\mathrm{ms}=1}^{M}(M-\mathrm{ms}+1)\cdot N$。故候选滤波器总和为 $N_{\mathrm{f}}=N_{\mathrm{f}}^{(1)}+N_{\mathrm{f}}^{(2)}+N_{\mathrm{f}}^{(3)}+N_{\mathrm{f}}^{(4)}$。量化器的个数随着选择门槛数的增大而增大，假设滤波器输出范围为 N_{c}，门槛数为 k，则量化器个数 $N_{\mathrm{q}}=N_{\mathrm{c}}!/((2^k-1)!(N_{\mathrm{c}}-2^k+1)!)$。候选滤波器与候选量化器两两组合生成候选分类器。所选的候选分类器集需要足够多以进行迭代训练，所以每帧的点数 N 与所选择的重构层数 M 不能过少，同时为了提高滤波器刻画故障信号局部特性的能力，选择的每帧的点数 N 也不能过大。综合考虑候选集数量与候选集性能，取 M 为 4、N 为 8。同样地，量化器的门槛数量过多会使制作的指纹数据量过大，而门槛数量过少则会使分类器性能下降，故设置门槛数量 k 为 3。根据上述原则便可构建候选分类器集，通过 SPB 算法从候选分类器集中选择合适的分类器。

5) 二进制指纹提取

使用 SPB 算法选择出合适的分类器后，将预处理得到的信号帧经过分类器的滤波和量化步骤便可以得到相应的二进制指纹，其计算公式如式(5.24)所示。其中 $Q_1, Q_2,\cdots, Q_n$ 与 $f_1, f_2,\cdots, f_n$ 分别为第 1, 2,⋯, n 个量化器与滤波器，X_i 表示第 i 个样本。图 5.19 描述了故障反行波信号帧提取指纹的过程。每一个信号帧经过一个分类器生成 K 位位值，由 n 个分类器、m 个信号帧生成的指纹为 $n\times m\times K$ 位。

$$b_i = [Q_1(f_1(X_i)) \quad Q_2(f_2(X_i)) \quad \cdots \quad Q_n(f_n(X_i))]^{\mathrm{T}} \tag{5.24}$$

SPB 指纹算法利用数个分类器多角度地描述了故障反行波在时-频尺度上的特征变化规律，全面刻画了故障反行波复杂的故障暂态过程。

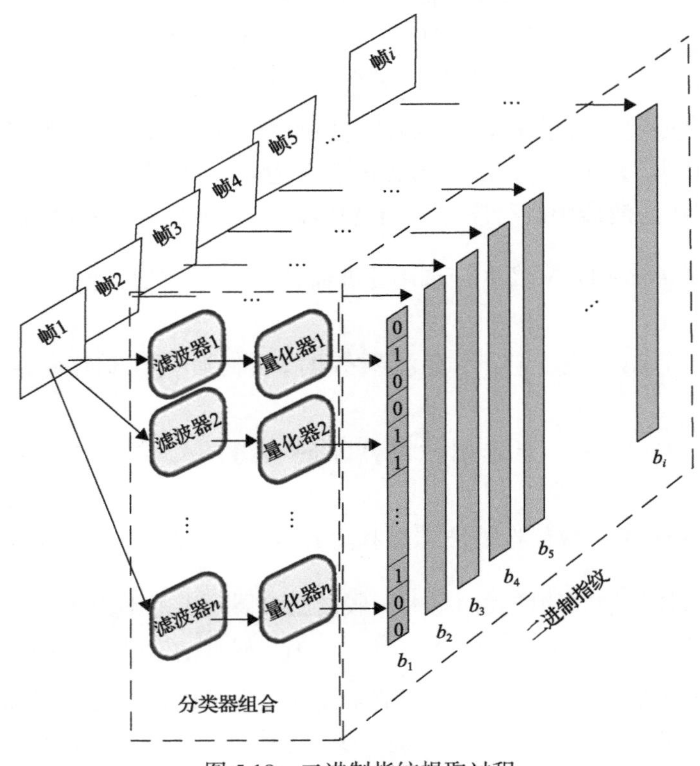

图 5.19　二进制指纹提取过程

3.故障反行波指纹的相似度判别依据

与差动电流指纹相似度判别依据类似，故障反行波指纹同样可以用误码率(BER)来代表指纹间的差异。故障反行波指纹的误码率可由式(5.25)计算。

$$\mathrm{BER}=\frac{\sum_{i=1}^{n}a_i\cdot n_i}{N\cdot\sum_{i=1}^{n}a_i} \tag{5.25}$$

式中，a_i 为第 i 个分类器的权重，可由式(5.15)计算得到；n_i 为两指纹由第 i 个分类器生成指纹中位值不同的个数；N 为故障反行波经过第 i 个分类器生成的指纹的个数。

利用式(5.25)即可求出不同指纹间的误差大小，即 BER 越大，两指纹间的差异也越大。与差动电流指纹类似，为定量描述两指纹间的相似程度，设置相似度阈值β，即当两指纹间的误码率低于阈值β时，认为两指纹是相似的；当两指纹间的误码率高于或等于阈值β时，认为两指纹是不相似的。大量仿真各种故障场景下的区内外故障并进行匹配，结果表明：区内故障匹配的最大误码率为 8%，区外故障匹配的最小误码率为 23%，考虑到噪声、电流互感器测量误差等多种因素的影响，将阈值β设为 12%。

5.3.3　基于故障反行波指纹的保护与测距方案

与第 4 章差动保护方案类似，本章所提的单端量故障反行波保护方案同样需要构建数据库。利用故障反行波指纹与数据库指纹匹配的方式实现区内外的故障判别。整体的保护方案主要包括离线数据库构建和在线保护判别与测距两部分。

1. 离线数据库构建原则

构建离线数据库需要对不同故障条件下的区内故障进行仿真，提取故障反行波数据，利用 5.3.2 节所提出的指纹提取方案制作不同故障条件下的故障反行波指纹，将故障位置、故障类型等信息与反行波指纹整体存放以构建离线数据库。

1) 故障反行波选择

实际运行过程中大部分输电系统都采用双极运行方式，两极线路间存在耦合关系，使得正负极线路故障时，求解得到的故障反行波并不独立，受非故障极线路影响。为了解决这一问题，需要采用 Karenbauer 变换将正负两极线路解耦为相互独立的零模、线模分量。变换公式如式(5.26)所示。

$$\begin{bmatrix} U_0 \\ U_1 \end{bmatrix} = \frac{1}{\sqrt{2}} \begin{bmatrix} 1 & 1 \\ 1 & -1 \end{bmatrix} \begin{bmatrix} U_\mathrm{p} \\ U_\mathrm{n} \end{bmatrix} \tag{5.26}$$

式中，U_0为零模电压分量；U_1为线模电压分量；U_p为正极线路电压；U_n为负极线路电压。

由式(5.26)可知，零模分量为正负极电压之和，主要反映线路与大地间的耦合关系；线模为正负极电压之差，主要反映线路与线路间的耦合关系。由于零模分量与大地形成通路，因此只存在于接地故障中，当发生极间故障时并不存在零模分量。为了能同时反映单极故障与双极故障，本保护方案使用线模故障反行波进行指纹提取。

2) 采样频率与数据窗选择

采样频率影响着故障信号的时频特征。频率越高，时频分析工具处理得到的时频特征越详细，本节所提的指纹算法对故障信息的表征能力也越强。根据5.3.4节的仿真结果，本算法采用50kHz的采样频率可以满足保护方案的可靠性。同样地，数据窗的长短也影响着故障信号的时频特征。数据窗越长，采集到的数据量也越大，对应着故障信号中包含的特征差异也越丰富，指纹的性能也越强。但考虑到保护方案的速动性，数据窗也不应过长，可选择故障反行波传输线路全长所用时间作为数据窗长。由仿真拓扑分析可知，2ms的数据窗可以满足本保护方案的可靠性。

2. 在线保护判别与测距

1) 保护启动判据

构建好离线数据库后，通过数据库指纹匹配的方式便可以实现区内外故障的判别。在线的保护判别主要包括保护启动、提取故障反行波指纹、数据库匹配等步骤。

本保护方案采用线模电压变化量构成启动判据。启动判据如式(5.27)所示，ΔU_1为保护侧线模电压变化量，ΔU_set为线模电压变化量整定值，按躲过正常运行状态下最大波动值整定。若上述判据满足，则启动保护判断和故障测距算法。

$$\Delta U_1 > \Delta U_\mathrm{set} \tag{5.27}$$

2) 保护选极判据

由式(5.26)可推知故障零模电压，如式(5.28)所示。

$$U_0 = \frac{1}{\sqrt{2}}(U_\mathrm{p} + U_\mathrm{n}) \tag{5.28}$$

当发生正极故障时，正极线路电压 U_p 为 0，负极故障电压 U_n 为 $-U_{dc}$，因此故障零模电压小于 0。相反，当发生负极故障时，故障零模电压大于 0。当发生双极故障时，$\Delta U_p=-\Delta U_n=0$，故零模电压为 0。综上，可利用故障零模电压来进行故障选极，其选极判据如式(5.29)所示。

$$\begin{cases} U_0 < -U_{set}, & \text{PGF} \\ U_0 > U_{set}, & \text{NGF} \\ -U_{set} \leqslant U_0 \leqslant U_{set}, & \text{PPF} \end{cases} \tag{5.29}$$

式中，U_{set} 为零模电压整定值，U_{set} 按发生双极短路后零模电压最大值整定。

3) 整体保护方案

当保护启动后，采集 2ms 的故障数据，计算零模故障反行波与线模故障反行波。利用 5.3.2 节所提指纹算法提取线模故障反行波指纹并利用零模反行波判断故障极。将提取的故障反行波指纹与数据库指纹匹配，若能在数据库中匹配到低于阈值的相似指纹则说明被保护线路发生故障；若无法在数据库中匹配到低于阈值的相似指纹则说明被保护线路没有发生故障。具体流程图如图 5.20 所示。

由于离线数据库存放着故障反行波指纹与其故障位置、故障类型等故障参数，所以在在线匹配的时候也可以实现测距功能。当判定为区内故障时，读取所匹配到的误码率最小的反行波指纹的故障位置即为实际发生故障的位置。具体的测距流程图如图 5.21 所示。

5.3.4　仿真验证与分析

本节在 PSCAD/EMTDC 平台中搭建四端伪双极柔性直流输电系统，系统拓扑图如图 5.10 所示，线路参数参考某实际工程，系统参数如表 5.1 所示。以线路 1 为保护线路验证本节所提保护算法。以线路 1 两端限流电抗器为界划分为区内部分和区外部分，被保护线路为线路 1。其中 F1、F2、F3 分别为线路 1 的正极接地故障、负极接地故障、双极短路故障，故障距离分别为 41.5km、121.3km、184.5km；F4、F5、F6 为区外故障，分别为线路 2 正极接地故障、线路 3 负极接地故障、线路 4 双极短路故障，设置 ΔU_{set}、U_{set} 分别为 50kV 与 25kV。保护装置设置在线路 1 两端，考虑到实际工程需要和本节算法的可靠性，仿真所采用的采样频率设为 50kHz，保护通道假设采用专用光纤通道。

根据 5.3.2 节内容，利用 SPB 算法选择合适的指纹映射函数。采集不同故障条件下的区内故障数据 2000 组与区外故障数据 1000 组，将区内故障数据加入噪声作为畸变样本，并与区内故障数据组合构成相似样本对，将区内故障与区外故障组合构成不相似样本对，按 5.3.2 节第 1 部分内容进行迭代训练。迭代过程中组合分类器的分类错误率如图 5.22 所示，组合分类器参数如表 5.7 所示。

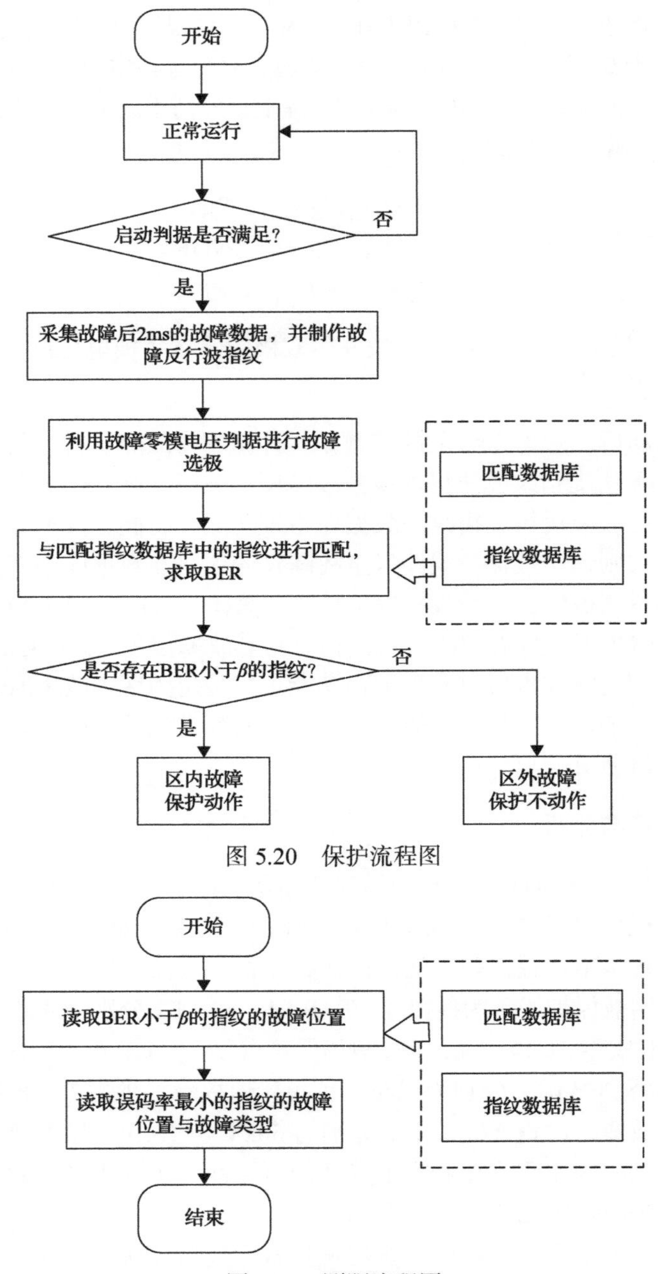

图 5.20　保护流程图

图 5.21　测距流程图

1. 保护动作验证

线路 1 为被保护线路，线路长度为 207km。离线指纹数据库中包括不同故障

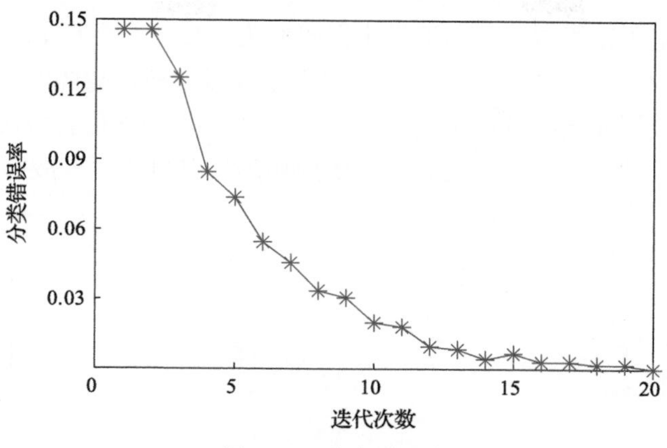

图 5.22　分类错误率

表 5.7　组合分类器参数

种类	特征处理函数参数			量化函数		
	H	W	参考点	t_1	t_2	t_3
④	4	3	(1,1)	26.03	40.85	60.61
④	1	8	(4,1)	0.9957	2.647	4.298
①	2	2	(1,1)	−2.228	−1.224	0.2821
②	2	8	(2,1)	−1.125	3.495	12.73
②	4	5	(1,1)	61.25	88.50	124.8
①	2	4	(2,1)	−0.3164	0.3350	3.592
③	2	2	(2,1)	−0.5435	0.2842	3.595
③	2	8	(1,1)	−28.95	−8.914	7.114
②	2	5	(3,1)	−0.05357	2.809	11.39
④	4	1	(1,1)	35.91	50.73	70.49
④	1	1	(4,1)	0.8428	1.938	4.130
①	1	6	(1,1)	−8.300	−4.400	−0.4999
①	2	2	(3,1)	−1.054	−0.04857	0.7057
①	4	6	(1,1)	−3.255	1.372	2.915
④	3	4	(1,1)	41.91	68.65	95.40
②	2	3	(2,1)	−8.500	0.5000	9.500

位置、不同过渡电阻的故障反行波指纹。以区内故障 F1 正极故障和区外故障 F6 为例，验证本节所提保护方案的可靠性。图 5.23 为 F1 位置正极发生金属性故障时，零模电压和故障反行波指纹与数据库指纹的匹配情况。可以看到，零模电压

小于整定值判定为正极故障，匹配最小误码率为 5.16%，低于设定的阈值β，判断为区内故障保护动作。图 5.24 为 F6 位置发生双极金属性故障时，零模电压故障反行波指纹与数据库指纹的匹配情况。由图 5.24 可知，F6 位置故障反行波指纹与数据库指纹的误码率均在 40%以上，均大于阈值β，判别为区外故障，保护不动作。

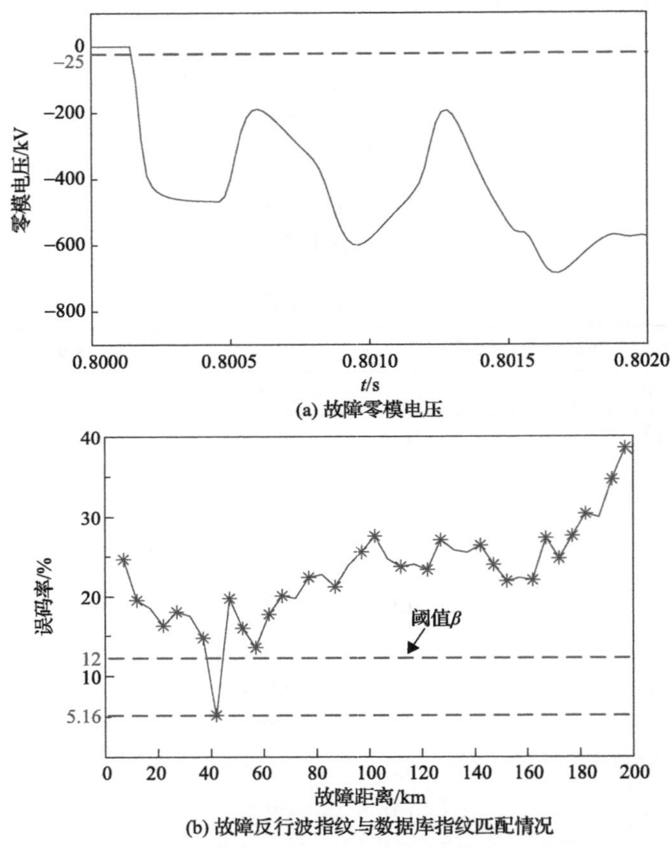

图 5.23 F1 位置故障零模电压和反行波指纹与数据库指纹匹配情况

同时对线路其他故障位置进行仿真，得到的保护结果如表 5.8 所示。由表 5.8 可知，在区内不同位置下发生故障时，本节所提保护方案均能可靠正确动作，在区外发生故障时，均可靠不动作。

表 5.8 保护判别结果

故障名称	故障位置/km	匹配最小误码率/%	零模电压/kV	保护判别结果
F1	41.5	5.16	–453	正极保护动作
F2	121.3	2.42	421	负极保护动作

续表

故障名称	故障位置/km	匹配最小误码率/%	零模电压/kV	保护判别结果
F3	184.5	3.78	1.12	双极保护动作
F4	区外	28.41	–175	保护不动作
F5	区外	34.56	148	保护不动作
F6	区外	43.33	0.53	保护不动作

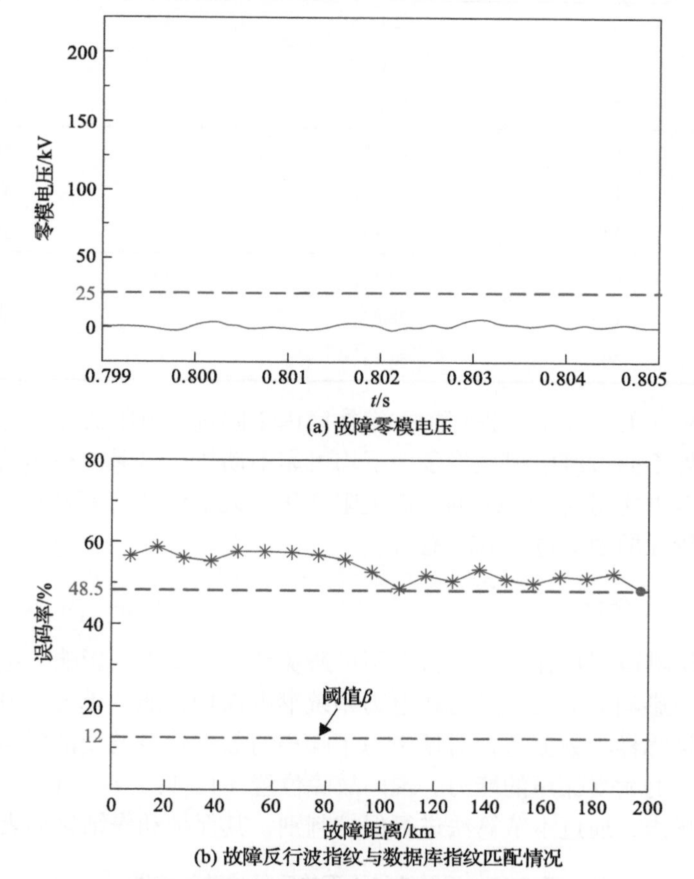

图 5.24　F6 位置故障零模电压和反行波指纹与数据库指纹匹配情况

2. 耐受过渡电阻能力分析

过渡电阻是衡量保护可靠性非常重要的一个影响因素。由于本节算法数据库的构建中按不同间隔添加了过渡电阻指纹数据，所以理论上本节算法不受过渡电阻影响。以故障点 F1、F2、F4、F5 为例，设置不同的过渡电阻故障验证本节所提保护方案。表 5.9 为本节所提保护方案的保护结果。

表 5.9 不同过渡电阻下的保护结果

故障名称	过渡电阻/Ω	匹配最小误码率/%	零模电压/kV	保护动作情况
F1	0.1	5.14	–451	正极保护动作
	100	5.52	–315	正极保护动作
	300	6.67	–102	正极保护动作
F2	0.1	2.43	421	负极保护动作
	100	3.19	282	负极保护动作
	300	3.44	95	负极保护动作
F4	0.1	28.31	–174	保护不动作
	100	30.33	–83	保护不动作
	300	29.76	–26	保护不动作
F5	0.1	34.56	148	保护不动作
	100	38.88	64	保护不动作
	300	35.12	15	保护不动作

由表 5.9 可知，本节所提保护方案在区内不同过渡电阻故障条件下均能可靠动作，在区外不同过渡电阻故障条件下均可靠不动作。由保护动作结果可知，本节所提算法至少能耐受 300Ω 的过渡电阻变化。大量仿真结果表明，本节所提保护方案具有较强的耐受过渡电阻能力。

3. 抗噪能力分析

电力系统继电保护在实际运行中不可避免地受到噪声的影响，电力系统继电保护耐受噪声影响的能力也是考察电力系统继电保护性能的重要部分。因为本节算法在离线训练样本数据选择时便考虑了噪声对数据信息畸变的影响，所以本节算法具有一定的耐受噪声的能力。现向故障位置 F1、F2、F4、F5 加入不同信噪比的高斯白噪声，通过本节算法进行保护判别，其保护动作结果如表 5.10 所示。

表 5.10 不同信噪比下故障保护动作结果

故障名称	信噪比/dB	匹配最小误码率/%	零模电压/kV	保护动作情况
F1	40	5.83	–447	正极保护动作
	30	6.42	–454	正极保护动作
F2	40	3.59	412	负极保护动作
	30	4.53	406	负极保护动作

续表

故障名称	信噪比/dB	匹配最小误码率/%	零模电压/kV	保护动作情况
F4	40	28.22	–175	保护不动作
	30	26.93	–168	保护不动作
F5	40	29.41	142	保护不动作
	30	31.20	144	保护不动作

由表 5.10 可知，在 40dB 和 30dB 的白噪声影响下，区内故障时均能在数据库中匹配到低于阈值的指纹，保护动作；区外故障匹配指纹的误码率均高于阈值，保护不动作。大量仿真表明，本节所提的保护算法能耐受 30dB 的噪声影响。

4. 故障测距验证

本节算法构建的数据库中存放着不同指纹的故障位置，所以本节算法具有一定的故障测距功能。为检验本节算法的测距功能，按故障间隔 1km 构建数据库，在多个位置设置故障并进行验证，其故障测距结果如表 5.11 所示。

表 5.11　故障测距结果

故障位置/km	信噪比/dB	匹配最小误码率/%	定位故障位置/km	测距误差/%
32.3	40	3.64	32	0.14
	30	3.09	32	0.14
64.5	40	3.69	64	0.24
	30	4.04	65	0.24
101.2	40	2.56	101	0.09
	30	4.37	102	0.38
145.6	40	2.98	146	0.19
	30	4.91	145	0.28
176.4	40	2.79	176	0.28
	30	5.77	176	0.28
192.1	40	2.40	192	0.04
	30	5.27	190	1.01
200.5	40	4.63	201	0.24
	30	5.09	204	1.6

由表 5.11 可知，在数据库故障间隔为 1km 的情况下，本节所提算法的在不同位置、不同噪声下测距误差最大不超过 2%，能较为准确地对故障进行定位。

5. 数据异常下保护动作分析

在电力系统实际运行过程中，采样频率过高或者互感器设备可靠性不足可能会造成采样点缺失或者采样点异常的问题。本节所提保护方案在进行相似样本选择时，可将存在异常数据的样本与正常样本匹配作为相似样本，保证了在异常数据下的分类能力。同时，本节所提指纹保护方案从多维度表征故障反行波特征，所以具备一定的耐受异常数据的能力。下面以采样点缺失来验证本节保护方案的动作情况。

图 5.25(a)为采样点缺失情况下的故障反行波波形图。故障反行波在故障发生0.25ms 左右缺失 3 个采样点。图 5.25(b)为异常反行波指纹与数据库指纹的匹配情况(其中白色部位为异常反行波指纹与匹配指纹中位值不一致的地方，黑色部分为两指纹中位值一致的地方)。利用式(5.25)计算可得，两指纹的误码率为 10.78%，小于相似度阈值β，指纹可以正确匹配，保护可靠动作。故本节所提保护方案在采样点缺失或异常的情况下仍具有一定的可靠性。

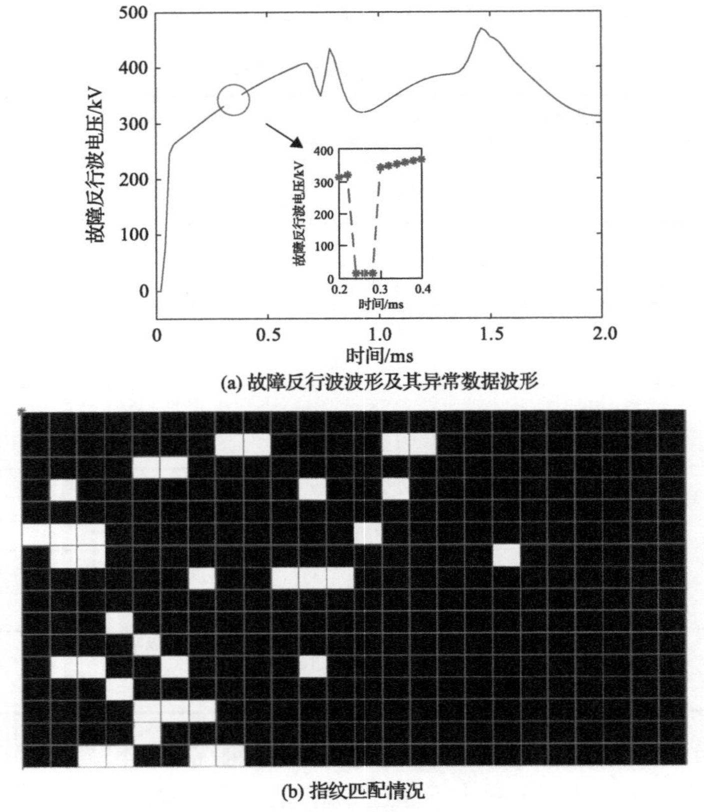

(a) 故障反行波波形及其异常数据波形

(b) 指纹匹配情况

图 5.25 异常数据下指纹保护方案验证

参 考 文 献

[1] Chu R J, Niu B N, Yao S S, et al. Peak-based philips fingerprint robust to pitch-shift for audio identification[J]. IEEE Multimedia, 2020, PP(99): 1-20.

[2] Son H S, Byun S W, Lee S P. A robust audio fingerprinting using a new Hashing method[J]. IEEE Access, 2020, 8: 172343-172351.

[3] Zheng Y, Liu J, Zhang S W. An infringement detection system for videos based on audio fingerprint technology[C]. 2020 International Conference on Culture-oriented Science & Technology, Beijing, 2020: 308-312.

[4] Haitsma J, Kalker T. A highly robust audio fingerprinting system[C]. ISMIR 2002, 3rd International Conference on Music Information Retrieval, Paris, 2002: 107-115.

[5] Chen D Q, Zhang W H, Zhang Z B, et al. Audio retrieval based on wavelet transform[C]. 2017 IEEE/ACIS 16th International Conference on Computer and Information Science, Wuhan, 2017: 531-534.

[6] Schreiber H, Grosche P, Müller M. A re-ordering strategy for accelerating index-based audio fingerprinting[C]. International Society for Music Information Retrieval Conference, Miami, 2011: 127-132.

[7] Yu C, Wang R T, Xiao J, et al. High performance indexing for massive audio fingerprint data[J]. IEEE Transactions on Consumer Electronics, 2015, 60(4): 690-695.

[8] Chen M, Xiao Q M, Matsumoto K, et al. A fast retrieval algorithm based on fibonacci Hashing for audio fingerprinting systems[C]. 2013 International Conference on Advanced Information Engineering and Education Science, Beijing, 2013: 219-222.

[9] Zhang X, Zhu B L, Li L W, et al. SIFT-based local spectrogram image descriptor: a novel feature for robust music identification[J]. Eurasip Journal on Audio Speech & Music Processing, 2015, 2015(1): 6-22.

[10] Villamagna N, Crossley P A. A symmetrical component-based GPS signal failure-detection algorithm for use in feeder current differential protection[J]. IEEE Transactions on Power Delivery, 2008, 23(4): 1821-1828.

[11] 汪光远，马啸，林湘宁，等. 基于集成学习的柔性直流配电线路单端量高灵敏保护方案[J]. 中国电机工程学报，2021, 41(24): 16-28.

[12] Lee S, Yoo C, Kalker T. Robust video fingerprinting based on symmetric pairwise boosting[J]. IEEE Transactions on Circuits Systems for Video Technology, 2009, 19(9): 1379-1388.

第 6 章　直流线路人工智能保护原理

现有的柔性直流、混合直流输电线路保护通常存在关键故障特征刻画不充分、依赖于定值整定及单一的幅值特征等问题，其中，单端量行波保护原理的灵敏性存在局限性，且易受噪声干扰；双端量差动电流保护原理则通常需延时以保证不误动，且易受长线路分布电容的影响，即选择性与灵敏性、速动性不够协调。故将人工智能算法(以深度学习为典型)引入柔性直流、混合直流输电线路保护领域，充分挖掘故障后单端电压反行波与双端差动电流波形的形态特征，刻画时频域的全息故障特性，以实现自适应、灵敏、快速的保护，提升保护原理耐受多种影响因素的能力，并通过迁移学习提升保护原理的泛化性。

6.1　深度学习与迁移学习模型

深度学习是机器学习领域中的研究热点之一，与浅层的神经网络相比其更接近“人工智能”的目标[1]，通过对大量样本数据内在规律及表示层次的深入挖掘，以更好地实现分类、回归等任务。其中，堆叠自编码器(stacked auto encoder，SAE)具备优越的无监督学习能力，多隐藏层的结构配以自适应的算法，结合恰当的超参数设置，深入挖掘大数据的特征，可实现模式识别、解决多输入-多输出的非线性问题[2]。本章即据此实现直流输电线路区内、外保护判别与区内故障选极。

6.1.1 深度学习基本原理

堆叠自编码器模型具有数据去噪及降维等优点，针对蕴含丰富故障信息的复杂非线性电气量波形，先通过 SAE 模型进行无监督的波形特征深入挖掘，即相当于波形特征表达的“预训练”，对后续分类任务的完成起到“引导”作用；再经有监督学习的神经网络(neural network，NN)分类器(较底层的编码部分网络及 Softmax 函数)最终实现故障区域及类型判别的目标，经此过程使得故障波形特征的学习与表达更充分，分类结果更准确可靠。

自编码器(auto encoder，AE)是一种无监督学习的神经网络模型，其利用数据本身作为监督信号以指导网络进行训练。将希望网络最终能够学习到的映射 $x \to x'$，先通过编码(encode)过程 $x \to z$，对所输入数据的密集表征进行学习，再通过解码(decode)过程 $z \to x'$ 反向映射，其间通过限制表征大小及添加噪声等对网络加以约束，从而实现“恒等函数”的构建，同时得到有效的数据表示方法。

具体的训练过程可表示为

$$\begin{cases} z = p(wx + b) \\ x' = q(w'z + b') \end{cases} \tag{6.1}$$

式中，w、w' 为权重；b、b' 为偏置；p、q 为激活函数。

对于(特征)复杂的非线性数据而言，仅采用两层神经网络结构的简单自编码器将不足以获取充分的特征表示，为解决此问题，可增加网络层数，利用深层神经网络来提取更为抽象的特征，使捕获到的信息更具有代表性，故实践中常采用逐层堆叠的方式训练深层自编码器，通过逐层训练以学习网络参数，获得准确有效的特征表达。即当自编码器含有多个隐藏层时，称其为堆叠自编码器(深层自编码器)，相较简单的 AE，SAE 更有利于对更复杂的非线性故障波形特征进行更为充分的学习。SAE 模型的典型结构通常为：两侧的编码部分与解码部分关于正中间的隐藏层对称，且每层所含有的神经元数(特征数)通常为 2 的指数次幂，示例如图 6.1 所示。整体来看，最左及最右两层分别为输入层和输出层，所含神经元数均为 200，即波形数据所含的全部特征数；中间部分则为隐藏层；以最中间的隐藏向量(黑色部分)为中心轴，形成整齐、对称的结构。左半部分(除输入层外)各层神经元数依次为 64、16、4，即编码器(特征分类学习)每层所含的特征数；右半部分各层的神经元数分别为 16、64、200，即解码器(反向映射重构)每层所含的特征数。根据实践经验，可将解码器、编码器各层的权重加以绑定，使得模型的权重数量减至一半，在提升训练速度的同时，降低过拟合的风险。

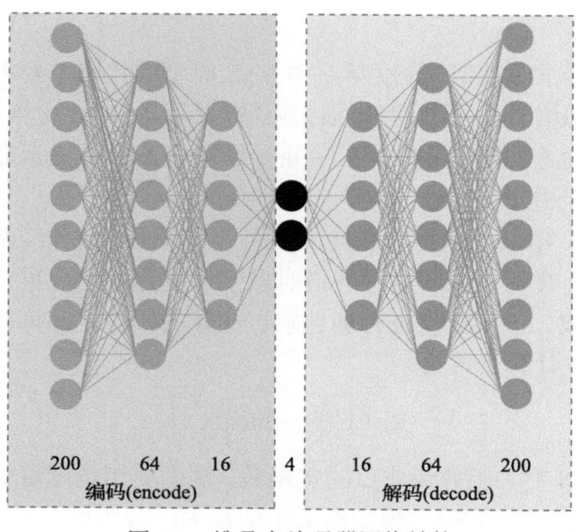

图 6.1　堆叠自编码器网络结构

1. 训练模型

1) 模型架构

前述 SAE 模型可利用数据本身(无须标签)进行无监督学习，从而使大型的数据集亦可实现快速、有效的处理，具体通过以下过程实现。

参考文献[3]，针对经预处理后所得的波形数据，首先，搭建一个 SAE 模型，将所有数据输入其中进行无监督的预训练；然后，重复使用较底层(即编码部分)构建一个新的 NN，用所有带标签的数据进行有监督训练；最终，将所学习到的特征转换为不同的类别编号并输出，从而实现不同故障类型的判别。该过程图解如图 6.2 所示。

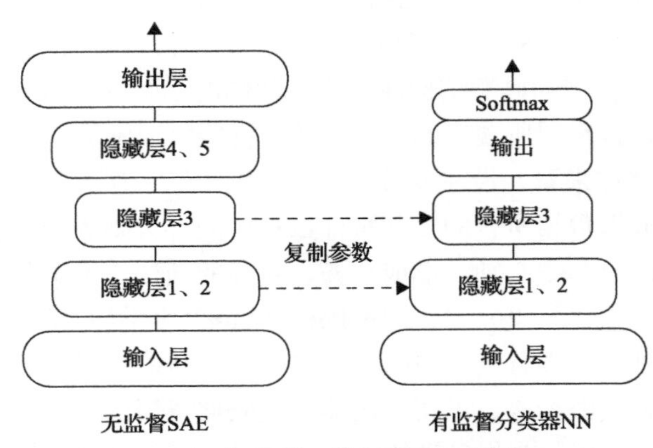

图 6.2　深度学习模型训练过程图解

2) 函数设置

与所有的机器学习类似，深度学习中 SAE 模型的代码主要由以下 3 个基本要素构成，即模型架构、学习准则(即损失函数)及算法(即优化函数)。此外，激活函数的选取亦对训练的速度和效果具有重要影响，本章所提深度学习模型中的主要函数设置及其作用如下。

(1) 激活函数。激活函数将非线性因素引入神经元，使神经网络可用于解决非线性问题，为防止在训练深层学习网络时发生梯度弥散的现象，本章中的激活函数选用 ReLU 函数，该函数仅进行加、乘、比较的操作，计算高效的同时亦具有生物学的合理性，计算公式为

$$\mathrm{ReLU}(x):=\max(0,x) \tag{6.2}$$

(2) 损失函数。损失函数为非负的实函数，其主要用于度量输出值和实际值间的差距，本章所提无监督 SAE 模型所采用的损失函数为均方差误差(mean square error，MSE)函数。该函数将输出向量与真实向量分别映射于笛卡儿坐标系的两个

点，并通过计算两者间的欧几里得(Euclid)距离的平方以衡量两个值的差距，计算公式为

$$\mathrm{MSE}=\frac{1}{d_{\mathrm{out}}}\sum_{i=1}^{d_{\mathrm{out}}}(y_i-o_i)^2 \tag{6.3}$$

式中，d_{out} 为样本量；y_i 为实际值；o_i 为输出值。

当 MSE=0，即输出值与实际值相等时，网络参数处于最优状态。

有监督分类器 NN 所采用的损失函数为交叉熵(cross entropy)函数。信息熵的概念由热力学引入信息论，以衡量信息的不确定度，其值≥0，且与不确定度呈正相关(即熵为 0 时不确定度最低)。基于熵的概念，可引出交叉熵的定义为

$$L=-\sum_{c=1}^{M}y_{ic}\log_2 p_{ic} \tag{6.4}$$

式中，M 为类别的数量；y_{ic} 为指示变量，预测类别 c 与样本类别 i 相同时该值为 1，否则为 0；p_{ic} 为样本 i 属于类别 c 的预测概率。

交叉熵函数在本章中用于衡量分类器输出的故障类型编号与标签类别编号是否相同(即分类结果是否正确)。

交叉熵函数在神经网络中常用于处理分类问题，因其涉及计算样本属于各类别的概率，故实践中常与 Sigmoid 或 Softmax 等函数一并使用，如图 6.2 中的分类器输出层即增添了 Softmax 函数。由输出层观测整个分类器模型，其学习预测及计算损失值的流程可分为以下三步：先由最终层获得各类别的“得分”；再经 Softmax 函数将该得分转换为概率输出；最后将模型预测的分类结果与实际的类别通过交叉熵函数进行损失值的计算。

(3)优化函数。为提升训练速度，除批量归一化、重用预训练(较低层)网络、选择适宜的激活函数外，选取性能优良的优化算法亦十分重要，本章选择 Adam 优化函数，将跟踪过去梯度指数衰减平均值的动量法与跟踪过去平方梯度指数衰减平均值的 RMSProp 算法两种思想相结合，以动量作为参数更新的方向，并自适应地调整学习率，与常规的梯度下降优化算法相比，Adam 算法可使训练的速度有明显的提升，其相关公式为

$$\begin{cases}G_t=\psi(g_1,g_2,\cdots,g_t)\\ M_t=\phi(g_1,g_2,\cdots,g_t)\\ \Delta\theta_t=-\dfrac{\alpha_t}{\sqrt{G_t+\varepsilon}}M_t\end{cases} \tag{6.5}$$

式中，t 为迭代的步数；$\Delta\theta_t$ 为参数更新的差值；M_t 为梯度的均值(一阶矩)；G_t 为未减去均值的方差(二阶矩)；$\psi(\cdot)$ 为学习率缩放函数；$\phi(\cdot)$ 为优化后参数更新的方向；$g_i(i=1,2,\cdots,t)$ 为梯度；α_t 为学习率；ε 为保持数值稳定而设置的一个极小常数。

3)评价指标

针对分类问题，最常用的评价标准为准确率(accuracy)。给定测试集 $\tau=\{(x(1),y(1)),(x(2),y(2)),\ldots,(x(N),y(N))\}$，$N$ 为测试集中样本的数量。设标签 $y(n)\in\{1,2,\ldots,c\}$，c 为实际的样本类别，通过训练成熟的模型对测试集中的各样本逐一进行预测，其输出结果则记为 $\{y'(1),y'(2),\cdots,y'(N)\}$，则准确率公式为

$$A=\frac{1}{N}\sum_{n=1}^{N}I(y(n)=y'(n)) \tag{6.6}$$

式中，I 为指示变量，当测试样本标签 $y(n)$ 与输出结果 $y'(n)$ 相同时指示变量值为1，否则该值为0。

为防止因模型的结构、学习率及各函数等超参数设置不当而使样本训练与测试的结果不佳，本章另引入损失指标，将每一步迭代的损失值可视化，若迭代到一定次数时，损失值不再减小(近似恒定)，则需对前述各超参数进行调整。上述过程将呈现于仿真验证中的损失值曲线。

2. 测试模型

将训练成熟的深度学习模型用于保护判别与选极，为更贴合实际的需求，除对仿真所得样本(随机分配的)测试集进行分类预测外，本章另外增加了若干组单一新测试，所述多组单一新测试波形数据均为样本集外不同故障场景下的波形数据，通过此过程模拟实际中遇到某故障的场景，并进一步验证所提深度学习模型的泛化性。

单一的新测试模型结构简明，其代码主要由设置超参数、调用训练成熟的模型、归一化波形数据、输出预测的故障类别索引(编号)四部分组成，将其预测值与实际的类别编号进行对比，方知故障判别与选极的预测结果是否正确。

6.1.2 迁移学习基本原理

1. 迁移学习概述

前述深度学习模型准确、可靠地完成分类任务的前提是基于PSCAD/EMTDC平台进行大量的仿真，理论上，所得样本的数量与种类越多，模型拟合的效果越精确，但上述模型仍存在以下问题。

1) 模型的鲁棒性不足

多因素影响下所得的故障判别结果无法满足可靠性要求，模型的鲁棒性不足。在实际工程中，除了考虑噪声等影响，还需考虑某线路退出运行导致电网拓扑结构改变等更极端的故障场景，受其影响所得的电气量波形形态各异，难以归纳各种场景下的故障特征规律，使得特征学习及保护判别的难度加大。

2) 未来工程中的实践性较差

纵使基于线路依频模型进行反行波、差动电流计算，但仿真所得波形与现场实测的数据仍将存在一定差异，为提高保护判别的可靠性，可采集实际波形数据加入样本进行训练。然而，现实中无法提供大量的故障样本以供学习，虽然可进行故障实验，但考虑到断路器的耐受能力，真正可采集的检测数据量将远远达不到深度学习的要求[4]。

考虑上述两点，若采集少量新波形数据作为样本直接进行训练则判别效果不佳，若重新仿真大量样本则成本较高且实践性差。

3) 模型的泛化性与普适性不足

当线路参数大幅改变，或在同一系统拓扑下变换被保护线路时，如何使耗费时间、人工、计算机成本训练所得的模型尽可能多地适用于多种系统、多条线路，同时在上述情况下实现准确、可靠的保护判别是对模型兼容能力的巨大挑战。

由此，引入迁移学习概念，迁移学习是指利用数据特征、目标任务、网络模型间的相似性，将在旧领域(亦称源域)学习过的模型应用于新领域(目标域)的学习过程[5]，即基于现有模型(前述深度学习模型)及少量附加数据(多因素影响下所得新数据、未来工程应用中可获得的实测数据)，以达成新的目标任务(在保证可靠性的同时增强模型的鲁棒性、泛化性)。由于源域的样本集通常与目标任务不直接相关且数据量需求大，而目标域的样本集则与之相反，故迁移学习在免繁减冗的同时，具备更优的性能[6]。传统机器学习与迁移学习的对比如图 6.3 所示。

2. 迁移学习方法分类

实现迁移学习的具体方法基本可分为四种，即基于模型、特征、样本、关系的迁移。

1) 基于模型的迁移

基于模型的迁移使源域与目标域共享参数信息[7,8]，即基于源域的原有模型先进行大量预训练，并选择重用部分或全部模型参数，然后再将此模型应用于目标任务。

2) 基于特征的迁移

基于特征的迁移分为基于特征提取或基于特征映射，前者会重用源域中的局

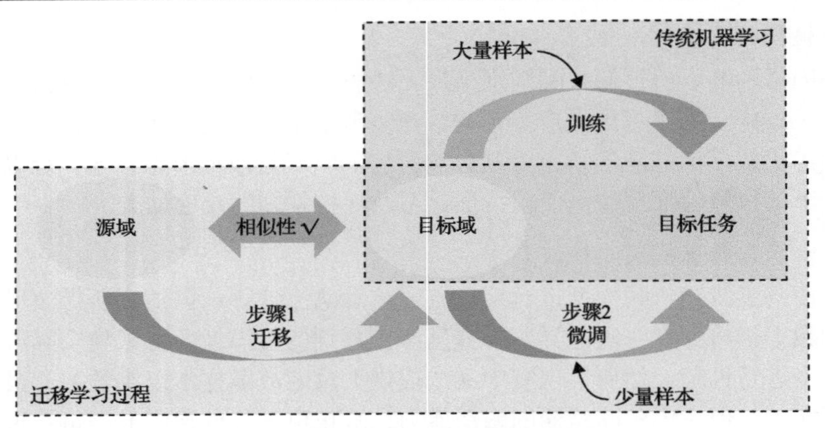

图 6.3　传统机器学习与迁移学习的对比

部经预训练后的模型，再将其转变为目标域模型的一部分；后者则将样本数据由源域和目标域映射至新的数据空间[9]，从而完成新的目标任务。

3) 基于样本的迁移

基于样本的迁移自源域中择选出对目标域有用的样本数据，以此作为新样本集的补充，以达成迁移目的[10]。此方法一般仅在两域间的数据分布差异较小时才有效，否则效果将并不理想，故适用范围较小。

4) 基于关系的迁移

与上述三种方法具有截然不同的思路，该方法的关注点在于两域样本集间的关系，目前而言，开展的相关研究较少[4]。

本章将基于前述的深度学习模型，以考虑更多影响因素下仿真所得的少量新样本，基于原有模型进行迁移学习，从而提升模型的鲁棒性、泛化性，提出改进的单端量保护原理。

6.2　基于深度学习的柔性直流单端量反行波波形特征保护

针对现有行波保护耐受过渡电阻能力有限的问题，本节提出一种基于深度学习的柔性直流输电线路单端量保护原理。根据电压反行首波波形不受过渡电阻影响的特性，利用堆叠自编码器的强非线性拟合能力，挖掘电压反行首波波形特征与故障场景的内在关系，最终实现区内、外故障判别与选极。所提保护原理有效协调了灵敏性和选择性，通过仿真验证了所提保护原理的有效性，并对噪声、交流侧故障、采样频率等影响因素进行了分析。

6.2.1　四端伪双极柔性直流电网拓扑

本节研究基于图 6.4 所示的四端伪双极柔性直流电网，整流侧换流器分别为 MMC_1、MMC_3，逆变侧换流器分别为 MMC_2、MMC_4，即柔直电网的四端，换流站 MMC 的子模块采用半桥结构，其中，MMC_2 采用定电压控制策略，MMC_1、MMC_3、MMC_4 均采用定功率控制策略。f12、f13、f24、f34 分别对应线路 Line12、Line13、Line24、Line34 发生故障，故障类型包括正极故障、负极故障、极间故障。

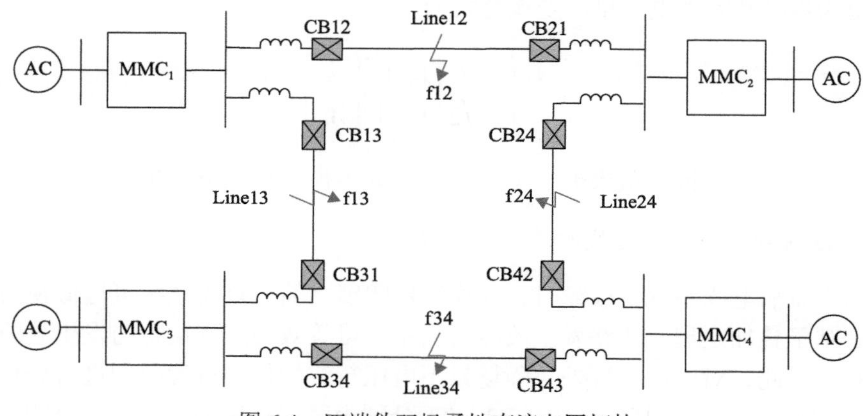

图 6.4　四端伪双极柔性直流电网拓扑

系统的额定直流电压为±250kV，其他参数均使用某实际工程的参数，各输电线路两侧均安装 0.1H 的限流电抗器以限制故障电流并作为输电线路保护的边界。系统的主要参数如表 6.1 所示。

表 6.1　四端伪双极柔性直流电网主要参数

换流站名称	额定直流电压/kV	额定功率/MW	线路名称	长度/km
MMC_1	±250	1500	Line12	207
MMC_2	±250	750	Line13	50
MMC_3	±250	1500	Line24	192
MMC_4	±250	1500	Line34	217

6.2.2　单端电压反行波波形分析

系统不同位置发生故障时，被保护线路保护安装处检测所得故障后的反行波存在差异，可视为一种潜在的故障特征。因此，本节对柔性直流输电线路区内、外故障后反行波的波形特征及其差异进行分析，论证基于区内、外故障时电压反行波波形的衰变规律实现故障区域判别的可行性，以及基于区内不同故障类型下反行波波形的时频特征差异实现区内故障选极(正、负、极间)的可行性。若分析可行，则以故障后输电线路单端电压反行波作为深度学习模型的输入特征量，为后续波形特征的深入挖掘与刻画奠定基础。

1. 极模变换

本节分析的变量均为模域量。在输电线路双极参数对称的条件下，为解除线路极间的耦合现象，使故障特征更为明晰，通过 Karenbauer 变换将正、负极电气量分解为零模和线模电气量，变换公式为

$$\begin{bmatrix} A_0 \\ A_1 \end{bmatrix} = \frac{1}{\sqrt{2}} \begin{bmatrix} 1 & 1 \\ 1 & -1 \end{bmatrix} \begin{bmatrix} A_p \\ A_n \end{bmatrix} \tag{6.7}$$

式中，A_p、A_n 为正极、负极电气量；A_0、A_1 为零模、线模电气量。

2. 区内外故障时反行波的波形差异分析

当直流输电线路发生故障时，在换流器闭锁之前，直流系统可近似视为线性系统。基于叠加定理，线路发生故障后的系统可等效为正常运行与发生故障两状态之和，据此，对区内、区外故障场景下电压行波的传输过程分别进行分析，如图 6.5～图 6.7 所示。其中，F1、F2、F3 分别为区内整流侧、区外整流侧、区外逆变侧发生故障；电压行波 u 的下标 m 和 n 分别表示整流侧和逆变侧，b 和 f 分别表示反行波和前行波；R_f 和 U_f 分别为过渡电阻和所叠加的故障电压源。

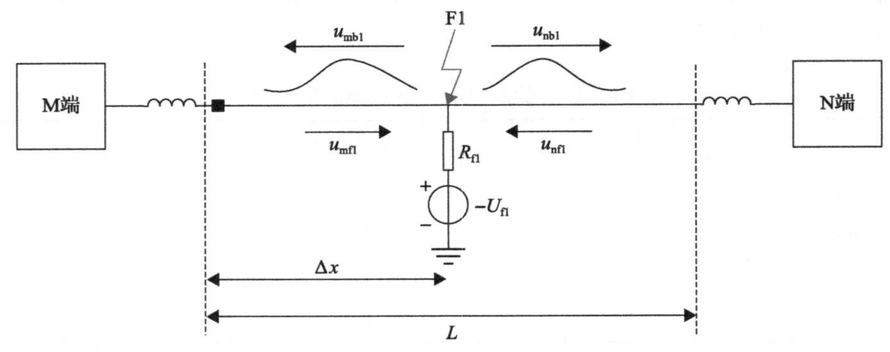

图 6.5　区内整流侧故障电压行波传输过程

根据行波理论，故障点的初始行波近似为直角波，幅值与过渡电阻有关。行波在传输路径(直流线路、限流电抗器等)上会发生衰变，下面具体分析不同位置发生故障时，保护测量处(图中黑色小方块)的反行波波形衰变情况。

对于区内整流侧故障 F1，其可能的最长行波传输路径为直流线路全长，即当故障发生在线路末端时，保护检测到的反行波是故障初始行波经直流线路全长衰

变所得。此时电压反行波为

$$u_{\mathrm{mb1}}=U_{\mathrm{f1}}\cdot A(\omega) \tag{6.8}$$

式中，$A(\omega)$为衰减函数。

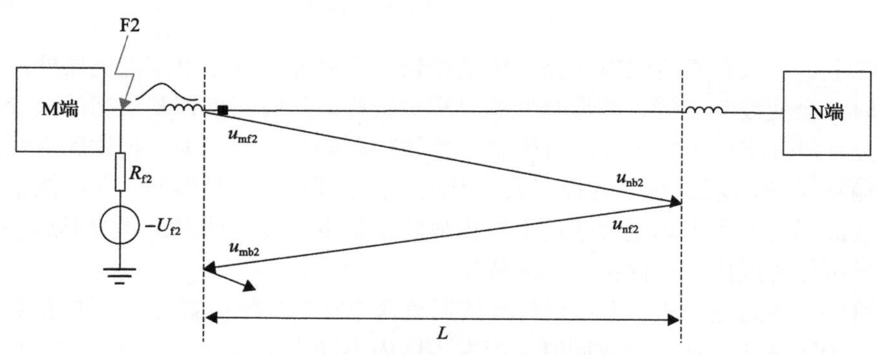

图 6.6　区外整流侧故障电压行波传输过程

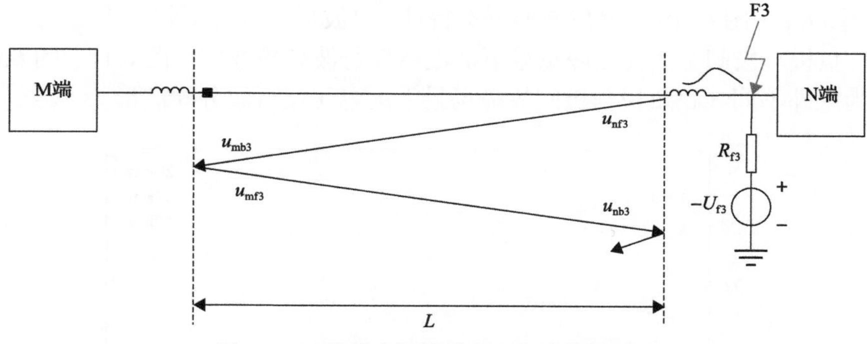

图 6.7　区外逆变侧故障电压行波传输过程

对于区外整流侧故障 F2，其最短的行波传输路径为两倍的直流线路全长，即故障发生在保护背后的母线。对应的电压反行波为

$$u_{\mathrm{mb2}}=U_{\mathrm{f2}}\cdot A^2(\omega)\cdot K(\omega)\cdot H(\omega) \tag{6.9}$$

式中，$K(\omega)$为故障行波在波阻抗不连续处的反射系数；$H(\omega)$为故障行波在波阻抗不连续处的折射系数。

反射系数与折射系数的表达式分别为

$$\begin{cases} K(\omega)=\dfrac{2Z_{\mathrm{c2}}}{Z_{\mathrm{c1}}+Z_{\mathrm{c2}}} \\ H(\omega)=\dfrac{Z_{\mathrm{c2}}-Z_{\mathrm{c1}}}{Z_{\mathrm{c1}}+Z_{\mathrm{c2}}} \end{cases} \tag{6.10}$$

式中，Z_{c1} 和 Z_{c2} 为故障行波发生反射或折射处两侧的波阻抗。

对于区外逆变侧故障 F3，其最短的行波传输路径为直流线路全长，即故障发生在对侧母线。此情况下的电压反行波表达式为

$$u_{\mathrm{mb3}} = U_{\mathrm{f3}} \cdot A(\omega) \cdot H(\omega) \tag{6.11}$$

综上，与仅在直流输电线路上传输相较，当故障行波在限流电抗器处发生折反射时，会使波头变缓、波形衰变的过程虽较稳但随时间推移其形态的畸变却更为明显，即行波在区外经最短的传输路径(F3 场景)发生衰变时，仍比区内经最长的传输路径(F1 场景)衰变的程度大，因此，发生任何区外故障时，保护测量处的反行波波形畸变程度均远大于所有区内故障场景下的衰变情况，此波形形态的显著差异可作为区内、外保护判别的依据。

对应上述理论分析，电压反行波波形蕴含丰富的故障位置(区内/外)信息，适用于保护区域的判别，与此同时，当发生区内不同类型(正极、负极、极间)及不同距离的故障时，电压反行波波形的形状(上升或下降趋势、畸变形态特征)亦有所别。图 6.8～图 6.10(为聚焦波形形态特征，对波形均进行了归一化)分别为区内正极、负极、极间金属性故障场景下的电压反行波分模波形。图 6.11、图 6.12 所示则为区外不同线路负极与极间故障场景下的电压反行波分模波形。

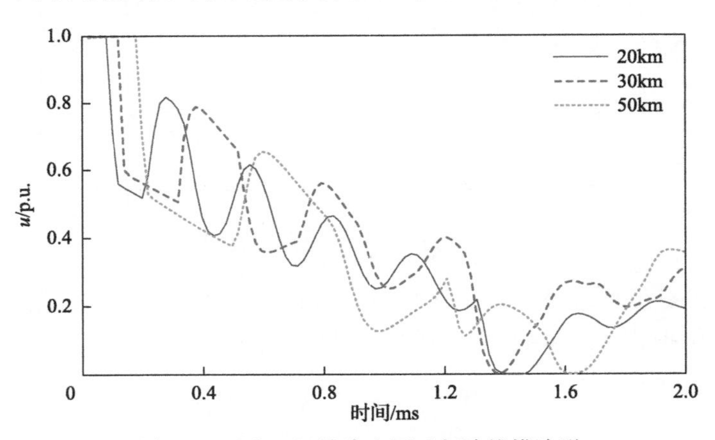

图 6.8　区内正极故障电压反行波线模波形

由图 6.8～图 6.10 可知，当发生区内相同类型、不同距离的故障时，随着故障距离的增大，本端电压反行波波形的相位随之向后偏移，但波形的形状特征相似而有规律(主要指拐点处的形状与弧度)；当发生区内不同类型(正极、负极、极间)的故障时，本端电压反行波波形的畸变形态则各异，即整体趋势走向(上升或下降)不同，波形的畸变形状特征(拐点特征与波动缓急)不同。据此差异将不同种类的波形作为样本输入深度学习模型中进行特征学习与挖掘，可实现区内故障选

极的分类目标。

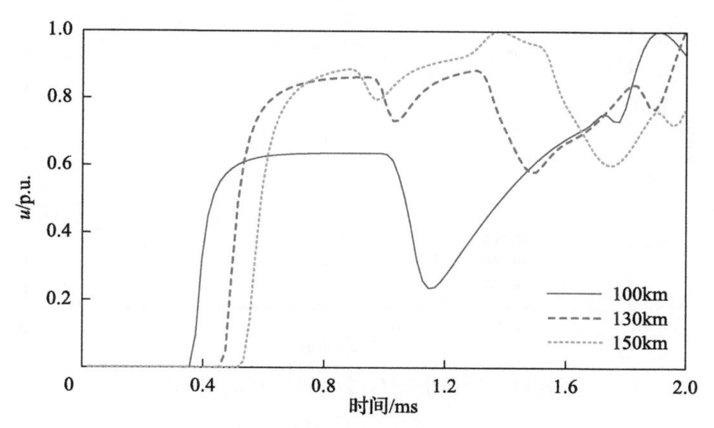

图 6.9　区内负极故障电压反行波零模波形

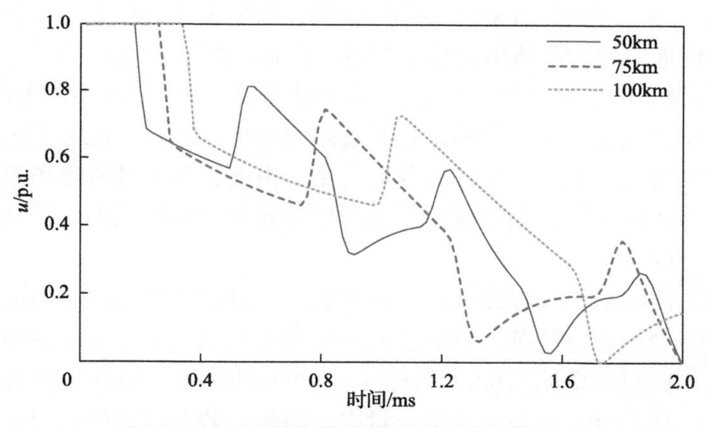

图 6.10　区内极间故障电压反行波线模波形

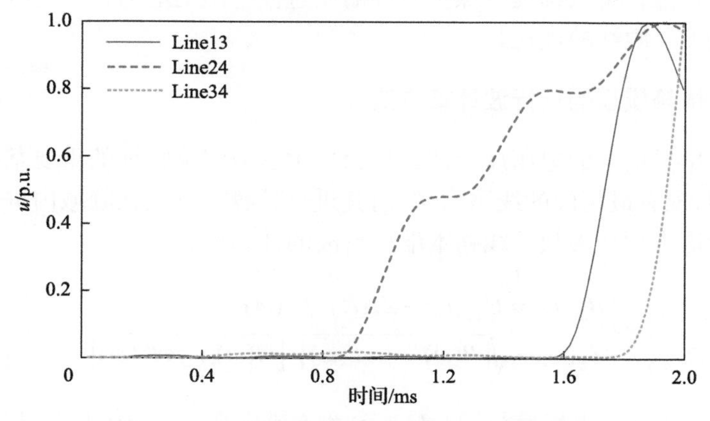

图 6.11　区外负极故障电压反行波零模波形

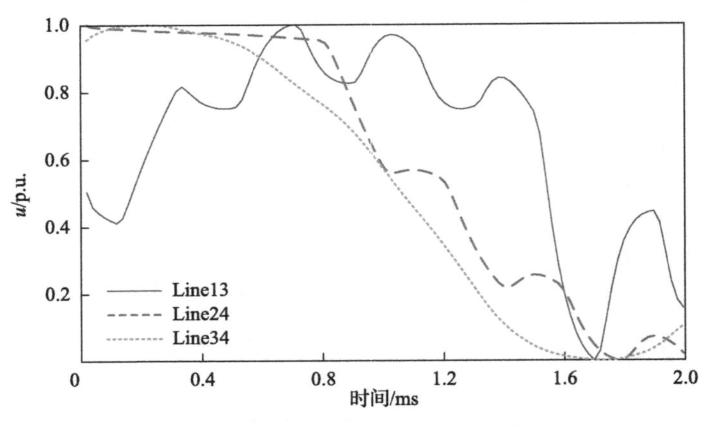

图 6.12　区外极间故障电压反行波线模波形

由图 6.11、图 6.12 可知，多种区外不同线路发生故障时的电压反行波波形各异且无相似规律。对比图 6.8～图 6.12 可知，当发生区内故障时，行波因只在输电线路范围内而不经过限流电抗器边界进行传输，故波头较陡，为一近似直角波，由波形形态可知其高频分量较多，波形衰变过程较为剧烈；而当发生区外故障时，行波不仅于输电线路上进行传输，且经过限流电抗器边界，此时波头明显变缓，且后续波形的畸变程度大，以低频分量为主。由此，对多种故障场景下的仿真波形对比进一步印证了以本端电压反行波波形差异作为保护区内、外判别及区内故障选极的可行性。

需特别关注的是，经查阅文献及仿真验证，过渡电阻对行波幅值的影响较为显著，对波形形状(形态特征)的影响则较小，图 6.13、图 6.14 所示即为区内 150km 处分别发生不同过渡电阻(100Ω、150Ω、200Ω)的正极、极间故障时电压反行波线模波形对比(归一化)，与上述结论对应。因此，若对波形进行归一化处理，聚焦于其形变特征，可大幅提升保护原理耐受过渡电阻的能力，与传统的行波保护相较，实现了灵敏性的优化。

6.2.3　基于依赖模型的反行波计算方法

为获得尽量精准的电压反行波，作为后续学习波形特征的重要基础，本节基于依频模型(现有最精确的线路模型)对其进行计算。首先在频域内进行分析，下述各电气量均为频变参数，线路本端反行波的计算公式为

$$\begin{cases} B_{\mathrm{m}}(\omega)=U_{\mathrm{m}}(\omega)-Z_{\mathrm{c}}(\omega)\cdot I_{\mathrm{m}}(\omega) \\ Z_{\mathrm{c}}(\omega)=\sqrt{[R(\omega)+\mathrm{j}\omega L(\omega)]\cdot[G(\omega)+\mathrm{j}\omega C(\omega)]} \end{cases} \tag{6.12}$$

式中，$B_{\mathrm{m}}(\omega)$ 为本端电压反行波；$U_{\mathrm{m}}(\omega)$ 为本端电压；$I_{\mathrm{m}}(\omega)$ 为本端电流；$Z_{\mathrm{c}}(\omega)$

为线路特征阻抗；$R(\omega)$ 为线路单位长度的电阻；$L(\omega)$ 为线路单位长度的电感；$G(\omega)$ 为线路单位长度的电导；$C(\omega)$ 为线路单位长度的电容。

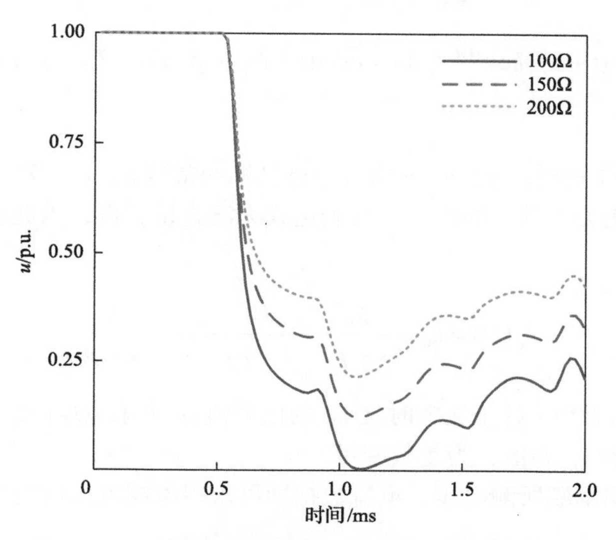

图 6.13　不同过渡电阻区内正极故障后的反行波波形

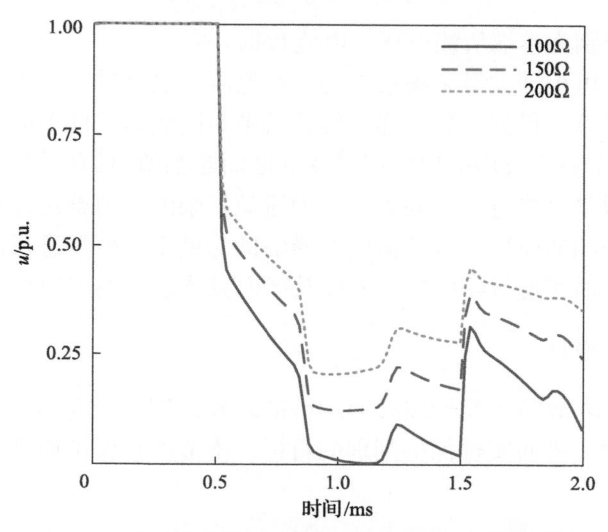

图 6.14　不同过渡电阻区内极间故障后的反行波波形

由频域转换至时域，得到本端电压反行波计算公式为

$$E_{\mathrm{m}}(t)=b_{\mathrm{m}}(t)=\int_{\tau}^{\infty} f_{\mathrm{n}}(t-u)\cdot a(u)\mathrm{d}u \tag{6.13}$$

式中，τ 为行波在线路全长的最快传输时间；b_{m} 为反行波；f_{n} 为前行波；a 为衰减

函数。

由递归卷积定理，对于指数函数的卷积可直接通过其历史值进行计算：

$$s(t)=\int_{T}^{\infty} f(t-u)\cdot k\mathrm{e}^{-\alpha(u-T)}\mathrm{d}u = m\cdot s(t-\Delta t)+p\cdot f(t-T)+q\cdot f(t-T-\Delta t) \tag{6.14}$$

式中，Δt 为采样间隔；m、p、q 均可通过已知的常数 k、α、T 计算得到。

特征阻抗是关于频率的函数，其表达式无法直接获得，因此将其拟合为如下有理式形式：

$$Z_{\mathrm{c}}(\omega)=k_0+\frac{k_1}{s+p_1}+\frac{k_2}{s+p_2}+\cdots+\frac{k_n}{s+p_n} \tag{6.15}$$

式中，常数项 k_0 为当 s 趋于无穷时 $Z_{\mathrm{c}}(s)$ 的极限值；k_i 为第 $i\,(i=1, 2,\cdots, n)$ 项的留数；p_i 为第 i 项的极点；$s=\mathrm{j}\omega$，为复数变量。

综上，利用本端所测电压、电流数据即可求得本端电压反行波：

$$E_{\mathrm{m}}(t)=u_{\mathrm{m}}(t)-\{m\cdot[u_{\mathrm{m}}(t-\Delta t)-E_{\mathrm{m}}(t-\Delta t)]+p\cdot i_{\mathrm{m}}(t)+q\cdot i_{\mathrm{m}}(t-\Delta t)\} \tag{6.16}$$

式中，u_{m}、i_{m} 分别为本端所测电压、电流数据。

通过仿真，可得到大量多场景下的单端电压、电流量，基于上述方法进行本端电压反行波计算，得到大数据样本集，其中不同故障条件下的反行波在区内、外的波形特征(主要指波形的形状即畸变程度而非幅值)具有显著差异，该差异难以通过具体的数学公式进行准确表达。为避免复杂的定值整定计算，同时针对高阻故障仍有较好的适应性，本节据此差异借助深度学习模型进行波形特征的深入挖掘与刻画，从而实现故障区内、外以及区内具体故障类型的判别。

6.2.4 保护整体设计

基于区内、外故障下反行波波形的特征差异，借助深度学习模型进行充分的特征挖掘与刻画，进而实现保护判别的目标，本节所提保护原理主要由以下两部分组成。

1) 样本集的训练与测试

首先，通过 PSCAD/EMTDC 平台进行多种故障场景(不同故障位置及类型、多种过渡电阻)下的仿真，并采集保护启动后 2ms 时间窗的大量本端电压、电流暂态数据；然后通过基于依频模型的本端电压反行波计算得到待学习的特征样本集；最后将上述样本集输入深度学习模型，先经无监督 SAE 进行特征的深入挖掘再通过有监督分类器 NN 带标签加以训练，得到训练成熟的深度学习模型并将之保存。

需要说明的是，将所输入的样本按 4∶1 分为样本的训练集与测试集，并通过观察训练与测试过程中逐次迭代的损失值与准确率曲线以确定深度学习模型是否已训练成熟，此外，再通过 200 组样本集以外故障场景下的波形逐一进行测试验证。

所提保护原理所采用的启动判据为线模电压变化率，该判据如式(6.17)所示，当满足此判据时，保护将启动。

$$\Delta U_1 / \Delta t > (\Delta U / \Delta t)_{\text{set}} \tag{6.17}$$

式中，$\Delta U_1 / \Delta t$ 为保护测量处测得的线模电压变化率；$(\Delta U / \Delta t)_{\text{set}}$ 为线模电压变化率的整定值(按躲过正常运行时的最大变化率计)。

2) 模拟实际中某故障场景下的保护判别

实际情况中，系统输电线路的某位置发生某种故障，当保护测量处检测到的电压变化率满足启动判据时，将截取 2ms 时间窗的本端电压、电流数据并进行反行波计算，输入训练成熟的深度学习模型进行自适应的判断，选出其所预测的概率最高的类别并输出，即得到 0、1、2、3 四种之一的判别结果，分别对应区内正极故障、区内负极故障、区内极间故障、区外故障，使得相应的保护随之动作。

本节研究所提保护原理的整体流程如图 6.15 所示。

6.2.5　仿真验证与分析

1. 波形采集与预处理

本节研究基于图 6.4 的四端伪双极柔直输电系统拓扑，在不同的故障场景下进行了大量仿真，采样频率设定为 50kHz，故障时刻设定于 0.8s，截取保护启动后 2ms 内 Line12 本端电压、电流暂态波形数据，并经极模变换后再基于依频模型计算其本端电压的反行波，将上述预处理后的大量波形作为样本集，输入 6.1 节所提深度学习模型，进行波形形态特征的学习、训练。每组样本数据含该故障场景下保护启动后 2ms 内本端电压反行波的线模量、零模量，共 200 个特征；通过修改故障的位置(改变故障线路、改变故障距离)、故障的类型(区内外正极、负极、极间故障)、过渡电阻(0.01～200Ω)等参数以设置不同故障情景，样本数据总计 4000 余组，由深度学习模型将样本集按 4∶1 随机划分为训练集与测试集。

样本集的具体构成如表 6.2 所示。

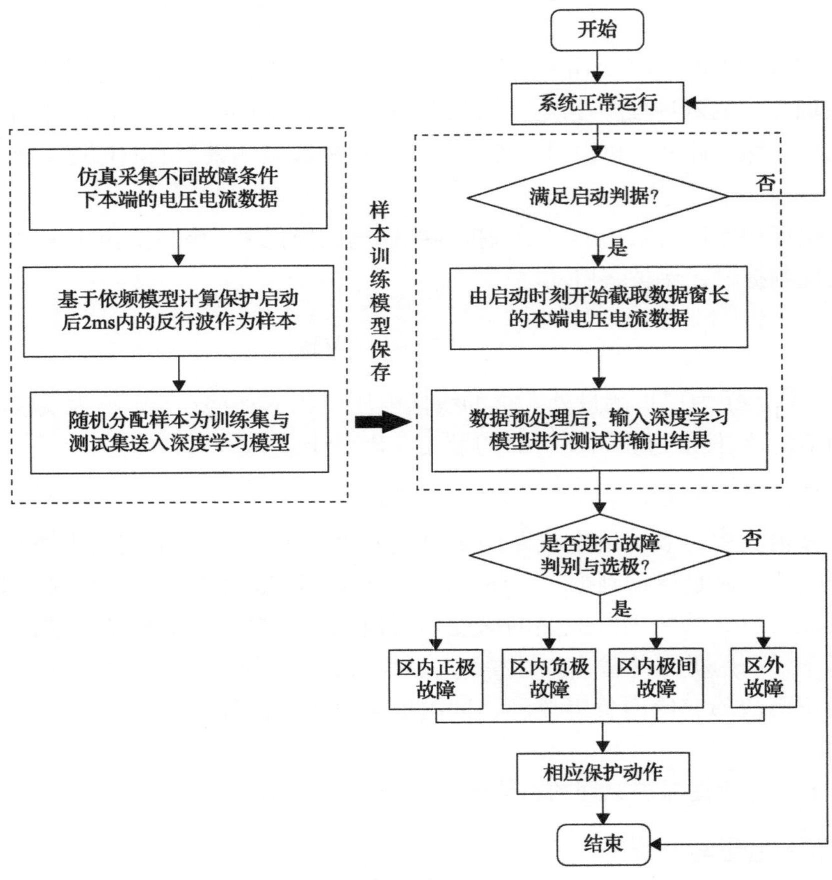

图 6.15　单端量保护原理整体流程

表 6.2　样本集的具体构成

故障线路	过渡电阻/Ω	故障距离间隔	故障类型	样本数量
区内 Line12 (207km)	0.01Ω 10/20/30/…/200	0.01Ω：1km； 10～100Ω：10km； 110～200Ω：5km； 90～200Ω：204km 处	正极	814
			负极	814
			极间	814
区外 Line13 (50km)	0.01Ω 10/20/30/…/200	0.01Ω：5km； 10～200Ω：5km	正极	189
			负极	189
			极间	189
区外 Line24 (192km)	0.01Ω 10/50/100/150/200	0.01Ω：10km； 10～200Ω：10km	正极	198
			负极	198
			极间	198

续表

故障线路	过渡电阻/Ω	故障距离间隔	故障类型	样本数量
区外 Line34 (217km)	0.01Ω 10/50/100/150/200	0.01Ω：10km； 10～200Ω：10km	正极	231
			负极	231
			极间	231

2. 深度学习模型超参数设置

基于深度学习的发展现状和实际经验，结合本章研究待提取的特征数量以及目标任务等具体情况，本章构建了针对电压反行波形态特征挖掘的深度学习模型，超参数设置以深度学习的 3 个基本要素按类依次列出，如表 6.3 所示。注：输出的 4 种故障类型编号即区内正极故障、区内负极故障、区内极间故障和区外故障，分别对应 0、1、2、3。

表 6.3　深度学习模型超参数设置

类别	名称	参数设置
基本架构	训练集样本数与测试集样本数之比	4∶1
	SAE 输入/输出量	200/200
	SAE 隐藏层数	5
	SAE 各隐藏层神经元数	64、16、4、16、64
	分类器 NN 输入/输出量	200/4
	分类器 NN 隐藏层数	2
	分类器 NN 各隐藏层神经元数	64、16
	SAE/NN 的初始学习率	0.0005/0.0005
	SAE/NN 的最大迭代次数	300/1000
	激活函数	ReLU
学习准则	损失函数	均方差误差(SAE)；交叉熵+Softmax(分类器 NN)
算法	优化函数	Adam

3. 训练及测试结果

1) 样本集训练与测试

图 6.16 为样本集的训练及测试过程，左侧为故障分类的准确率变化曲线，右侧为损失值变化曲线。由图可知，占样本总数 4/5 的训练集准确率终达 100%，即模型训练成熟；占样本总数 1/5 的测试集故障判别与选极的预测准确率为 100%，即随机分配的测试集全部分类正确。上述结论表明，本节所提保护原理经大量样

本的充分训练后，在所检验的不同类型与位置、不同过渡电阻的故障场景下均可输出正确的类别结果，从而验证了所提保护原理的有效性，且其具有较高的耐受过渡电阻能力，灵敏性佳。

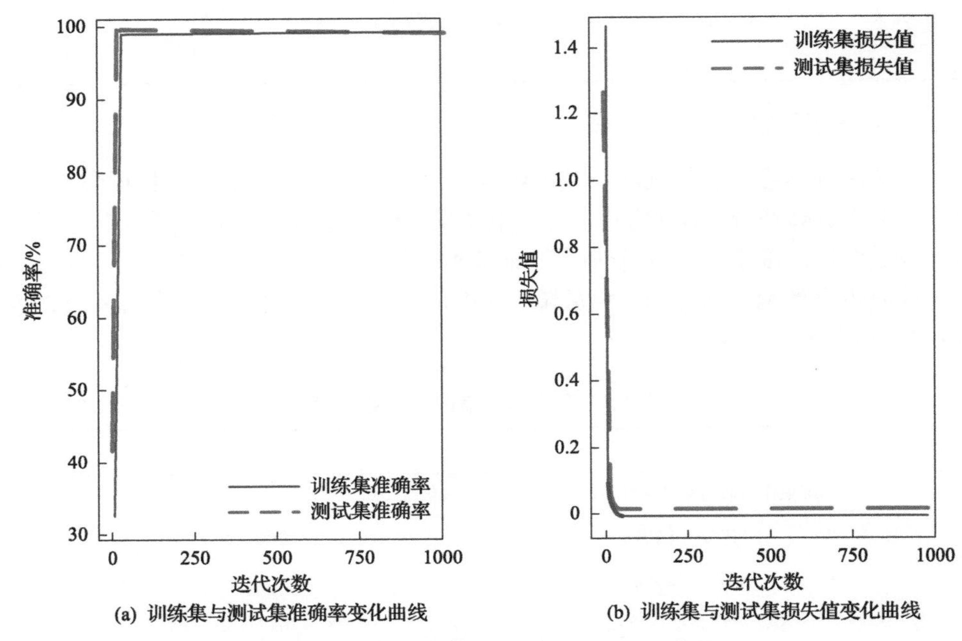

图 6.16　样本集准确率与损失值的变化曲线

2) 多组单一新测试

本节共进行了 200 组模拟实际故障判别场景的单一新测试，并考虑高阻故障的影响，在不同故障地点设置区内正极故障、区内负极故障、区内极间故障以及区外故障各 50 组，具体的设置情况及判别结果如表 6.4 所示。每种类别的故障测试组数与正确组数总结对比如表 6.5 所示。

表 6.4　多组单一新测试的具体构成

故障类别	故障位置/km	过渡电阻/Ω
区内正极	22/42/62/…/202	25/75/105/125/175
区内负极	23/43/63/…/203	25/75/105/125/175
区内极间	24/44/64/…/204	25/75/105/125/175
区外	Line13-3/13/14/24/33/42/44	52/152
	Line24-4/36/57/73/107/188	20/50/120
	Line34-7/52/74/173/191/214	5/50/150

表6.5 多组单一新测试的结果

故障类别	实际类别(0/1/2/3)	输出结果(0/1/2/3)	测试组数	正确组数	保护是否动作
区内正极	0	0	50	50	是
区内负极	1	1	50	50	是
区内极间	2	2	50	50	是
区外(Line13)	3	3	14	14	否
区外(Line24)	3	3	18	18	否
区外(Line34)	3	3	18	18	否

综上，本节所提保护原理对所验证的不同位置与类型的多阻值(小于200Ω)故障均可实现准确的区内外故障判别、区内故障选极，即在所验证的范围内，区内正极故障、区内负极故障、区内极间故障、区外故障下均能分别对应输出0、1、2、3的正确类别结果。

4. 影响因素分析

1)噪声

噪声的主要成因为电磁波所引起的内部扰动，在分析保护原理的性能时，通常以高斯(Gauss)白噪声对此加以考虑，并使用信噪比进行表达。为验证本节所提保护原理抗噪声干扰的能力，针对上所述200组单一新测试的波形数据，添加信噪比为30dB的Gauss白噪声，再将其输入模型进行测试，此时区内、外各故障场景下的类别预测结果仍然均正确，从而验证了本节所提保护原理耐受噪声的性能可以满足实际的工程要求。

2)交流侧故障

交流侧故障应属于区外故障，即故障类别为“3”。本节将故障电阻设定为0.01Ω，故障区域则位于不同换流站($MMC_{1/2/3/4}$)的交流系统处，通过对不同类型(正极/负极/极间)的交流故障进行仿真，以检测本节所提保护原理的可靠性。所得结果表明，当发生所设定的各种交流侧故障时，深度学习模型均能将其正确对应至区外故障，即所输出的预测结果均为类别“3”，故在交流侧故障时本节所提保护不误动。

3)采样频率

前述研究均将采样频率设定为50kHz，为验证在更低采样频率的条件下是否仍能以电压反行波波形的形态特征作为保护判据，所提保护原理的预测结果是否仍准确可靠，本节对深度学习模型的超参数进行了修改，并对25kHz采样频率的情况进行了测试。将SAE输入、输出层的神经元数改为100，分类器NN的输入层神经元数改为 100，此时将新样本数据集输入深度学习模型进行训练，最终所得的训练集与测试集准确率未改变，仍为 100%，即采样频率减半时仅需修改超参数，并输入新样本进行训练，仍可实现准确、可靠的保护判别与选极。

6.3 基于迁移学习考虑多因素影响的改进柔性直流单端量保护

针对深度学习模型在泛化性方面的局限性，本节提出一种基于迁移学习的改进柔性直流单端量保护原理。在反行波波形特征各异的线路退出运行、线路参数改变、变换被保护线路场景下，通过迁移优化模型的学习历程并增强模型的兼容能力，验证表明与仅通过原有深度学习模型直接训练少量新样本相比，改进保护原理可实现更准确、可靠的保护判别与选极。

6.3.1 多因素影响分析

1. 某线路退出运行

在实际柔性直流输电网的运行中，若某条输电线路发生故障需进行切除，则此时电网拓扑结构即发生改变，故障行波的传输路径有所变化，被保护线路所采集到的波形经计算后的电压反行波波形较之原来亦有不同。考虑到此因素的影响，为确保保护原理的可靠性，需增强模型的鲁棒性，故本节研究采集若干区外线路 Line13、Line24、Line34 分别退出运行时(即设定 3 种三端伪双极柔性直流电网)被保护线路 Line12 在区内外不同故障情况下的单端电气量，并进行相同的数据预处理，以此作为迁移学习的微调样本①。

2. 改变线路参数

前述保护原理在仿真验证时，所依托的四端伪双极柔性直流电网的四条输电线路 Line12、Line13、Line24、Line34 长度分别为 207km、50km、192km、217km，若将各条输电线路的长度大幅改变，则使得被保护线路所检测到的波形衰变形状亦随之变化，考虑此情况，为增强保护原理的泛化性，本节采集若干线路长度大幅改变情景下不同距离、类型的保护启动后 2ms 内单端电气量的波形数据，经同样的预处理后作为迁移学习的微调样本②，以待后续验证。

3. 变换被保护线路

基于前述以线路 Line12 作为被保护线路所训练的深度学习模型，采集少量视线路 Line24 为被保护线路(即此时 Line24 为区内，其余 3 条线路为区外)时该线路首端所测得的不同区内、外故障距离与类型下的波形数据，经预处理后作为迁移学习的微调样本③，基于此数据对训练好的原有模型配以参数调整，从而使得保护原理的普适性进一步提升。

4. 多场景下的波形对比分析

在前述多因素影响下，电压反行波的传输距离或路径随之发生变化，传输距离越长，行波的低频分量越多、高频分量越少；传输路径改变，行波传输的方向与距离均改变，使得波形的畸变规律较原拓扑有所不同。下面分析在前述三种因素的影响下，原拓扑与新场景下被保护线路本端电压反行波分模波形的对比。

1) 某条线路退出运行

以区内 100km 处发生正极金属性故障为例，当线路 Line13 退出运行时，四端健全拓扑与三端拓扑的被保护线路本端电压反行波波形对比如图 6.17 所示。

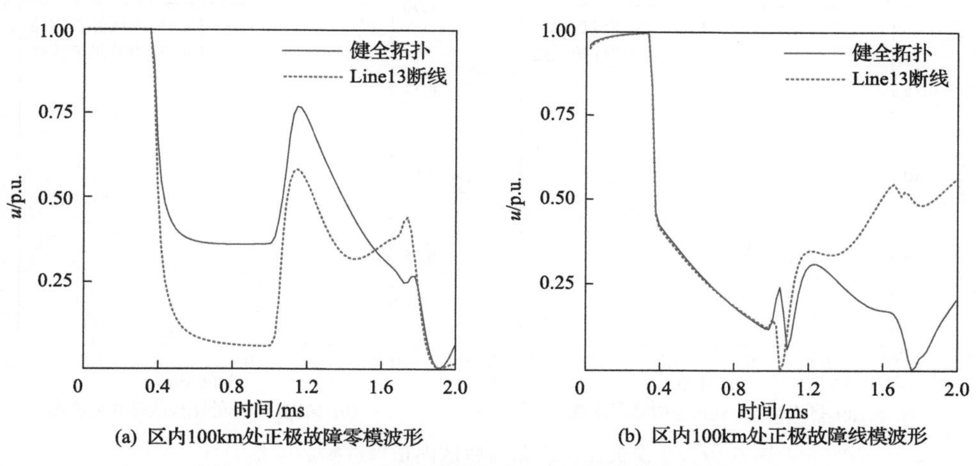

图 6.17　Line13 退出运行前后区内正极故障的波形对比

2) 改变线路参数

以区内 100km 处发生正极金属性故障为例，当线路长度大幅改变时，原拓扑与新拓扑的被保护线路本端电压反行波零模波形对比如图 6.18(a) 所示。线路长度改变后，同样为被保护线路的中点附近(原拓扑为 100km 处，新拓扑为 75km 处) 的反行波零模波形对比如图 6.18(b) 所示。

3) 变换被保护线路

现将被保护线路由 Line12 变换为 Line24，基于其本端电压反行波数据进行保护判别，以区内 180km 处发生正极金属性故障为例，变换被保护线路前后的电压反行波分模波形对比如图 6.19 所示。

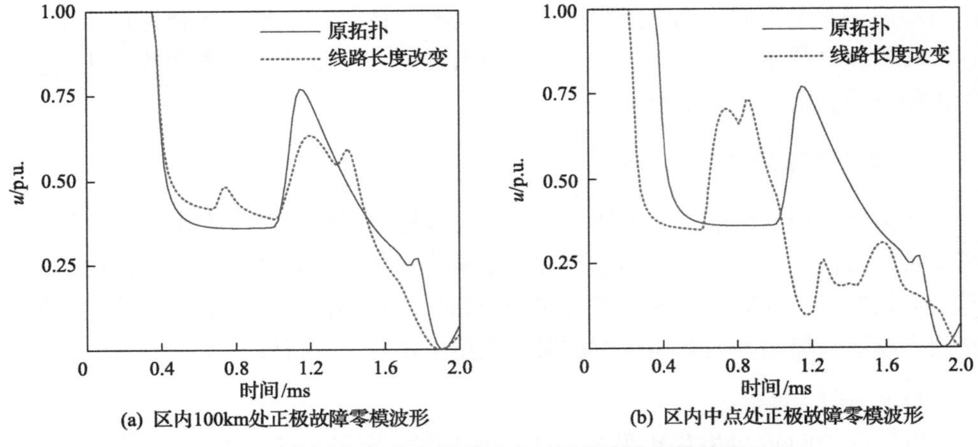

(a) 区内100km处正极故障零模波形　　(b) 区内中点处正极故障零模波形

图 6.18　线路长度改变前后区内正极故障的零模波形对比

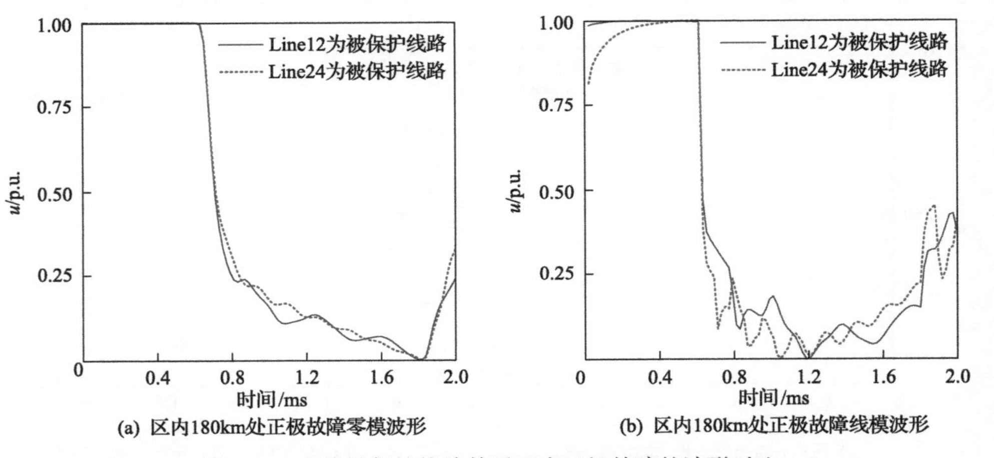

(a) 区内180km处正极故障零模波形　　(b) 区内180km处正极故障线模波形

图 6.19　变换被保护线路前后区内正极故障的波形对比

综上，当某条线路退出运行、改变线路参数、变换被保护线路时，行波的传输过程发生改变，被保护线路本端所得电压反行波的波形形态特征随之发生变化(畸变的趋势、拐点形态、高低频分量的多少等)，在某些极端场景下，仅通过原有的深度学习模型无法准确、可靠地判别出正确的故障类型，故引入迁移学习，基于原有训练成熟的深度学习模型，加以本节仿真所得的少量新样本进行参数微调，与直接训练少量新样本相比，训练难度降低(收敛速度更快)且准确率更高，详见 6.3.3 节的仿真验证与分析。

6.3.2　改进保护设计

6.2 节研究已建立起可实现保护判别与选极的深度学习网络模型，其实质为在训练时不断调整模型中神经元间的权重，以此建立电压反行波波形与故障区域和故障类型间的映射关系。目前的不足之处主要在于 6.2 节所述多种场景下的故障波形特征各异，仅通过原有模型并不能实现高可靠性的故障判别，鲁棒性需进一步提升，且为增强模型的泛化性和通用性，本节将基于深度学习模型的迁移提出一种改进的保护原理。所提改进保护原理与从零开始通过新样本集不进行迁移的学习相比，以更少的样本微调即可获得更好的学习效果，收敛速度更快且准确率更高，能够更可靠地完成保护判别的目标。

本节研究中，源域与目标域的目标任务均为柔直输电线路的故障区域及类型判别，即具备很高的相似性，区别在于前者已基于大量仿真样本通过深度学习模型加以训练，可在 200Ω 过渡电阻及 30dB 噪声等场景下完成故障判别目标；后者则期望在考虑更多影响因素(波形形态特征更复杂、更多样)下，增强鲁棒性、泛化性以及未来工程中实践性的同时，能够降低成本、训练难度，以实现更优的保护性能，即基于少量的新样本，仍能可靠地实现目标任务。综上，引入“基于原有深度学习模型的迁移学习”以对前述保护原理进行改进提升。

改进保护原理主要由基于原有模型的迁移与基于新样本的微调两步组成。

1) 基于原有模型的迁移

经 6.2 节研究，得到训练成熟的源域深度学习模型，基于仿真及计算所得的大量波形样本进行特征挖掘与学习，可作为基础模型以待迁移。在建立源域的模型后，搭建一个神经网络层数、各层神经元数均与原模型架构一致的目标域的新模型，再将原模型中的参数(权重与偏置)均对应赋予新模型，以代替随机初始化的过程。

2) 基于新样本的微调

完成上述模型迁移后，通过设置迁移学习部分的学习率、损失函数及优化函数等，利用少量的新样本进行训练，在此过程中对原有参数加以微调，从而适应新的更多种场景。借鉴原有模型的知识经验，以此为基础更深入地学习挖掘各类故障的波形特征，从而进一步探寻在多因素影响下更为精准的波形曲线拟合。上述迁移过程如图 6.20 所示。

考虑多因素影响的改进柔直输电线路单端量波形特征保护原理整体流程如图 6.21 所示。

6.3.3　仿真验证与分析

1. 迁移学习超参数设置

本节研究所采用的迁移学习方法属“基于原有模型的迁移”，即在原有深度学习模型的基础上，使模型实现进一步优化，故深度学习模型的参数设置如前所述，而后所提迁移学习部分的主要参数及函数设置如表 6.6 所示。

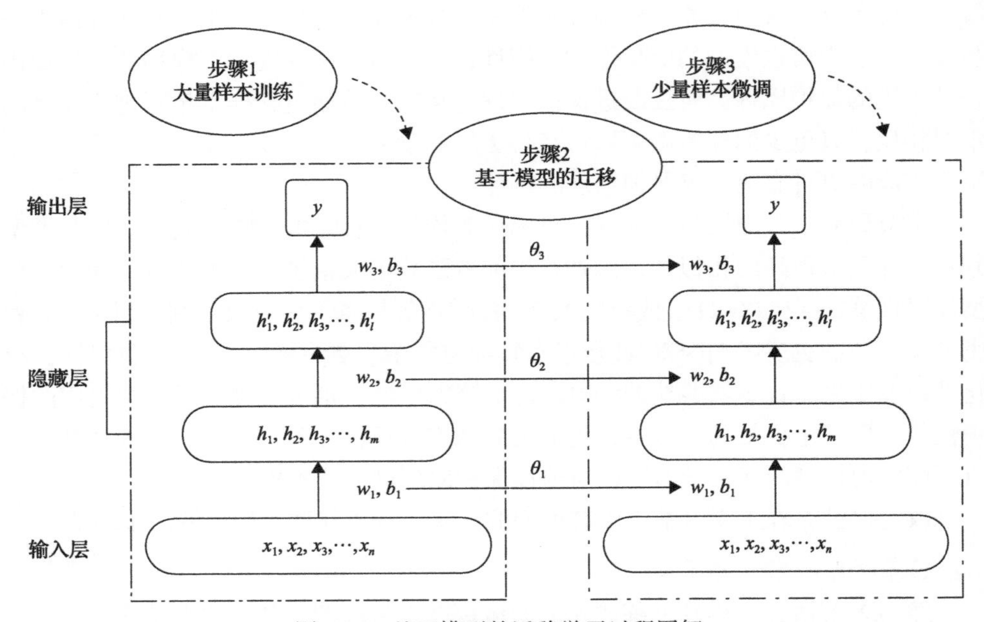

图 6.20　基于模型的迁移学习过程图解

表 6.6　迁移学习参数及函数设置

类别	名称	参数设置
超参数	初始学习率	0.0005
	最大迭代次数	300
学习准则	损失函数	交叉熵
算法	优化函数	Adam

2. 训练及测试结果

1) 少量新样本集的具体构成

本节仿真验证仍基于图 6.4 所示四端伪双极柔性直流电网拓扑，针对某条线路退出运行、改变线路参数、变换被保护线路等，进行不同距离、不同类型、不同过渡电阻故障场景下的仿真，并经过相同的预处理与反行波计算，最终得到 300 余组单端电压反行波数据，作为少量的新样本集。三种场景下样本数据集的具体构成分别列于表 6.7～表 6.9。

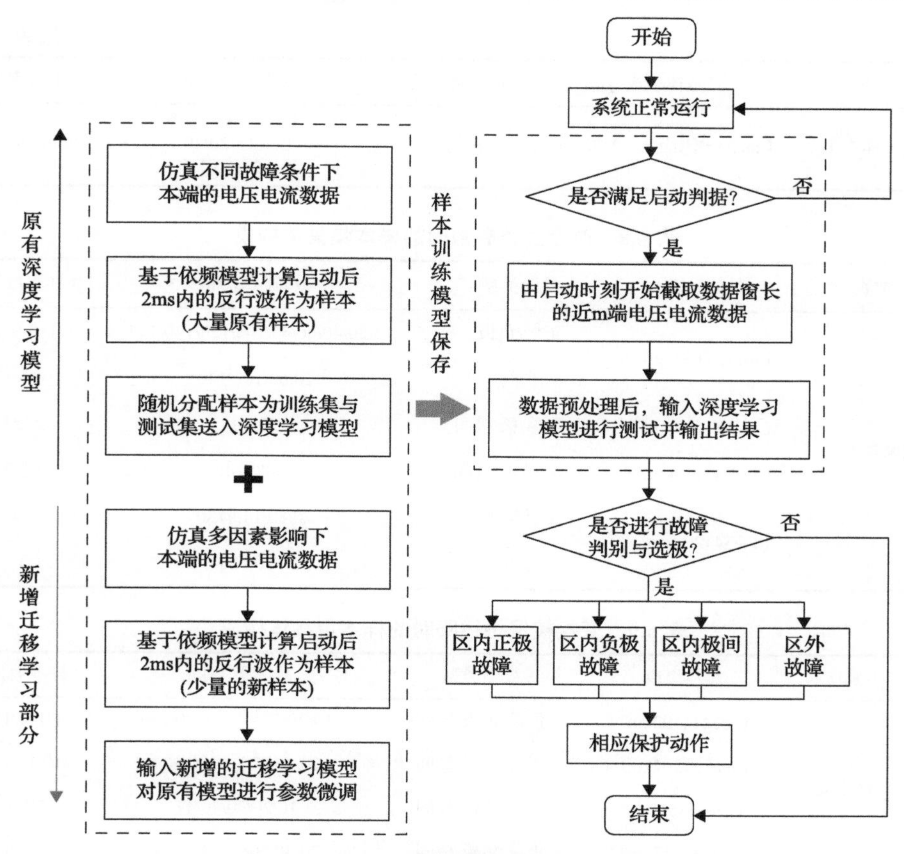

图 6.21　改进单端量保护原理的整体流程

表 6.7　某条线路退出运行时的样本集具体构成

类别	具体组成	故障类型	故障距离/km	样本数量
微调样本①	Line13 退出运行(50km)	正极/负极	Line12-10/20/30/···/190/204 Line24-20/40/60/···/180 Line34-20/40/60/···/200	39/39
		极间	Line12-50/150 Line24-50/150 Line34-50/150	6
	Line24 退出运行(192km)	正极/负极	Line12-10/20/30/···/190/204 Line13-10/20/40/47 Line34-20/60/100/140/180/214	30/30
		极间	Line12-50/150 Line13-20/40 Line34-50/150	6
	Line34 退出运行(217km)	正极/负极	Line12-10/20/30/···/190/204 Line13-10/20/40/47 Line24-20/60/100/140/180/189	30/30

续表

类别	具体组成	故障类型	故障距离/km	样本数量
微调样本①	Line34 退出运行(217km)	极间	Line12-50/150 Line13-20/40 Line24-50/150	6

表 6.8　改变线路参数时的样本集具体构成

类别	具体组成	故障类型	故障距离/km	样本数量
微调样本②	Line12(150km)	正极/负极	3/20/40/60/80/100/120/140/147	9/9
		极间	20/60/100/140	4
	Line13(100km)	正极/负极/极间	20/80	2/2/2
	Line24(150km)	正极/负极/极间	20/80/140	3/3/3
	Line34(200km)	正极/负极	20/80/140/180	4/4
		极间	20/100/180	3

表 6.9　变换被保护线路时的样本集具体构成

类别	具体组成	故障类型	故障距离/km	样本数量
微调样本③	Line24(192km)	正极/负极/极间	10/20/40/60/…/180/189	11/11/11
	Line12(207km)	正极/负极/极间	20/40/60/…/180/204	10/10/10
	Line13(50km)	正极/负极/极间	10/20/30/40/47	5/5/5
	Line34(217km)	正极/负极/极间	20/40/60/…/180/214	10/10/10

2)迁移学习(新增)与深度学习(原有)的训练测试结果对比

将所得少量反行波新样本按 4∶1 随机分配为训练集与测试集。如图 6.22(a)所示，不进行迁移学习而仅通过原有深度学习模型直接训练少量新样本，得到训练与测试过程的准确率曲线；如图 6.22(b)所示，基于原有深度学习模型，引入迁移学习，借助少量新样本微调，得到如下训练与测试过程的准确率曲线。

由图 6.22(a)与图 6.22(b)可知，在逐次迭代的过程中，仅通过原有深度学习模型直接进行训练，因样本基数较小而波形特征多样、复杂，直至最终第 300 次迭代时，训练的准确率仍未达 100%，为 99.32%；而基于原有模型的迁移学习则在迭代至 20 余次时即收敛，训练与测试的准确率均达 100%，且在此之后的准确率稳定于 100%，曲线十分光滑。由此，与基于深度学习直接训练少量样本相比，基于迁移学习通过少量样本的微调的收敛速度显著提升且保护判别的效果更好、更可靠(准确率稳定于 100%)。所提改进保护原理与第 5 章所述保护原理相比，在可靠性、鲁棒性、泛化性方面进行了优化。注：因无法穷尽所有影响因素及其对应的故障场景，若考虑更多的工况并采集更多的新样本，则在理论上将进一步提升模型的上述三性。

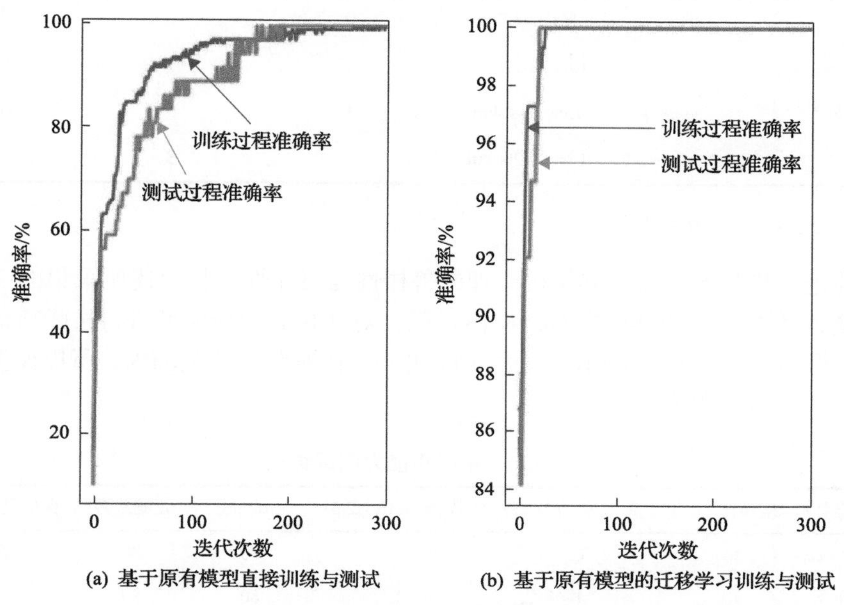

图 6.22　传统深度学习与迁移学习的准确率曲线对比

3) 样本集外的测试

为进一步验证本章所提改进保护原理的泛化性，除上述少量新样本的训练与测试外，针对迁移后所得新模型，另增若干组样本集外故障场景下的测试，如表 6.10 所示。由表 6.10 可知，在所验证的范围内，所提改进保护原理可实现准确无误的保护判别与选极。

表 6.10　样本集外新测试结果

故障场景	故障类型	故障位置	实际类别 (0/1/2/3)	判别结果 (0/1/2/3)	保护是否动作
Line13 退出运行	正极	区内 65km	0	0	是
Line24 退出运行	负极	区内 125km	1	1	是
Line34 退出运行	极间	区内 185km	2	2	是
线路长度改变	正极	区内 135km	0	0	是
	正极	Line13-50km	3	3	否
	负极	Line24-100km	3	3	否
	极间	Line34-150km	3	3	否

续表

故障场景	故障类型	故障位置	实际类别(0/1/2/3)	判别结果(0/1/2/3)	保护是否动作
变换被保护线路(Line24为区内)	正极	区内185km	0	0	是
	正极	Line12-190km	3	3	否
	负极	Line13-45km	3	3	否
	极间	Line34-200km	3	3	否

3. 抗噪声能力分析

为进一步验证所提改进保护原理的鲁棒性与可靠性，将前述所采集的300余组少量新样本加入30dB的Gauss白噪声，对迁移后的新模型进行抗噪声能力测试，所得结果如表6.11所示。由表6.11可知，在所验证的范围内，所提保护原理可耐受30dB的噪声。

表6.11 抗噪声能力测试结果

故障类别	信噪比/dB	实际类别(0/1/2/3)	判别结果(0/1/2/3)	测试组数	正确组数	保护是否动作
区内正极	30	0	0	80	80	是
区内负极	30	1	1	80	80	是
区内极间	30	2	2	21	21	是
区外	30	3	3	191	191	否

6.4 基于深度学习的混合直流双端量差动电流保护

针对现有差动电流保护耐受长线路分布电容能力不足的问题，本节提出一种基于深度学习的混合直流双端量保护原理。在线路两端为弱边界的输电场景下，单端量保护难以保护线路全长，通过分析揭示区内、外故障时差动电流的特征差异，并考虑线路分布电容的时频特性差异，利用SAE自适应的特征学习能力，刻画差动电流波形特征与故障位置的对应关系以实现准确可靠的保护判别，所提保护原理有效协调了速动性和选择性，仿真验证表明其兼具高灵敏性(300Ω过渡电阻)与高可靠性(噪声、同步误差、雷击干扰)。

6.4.1 三端双极混合直流电网拓扑

本节研究基于图6.23所示的三端双极混合直流电网拓扑，送端LCC换流站采用2个12脉动换流器串联的连接方式，并采用定功率控制策略；受端MMC的子模块采用全桥与半桥4∶1的结构，其中，MMC_1采用定电压控制策略，MMC_2

采用定功率控制策略。

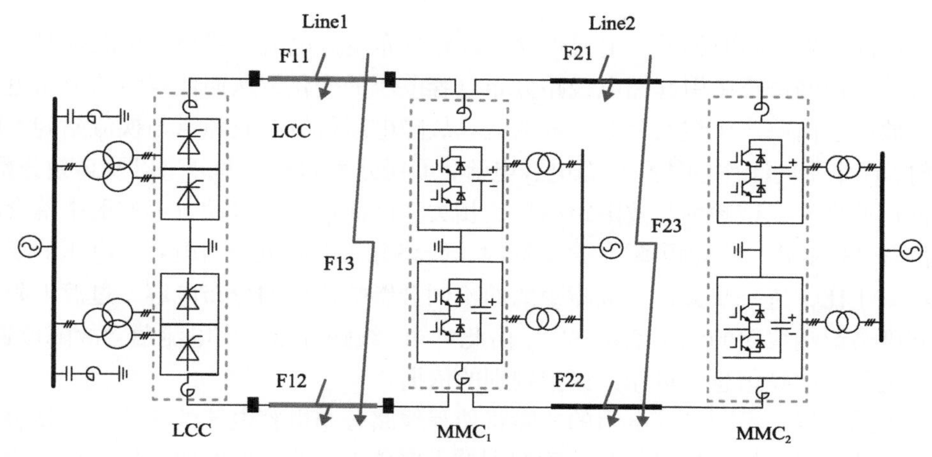

图 6.23　三端双极混合直流电网拓扑

如 6.23 图所示，送端换流器为 LCC；受端换流器分别为 MMC_1、MMC_2；将线路 Line1 设定为被保护线路(保护装置安设于线路 Line1 的两端)；F11、F12、F13 分别表示区内正、负、双极故障；F21、F22、F23 分别表示区外正、负、双极故障(线路仍均采用依频模型)。

系统的各参数均采用某实际工程的参数，主要参数如表 6.12 所示。

表 6.12　三端双极混合直流电网主要参数

换流站名称	额定直流电压/kV	额定功率/MW	线路名称	长度/km
LCC	±800	2000	Line1	920
MMC_1	±800	4000	Line2	460
MMC_2	±800	2000		

6.4.2　双端差动电流分析

本节将对蕴含故障位置、故障类型等信息的差动电流波形进行分析，论证在区内、外不同的故障下基于该波形的特征差异实现保护判别的可行性，为将波形数据样本送入深度学习模型进行差动电流特征挖掘并最终实现分类目标做理论铺垫。针对如图 6.23 所示的三端双极混合直流电网拓扑，在发生区内故障时，差动电流由线路分布电容电流以及换流站馈入电流两部分组成[11]；而区外故障时，差动电流则可视为仅含线路分布电容电流(此时换流站馈入电流表现为穿越性)。下面将分别对上述成分进行分析并总结区内、外故障下的差动电流差异。

1. 线路分布电容电流

区内、外故障时的差动电流均含有线路分布电容电流。线路发生故障时，电压行波在传输过程中引起输电线路分布电容电压的变化，从而使得线路分布电容充、放电，由此产生线路分布电容电流。故障电压行波在故障点与换流站间不断反射，产生不同频率的线路分布电容电流，可划分为固有频率分量以及高频分量，根据行波理论，该频率与故障距离呈负相关，由此可知，差动电流波形中蕴含故障位置(区内/外、不同距离)信息。同时，线路分布电容电流与电容、电压的变化率均成正比，进一步分析，故障距离的不同会影响线路的分布电容，过渡电阻的不同则会影响线路的电压变化率[11]，由此可知，线路分布电容电流蕴含故障位置、过渡电阻等故障信息，可作为保护判别的依据。

不同位置、不同过渡电阻的故障将使得线路分布电容电流的成分产生显著的差异，此时频特性差异可作为故障判别的重要依据。当输电线路分别发生区内、外故障时，线路分布电容的等效电路如图 6.24 所示，可见线路分布电容的放电过程。其中，C_m、C_n 分别为送端换流站、受端换流站的等效电容；C_p 为输电线路的分布电容。对比图 6.24(a)与(b)可知(设系统的输电线路总条数为 n)，区内故障时的线路分布电容电流为被保护输电线路外的其余输电线路(n–1 条)分布电容充放电电流之和；区外故障时的线路分布电容电流则仅为被保护输电线路(1 条)分布电容的充放电电流。两者的具体构成成分显然不同。

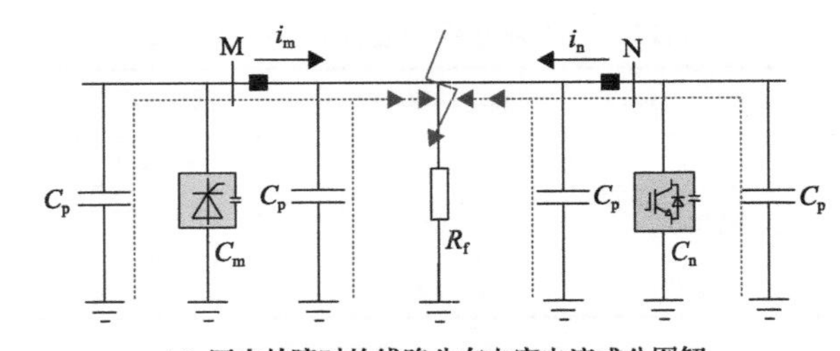

(a) 区内故障时的线路分布电容电流成分图解

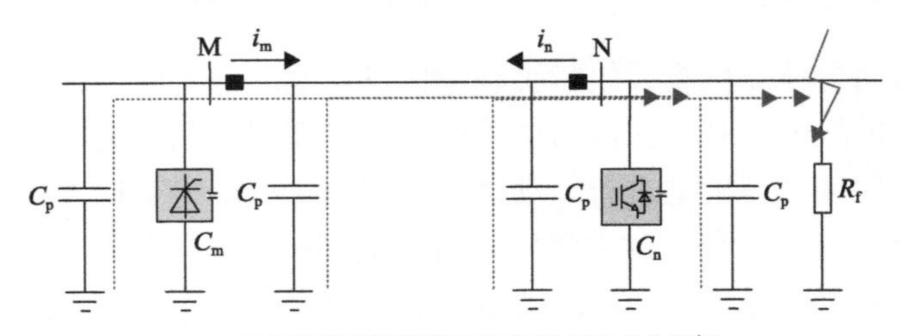

(b) 区外故障时的线路分布电容电流成分图解

图 6.24　区内、外故障下线路分布电容电流具体成分的对比

2. 换流站馈入电流

由于本节的研究对象为混合直流输电系统，故换流站有 LCC 及 MMC 两种类型，现依次对其进行分析(为使保护原理满足速动性要求，仅考虑换流站馈入的暂态阶段)。

1) LCC 换流站馈入电流

当直流输电线路发生故障时，LCC 换流站暂态阶段的等效电路如图 6.25 所示。由图可知，此阶段的 LCC 可等效为一个电压源向故障点馈流；等效电感 L_{eq} 由换流站的等效电感及线路电感两部分组成；等效电阻 R_{eq} 由换流站等效电阻、线路电阻以及故障时的过渡电阻三部分组成。因此，送端 LCC 在故障时的电流计算公式为

$$i = \frac{U_{dc}}{R_{eq}} + \left(I_0 - \frac{U_{dc}}{R_{eq}}\right) \cdot e^{-\frac{R_{eq}}{L_{eq}} \cdot t} \tag{6.18}$$

式中，U_{dc} 为 LCC 换流器等效电压源；R_{eq} 为等效电阻；L_{eq} 为等效电感；I_0 为稳态电流。

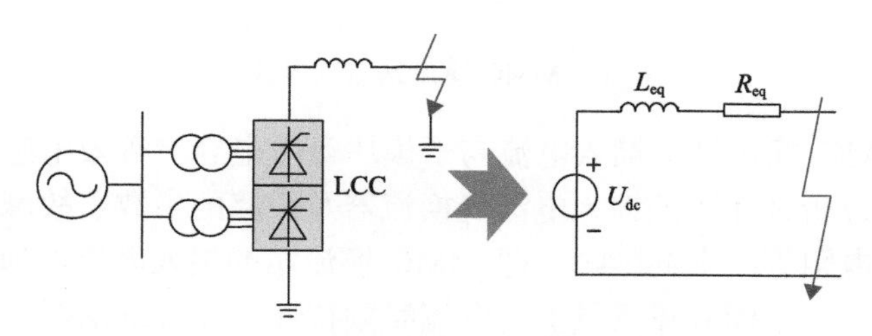

图 6.25　LCC 换流站馈入电流图解

综上，LCC 换流站所馈入的电流与等效电压源、等效电阻、等效电感等有关，且因所分析的阶段为换流站馈入的暂态阶段，此时 LCC 换流站还未启动控制策略，故等效电压源可视为恒定值。由此，LCC 换流站的馈入电流则主要受等效阻抗的影响，进一步分析则在于故障的位置(距离)、故障时的过渡电阻不同，从而使得 LCC 换流站馈入电流在区内、外不同故障场景下的波形形态特征各异，可作为待挖掘的时频特性。

2) MMC 换流站馈入电流

当直流输电线路发生故障时，MMC 换流站的等效电路可近似为二阶 RLC 回路，如图 6.26 所示。其中，C_{eq} 为 MMC 子模块的等效电容；L_{eq} 为等效电感，由桥臂等效电感、限流电抗器电感以及线路电感三部分组成；R_{eq} 为等效电阻，与

LCC 同理，由换流站等效电阻、线路电阻以及故障时的过渡电阻三部分组成。由此，受端 MMC 在故障时的电流计算公式为

$$i = \mathrm{e}^{-\delta t}\left[\frac{U_{\mathrm{dc}}}{\omega L_{\mathrm{eq}}}\sin(\omega t) - \frac{I_0\omega_0}{\omega}\sin(\omega t - \beta)\right] \tag{6.19}$$

式中，δ 为放电电流衰减时间常数。

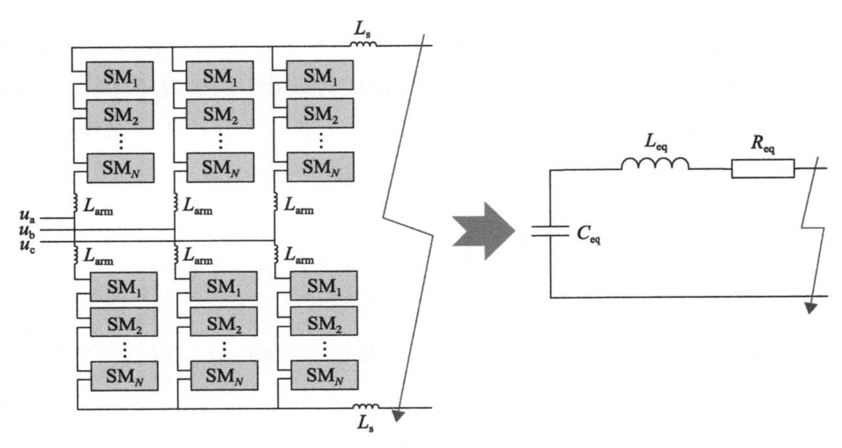

图 6.26　MMC 换流站馈入电流图解

综上，MMC 换流站的馈入电流与子模块等效电容、等效电感、等效电阻等有关，进一步分析则在于该馈入电流受换流器及线路的参数、故障位置(距离)、故障时的过渡电阻等因素的影响，即 MMC 换流站的馈入电流同理包含丰富的故障信息，区内、外不同故障场景下的电流时频特性差异有待挖掘。

3) 区内、外故障时差动电流波形差异分析

图 6.27、图 6.28 所示分别为区内、外不同故障距离下正极与双极故障时的差动电流波形对比图(仍通过归一化聚焦波形的形态特征，以确保保护原理的高灵敏性)。对比图 6.27(a)、图 6.28(a)与图 6.27(b)、图 6.28(b)，可知不同区域(区内、外)故障下的差动电流波形形状特征显然不同，主要体现于波形的整体走势(上升或下降)、波形拐点的位置与形态等。对比每张图内的三条曲线，方知相同类型、不同距离故障下的差动电流波形随着故障距离的增大，波形的相位后移，但形态畸变规律相似。上述波形差异皆印证了差动电流蕴含故障位置(区域、距离)信息，可以此作为保护区内、外判别的重要依据。(图 6.27(a)区内故障图中 t=0 为故障时刻；因行波在远距输电线路上传输需要一定的时间，为便于对比波形形态，故图 6.27(b)区外故障图中 t=0 为故障后 3ms)

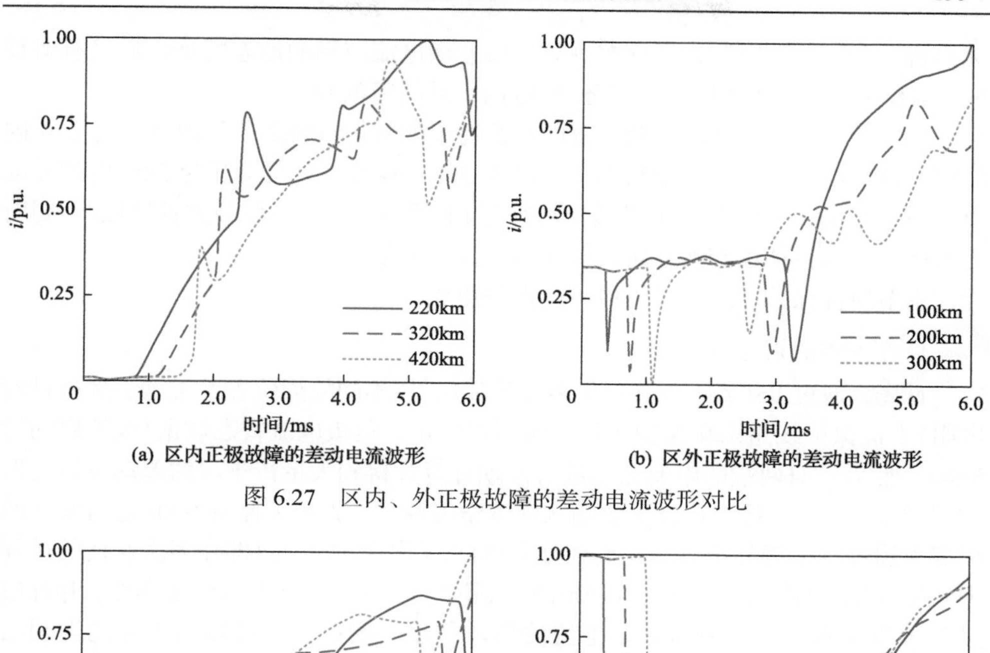

(a) 区内正极故障的差动电流波形　　(b) 区外正极故障的差动电流波形

图 6.27　区内、外正极故障的差动电流波形对比

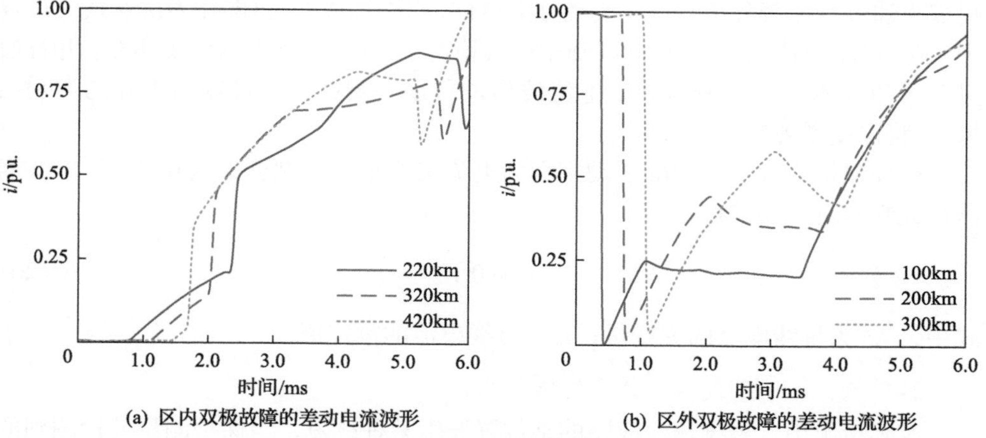

(a) 区内双极故障的差动电流波形　　(b) 区外双极故障的差动电流波形

图 6.28　区内、外双极故障的差动电流波形对比

将差动电流波形数据作为样本输入深度学习模型进行故障特征的学习与挖掘前，与单端量保护原理同理，本节所提原理亦将波形经归一化处理后聚焦其形态特征，且因仅经过简单的预处理后随即使用深度学习模型进行特征的自适应学习并输出故障判别的结果，故同样无须进行复杂而困难的保护门槛值整定，具备较强的耐受高过渡电阻的能力，不需要牺牲速动性以保证保护不误动，因理论分析阶段已考虑线路分布电容的影响，故与传统的差动电流保护原理相较有所提升。

6.4.3　保护整体设计

本节仍采用无监督 SAE 与有监督分类器 NN 相结合的形式，先通过自适应的无监督 SAE 学习模型，充分挖掘故障后差动电流波形的形态特征，后经有监督 NN 与 Softmax 函数实现分类任务(即区内、外故障的判别)。

具体的模型架构及超参数设置随每组特征的数据量(6.2 节每组特征为 2ms 内的零、线模电压反行波波形数据，维度为 200；本节中每组特征为 5ms 内的差动电流波形数据，维度为 250)及波形特征(因电网拓扑、电气量种类各异)的不同而有所改变，其具体设定将在仿真验证部分逐一列出。

本节所提保护原理主要由以下两部分组成。

1)样本集的训练与测试

首先，通过 PSCAD 仿真采集多种故障场景(不同故障位置及类型、多种过渡电阻)下被保护线路两端保护测量处所测得的正、负极电流暂态数据(保护启动后 5ms)；然后，对两端的电流数据进行差动计算，得到大量待学习的差动电流波形数据样本；最后，将上述样本集输入深度学习模型，先经无监督 SAE 进行特征的提取再通过有监督分类器 NN 实现分类目标，当训练成熟时(即在多次迭代的过程中，随机分配的样本训练集的准确率曲线稳定于 100%，样本测试集亦然；并且通过若干组样本集外的故障差动电流波形进行逐一测试，均可输出正确的类别结果)，将深度学习模型进行保存。

所提保护原理所采用的启动判据为电流突变量，该判据如式(6.20)所示，当满足此判据时，保护将启动。

$$\Delta i_1 > 0.1 I_n \tag{6.20}$$

式中，Δi_1 为母线电流的突变量；I_n 为母线电流的额定值。

2)模拟实际中某故障场景下的保护判别

实际情况中，系统输电线路的某位置发生某种故障，当保护测量处检测到的电流突变量满足启动判据时，将截取 5ms 时间窗的两端正、负极电流数据并进行差动计算，输入上述训练成熟的深度学习模型自适应地进行类别判断，最终输出为 0 或 1 的判别结果，分别对应区内、区外故障，相应的保护亦将随之动作。

双端量保护原理的整体流程如图 6.29 所示。

6.4.4　仿真验证与分析

1. 波形采集与预处理

本节基于图 6.23 所示三端双极混合直流电网，设置了不同的区内、外故障场景并进行了大量的仿真，采样频率设定为 50kHz，保护通道假定为专用光纤通道，故障时刻设定为 1.5s，并基于被保护线路 Line1 双端所测得的暂态电流值进行差动电流计算，经此预处理后将大量不同故障场景下形态特征各异的差动电流波形

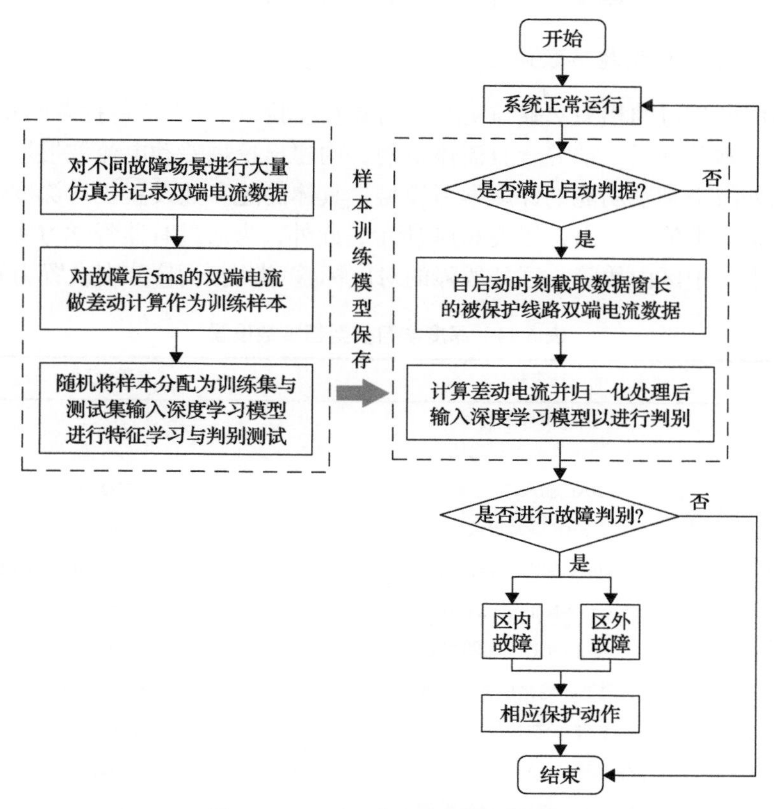

图 6.29　双端量保护原理整体流程

数据作为样本集，输入深度学习模型以进行特征学习、训练与测试。每组样本为对应某故障场景下保护启动后 5ms 内的差动电流暂态波形数据，即每组样本的初始特征数为 250，通过设定不同故障区域(不同的输电线路、不同的故障距离)、故障类型(正极故障、负极故障、双极故障)、过渡电阻(0.01～300Ω)等构建出不同的故障场景，样本量总计 6000 余组。

样本集的具体构成如表 6.13 所示。

表 6.13　样本集的具体构成

名称/线路	故障类型	过渡电阻/Ω	故障距离/km		样本数量
区内 Line1 (920km)	正极/负极/双极	0.01/20/40/60/80/100/120/140/160/180/200/220/240/260/280/300	10/20/30/…/910	3/917	4464
区外 Line2 (460km)	正极/负极/双极	0.01/10/20/40/60/80/100/110/120/140/160/180/200/210/220/240/260/280/300	20/40/60/…/400	3/10/410/420/430/440/450/457	1596

2. 深度学习模型超参数设置

参考深度学习的相关文献与实践中的调参经验，结合本章待提取的特征数量、目标任务，本节针对三端混合直流输电网，构建出挖掘差动电流波形形态特征并实现区内外故障判别功能的深度学习模型。具体的超参数设置仍以深度学习的 3 个基本要素为类依次列出，如表 6.14 所示，此外，为通过有监督学习实现分类功能，将样本集中区内故障、区外故障的对应标签（类别索引）分别设置为 0、1。

表 6.14　深度学习模型超参数设置

类别	名称	参数设置
基本架构	训练集样本数与测试集样本数之比	4∶1
	SAE 输入/输出量	250/250
	SAE 隐藏层数	7
	SAE 各隐藏层神经元数	128、64、16、2、16、64、128
	分类器 NN 的输入/输出量	250/2
	分类器 NN 的隐藏层数	3
	分类器各隐藏层神经元数	128、64、16
	SAE 的初始学习率	0.0005
	分类器 NN 的初始学习率	0.0001
	SAE/NN 的最大迭代次数	300/300
	激活函数	ReLU
学习准则	损失函数	均方差误差(SAE)交叉熵+Softmax(分类器)
算法	优化函数	Adam

3. 训练及测试结果

1）样本集训练与测试

图 6.30 为样本集训练与测试的准确率和损失值变化曲线，由曲线的变化可知，在迭代至数十次时，占样本集（训练集+测试集）总量 4/5 的训练集分类准确率已达 100%，且在后续的迭代过程中准确率曲线始终非常光滑，即模型已基本训练成熟，最终占样本集总量 1/5 的测试集对区内、外故障判别的准确率达 100%。结果表明本节所提保护原理在所验证的范围内可准确无误地判别出区内、外故障，同时具有高灵敏性（可耐受 300Ω 的过渡电阻）。

2）多组单一新测试

本节在上述样本集中随机抽取 1/5（约 1200 余组）进行分类测试的基础上，又额外进行了多组单一的新测试，以模仿在实际工程中遇到某一故障时直接给出当下对应的判别结果。考虑过渡电阻(0.01～300Ω)的影响，并在线路的不同位置设定区内外正极、负极、双极故障场景，具体的故障判别情况如表 6.15 所示。

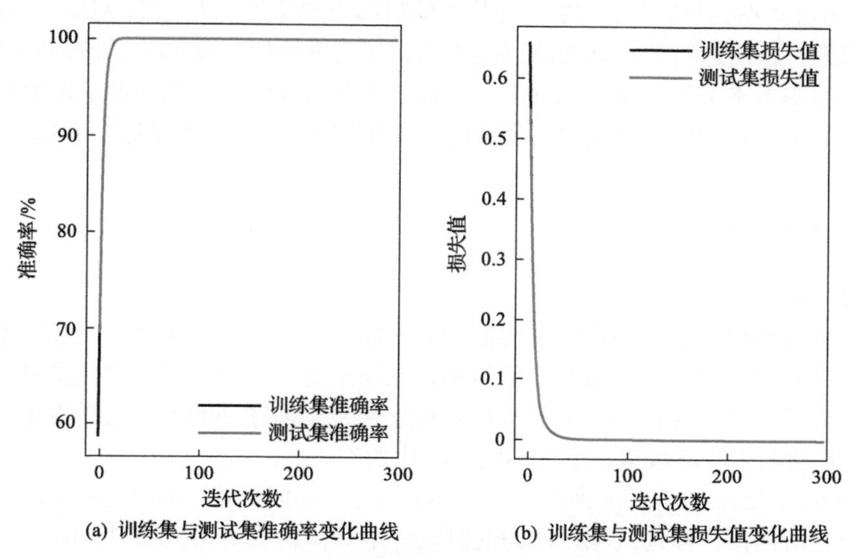

图 6.30　样本集准确率与损失值的变化曲线

表 6.15　多组单一新测试的判别结果

故障区域(区内/区外)	故障位置/km	故障类型(正极/负极/双极)	过渡电阻/Ω	判别结果(0/1)	保护是否动作
区内	16	正极	56	0	是
	157	正极	104	0	是
	368	负极	167	0	是
	672	负极	191	0	是
	834	双极	234	0	是
	917	双极	289	0	是
区外	56	正极	69	1	否
	134	正极	87	1	否
	236	负极	122	1	否
	302	负极	174	1	否
	383	双极	256	1	否
	457	双极	293	1	否

由表 6.15 可知，在随机分配的样本测试集之外，单一新测试中，当发生区内不同位置、不同过渡电阻的正极、负极、双极故障时，深度学习模型均可输出正确的判别结果“0”，即区内故障对应的类别号；当发生区外不同距离、不同故障电阻、各种类型的故障时，深度学习模型输出的类别结果均为“1”，对应区外故障。

综上，在所进行的训练与测试范围内，深度学习模型输出的保护判别结果均正确，表明了本节所提保护原理的有效性。本节所提保护原理规避了定值整定，经简单的预处理即可自适应地实现区内、外保护的判别，且可耐受 300Ω 的高阻故障。

4. 影响因素分析

1) 噪声

本节所提保护原理的待学习特征量为差动电流的波形时频特征，线路参数均采用依频模型，当差动电流暂态信号中存在噪声时，各频段均会因此受到一定的影响，为验证所提保护原理的抗噪性及可靠性，于前述 6000 余组样本集中抽取 200 组差动电流波形数据，增加不同信噪比的 Gauss 白噪声。

表 6.16 及表 6.17 所示为在 200 组不同类型、不同位置、不同过渡电阻的故障场景下，所提保护原理抗噪声能力的测试样本具体构成及测试结果。由表 6.16 和表 6.17 可知，本章所提保护原理具有较强的抗噪能力，在 30dB 的噪声影响下仍可输出正确的判别结果，满足实际工程要求。

表 6.16 抗噪声能力测试样本的具体构成

故障区域(区内/外)	故障类型(正极/负极/双极)	过渡电阻/Ω	故障距离/km	样本数量
区内 Line1(920km)	正极	0.01/40/100/200/240	10/100/200/300/400 500/600/700/800/900	50
	负极	0.01/40/100/200/240	10/100/200/300/400 500/600/700/800/900	50
	双极	0.01/40/100/200/240	10/100/200/300/400 500/600/700/800/900	50
区外 Line2(460km)	正极	0.01/100/260	10/100/200/300/400	15
	负极	60/200/300	10/100/200/300/400	15
	双极	0.01/100/200/300	10/100/200/300/400	20

表 6.17 抗噪声能力的测试结果

故障区域(区内/区外)	信噪比/dB	实际类别(0/1)	判别结果(0/1)	测试组数	正确组数	保护是否动作
区内 Line1(920km)	40	0	0	30	30	是
	35	0	0	30	30	是
	30	0	0	90	90	是

续表

故障区域(区内/区外)	信噪比/dB	实际类别(0/1)	判别结果(0/1)	测试组数	正确组数	保护是否动作
区外 Line2(460km)	40	1	1	10	10	否
	35	1	1	10	10	否
	30	1	1	30	30	否

2) 同步误差

本节所提保护原理基于线路两端电流数据的时频特性，故两端数据不同步时，将会产生同步误差，使得差动电流波形的形态随之发生变化(如相位后移等)。为验证所提保护原理耐受同步误差的能力，本节在不同类型、不同位置的故障场景下进行了多组测试，深度学习模型输出的保护判别结果如表 6.18 所示。由表 6.18 可知，在 40μs 同步误差的情况下，本节所提保护原理仍可实现准确的保护判别。

表 6.18　耐受同步误差的测试结果

故障区域(区内/区外)	故障类型(正极/负极/双极)	故障距离/km	判别结果(0/1)	保护是否动作
区内 Line1(920km)	正极	200	0	是
	负极	400	0	是
	双极	600	0	是
区外 Line2(460km)	正极	100	1	否
	负极	200	1	否
	双极	300	1	否

3) 雷击

为对所提保护原理进行耐受雷击干扰的性能测试，本节以标准雷电波对正常运行下(即无故障时)的线路进行仿真验证。将雷击时刻设定为 1.5s，于被保护线路的不同位置进行了多组雷击场景的仿真，并将所得含雷击干扰的差动电流波形数据加入样本集中进行训练(为实现区内、外故障判别的目标任务，将含雷击干扰的波形所对应的标签均设置为“1”，即将其视作区外故障，以确保被保护线路不误动)。

上述新增的雷击后差动电流波形样本具体构成如表 6.19 所示。

表 6.19　雷击后的差动电流波形样本构成

雷击线路(正极/负极)	雷击距离/km	样本数量
正极	10/100/200/300/400/500/600/700/800/900/910	11
负极	10/100/200/300/400/500/600/700/800/900/910	11

经多次迭代训练后，样本集的最终训练准确率仍可达 100%。在深度学习模型经上述训练后，本节还另外进行了若干组单一的新测试，判别结果均正确，如表 6.20 所示。依据保护逻辑，本节所提原理可耐受雷击干扰。

表 6.20　耐受雷击干扰的测试结果

雷击线路(正极/负极)	雷击距离/km	判别结果(0/1)	保护是否动作
正极	50	1	否
	250	1	否
正极	450	1	否
	650	1	否
负极	150	1	否
	350	1	否
	550	1	否
	750	1	否

参 考 文 献

[1] 陈先昌. 基于卷积神经网络的深度学习算法与应用研究[D]. 杭州: 浙江工商大学, 2014.

[2] 杨赛昭, 向往, 张峻榤. 基于人工神经网络的架空柔性直流电网故障检测方法[J]. 中国电机工程学报, 2019, 39(15): 4416-4430.

[3] Aurelien G. Hands-on Machine Learning with Scikit-learn, Keras, and Tensorflow: Concepts, Tools, and Techniques to Build Intelligent Systems[M]. 2nd ed. Sebastopol: O'Reilly Media, 2019.

[4] 黑嘉欣. 基于人工智能的柔直线路故障定位方法研究[D] 北京: 北京交通大学, 2020.

[5] Pan S J, Yang Q. A Survey on transfer learning[J]. IEEE Transaction on Knowledge and Data Engineering, 2010, 22(10): 1345-1359.

[6] 高爽, 徐巧枝. 迁移学习方法在医学图像领域的应用综述[J]. 计算机工程与应用, 2021, 57(24): 39-50.

[7] Nater F, Tommasi T, Grabner H. Transferring activities: updating human behavior analysis[C]. 2011 IEEE International Conference on Computer Vision Workshops (ICCV Workshops), Barcelona, 2011: 1737-1744.

[8] Tzeng E, Hoffman J, Darrell T. Simultaneous deep transfer across domains and tasks[C]. 2015 IEEE International Conference on Computer Vision (ICCV), Santiago, 2015: 4068-4076.

[9] Mustafa B, Loh A, Freyberg J. Supervisedtransfer learning at scale for medical imaging[J]. arXiv: 2101. 05913, 2021.

[10] Yi Y, Doretto G. Boosting for transfer learning withmultiple sources[C]. The Twenty-Third IEEE Conference on Computer Vision and Pattern Recognition, San Francisco, 2010: 13-18.

[11] 贾科, 李猛, 毕天姝. 柔性直流配电线路能量分布差动保护[J]. 电网技术, 2017, 41(9): 3058-3065.

第7章　直流线路六次谐波后备保护原理

柔性直流输电线路后备保护方法是主保护的有力补充和必要配合，应在尽量短的时间内高灵敏地有选择性地隔离故障，提升柔性直流输电系统的可靠性，是系统安全稳定运行的重要保障。目前，柔性直流输电工程采用电流差动保护作为后备保护，并辅以直流欠压过流保护和直流电压不平衡保护。电流差动保护通过长延时以耐受线路分布电容暂态电流影响，因此其速动性有待提升。

基于MMC的柔性直流输电线路发生双极短路故障后，MMC快速闭锁，电容放电结束，之后进入交流馈入阶段。在此阶段，由于交流侧等效电动势的存在，双极短路故障分量中含有较为明显的六次谐波成分。然而，六次谐波在柔直线路发生双极短路区内外故障时限流电抗器两端的幅值存在一定差异，并且六次谐波存在的阶段是在换流器闭锁后，已经超过了主保护的动作时间要求，因此基于六次谐波分量的保护可以作为后备保护。本章主要介绍一种利用六次谐波在限流电抗器两端的电压幅值比差异来实现柔直系统区内外双极短路故障的后备保护方案。

本章对柔性直流输电线路故障频域特征进行了分析，针对最为严重的双极短路故障，提出基于换流器出口限流电抗器两端六次谐波分量幅值比的保护思路。结合张北工程，首先，分析了基于六次谐波源的区内、区外故障回路，研究了均匀传输线分布参数模型，并分析了输入阻抗在六次谐波情况下随线路长度、过渡电阻变化的特性。其次，基于分布参数模型，以限流电抗器两端电压为计算量，证明限流电抗器母线侧与线路侧电压六次谐波分量幅值比存在差异，可将其作为区分区内、外故障的判据。再次，设计了相应的保护判据和保护方案，并分析了不同因素对保护方法的影响。最后，通过仿真试验对保护方法进行验证。

7.1　故障频域特性分析

7.1.1　故障电流频段分布特征

MMC直流双极短路故障过程可分为换流器未闭锁阶段、换流器闭锁后阶段。下面从频域角度，对不同阶段的故障暂态特征进行分析。

1. 换流器未闭锁阶段

当直流双极短路故障发生后，MMC 由于子模块交替导通，子模块电容快速交替放电，形成 RLC 二阶放电回路。由于子模块电容放电是一个欠阻尼的二阶振荡过程，因此，衰减的周期分量为故障电流的主要成分。故障电流的振荡频率可由式(7.1)计算得到[1]。

$$f=\frac{\sqrt{\dfrac{1}{(2L_0/3+xL_u)6C_0/N}-\left[\dfrac{xR_u}{2(2L_0/3+xL_u)}\right]^2}}{2\pi} \tag{7.1}$$

式中，N 为桥臂子模块数量；L_0 为 MMC 桥臂电感值；x 为故障距离；C_0 为子模块电容值；R_u 和 L_u 分别为线路单位长度电阻值和电感值。

通常，由于 $\dfrac{1}{(2L_0/3+xL_u)6C_0/N}$ 的值远大于 $\left[\dfrac{xR_u}{2(2L_0/3+xL_u)}\right]^2$，因此，在故障电流振荡频率的计算中，$\left[\dfrac{xR_u}{2(2L_0/3+xL_u)}\right]^2$ 的影响可忽略。

此处以张北工程的换流器参数为例进行计算，由式(7.1)计算可得，如果在线路 100km 处发生双极短路故障，则故障电流的衰减振荡频率在 1000Hz 以内。

2. 换流器闭锁后阶段

当换流器闭锁后，子模块电容将被旁路，交流侧电源将通过 IGBT 反并联二极管向故障点馈入电流。由六桥臂整流桥不控整流原理可知，故障电流主要包含直流分量、六次谐波分量等，即其非直流分量频段主要集中于 300Hz 左右。

由此可知，无论是换流器闭锁前还是换流器闭锁后，MMC 双极短路故障发生后故障电流的主要频段均集中在 1000Hz 以内。

7.1.2　六次谐波分量分析

交流系统中基于基频信息的故障保护方法与传统高压直流输电系统中基于特定频段的保护方法已较为成熟，就如何将其保护思路应用到柔性直流输电系统中这一问题，需对柔性直流输电系统故障暂态频域分析开展进一步研究。因此，本节对 MMC-HVDC 输电系统故障阶段六次谐波的存在机理进行了分析，为基于六次谐波的后备保护方法研究提供基础。

在子模块闭锁后暂态阶段，故障电流主要由两部分组成：交流侧电源馈流和桥臂电抗续流。在子模块闭锁后稳定阶段，故障电流为交流侧电源馈流。

闭锁后的故障电路含有非线性元件(二极管)和无源元件(桥臂电感、架空线路等效电抗、分布电容等)，是一个非线性、无源的复杂系统。由于交流电源是以 50Hz 为频率的周期变量，因此直流侧的故障电压、故障电流也将出现 50Hz 或 50Hz

的整数倍次的周期变化。同时，本节对交流电流馈入阶段在不同情况下的非线性故障电路的简化等效进行了研究，进一步分析了柔性直流输电系统故障电气量的主要频率分量。

为了进一步研究柔性直流输电系统故障电气量的主要频率成分，本节对交流馈入阶段在不同情况下的非线性故障电路进行了简化等效分析。

1. 桥臂电抗器值与桥臂导通数量关系

由于MMC桥臂电抗器的存在且不同换流器桥臂电抗器值不同，因此，在深入分析时，MMC双极短路故障后的交流侧电源馈流稳定阶段不能简单地等效为类似两电平VSC的不控整流模式。桥臂电流也不再是半波状态，而是含有直流分量的“准正弦波”[2]。由于桥臂电抗器的续流作用，当三相交流电源某相出现换向时，原来导通的桥臂将会继续导通，电流不会瞬间变为0，而由于某相电压反向，原来不导通的桥臂将会开始导通，电流增加。因此，根据桥臂电抗器值的不同，其续流能力和时间不同，换流器可能会出现不同数量的桥臂同时导通的情况。

第3章中已经分析了不同导通重叠角下桥臂同时导通的个数，此处不再赘述。但不管导通重叠角为多大，只会存在3、4、5、6个桥臂导通四种情况(故障稳态阶段中间模式可以不考虑)。图7.1为MMC系统直流线路发生双极短路故障不同导通桥臂数时的电流回路。可见，桥臂电抗器值不同，所产生的故障回路也不同。而不同故障回路情况下，直流侧电气量的主要频率成分将影响保护方法的提出，本章分别对其进行了分析。

2.3 桥臂导通情况分析

当在交流馈入稳态阶段，系统周期性出现如图7.1(a)所示的3桥臂导通情况时，系统在不同3桥臂导通时，可简化为如图7.2所示的六种故障电流回路(此处假设交流侧电阻、桥臂电阻很小，可忽略，但这并不影响分析结果)。由于交流电源是频率为50Hz的周期电源，因此，理论上，这六种状态将在20ms内依次出现，并分别持续六分之一个周期[3]。

以导通状态Ⅰ为例，当故障回路如图7.2(a)所示时，其可进行如图7.3所示的简化等效，其中u_{pl}表示交流侧B相与C相的并联电压。

通过电路分析可得式(7.2)、式(7.3)，其中u_b、u_c分别为交流侧B相、C相的电动势，i_b、i_c分别为交流侧B相、C相的电流，L为桥臂电感，L_s为交流侧单相等值电感。

$$u_{pl}(t)=u_b(t)-\left(L_s+L\right)\frac{di_b(t)}{dt}\tag{7.2}$$

$$u_{\mathrm{pl}}(t)=u_{\mathrm{c}}(t)-\left(L_{\mathrm{s}}+L\right)\frac{\mathrm{d}i_{\mathrm{c}}(t)}{\mathrm{d}t} \tag{7.3}$$

将式(7.2)、式(7.3)相加，则可得式(7.4)、式(7.5)。

$$2u_{\mathrm{pl}}(t)=\left[u_{\mathrm{b}}(t)+u_{\mathrm{c}}(t)\right]-\left(L_{\mathrm{s}}+L\right)\frac{\mathrm{d}\left[i_{\mathrm{b}}(t)+i_{\mathrm{c}}(t)\right]}{\mathrm{d}t} \tag{7.4}$$

$$u_{\mathrm{pl}}(t)=-0.5u_{\mathrm{a}}(t)+0.5\left(L_{\mathrm{s}}+L\right)\frac{\mathrm{d}i_{\mathrm{a}}(t)}{\mathrm{d}t} \tag{7.5}$$

因此，B 相、C 相的并联电路，可等效为$-0.5u_{\mathrm{a}}$的电动势与$0.5L_{\mathrm{ac}}$的电感串联，电流为$-i_{\mathrm{a}}$。则交流侧电路可等效为$1.5u_{\mathrm{a}}$的电动势与$1.5L_{\mathrm{ac}}$的电感串联的电路，简化过程如图 7.3 所示。

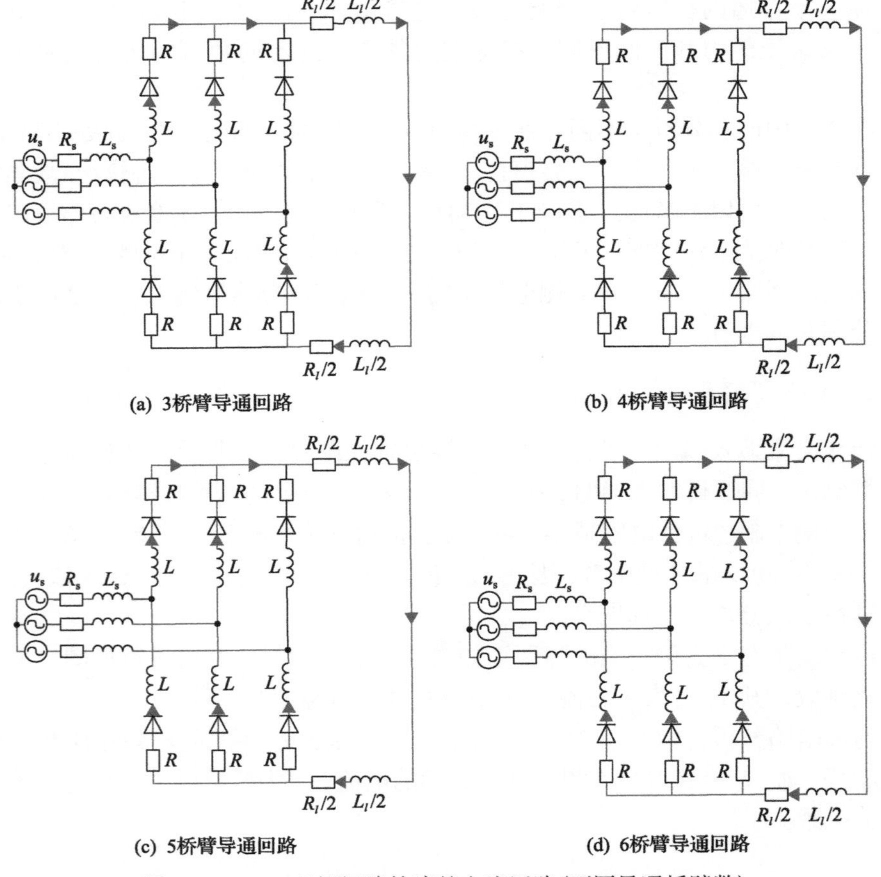

图 7.1　MMC 双极短路故障的电流回路(不同导通桥臂数)

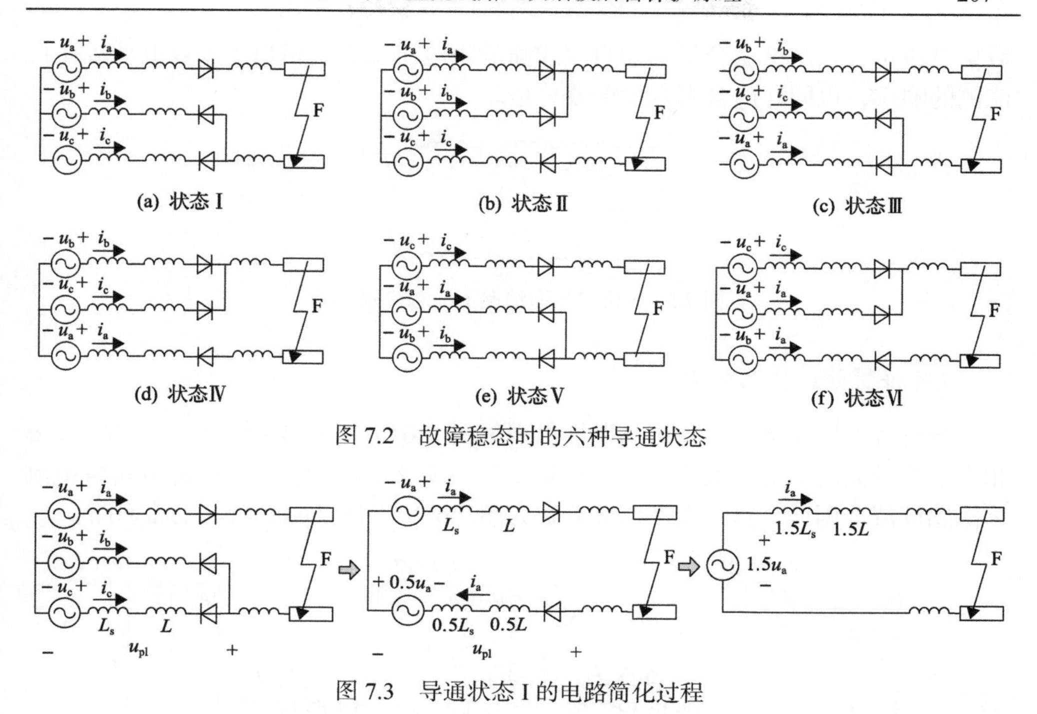

(a) 状态Ⅰ　(b) 状态Ⅱ　(c) 状态Ⅲ

(d) 状态Ⅳ　(e) 状态Ⅴ　(f) 状态Ⅵ

图 7.2　故障稳态时的六种导通状态

图 7.3　导通状态Ⅰ的电路简化过程

因此，可将其他五种导通状态进行同样方法的简化等效，其结果如图 7.4 所示。

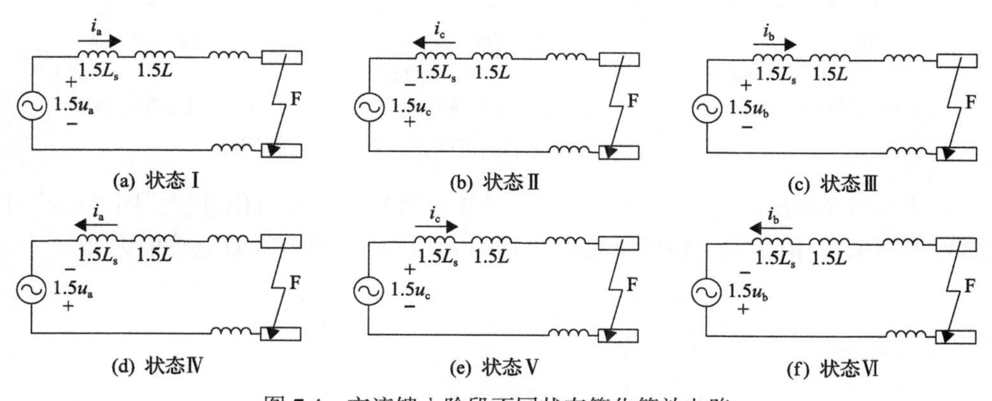

(a) 状态Ⅰ　(b) 状态Ⅱ　(c) 状态Ⅲ

(d) 状态Ⅳ　(e) 状态Ⅴ　(f) 状态Ⅵ

图 7.4　交流馈入阶段不同状态简化等效电路

可见，不同的六种状态可推导得到相同的等效电路，但其等效电源不同。因此，在故障稳态阶段，六种不同故障导通状态可用如图 7.5 所示的总等效电路来表示，其中交流电源由不连续电动势 u_{eq} 和电感 $1.5L_s$ 表示。电动势 u_{eq} 在一个基频周期内，分别为 $1.5u_a$、$-1.5u_c$、$1.5u_b$、$-1.5u_a$、$1.5u_c$ 和$-1.5u_b$，且每个值持续六分之一的时间。由于交流侧三相电动势相位依次相差 120°，u_{eq} 每个值相位依次相差 60°，推导可知，u_{eq} 为一个基频周期内包含 6 个相同波形的电动势，因此，其频域信息应包含六次谐波分量。而直流线路故障电压、电流相当于等效电动势在直流侧的响应，也同样应含有六次谐波分量。

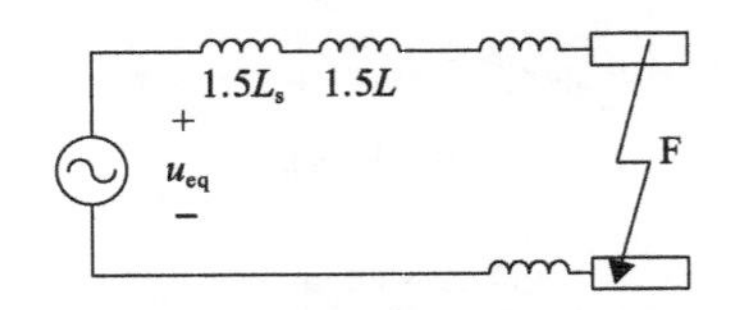

图 7.5　3 桥臂导通情况下的总等效电路

3.4 桥臂导通情况分析

当桥臂电抗器增大，系统周期性出现如图 7.6(a)所示 4 桥臂导通情况时，B 相上下桥臂同时导通，其中一部分桥臂电流由交流电压产生，另一部分桥臂电流为电感续流。因此，可将图 7.6(a)分解为图 7.6(b)、图 7.6(c)所示电流回路。

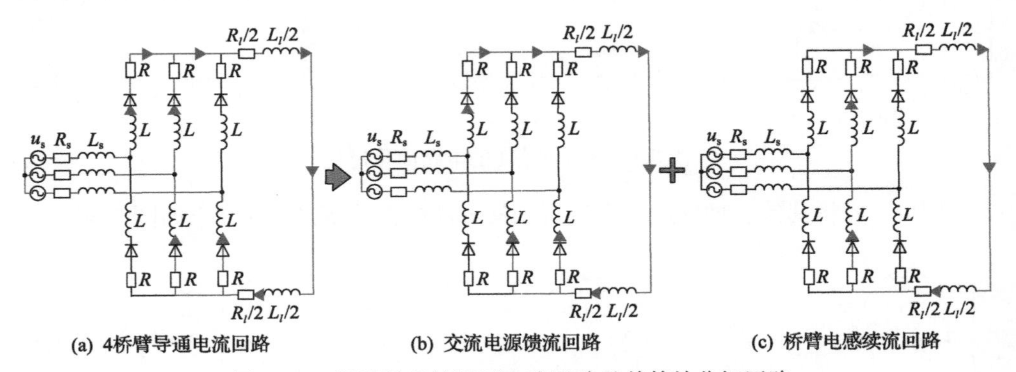

图 7.6　4 桥臂导通情况下电流回路及其等效分解回路

其中图 7.6(b)电流回路的简化可参考 3 桥臂导通回路简化过程，图 7.6(c)可简化为图 7.7。由于上下桥臂电感值分别为 L，因此，桥臂等效电感值为 2L。

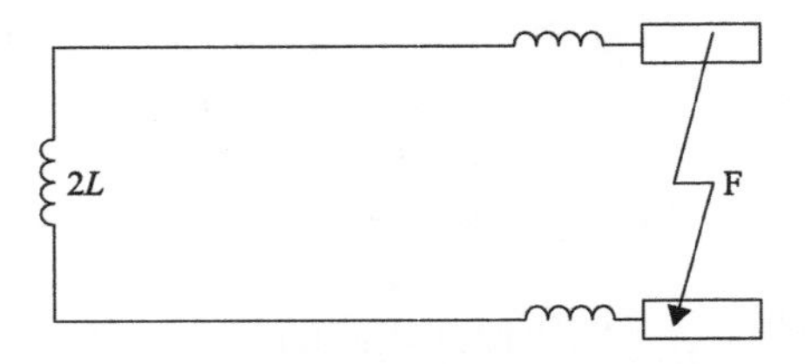

图 7.7　4 桥臂导通情况下续流回路的等效电路

将图 7.5 和图 7.7 的等效电路叠加后可得到 4 桥臂导通情况下最终的等效电路，如图 7.8 所示。

图 7.8 中，交流电源等效电动势 u_{eq} 与 3 桥臂导通时取值相同，即在一个基频周期内，分别为 1.5u_a、−1.5u_c、1.5u_b、−1.5u_a、1.5u_c 和−1.5u_b，且每个值持续

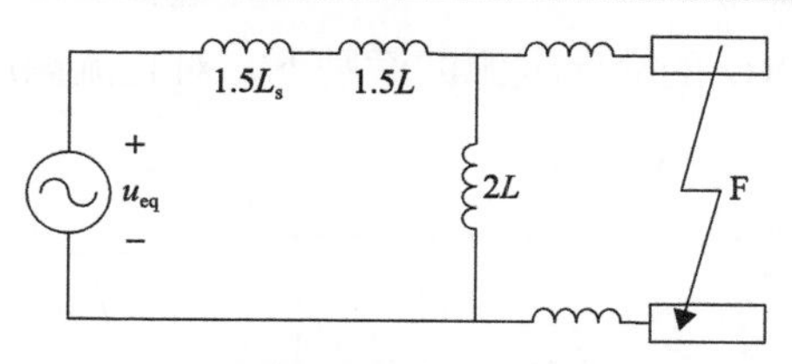

图 7.8　4 桥臂导通情况下的总等效电路

六分之一个周期。与 3 桥臂导通情况不同的是，对于 4 桥臂导通的情况，桥臂电感续流回路会使得限流电抗器换流器侧并联一个电感值为 $2L$ 的等效电感，但这并不影响等效电动势的六次谐波特性，因此，直流线路侧的响应同样也会含有六次谐波分量

因此，当系统出现 4 桥臂同时导通的情况时，其分解电路交流电源馈流回路、桥臂电感续流回路，都将在频率为 300Hz 的交流电源的激励下，对直流侧产生六次谐波的电压、电流。

4. 5 桥臂导通情况分析

当系统出现如图 7.1(c)所示 5 桥臂同时导通的情况时，其电流回路可分为图 7.9(b)交流电源馈流回路，以及图 7.9(c)所示的桥臂电感续流回路。

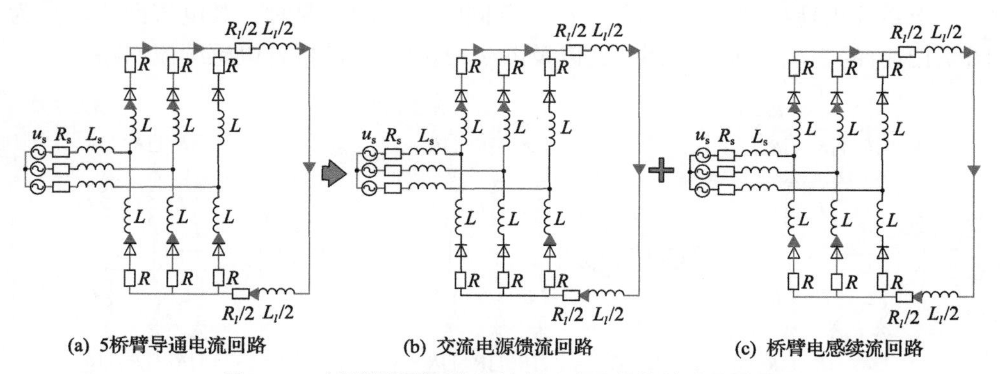

图 7.9　5 桥臂导通情况下电流回路及其等效分解回路

对于交流电源馈流回路，同样也和 3 桥臂导通情况下的等效电路相同。桥臂电感续流回路，可以等效为两个相单元并联(每个相单元由上下两个桥臂串联)，因此，5 桥臂导通情况下续流回路的等效电路如图 7.10 所示。

5 桥臂导通情况下总的等效电路如图 7.11 所示。由于续流回路由两个值为 $2L$ 的等效电感并联组成，因此，续流回路最终等效电感为 L。而交流电源等效电动势 u_{eq} 在一个基频周期内分别为 $1.5u_a$、$-1.5u_c$、$1.5u_b$、$-1.5u_a$、$1.5u_c$ 和$-1.5u_b$，且每个值持续六分之一个周期。因此，等效电动势仍然呈现六次谐波特性，当系统出现 5 桥臂同时导通的情况时，其分解为交流电源馈流回路、桥臂电流续流电路，同样也将在频率为 300Hz 的交流电源的激励下，对直流侧产生六次谐波的电压、电流。

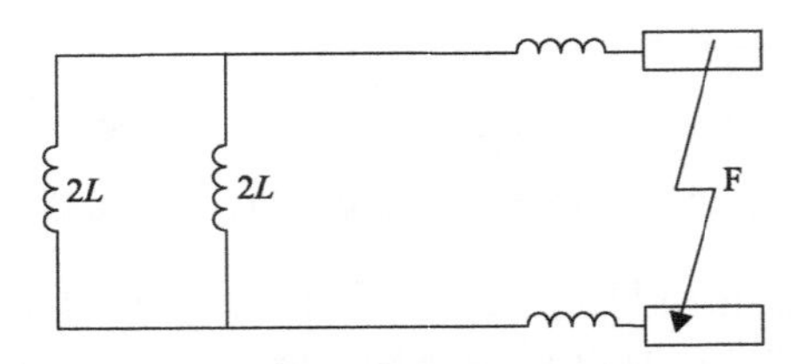

图 7.10　5 桥臂导通情况下续流回路的等效电路

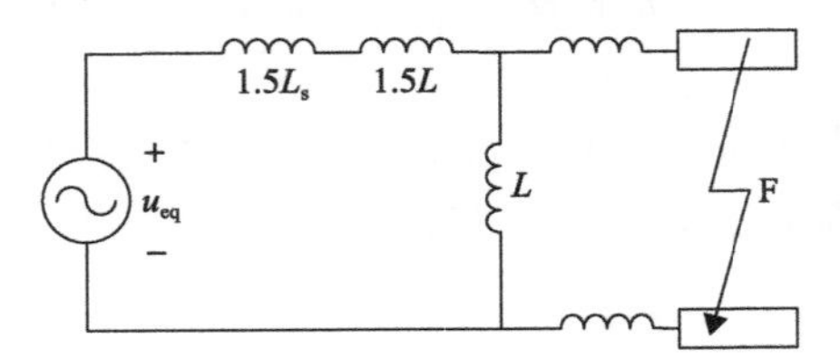

图 7.11　5 桥臂导通情况下的总等效电路

5.6 桥臂导通情况分析

当系统出现如图 7.1(d)所示 6 桥臂同时导通的情况时，其电流回路可分为图 7.12(b)的交流电源馈流回路，以及图 7.12(c)所示的桥臂电感续流回路。

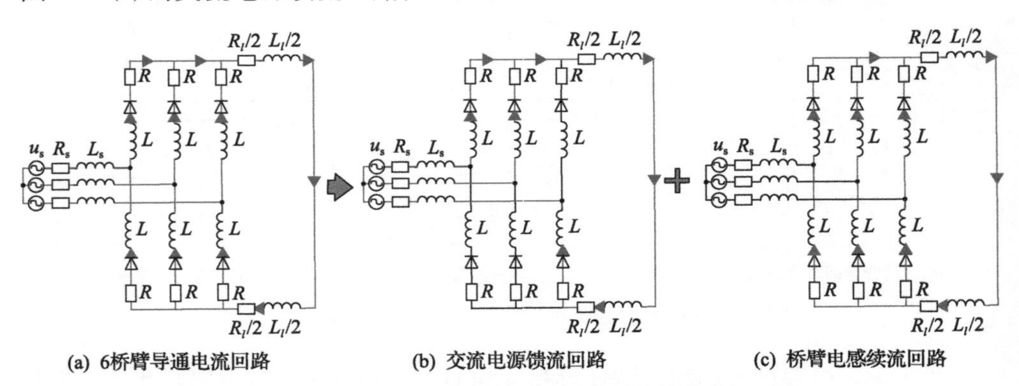

图 7.12　6 桥臂导通情况下电流回路及其等效分解回路

同理，当系统出现 6 桥臂同时导通的情况时，其电流回路可分为交流电源馈流回路，以及三个桥臂电感续流回路，亦可分别将其等效为频率为 300Hz 的电源激励的电路，6 桥臂导通情况下续流回路的等效电路和 6 桥臂导通情况下的总等效电路分别如图 7.13 和图 7.14 所示，具体分析同 4、5 桥臂导通情况，此处不再赘述。直流线路故障电压、故障电流相当于等效电动势在直流侧的响应，因此，也应包含大量六次谐波分量。

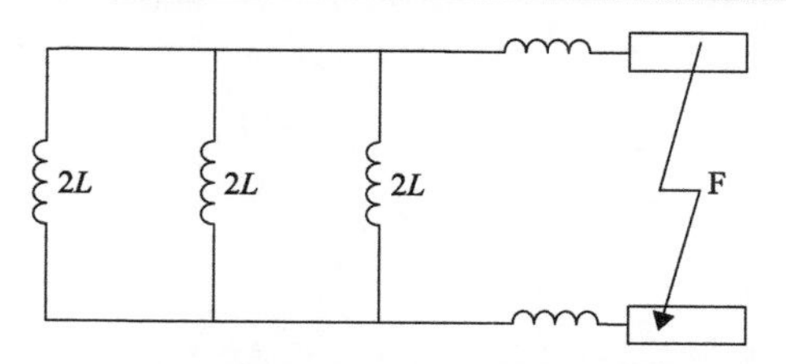

图 7.13　6 桥臂导通情况下续流回路的等效电路

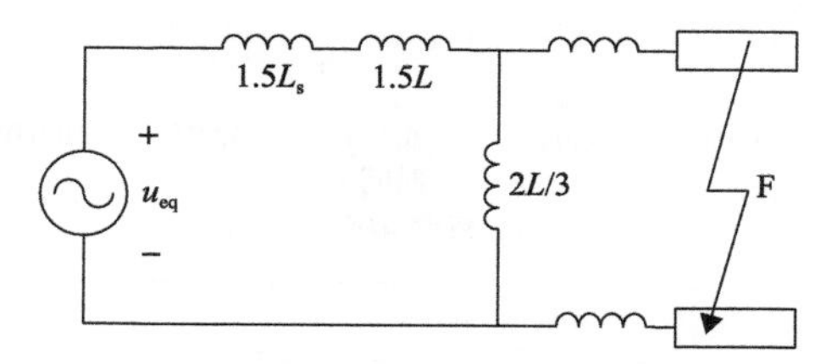

图 7.14　6 桥臂导通情况下的总等效电路

6. 仿真分析

本部分通过仿真对上述分析进行了验证。通过修改桥臂电抗器的值，可以仿真不同桥臂导通数的场景，其结果如图 7.15 所示。

其中，图 7.15(a)为桥臂电感为 0.001H 情况下的桥臂电流，可见桥臂导通数为 4 个或 3 个交替出现，并且在一个交流电压周期 20ms 内，4 桥臂导通和 3 桥臂导通分别都出现 6 次。图 7.15(b)为桥臂电感为 0.01H 情况下的桥臂电流，可见桥臂导通数为 5 个或 4 个交替出现，并且在一个交流电压周期 20ms 内，5 桥臂导通和 4 桥臂导通分别都出现 6 次。图 7.15(c)为桥臂电感为 0.1H 情况下的桥臂电流，可见桥臂导通数为 6 个或 5 个交替出现，并且在一个交流电压周期 20ms 内，6 桥臂导通和 5 桥臂导通分别都出现 6 次。

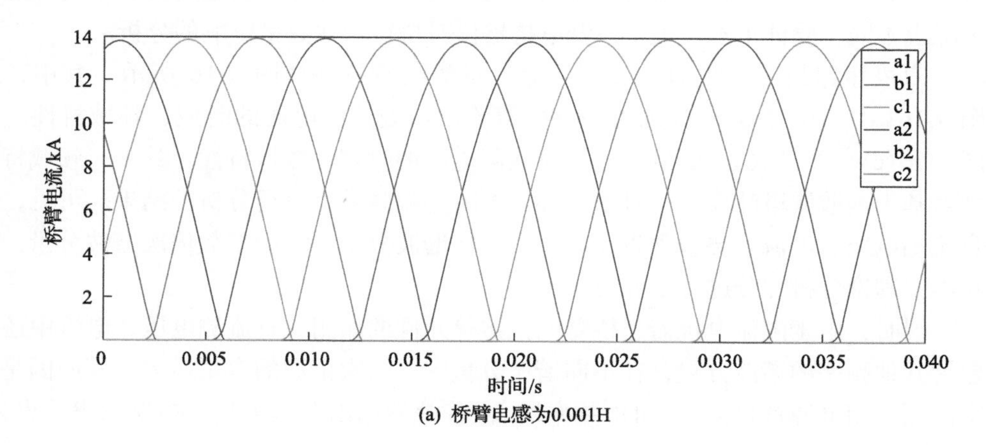

(a) 桥臂电感为0.001H

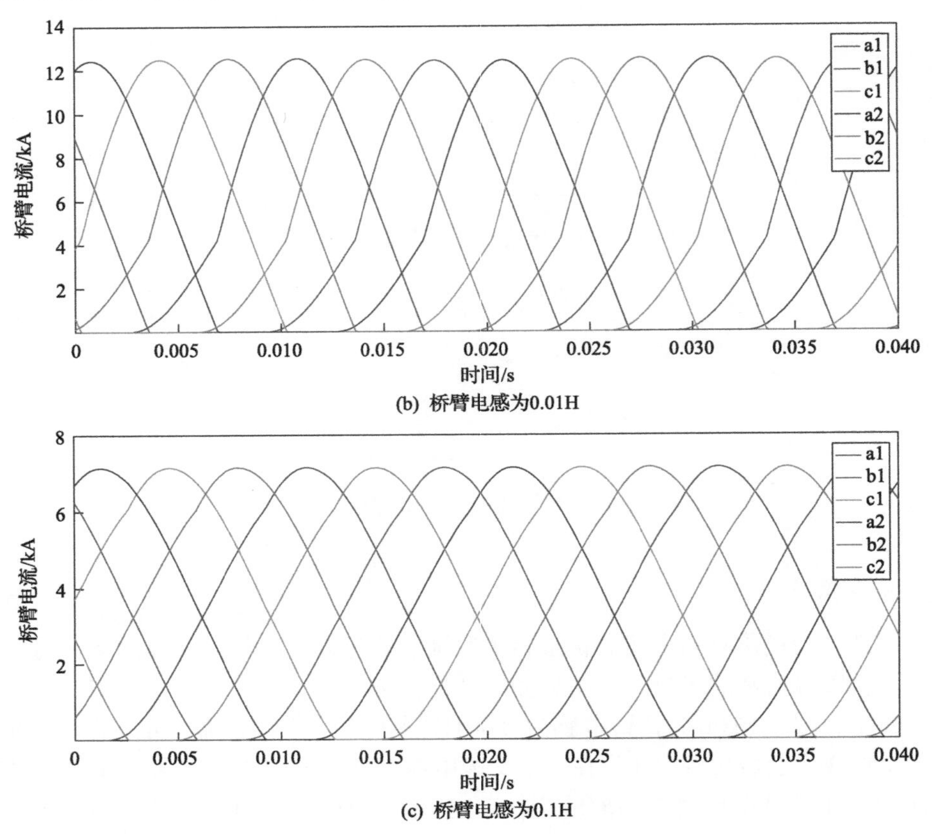

(b) 桥臂电感为0.01H

(c) 桥臂电感为0.1H

图 7.15　桥臂电流

a1、b1、c1、a2、b2、c2 分别为 a、b、c 三相上下桥臂电流

可见，桥臂电感的值会影响桥臂电流的续流情况，桥臂电感值越大，桥臂电流续流时间越长。因此，桥臂电感值不同，在双极短路故障稳态时，各桥臂导通情况也不同，验证了本节关于桥臂电抗器值对桥臂导通数量影响的分析。

双极短路故障发生时，直流侧电气量的响应特性如图 7.16 所示。其中，图 7.16(a)、图 7.16(b)分别为 MMC 直流出口处故障电压的时域、频域特性。图 7.16(c)、图 7.16(d)分别为直流侧故障电流的时域、频域特性。其中，频域特性是基于离散傅里叶算法，对于 0.08～0.1s 的故障数据进行分析的结果。可见，直流侧电压、电流主要包含直流分量、六次谐波分量、六的整数倍次谐波分量，对本节理论分析部分进行了验证。

同时，由于限流电抗器、桥臂电抗器等元件的作用，直流侧电压、电流中还包含其他频率的谐波分量，在不同谐波分量中，六次谐波的含量最大。其原因是交流侧三相电源各自按照 50Hz 频率接入，换流器输出电压按照 300Hz 频率输出，且系统的电感对更高频率的谐波呈现更大的阻抗。

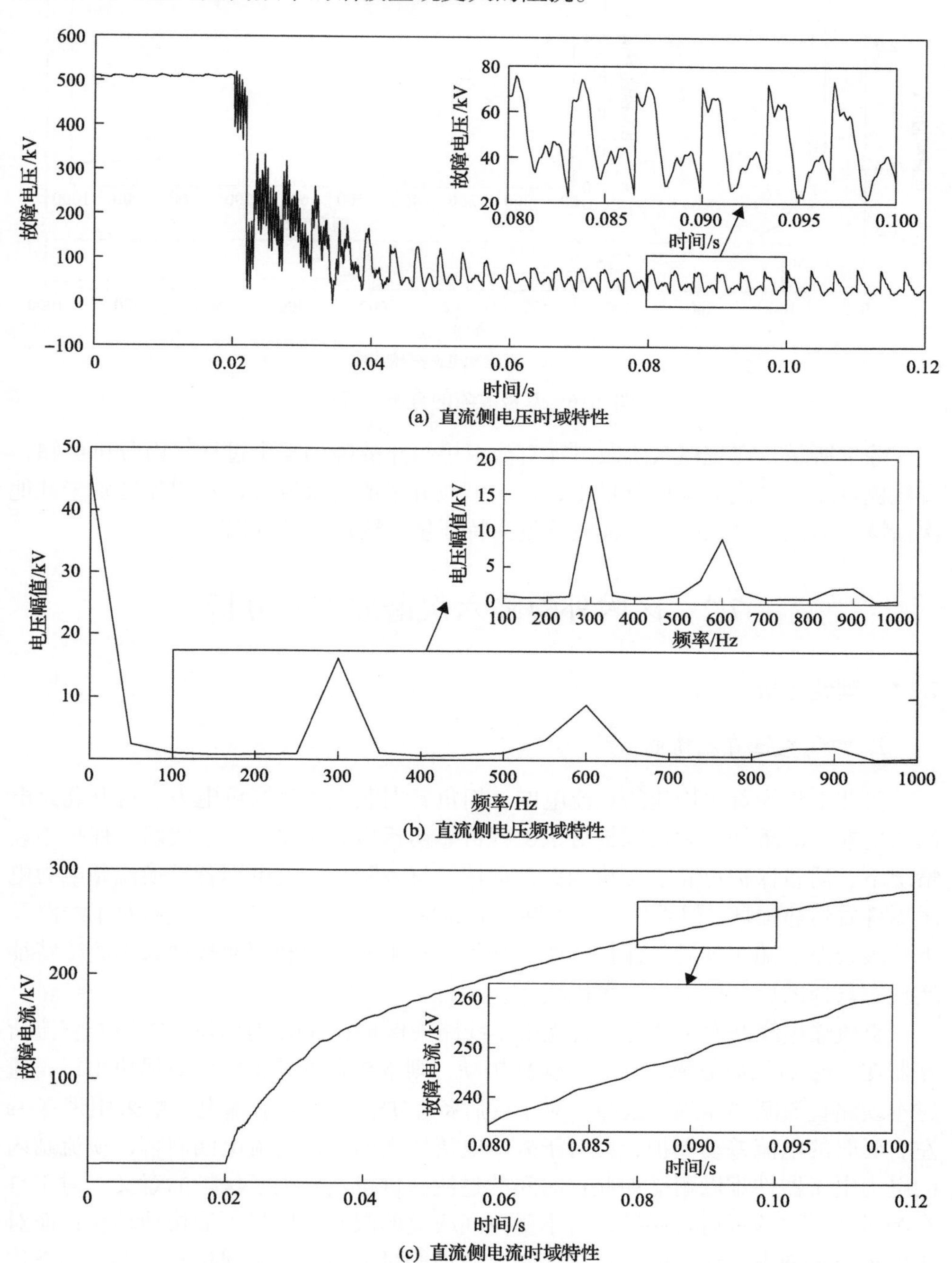

(a) 直流侧电压时域特性

(b) 直流侧电压频域特性

(c) 直流侧电流时域特性

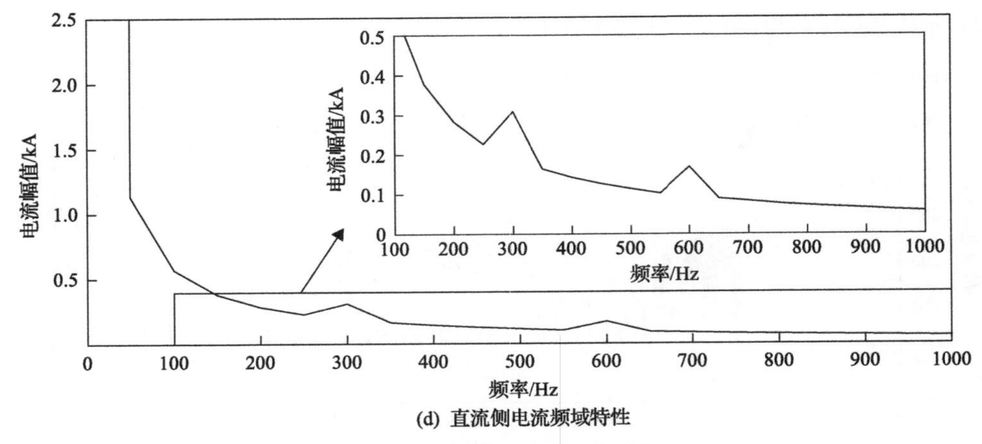

(d) 直流侧电流频域特性

图 7.16 双极故障的直流侧特性

综上所示，交流馈入阶段贯穿直流双极短路故障的整个过程，由分析可知，直流侧电压、电流的频域分量中，六次谐波分量的含量较大，且明显区别于其他次谐波。因此，可以以六次谐波分量为特征量，构造保护判据。

7.2 区内外故障六次谐波差异分析

7.2.1 理论分析

1. 四端柔性直流输电系统

张北工程为首次构建的直流电网，担负着向北京直送绿色电力、提升北京电网受电能力的重任。后备保护对该工程可靠运行至关重要：在本线路主保护拒动情况下，后备保护可先于交流侧保护动作，有效防止直流电网各端换流站电力电子器件发生热损坏。但柔性直流电网对后备保护要求严苛：20ms 左右对本线路及下一级线路首端实现后备保护功能。如何在有限时间内利用非线性暂态故障特征实现有选择的后备保护是一大挑战。

直流输电线路发生故障，首先由本线路主保护在 3ms 内出口，本线路直流断路器在 3ms 后隔离故障。如果主保护拒动，则本线路近后备保护应尽快出口，通过本线路直流断路器隔离故障。对于近后备保护，传统直流输电一般采用带有 1s 左右延时的电流差动保护，但对于故障电流较大的柔性直流电网而言，换流站内的电力电子器件难以耐受如此长时间的过流，这也就失去了保护的意义。对于具有绝对选择性的近后备保护，可不受时间级差的限制，应尽可能快地动作；而对于保护范围伸出本线路的近后备保护，应该躲过下级线路主保护与断路器的动作时间，在 10ms 左右动作。

MMC-HVDC 直流电网在线路发生双极短路故障后，换流器桥臂电流增大，换流器闭锁，进入不控整流阶段，故障电流、直流电压存在六次谐波分量。而限流电抗器对交流谐波分量具有衰减作用，因此限流电抗器两端电压的六次谐波分量存在差异。并且线路区内故障与区外故障的故障回路存在两个限流电抗器的差异，则本端限流电抗器两端电压的六次谐波分量将具有明显差异。因此，可尝试利用限流电抗器两端电压的六次谐波分量构成单端量保护判据。

本章所提保护方法仿真场景以张北工程为背景，如图 7.17 所示。其网架结构采用对称双极连接方式，各换流站采用半桥型 MMC 结构，输电线路采用架空线，直流线路两端均安装直流断路器、限流电抗器。以 MMC_1 至 MMC_2 的 50km 传输线路为例，当四端 MMC-HVDC 系统直流线路发生区内、区外故障时，其示意图如图 7.17 所示。其中，换流站 MMC_1、MMC_2、MMC_3、MMC_4 分别为康保站、张北站、北京站和丰宁站。U_{dc1} 为限流电抗器母线侧极间电压，U_{dc2} 为限流电抗器线路侧极间电压，F1 为区内双极短路故障，F2 为本线路区外故障，F3 为相邻线路限流电抗器线路端双极短路故障，F4 为本线路近端母线故障。

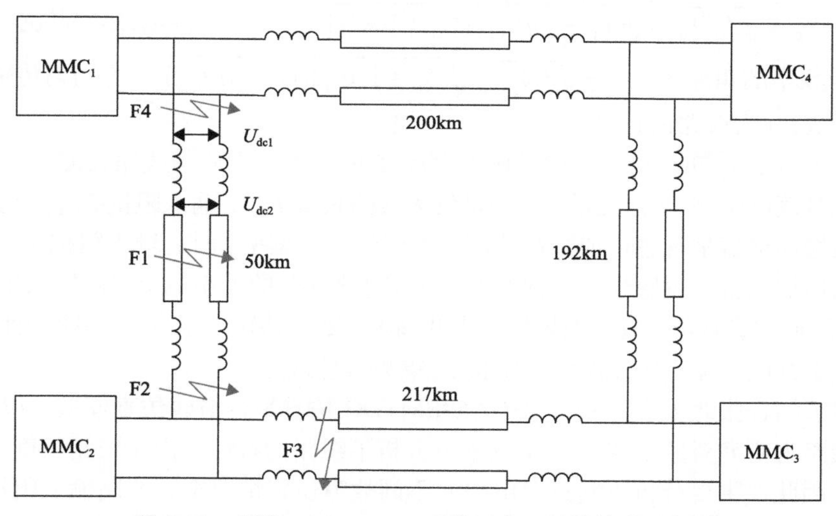

图 7.17　多端 MMC-HVDC 系统区内、区外故障示意图

2. 均匀传输线入端阻抗

首先以 50km 架空电力线路为研究对象，以 MMC_1 为主研究换流站，E1、E2 为检测点(分别位于限流电抗器电感换流器侧和线路侧)。柔性直流输电系统输电线路较长，线路分布参数对保护的影响不能忽略，因此，本节对线路分布参数模型进行了分析。

图 7.18 为均匀传输线分布参数模型，其中 U_1、I_1 分别为入端电压、电流，U_2、

I_2分别为末端电压、电流，R_u、L_u分别为单位长度来回 2 根线的电阻、电感，G_u、C_u分别为单位长度来回 2 根线之间的电导和分布电容，Z_2为短路时过渡电阻[4-7]。

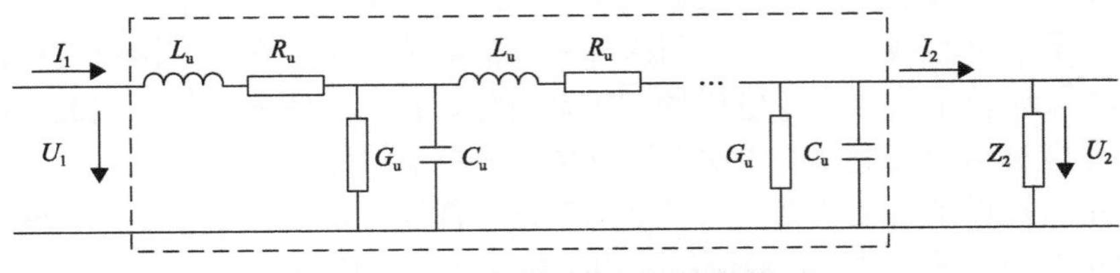

图 7.18　均匀传输线分布参数模型

结合已有文献对线路均匀传输线分布参数的研究，可知输入阻抗可由式(7.6)表示：

$$Z_1 = Z_c \frac{Z_2 + Z_c \mathrm{th}(\gamma l)}{Z_2 \mathrm{th}(\gamma l) + Z_c} \tag{7.6}$$

式中，$Z_c = \sqrt{Z_u / Y_u} = \sqrt{(R_u + \mathrm{j}\omega L_u)/(G_u + \mathrm{j}\omega C_u)}$，为均匀传输线波阻抗，$\omega$ 为 300Hz 频率的角速度；$\gamma = \sqrt{Z_u Y_u} = \sqrt{(R_u + \mathrm{j}\omega L_u)(G_u + \mathrm{j}\omega C_u)}$，为均匀传输线的传播系数；$l$ 为线路的长度。

由式(7.6)可知，均匀传输线输入阻抗 Z_1 的大小和性质与线路长度 l、频率 f、短路时过渡电阻 Z_2 均有关系。当变量仅为线路长度 l 时，输入阻抗 Z_1 将会随线路长度的增加交替呈现感性或容性特性。当变量仅为频率 f 时，输入阻抗 Z_1 将会随频率的增加交替呈现感性或容性特性。过渡电阻 Z_2 的大小也会影响输入阻抗 Z_1 的特性。通过参数的变化，如果发生串联谐振，则线路输入阻抗 Z_1 幅频特性最小。如果发生并联谐振，则线路输入阻抗 Z_1 幅频特性最大。

本节结合张北工程，基于 PSCAD/EMTDC 仿真平台搭建仿真模型，以 50km 架空线路为研究对象，在 300Hz 频率下分析了线路的特性。由于线路长度、频率固定，因此，主要分析不同过渡电阻、不同故障位置情况下，线路输入阻抗的特性。线路的分布参数如表 7.1 所示，可见，由于频率的影响，线路总自阻、自感等值并不是简单的单位长度值与线路长度的乘积。

表 7.1　线路分布参数(300Hz 谐波分量)

名称	300Hz 时的相域数据	
串联阻抗矩阵 $Z/(\Omega/\mathrm{m})$	$1.502\times10^{-4}, 2.308\times10^{-3}$ $1.219\times10^{-4}, 9.170\times10^{-4}$	$1.220\times10^{-4}, 9.170\times10^{-4}$ $1.502\times10^{-4}, 2.308\times10^{-3}$
并联导纳矩阵 $Y/(\mathrm{S/m})$	$1.000\times10^{-11}, 2.318\times10^{-8}$ $0, -5.872\times10^{-9}$	$0, -5.872\times10^{-9}$ $1.000\times10^{-11}, 2.318\times10^{-8}$

续表

名称	300Hz 时的相域数据	
长线路校正串联阻抗矩阵/Ω	7.173×10^{0}, 1.129×10^{2} 5.806×10^{0}, 4.458×10^{1}	5.806×10^{0}, 4.458×10^{1} 7.173×10^{0}, 1.129×10^{2}
长线路校正并联导纳矩阵/S	1.074×10^{-6}, 1.170×10^{-3} 3.115×10^{-7}, -2.947×10^{-4}	3.115×10^{-7}, -2.947×10^{-4} 1.074×10^{-6}, 1.170×10^{-3}

(1) 当双极短路故障为金属性接地故障，即 Z_2=0Ω 时，可得输入阻抗的表达式为式(7.7)，其幅值和相位随故障距离变化的特性如图 7.19 所示。

$$Z_1(\omega) = Z_c\,\mathrm{th}(rl) = \mathrm{j}Z_c \tan\left(\omega l\sqrt{L_u C_u}\right) \tag{7.7}$$

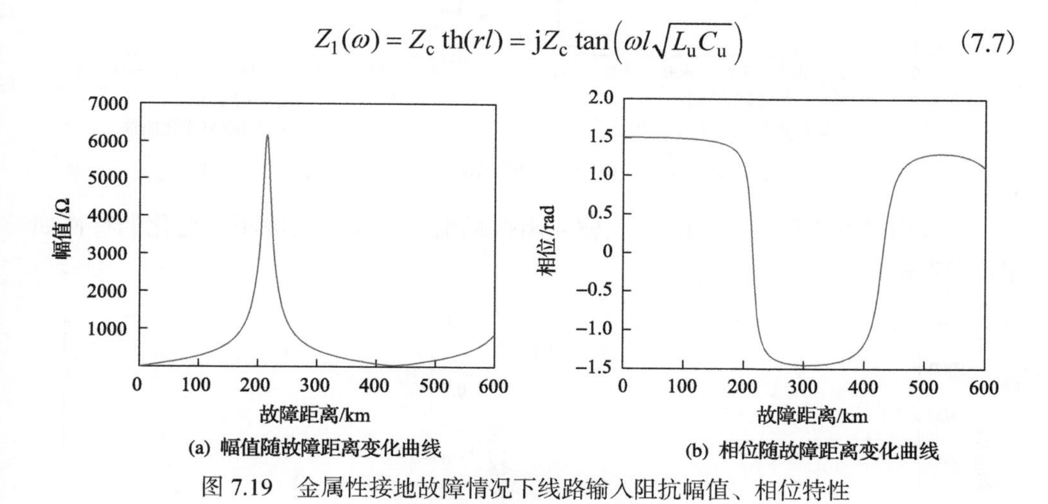

(a) 幅值随故障距离变化曲线　(b) 相位随故障距离变化曲线

图 7.19　金属性接地故障情况下线路输入阻抗幅值、相位特性

(2) 当过渡电阻增大时，线路输入阻抗可通过式(7.6)计算得到，其幅值、相位随故障距离变化的特性将按照式(7.6)变化。当过渡电阻 Z_2=1Ω 时，其幅值和相位随故障距离变化的特性如图 7.20 所示。

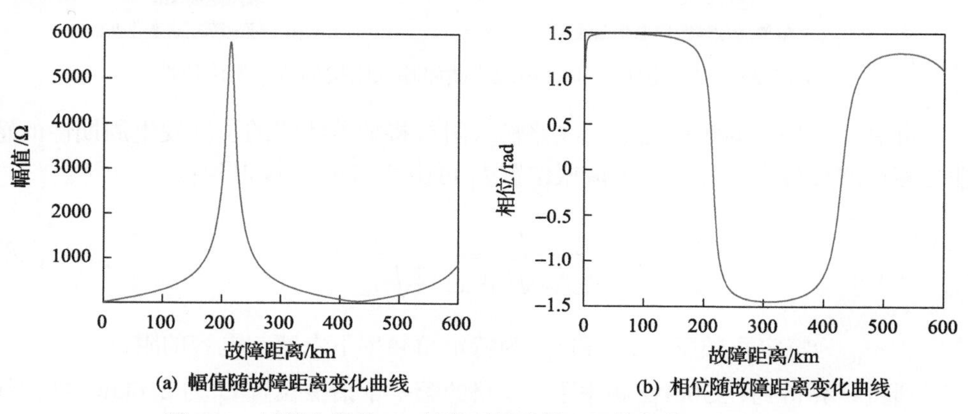

(a) 幅值随故障距离变化曲线　(b) 相位随故障距离变化曲线

图 7.20　过渡电阻为 1Ω 情况下线路输入阻抗幅值、相位特性

(3)同理，当过渡电阻 Z_2=10Ω 时，输入阻抗幅值和相位随故障距离变化的特性如图 7.21 所示。

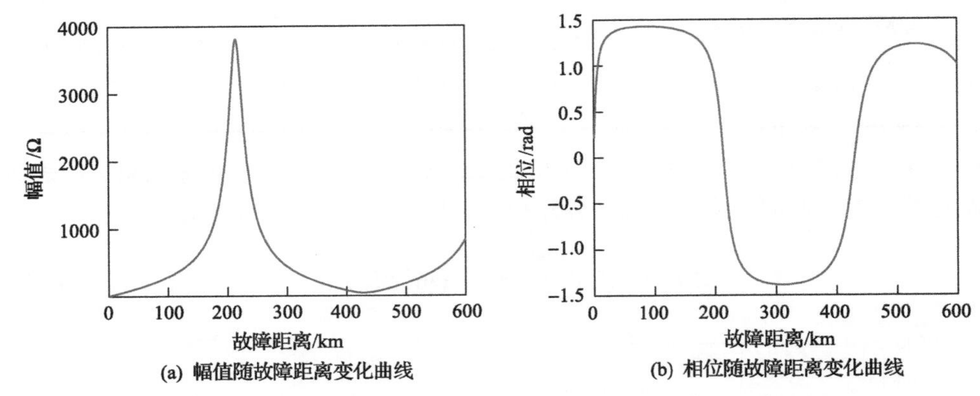

图 7.21 过渡电阻为 10Ω 情况下线路输入阻抗幅值、相位特性

(4)当过渡电阻 Z_2=80Ω 时，输入阻抗幅值和相位随故障距离变化的特性如图 7.22 所示。

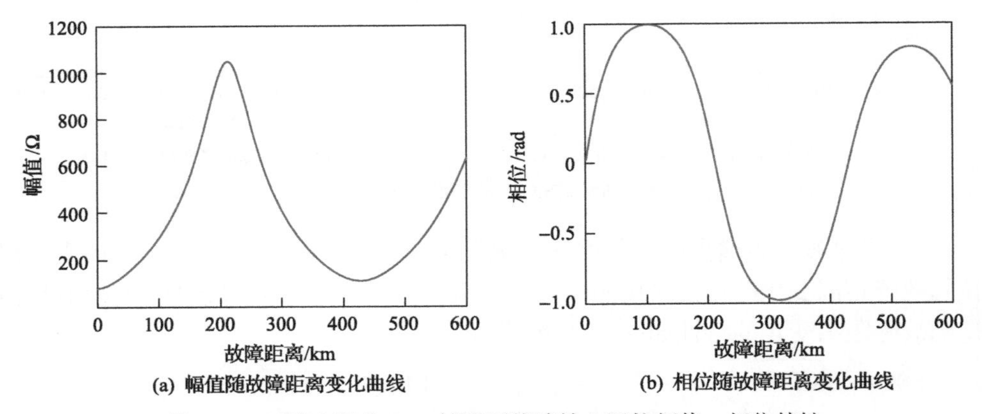

图 7.22 过渡电阻为 80Ω 情况下线路输入阻抗幅值、相位特性

可见，在特定的频率之下，线路输入阻抗将随着线路的长度发生周期性的感性与容性的交替变化。第一个谐振位置 l_{sp} 可由式(7.8)计算得到：

$$l_{sp}=\frac{\pi}{2\omega_{fre}\sqrt{L_u C_u}}=\frac{\pi}{2\sqrt{x_{L_u}x_{C_u}}} \tag{7.8}$$

式中，ω_{fre} 为特定角频率；x_{L_u} 和 x_{C_u} 为特定角频率下电感与电容的阻抗。

通过计算得到在 300Hz 频率下，线路的第一个谐振位置 l_{sp} 为 216km。如果线路总长度在 216km 以内，线路输入阻抗在故障距离为任何值时，均呈感性。当线路总长度为 216～427km 时，线路输入阻抗将因故障位置的不同呈现不同特性，即故障位置小于 216km 时，线路输入阻抗为感性，故障位置为 216～427km 时，线路输入阻抗为容性，且这样的特性在不同过渡电阻情况下不改变。

3. 区内故障

当发生区内双极短路故障时，从限流电抗器线路端计算线路输入阻抗 Z_1，可由式(7.6)得到。从限流电抗器换流器端计算，则线路输入阻抗 Z_0 可由式(7.9)所得：

$$Z_0=Z_1+2\mathrm{j}\omega L=Z_\mathrm{c}\frac{Z_2+Z_\mathrm{c}\mathrm{th}(\gamma l)}{Z_2\mathrm{th}(\gamma l)+Z_\mathrm{c}}+2\mathrm{j}\omega L \tag{7.9}$$

因此，张北工程 50km 架空线路中，在区内任何位置发生双极短路故障时，检测到的线路的输入阻抗都将呈感性，且幅值随故障距离的变化单调递增。而线路换流器输出端限流电抗器也为感性，因此，可利用感性阻抗对谐波幅值具有衰减、抑制作用的特性，提出基于限流电抗器两端电压 300Hz 分量幅值比的保护方法。

4. 本线路末端区外故障

当本线路末端区外发生双极短路故障时，从限流电抗器线路端计算线路输入阻抗 Z_1，可由式(7.10)得到。假定过渡电阻 R=0.001Ω，则 Z_2=0.001+j377，输入阻抗幅值和相位随故障距离变化的特性如图 7.23 所示。

$$\begin{cases} Z_1=Z_\mathrm{c}\dfrac{Z_2+Z_\mathrm{c}\mathrm{th}(\gamma l)}{Z_2\mathrm{th}(\gamma l)+Z_\mathrm{c}} \\ Z_2=R+2\mathrm{j}\omega L \end{cases} \tag{7.10}$$

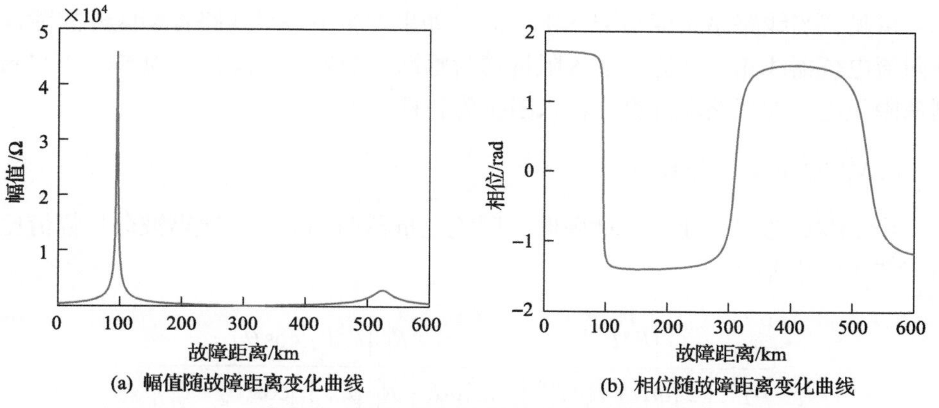

(a) 幅值随故障距离变化曲线　(b) 相位随故障距离变化曲线

图 7.23　本线路末端区外故障情况下线路输入阻抗幅值、相位特性

同样，通过式(7.8)可以计算出，线路的第一个谐振位置 l_{sp} 为 96km。如果线路总长度小于 96km，则发生本线路末端区外故障时，从限流电抗器线路端计算得到线路输入阻抗为感性。若线路总长度为 96～311km，则从限流电抗器线路端计算得到输入阻抗为容性。

5. 下一级线路首端区外故障

当发生下一级线路首端区外故障时，从限流电抗器线路端计算线路输入阻抗 Z_1，可由式(7.11)得到。假定过渡电阻 R=0.001Ω，则 Z_2=0.001+j754，输入阻抗幅值和相位随故障距离变化的特性如图 7.24 所示。

$$\begin{cases} Z_1 = Z_c \dfrac{Z_2 + Z_c \text{th}(\gamma l)}{Z_2 \text{th}(\gamma l) + Z_c} \\ Z_2 = R + 4\text{j}\omega L \end{cases} \tag{7.11}$$

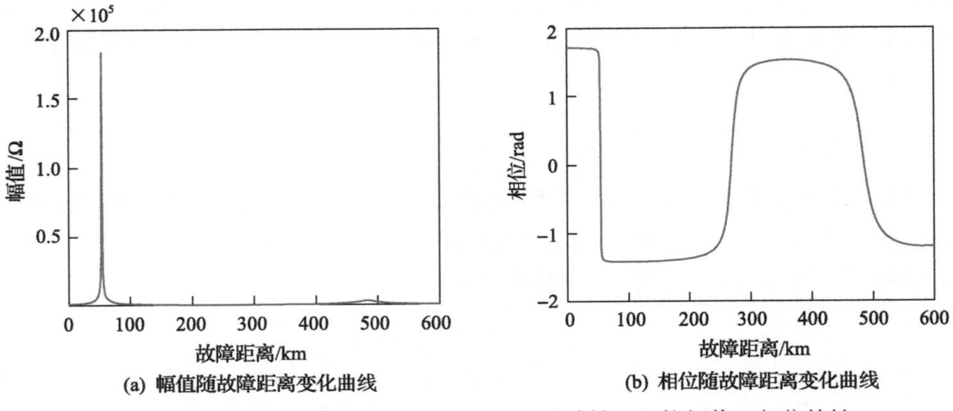

图 7.24　下一级线路首端区外故障情况下线路输入阻抗幅值、相位特性

可见，当线路总长度小于 54km 时，如果发生下一级线路首端区外故障，则从限流电抗器线路端计算，输入阻抗均为感性。如果线路总长度为 54～278km，则从限流电抗器线路端计算，输入阻抗为容性。

6. MMC 近端区外故障

当 MMC 近端发生区外故障时，限流电抗器两端电压六次谐波分量幅值比可由式(7.12)得到：

$$\frac{E_1}{E_2} = \frac{\left|R^* I^{(6)}\right|}{\left|(2\text{j}\omega L + R)^* I^{(6)}\right|} = \frac{|R| \cdot \left|I^{(6)}\right| \cdot |\cos\theta_1|}{|2\text{j}\omega L + R| \cdot \left|I^{(6)}\right| \cdot |\cos(\theta_2 - \theta_1)|} \tag{7.12}$$

式中，$I^{(6)}$ 为电流六次谐波分量；θ_1 为 $I^{(6)}$ 的相角；θ_2 为 $2\mathrm{j}\omega L + R$ 的相角；*表示复数相乘。

本部分通过仿真过渡电阻为 0.001Ω、1Ω、10Ω、50Ω、80Ω 的情况，分析了不同过渡电阻情况下，限流电抗器两端电压六次谐波分量的幅值比，如表 7.2 所示。可见，在上述不同过渡电阻情况下，限流电抗器两端电压六次谐波分量的幅值比较小，通过合理设置整定值，可有效区分区内故障与 MMC 近端区外故障。

表 7.2　不同过渡电阻情况下 MMC 近端区外故障六次谐波分量幅值比

过渡电阻/Ω	幅值比
0.001	1.3263×10^{-6}
1	0.0013
10	0.6533
50	1.5342
80	1.6904

7.2.2　仿真分析

为验证 7.2.1 节的理论分析结论，在 PSCAD 中搭建四端柔性直流输电模型，具体仿真参数参考张北工程。当区内 25km 处发生双极短路故障，过渡电阻为 0.001Ω 时，即图 7.17 中 F1 位置发生故障时，系统的故障特性如图 7.25 所示。故障后，直流电压快速减小到 $0.9U_{\mathrm{n}}$ 以下，直流电流快速上升到 $1.5I_{\mathrm{n}}$ 以上。

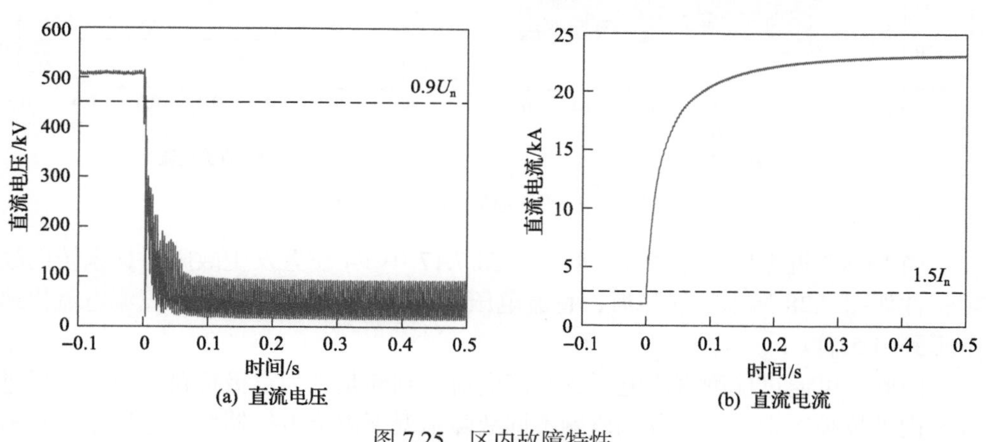

图 7.25　区内故障特性

当本线路末端区外故障发生时，即图 7.17 中 F2 位置发生故障时，系统的故障特性如图 7.26 所示。故障后，直流电压快速减小到 $0.9U_{\mathrm{n}}$ 以下，直流电流快速上升到 $1.5I_{\mathrm{n}}$ 以上。

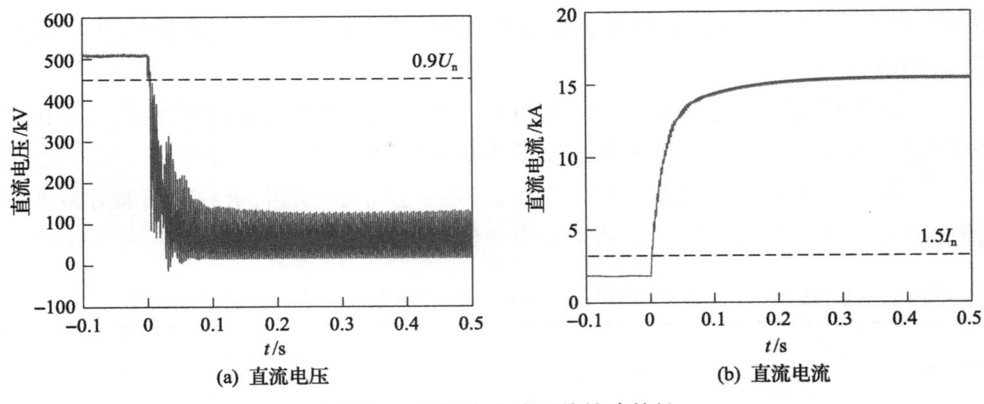

图 7.26　本线路末端区外故障特性

当下一级线路首端区外故障发生时，即图 7.17 中 F3 位置发生故障时，系统的故障特性如图 7.27 所示。故障后，直流电压快速减小到 $0.9U_n$ 以下，直流电流快速上升到 $1.5I_n$ 以上。

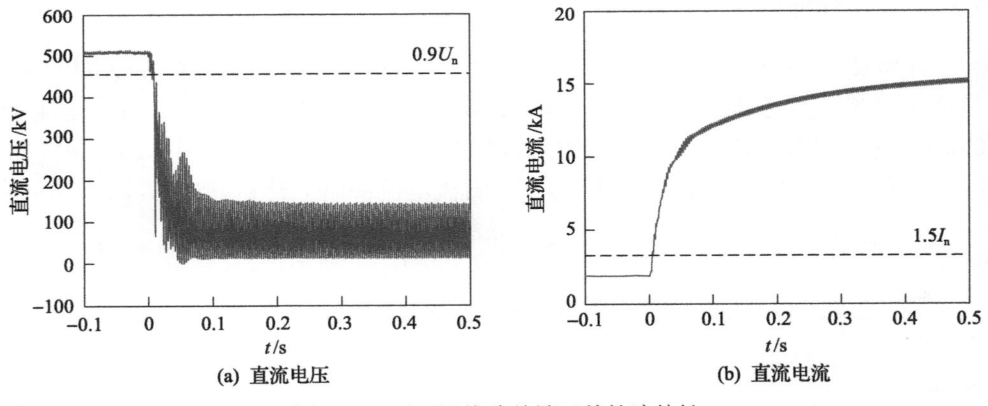

图 7.27　下一级线路首端区外故障特性

当 MMC 近端区外故障发生时，即图 7.17 中 F4 位置发生故障时，系统的故障特性如图 7.28 所示。故障后，直流电压快速减小到 $0.9U_n$ 以下，直流电流快速下降到$-1.5I_n$ 以下。

因此，可通过检测直流电压、直流电流量判断是否为双极短路故障，之后进入区内外故障判别环节。分别监测不同故障情况下限流电抗器两端电压量，提取六次谐波分量，计算电压六次谐波分量幅值比，其结果如表 7.3 所示。

将限流电抗器换流器端电压与限流电抗器线路端电压六次谐波分量幅值的比值作为区内、外故障的判据，判据门槛值设为 2.5，即当六次谐波分量幅值比大于 2.5 时，判定其为区内故障，当六次谐波分量幅值比小于或等于 2.5 时，判定其为区外故障。

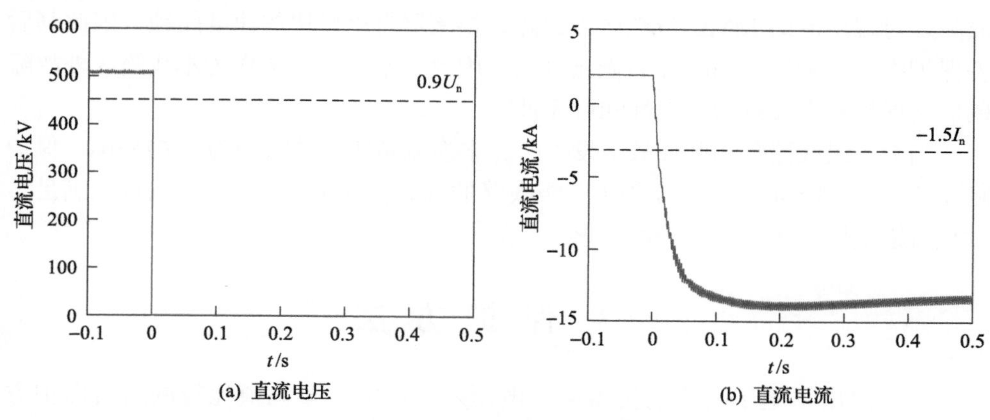

图 7.28　MMC 近端区外故障特性

表 7.3　不同故障位置处电压六次谐波分量幅值比(50km 线路)

故障位置	换流器闭锁时刻/s	电压六次谐波分量幅值比	保护判定结果
区内故障 25km 处	0.60355	8.78	区内故障
区内故障 50km 处	0.60385	3.38	区内故障
本线路末端区外故障	0.60750	1.42	区外故障
下一级线路首端区外故障	0.61550	1.26	区外故障
MMC 近端区外故障	0.60030	0.000132	区外故障

同时，由多组数据仿真得到，区内故障时，限流电抗器两端电压六次谐波分量幅值比随故障距离的变化而变化，当故障距离趋近于 0 时，比值趋近于无穷大。当故障距离趋近于 50km 时，比值趋近于一个定值。且比值随线路长度的增加而单调递减。验证了 7.2.1 节的理论分析，在 50km 线路上，任何位置发生双极短路故障，线路输入阻抗均呈感性，且阻抗值随故障距离的增加而增加。

而本线路末端区外故障、下一级线路首端区外故障、MMC 近端区外故障的限流电抗器两端电压六次谐波分量幅值比均为固定值，因此，可根据线路具体参数，计算各类故障情况下限流电抗器两端电压六次谐波分量幅值比，并设置判定值，有效区分区内、区外故障。

如果区内发生双极短路故障，利用换流器闭锁后 10ms 的暂态信号即可准确判断出故障区域，基于 50km 输电线路，本保护方法将在 13ms 左右，不超过 14ms 动作，具有较好的速动性，可以作为主保护的有效补充。

当本线路末端区外故障发生时，同时也是对端换流站 MMC 近端区外故障，本端换流器闭锁的时间为 0.60750s，后备保护将在故障后 17.5ms 做出判断。而此故障是对端换流站 MMC 近端区外故障，换流器将以极快的速度闭锁，因此其后备保护将在故障后 10ms 左右做出判断。因此，本保护方法作为本线路区外故障的后备保护具有较好的时效性和可靠性。

当下一级线路首端区外故障发生时，本换流站闭锁的时间为 0.61550s，保护将在故障后 25.5ms 动作，作为下一级线路的远后备保护，本保护方法可以满足柔性直流输电网对远后备保护的要求。

7.3 保护方法

本节提出了基于限流电抗器两端电压六次谐波分量幅值比较的后备保护方法，其保护判据包括启动元件、双极短路故障判据、区内区外故障判据，下面分别进行介绍，并提出保护方法流程。

7.3.1 启动元件

为了提高保护的可靠性，避免保护受到干扰时误动，需设置保护启动元件。其由一个稳态判据和一个暂态判据组成，如式(7.13)所示，若其中一个启动判据满足，则保护启动，并展宽 7s。

$$|i_\varphi| > K_1' I_\text{n} \quad \text{或} \quad |\Delta i_\varphi| > K_2' I_\text{n} \tag{7.13}$$

式中，i_φ 为正极电流或负极电流瞬时值；Δi_φ 为正极电流或负极电流变化量，由电流此刻瞬时值减去其前 1ms 的瞬时值得到；I_n 为线路电流额定值。

K_1' 为电流门槛系数，$K_1' I_\text{n}$ 为电流门槛值。K_1' 值的选取应使在无故障情况下，直流线路电流小于电流门槛值，结合本章仿真模型具体情况，此处选取 K_1' 为 1.1。

K_2' 为电流变化量门槛系数，$K_2' I_\text{n}$ 为电流变化量门槛值。K_2' 值的选取应使电流变化量门槛值大于 MMC-HVDC 系统正常运行时直流线路电流的最大波动值，结合本章系统参数并考虑一定裕度，此处选取 K_2' 为 0.1。

7.3.2 双极短路故障判据

由于基于六次谐波的后备保护方法是针对故障电流最为严重的双极短路故障提出的，因此在单极接地故障、交流侧故障等情况下，保护应可靠不动作。双极短路故障发生时，会引起线路电压的骤减、电流的快速上升。单极接地故障由于没有故障回路，只会引起故障极电压变为 0，非故障极电压变为原来的两倍，不会引起持续过电流。交流侧故障由于造成部分能量在直流侧与交流侧传输的中断，会引起线路电压升高或电流减小。

因此，应设置双极短路故障判据，使其他故障不适用于此判据，以排除其他故障对所提保护方法的影响，具体判据为

$$\begin{cases} u_{dc} < K_u U_n \\ \left| i_{dc} \right| \geqslant K_i I_n \end{cases} \tag{7.14}$$

式中，u_{dc}为直流线路极间电压的瞬时值；i_{dc}为直流线路电流的瞬时值；U_n为直流线路极间电压的额定值；I_n为直流线路电流的额定值。

K_u为直流线路极间电压门槛系数，$K_u U_n$为直流线路极间电压门槛值。K_u值的选取应使直流线路极间电压门槛值小于系统正常运行时的直流线路极间电压，并且大于双极短路故障后直流线路极间电压。K_i为直流线路电流门槛系数，$K_i I_n$为直流线路电流门槛值。K_i值的选取应使直流线路电流门槛值大于系统正常运行时直流线路电流。同时，K_u、K_i的取值应使得单极接地故障、交流侧故障等其他故障，不能满足双极短路故障判据。结合本章仿真模型具体情况与 7.2.2 节的分析，此处选取K_u为 0.9，K_i为 1.5。

当式(7.14)满足时，判定系统中有双极短路故障发生，则需进一步根据区内、区外故障判据识别故障位置。

7.3.3　区内外故障判据

本章将限流电抗器换流器端电压与限流电抗器线路端电压的六次谐波分量幅值比作为区内外故障判据，具体为

$$U_{dc1}^{(6)} \big/ U_{dc2}^{(6)} > K_{ra} \tag{7.15}$$

式中，$U_{dc1}^{(6)}$为限流电抗器换流器端电压的六次谐波分量幅值；$U_{dc2}^{(6)}$为限流电抗器线路端电压的六次谐波分量幅值；K_{ra}为限流电抗器两端六次谐波分量幅值比门槛值。

K_{ra}的选取应使得区内故障时，限流电抗器两端电压六次谐波分量幅值比大于门槛值K_{ra}，区外故障时，限流电抗器两端电压六次谐波分量幅值比小于门槛值K_{ra}，能有效区分区内外故障。结合本章仿真模型具体情况与 7.2 节的分析，此处选取K_{ra}为 2.5。如果限流电抗器换流器端电压与限流电抗器线路端电压的六次谐波分量幅值比大于 2.5，则判定其为区内故障，否则判定为区外故障。

7.3.4　保护方法流程

保护方法流程图如图 7.29 所示。根据式(7.13)，对电流变化量或电流瞬时值进行检测，通过启动判据结果，决定是否启动保护。当保护启动后，通过检测直

流线路电压、电流量，看是否满足双极短路故障判别预设门槛值，以判定系统是否发生双极短路故障。如果是，则提取换流器闭锁后 10ms 数据窗的限流电抗器两端电压数据，通过傅里叶变换，计算限流电抗器母线端电压与限流电抗器线路端电压的六次谐波分量幅值比，再通过区内、区外故障判据整定值进行判别，以识别故障是区内故障，还是区外故障。如果判定其为区内故障，则保护需动作。

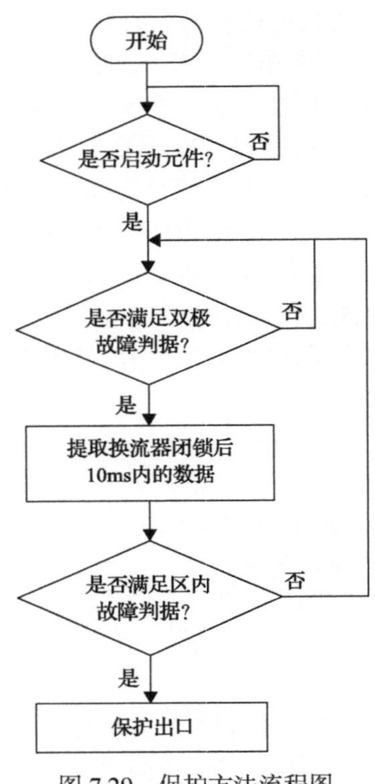

图 7.29　保护方法流程图

7.4　线路长度对保护方法的影响

由 7.2.1 节的分析可知，随着线路长度的增加，不同位置发生双极短路故障时，线路的等效输入阻抗可能变为容性，而此时所提保护方法是否适用，需要进一步分析讨论。

7.4.1　理论分析

本节以张北工程 200km 架空线路为研究对象，分析线路长度对保护方法的影响。不同故障位置的示意图如图 7.30 所示。

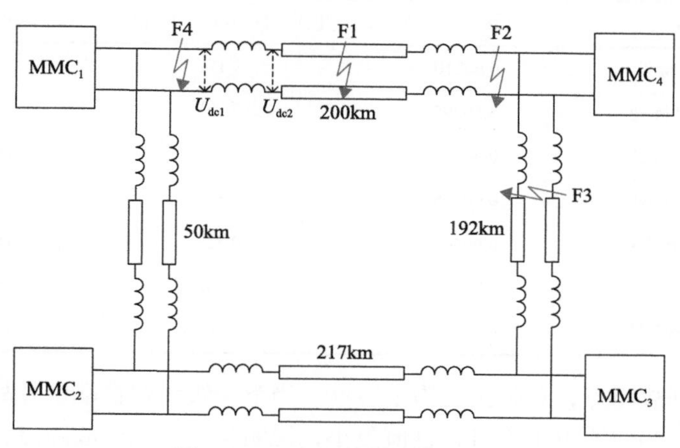

图 7.30　200km 线路故障示意图

由 7.2.1 节的分析可得，当 200km 架空线路发生区内故障时，从限流电抗器线路端计算，输入阻抗为感性，因此，限流电抗器两端电压的六次谐波分量幅值比大于 1。当故障在本条线路末端区外发生时，从限流电抗器线路端计算输入阻抗为容性，因此限流电抗器两端电压的幅值比小于 1。当故障在下一级线路首端发生时，从限流电抗器线路端计算输入阻抗为容性，因此限流电抗器两端电压的幅值比小于 1。可见，虽然在发生本线路末端区外故障或下一级线路首端区外故障时，线路输入阻抗变为容性，这一点与 50km 线路不同，但仍不影响保护方法通过设置合理的整定值，达到区分区内故障、区外故障的目的。因此，可以利用这一特点将 200km 线路区内、区外故障判据设置为

$$U_{\mathrm{dc1}}^{(6)}\Big/U_{\mathrm{dc2}}^{(6)} > K_{\mathrm{ra}}$$

此处选取 K_{ra} 为 1。如果限流电抗器换流器端电压与限流电抗器线路端电压的六次谐波分量幅值比大于 1，则判定其为区内故障，否则判定为区外故障。

7.4.2　仿真验证

为了验证保护方法在 200km 输电线路的可行性，基于如图 7.30 所示四端柔性直流输电模型，对不同故障情况进行仿真测试。得到不同位置发生双极短路故障时，限流电抗器两端电压六次谐波分量幅值比，如表 7.4 所示。

可见，当发生区内故障时，电压六次谐波分量幅值比随故障距离的增加而逐渐减小，但均大于 1，说明在 200km 输电线路发生双极短路故障时，线路等效输入阻抗为感性。当本线路末端区外故障时，电压六次谐波分量幅值比小于 1，说

表 7.4　不同故障位置处电压六次谐波分量幅值比(200km 线路)

故障位置	换流器闭锁时刻/s	电压六次谐波分量幅值比	保护判定结果
区内故障 50km 处	0.60210	3.177	区内故障
区内故障 100km 处	0.60295	2.125	区内故障
区内故障 150km 处	0.60320	1.536	区内故障
区内故障 200km 处	0.60345	1.363	区内故障
本线路末端区外故障	0.60465	0.523	区外故障
下一级线路首端区外故障	0.61015	0.443	区外故障
MMC 近端区外故障	0.60020	0.000287	区外故障

明从监测点到故障点，总阻抗变为了容性。当下一级线路首端区外故障发生时，六次谐波分量幅值比也小于 1，且值更小，说明从监测点到故障点，总阻抗也变为了容性，验证了 7.2.1 节、7.4.1 节的分析。

因此，将电压六次谐波分量幅值比的整定值设定为 1，可有效判定故障的区段。当幅值比大于 1 时，判定其为区内故障，当幅值比小于 1 时，判定其为区外故障，验证了所提保护方法在 200km 线路中的可行性。

7.4.3　保护适用场景

所提保护方法是基于张北工程，利用换流器出口处限流电抗器两端电压六次谐波分量的比值构成保护判据，并分别针对 50km、200km 线路进行了保护的适应性分析。而由 7.2.1 节的分析可知，在 300Hz 谐波情况下，输电线路等效输入阻抗是在线路长度为 216km 时发生谐振，即当线路总长度小于 216km 时，任何位置的区内故障，线路的等效输入阻抗均为感性。而当线路总长度大于 216km 时，对于不同位置的区内故障，线路的等效输入阻抗将会出现感性、容性交替变化的情况。在这种情况下不同位置的区内故障计算得到的限流电抗器两端电压六次谐波分量幅值比，与区外故障时的幅值比，是否有合适的整定值可取，需进一步讨论。

因此，所提保护方法适用于基于 MMC 柔性直流输电系统线路长度小于 216km，且配置限流电抗器的场景。

7.5　保护算法性能分析

为了检验算法的有效性，本节对所提保护方法的动作性能进行了仿真验证，分别分析了过渡电阻对保护的影响、噪声干扰对保护的影响，以及单极接地故障、交流侧故障情况下保护的动作行为。

7.5.1 过渡电阻对保护的影响

为了研究过渡电阻对保护的影响，对不同故障类型，在经不同过渡电阻接地时进行了仿真测试，分别设置过渡电阻为 0.001Ω、1Ω、10Ω、50Ω，区内故障距离为 15km、30km、50km。保护的测试结果如表 7.5 所示，在不同过渡电阻情况下，检测到的限流电抗器两端电压六次谐波分量幅值比均符合区内、区外故障判据，确保了保护能够正确动作，证明所提保护算法具有较好的耐受过渡电阻能力。

表 7.5　故障判断结果(不同过渡电阻)

故障类型	过渡电阻/Ω	故障距离/km	幅值比	判断结果
F1 区内故障	0.001	15	8.810	区内故障
		30	8.345	区内故障
		50	3.005	区内故障
	1	15	12.406	区内故障
		30	7.132	区内故障
		50	3.168	区内故障
	10	15	12.553	区内故障
		30	5.176	区内故障
		50	3.668	区内故障
	50	15	3.869	区内故障
		30	4.220	区内故障
		50	3.894	区内故障
F2 区外故障	0.001	—	1.705	区外故障
	1	—	1.835	区外故障
	10	—	1.670	区外故障
	50	—	1.705	区外故障
F3 区外故障	0.001	—	1.179	区外故障
	1	—	1.228	区外故障
	10	—	1.242	区外故障
	50	—	1.281	区外故障
F4 区外故障	0.001	—	1.786×10^{-5}	区外故障
	1	—	0.020	区外故障
	10	—	0.137	区外故障
	50	—	0.955	区外故障

7.5.2　噪声干扰对保护的影响

为了验证白噪声对保护的影响，分别针对区内故障、本线路末端区外故障、下一级线路首端区外故障、MMC 近端区外故障，在不同信噪比白噪声情况下，进行仿真，过渡电阻选择对保护判据影响较大的50Ω。

表 7.6 分别展示了在无噪声，信噪比为 50dB、40dB、30dB 情况下，各类故障发生时，限流电抗器两端电压六次谐波分量的幅值比，结果均能符合区内外故障判据。因此，所提的保护方法能可靠判断区内、区外故障，证明所提保护方法具有较强的耐噪声能力。

表 7.6　故障判断结果(不同噪声干扰)

故障类型	信噪比/dB	故障距离/km	幅值比	判断结果
F1 区内故障	无噪声	15	3.869	区内故障
		30	4.220	区内故障
		50	3.894	区内故障
	50	15	3.869	区内故障
		30	4.218	区内故障
		50	3.892	区内故障
	40	15	3.869	区内故障
		30	4.222	区内故障
		50	3.896	区内故障
	30	15	3.868	区内故障
		30	4.218	区内故障
		50	3.894	区内故障
F2 区外故障	无噪声	—	1.705	区外故障
	50	—	1.703	区外故障
	40	—	1.705	区外故障
	30	—	1.706	区外故障
F3 区外故障	无噪声	—	1.281	区外故障
	50	—	1.280	区外故障
	40	—	1.279	区外故障
	30	—	1.280	区外故障

续表

故障类型	信噪比/dB	故障距离/km	幅值比	判断结果
F4 区外故障	无噪声	—	0.955	区外故障
	50	—	0.956	区外故障
	40	—	0.956	区外故障
	30	—	0.955	区外故障

7.5.3　单极接地故障

本章所提保护方法针对影响最为严重的双极短路故障，当系统发生单极接地故障时，保护应可靠不动作。因此，当单极接地故障发生时，所检测的直流电压、直流电流量应不满足判据式(7.14)。图 7.31 给出了发生直流单极接地故障时直流极间电压及直流电流的波形。可见，由于线路分布电容放电的影响，线路上将叠加短时的暂态电流，幅值达到 3.1kA 左右，已高于双极短路故障判据中的电流门槛值($1.5I_n$，2.7kA)。但由于系统为伪双极结构，且接地方式为直流侧经大电阻接地，发生单极接地故障后，故障极电压跌落，非故障极电压变为原来的两倍。极间电压基本不变，不满足双极短路故障判据的低压门槛($0.9U_n$，450kV)。因此，该保护方法在单极接地故障情况下不会误动作。

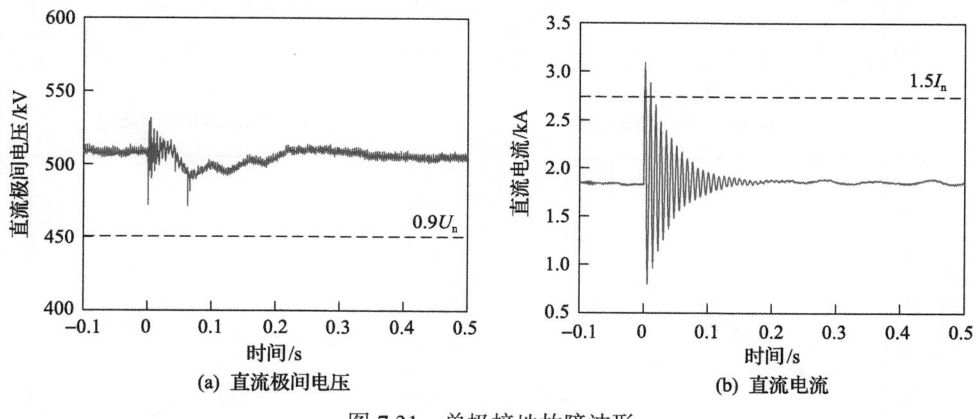

(a) 直流极间电压　(b) 直流电流

图 7.31　单极接地故障波形

7.5.4　交流侧故障

图 7.32(a)～(f)分别给出了换流器交流侧出口处发生单相接地故障、两相接地故障、三相接地故障时的直流电压波形和电流波形。可见，由于 MMC 将交流系统与直流系统隔离，交流侧故障时，交流电流增大，但不会引起直流侧电流升高，即故障电流不会超过双极短路故障判据的电流门槛($1.5I_n$，2.7kA)，也不会引

起直流电压严重跌落，即直流电压不满足双极短路故障判据的低压门槛(0.9U_n，450kV)。因此，当发生交流侧故障时，该保护不会误动作。

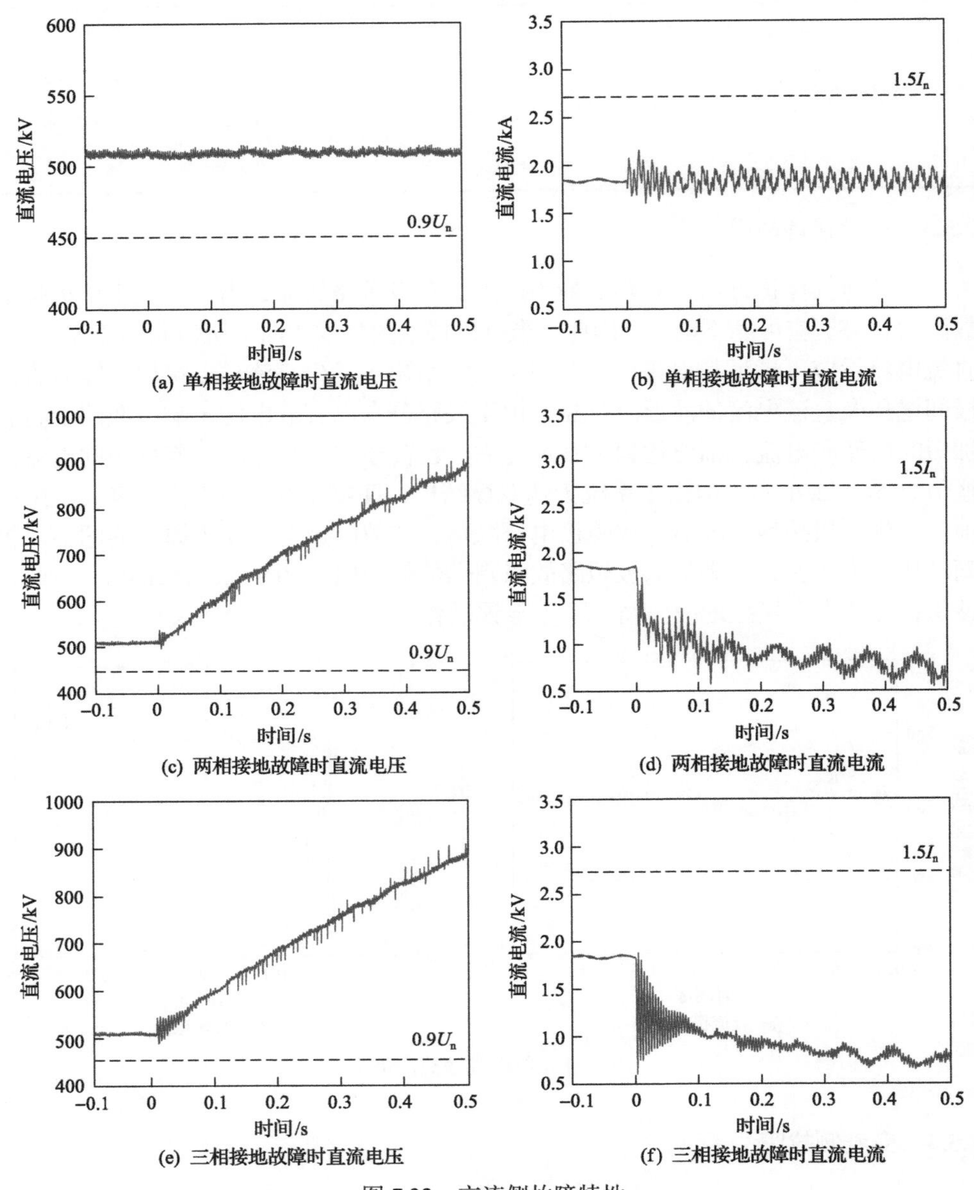

图 7.32　交流侧故障特性

参 考 文 献

[1] 王姗姗, 周孝信, 汤广福, 等. 模块化多电平换流器 HVDC 直流双极短路子模块过电流分析[J]. 中国电机工程

学报, 2011, 31(1): 1-7.
[2] 张国驹, 祁新春, 陈瑶, 等. 模块化多电平换流器直流双极短路特性分析[J]. 电力系统自动化, 2016, 12: 151-157, 199.
[3] 李猛. 柔性直流配电网保护研究[D]. 北京: 华北电力大学, 2018.
[4] 陈崇源. 高等电路[M]. 武汉: 武汉大学出版社, 2000.
[5] 李娟, 薛永端, 徐丙垠, 等. 单相均匀传输线暂态模型参数计算[J]. 电网技术, 2013, 37(4): 1083-1089.
[6] 张伟刚, 张保会. 中性点非直接接地系统零序网络的相频特性[J]. 电力自动化设备, 2010, 30(3): 71-75.
[7] 文明浩, 陈德树, 陈继东, 等. 输电线路分布参数频率特性对能量平衡保护的影响[J]. 电网技术, 2006(9): 35-39.

第 8 章　直流输电线路故障自适应恢复技术

高压直流系统多采用经济性更好的架空线路作为电能传输通道，但架空线路工作环境恶劣，发生瞬时性故障概率较高。研究应对架空线路故障的系统恢复策略是保证直流电网功率可靠传输的有效手段[1]。直流工程多采用经固定时间去游离后的自动恢复策略，此类方法缺乏对于瞬时性/永久性故障的预先判别，需关注并解决以下问题。

(1) 对于永久性故障，线路故障清除后的系统自动恢复策略会对交、直流系统造成二次冲击。此外，对于长时间存在的复杂瞬时性故障，传统经固定时间去游离后的系统恢复策略可能将其误判为永久性故障，导致系统出现不必要的闭锁。如何预先识别线路故障性质，实现永久性故障不恢复、瞬时性故障快速恢复对保障直流系统的可靠运行意义重大。

(2) 直流架空线路耦合特性较弱，传统交流系统利用电磁耦合识别故障性质的方法难以适用。线路故障发生后，LCC 采用移相控制策略快速吸收线路残余能量，MMC 侧通过直流断路器跳闸隔离故障线路，难以有效提取包含故障点状态信息的特征电气量。利用何种电气量进行故障性质识别，对于直流系统而言是一项难题。

(3) 基于电力电子器件的 LCC 与 MMC 换流站控制灵活，如何充分发挥换流站的可控性，使其深度参与系统恢复也是一项难题。

针对上述问题，本章在充分考虑不同直流系统拓扑结构特殊性、控制策略灵活性的基础上，提出了“被动检测、主动注入、智能识别、柔性恢复”的研究思路，分别以 LCC-MMC 混合直流输电系统和 MMC-MMC 柔性直流输电系统为研究对象，围绕特征信号提取、故障性质识别、故障消失时刻判定等展开研究，旨在提出针对直流侧线路故障的自适应恢复技术。

8.1　直流系统自适应恢复技术需求

8.1.1　直流系统自动恢复技术概述

1. 常规直流自动重启技术

常规直流系统主要利用 LCC 的控制特性来恢复电力传输，称为直流线路故障重启（DC-line fault recovery sequence，DFRS）。图 8.1 给出了 DFRS 的具体执行流程。其中，N 为最大重启次数，I_{dc} 为直流侧电流，U_{dc} 为直流侧电压，U_{min} 为判断系统重启成功的电压阈值，t_s 为采样时间，t_{max} 为判断系统重启成功的等待时间。

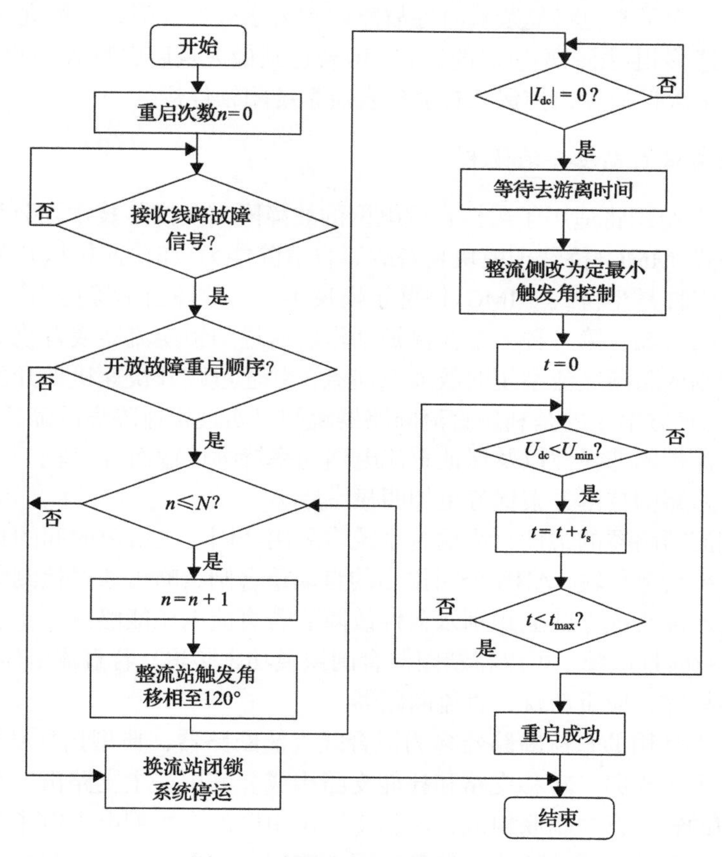

图 8.1 常规直流自动重启流程图

DFRS 主要包括三个阶段。

(1) 移相。控制保护系统接收到线路故障信号后，整流侧触发角被紧急移相至120°，脉冲正常触发阀控系统，即整流站被转换为逆变模式工作，从而使储存在直流系统中的能量回到交流系统中，直流侧电流快速衰减。

(2) 去游离。当直流电流降低至 0kA 时，保持触发角至 160°，经过一段较长的去游离时间(300～500ms)，促使故障点恢复绝缘。

(3) 重启。整流侧的移相信号被去除，转换成定最小触发角控制，继续恢复到原来的整流模式工作，以额定电压或 75%的额定电压重新启动。若瞬时性故障消失并且故障点已经恢复绝缘，直流电流会逐渐增大，直流电压开始恢复，最终稳定在设定值，重启成功；若故障未消失，或因绝缘未恢复导致重启过程中再次发生故障，直流电压将无法重新建立，重启失败，LCC 被闭锁并判别故障为永久性故障。

实际工程为了避免将复杂瞬时性故障误判为永久性故障，一般允许直流系统多次进行上述移相-去游离-重启的过程，但若达到最大重启次数 N 后仍重启失败，则判断发生永久性故障，控保装置会将直流系统闭锁停运。

2. 柔性直流自动重合闸技术

CIGRE 等组织将适用于柔性直流电网的故障隔离及恢复技术划分为两种：第一种是全桥式 MMC(桥臂子模块具备故障自清除能力)和快速机械开关相互配合的方案；第二种是半桥式 MMC(桥臂子模块不具备故障自清除能力)和直流断路器相互配合的方案。第一种方案在保护动作后通过闭锁换流器或者改变换流器控制模式以限制或阻断交流系统向故障点馈流，并通过跳开快速机械开关以实现故障隔离；第二种方案主要是利用直流断路器跳闸以实现快速隔离故障线路的目的。就提高线路保护的选择性以及保证直流电网功率持续传输而言，基于半桥式MMC以及直流断路器的技术方案优势更加明显[2]。

配置直流断路器的柔性直流输电系统多采用经固定去游离时间的自动重合闸策略恢复系统功率传输。ABB 公司提出的自动重合闸策略可通过检测断路器合闸后的直流电压能否成功建立识别永久性故障。若直流电压能够建立，表明故障已经消失，为瞬时性故障，可以将断路器合闸恢复功率传输；若直流电压无法建立，则为永久性故障，应重新跳开直流断路器。

目前工程常用的直流断路器多为混合式直流断路器，典型拓扑结构如图 8.2 所示，主要由主支路、转移支路和耗能支路构成。其中，主支路由一个超快速机械开关和辅助转移开关串联组成；转移支路由串联的全控型电力电子开关构成；耗能支路由串联的避雷器组成。典型的混合直流断路器故障电流阻断流程如下：断路器收到开断指令后，闭锁辅助转移开关，导通转移支路电力电子开关，主支路中的超快速机械开关可在零电流状态下分闸，故障电流被快速换流至转移支路中；待超快速机械开关完全分闸后，通过闭锁转移支路电力电子开关即可阻断故障电流；故障残余能量在耗能支路中的避雷器中被完全消耗。

目前，常规直流和柔性直流工程采用的均为经固定去游离时间的自动恢复策略，缺乏对故障性质的预先判别，无论故障性质如何，系统都将强制重启。对于永久性故障，自动重启将对换流阀造成二次冲击。此外，基于直流断路器的自动重合闸策略对断路器的开断能力也有很高的要求。根据张北工程的试验数据，直流断路器首次跳闸时耗能支路将吸收 90MJ 的能量。当重合于永久性故障时，直流断路器将再次跳闸并吸收巨大的能量，这给避雷器的容量和冷却系统的设计带来了巨大挑战。研究在换流阀重启前主动识别故障性质的自适应恢复策略具有一定的工程意义。

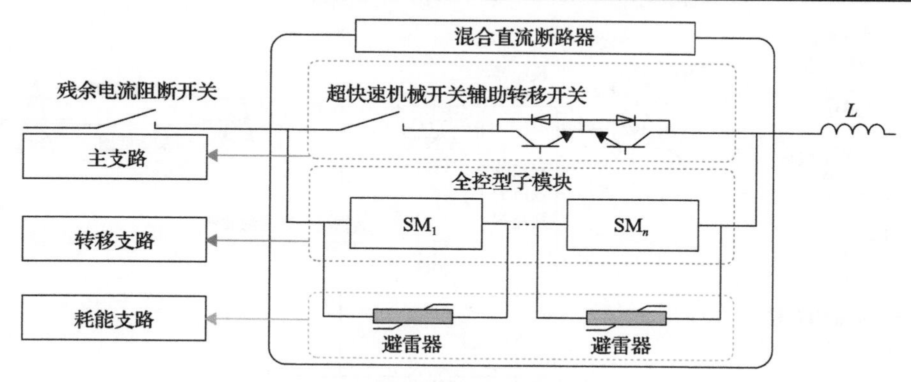

图 8.2　柔性直流自动重合闸流程图

8.1.2　直流系统自适应恢复技术

1. 自适应恢复技术应用范围

直流输电系统保护分区复杂，需要明确不同保护区域的系统恢复方案。直流系统保护覆盖范围主要包含：换流器单元(换流器、换流变压器接引线、换流变压器)、直流侧单元(平波电抗器、直流极线、直流滤波器、直流接地线路)、交流侧单元(交流滤波器和交流母线)。上述区域内的所有设备都应得到保护，相邻区域之间不应存在保护死区。图 8.3 给出了不同类型换流阀对应的保护分区。

按照实际 LCC-HVDC 工程保护配置，一旦检测到极保护区域内故障及直流滤波器故障，不管故障性质为何，都将直接闭锁换流器。考虑到直流架空线路故障多为瞬时性故障，为避免直流系统发生不必要的闭锁，工程上一般采用多次重启的方案来判断故障性质并恢复系统运行。因此，自适应恢复技术主要针对直流架空线路故障提出。

2. 行波传播路径边界特性分析

直流线路发生故障后，为了识别故障性质以判断系统是否具备重启条件，需要借助电气行波对故障点进行探测。考虑三个行波传播边界反射点：LCC 换流站边界、故障点边界、MMC 换流站边界。不同边界点对行波的折反射特性影响不同，需要对其进行进一步分析。

1) LCC 换流站边界

当故障行波传播到 LCC 换流站时，可将原故障网络划分为暂、稳态两个部分，而故障行波的传播过程主要与暂态故障等值网络相关。在暂态网络中，换流阀等效阻抗远小于平波电抗器和直流滤波器的波阻抗，可以忽略不计。因此，LCC 的直流侧等值边界模型可表示为图 8.4 所示电路。其中，LCC 直流侧滤波器(双调谐

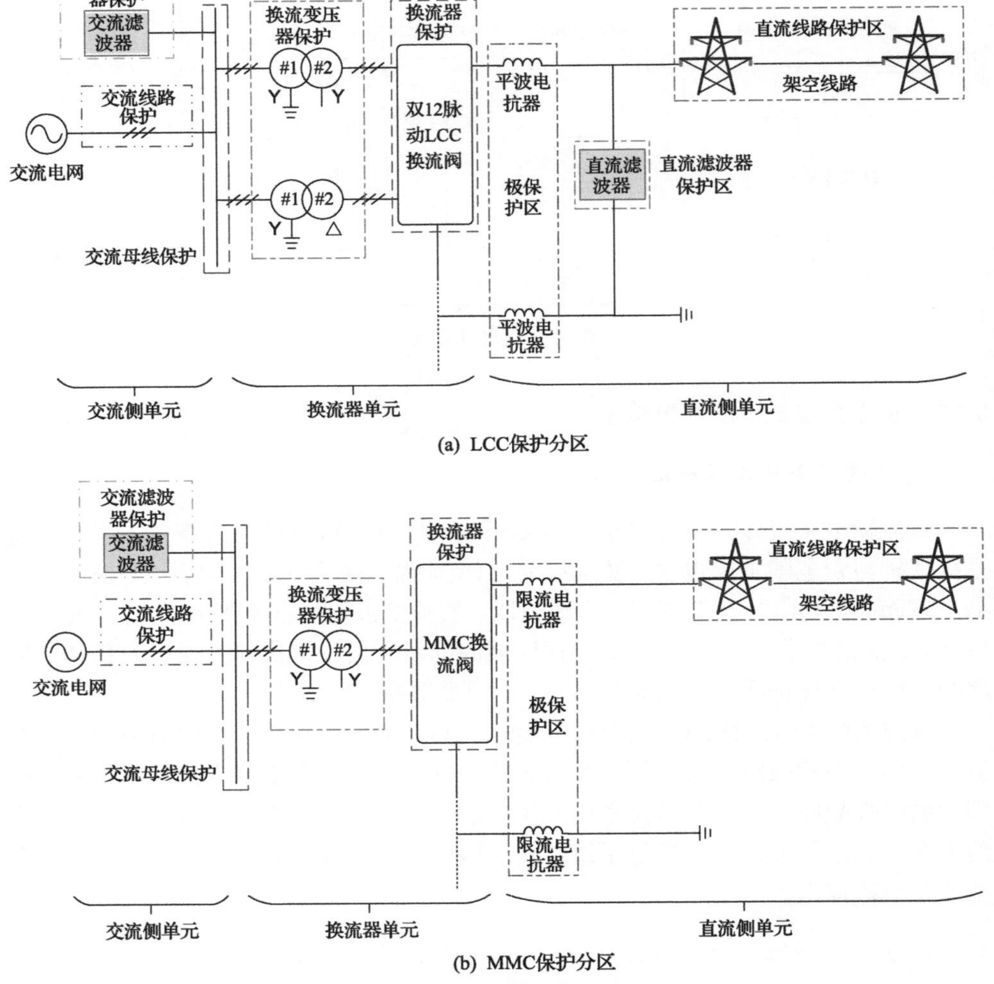

图 8.3　不同类型换流阀保护分区

滤波器）和平波电抗器均可视为集中参数。

由图 8.4 可得直流滤波器的复频域阻抗 $Z_{\text{filter}}(s)$ 为

$$Z_{\text{filter}}(s)=\left(\frac{1}{sC_{\text{f1}}}+sL_{\text{f1}}+\frac{1}{sC_{\text{f2}}}//sL_{\text{f2}}+\frac{1}{sC_{\text{f3}}}//sL_{\text{f3}}\right) \tag{8.1}$$

式中，L_{f1}～L_{f3} 为直流滤波电感；C_{f1}～C_{f3} 为直流滤波电容；L_{r1} 和 L_{r2} 为平波电抗器。则单极 LCC 换流站在复频域的行波等值阻抗为

$$Z_{\text{LCC}}(s)=Z_{\text{filter}}(s)//s(L_{\text{r1}}+L_{\text{r2}}) \tag{8.2}$$

由式(8.2)可知，行波在 LCC 换流站的折、反射特性受滤波器参数影响较大，折、反射系数计算复杂，解析较为困难。

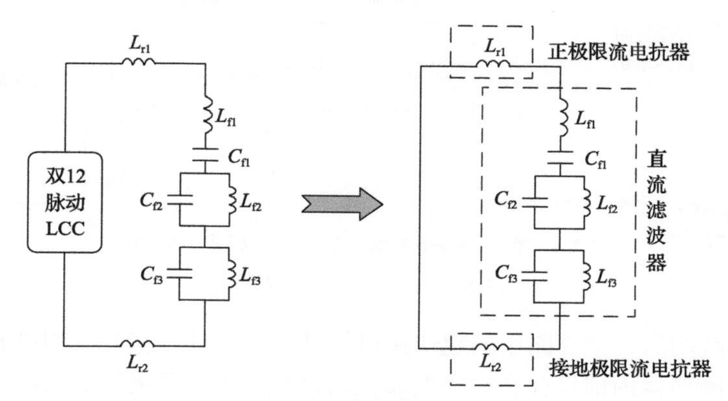

图 8.4　LCC 换流站边界

2) 故障点边界

当行波传播至故障点时也将发生折、反射，此处以电压行波为例进行分析。假定入射波 u_{1q} 传播至故障点，则折射波 u_{2q}、折射系数α_f、反射波 u_{1f}、反射系数β_f可由式(8.3)计算：

$$
\begin{cases}
u_{2q} = \alpha_f u_{1q} = \dfrac{2Z_2}{Z_2 + Z_1} u_{1q} \\
\alpha_f = \dfrac{2Z_2}{Z_2 + Z_1} = \dfrac{2Z_C // R_f}{Z_C // R_f + Z_C} > 0 \\
u_{1f} = \beta_f u_{1q} = \dfrac{Z_2 - Z_1}{Z_2 + Z_1} u_{1q} \\
\beta_f = \dfrac{Z_2 - Z_1}{Z_2 + Z_1} = \dfrac{Z_C // R_f - Z_C}{Z_C // R_f + Z_C} < 0
\end{cases}
\tag{8.3}
$$

式中，Z_1、Z_2为故障点前后的等效阻抗；Z_C为线路波阻抗；R_f为故障电阻。由于故障点前的波阻抗是连续的，所以 Z_1 等于线路的波阻抗 Z_C，而故障点后的波阻抗可以等效为 Z_C 和故障电阻 R_f 的并联。

由式(8.3)可知，电压行波在故障点的折、反射系数受故障电阻影响较大，对于未知的故障电阻，难以定量分析行波在故障点的折、反射系数。但电压行波在故障点的反射系数恒为负，折射系数恒为正。

3) MMC 换流站边界

对于配置直流断路器的 MMC 换流站，线路保护动作后，故障线路边界主要由跳闸的直流断路器、限流电抗器和换流站串联构成。此处以反串联结构的混合式直流断路器为例进行分析，跳闸后的直流断路器拓扑及放电路径如图 8.5 所示。

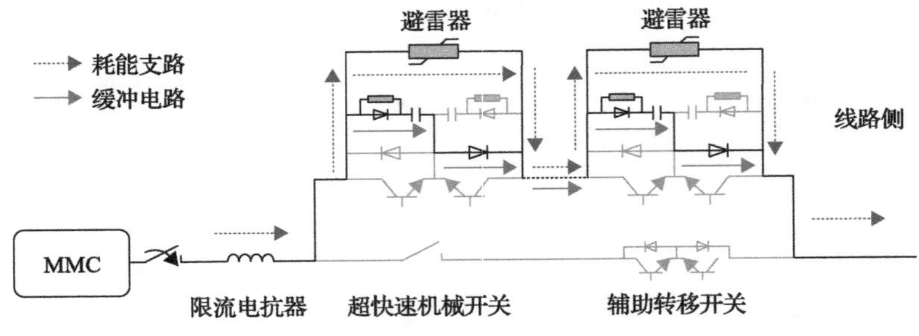

图 8.5　MMC 换流站边界

断路器跳闸后，主支路中的超快速机械开关和辅助转移开关均可看作开路状态。此时，断路器内部仅存在两条电流流通路径：第一条电流流通路径为由金属氧化物避雷器组成的耗能支路；第二条电流流通路径为转移支路中的全控型电力电子器件配置的缓冲电路。当直流断路器将故障电流转移至耗能支路时，金属氧化物避雷器将被导通，进而消耗限流电抗器等元件储存的残余能量以隔离故障线路。随着能量的消耗，避雷器会再次恢复绝缘。缓冲支路主要是用于抑制全控型电力电子器件在关断过程中的浪涌电压，它主要是由电阻、二极管和电容组成。由图 8.5 可知，在断路器跳闸后，缓冲支路中的电容将串联接入故障回路当中，进而阻断 MMC 向故障点注入故障电流。因此，对于跳闸的直流断路器，可以将其当作开路点看待。根据行波传播理论，电压行波在跳闸后的直流断路器处的反射系数恒为 1。

3. 故障点状态特征信息分析

直流系统功率恢复传输的前提是故障消失，而判断故障消失与否的关键是找出故障消失前后的电气量变化特征。从时域和频域两个角度，针对 LCC-MMC 系统及 MMC-MMC 系统线路故障消失前后的电气特征量差异进行分析，为提出相应的故障性质识别方法奠定基础。

1) LCC-MMC 时频域特征

(1) 时域特征。当 LCC-MMC 系统线路上发生故障后，LCC 换流站在检测到直流电压降低后首先启动低压限流控制以限制故障电流。此后，保护装置在检测到故障后，极控装置将启动移相控制策略将 LCC 换流站触发角强制移相至 160°，主要目的是让换流站工作于逆变模式进而从故障线路上吸收残余能量以加速故障点熄弧。对于受端 MMC，跳闸的直流断路器可直接当作开路点。此外，由于 MMC 对于故障清除速度的要求更高，直流断路器动作(故障后 3ms)要早于 LCC 侧移相控制(故障后 10ms)，可以认为 LCC 侧移相控制动作时，MMC 出口断路器已经处于开路状态。假定一±800kV LCC-MMC 系统发生正极永久性金属接地故障，图 8.6 给出了故障清除期间的线路电压、电流波形。

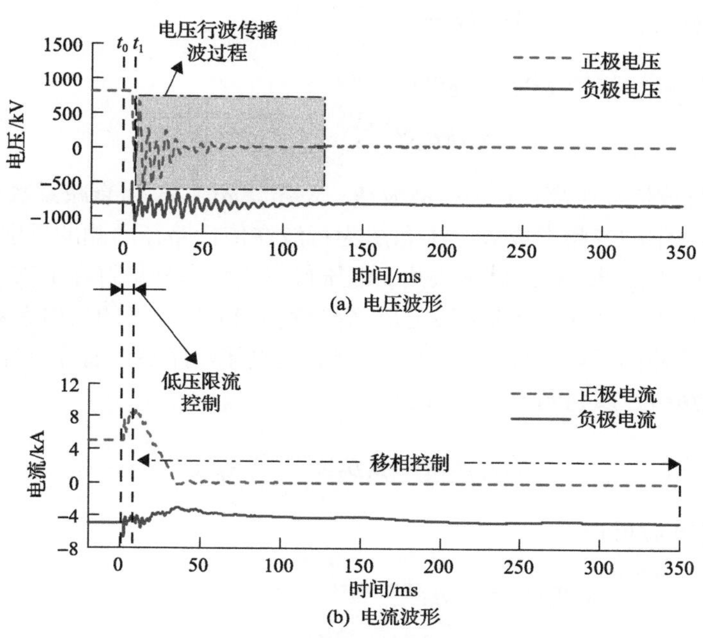

图 8.6　LCC-MMC 线路故障电压、电流波形

如图 8.6 所示，假定故障在 t_0 时刻发生，LCC 启动低压限流控制以限制故障电流。t_1 时刻直流线路保护装置发出移相信号，LCC 从故障线路吸收残余电流。此过程中，线路残余电压行波会在 LCC 边界与故障点和跳闸的直流断路器之间往返传播，呈现出如图 8.6(a)所示的电压行波波过程。

(1)当电压行波传播至 LCC 侧时，其在直流滤波器与平波电抗器等效边界处发生折、反射，其中反射波将传播至故障点。

(2)当电压行波传播至故障点时，故障点处的反射波将再次传播至 LCC 换流站边界，折射波传播至 MMC 侧的断路器处。

(3)当电压行波传播至断路器处，将被断路器全部反射至故障点。

在上述过程中，故障点处的反射波极性将发生反转，断路器处的反射波极性不变，进而呈现出图 8.6(a)所示的电压波动。需要注意的是，由于 LCC 边界的复杂特征，电压行波在该处的反射波极性和幅值受滤波器参数影响较大，难以具体分析行波在线路上传播的时域特征，这将对基于残余电压行波暂态特征的故障性质识别方法带来挑战。此外，线路残余电流在 LCC 换流站逆变工作状态的作用下快速衰减至零，如图 8.6(b)所示，现有基于残余电流行波的故障性质识别方法也难以适用。

(2)频域特征。输电线路发生故障后，电压行波频谱由一系列频率不同的成分组成，这些频率称为固有频率[3]，满足式(8.4)。固有频率中频率最小的成分能量占比最大，称为固有频率的主成分。

$$\begin{aligned} e^{2s_n l/v} &= e^{2(\sigma_n + j\omega_n)l/v} \\ &= \beta_1\beta_2 e^{j2k\pi}, \quad k = 0, \pm 1, \pm 2, \ldots \end{aligned} \tag{8.4}$$

式中，l 为行波传播距离；v 为行波波速；$s_n=\sigma_n+j\omega_n$；σ_n 为衰减系数；ω_n 为对应行波固有频率中的各频率成分；β_1 和β_2 为行波在传播路径两侧的反射系数。

对于瞬时性故障，在故障消失后，电压行波主频率分量将在LCC换流站与跳闸的直流断路器之间往返传播。假定β_1、θ_1 分别为LCC边界的反射系数和反射角，由于平波电抗器的存在，$\beta_1>0$。由于跳闸后的直流断路器可看作开路，对应的行波反射系数$\beta_2=1$，反射角 $\theta_2=0°$，此时有

$$\beta_1(s)\beta_2(s)=|\beta_1\beta_2| e^{j(\theta_1+\theta_2)}=\beta_1 e^{j\theta_1} \tag{8.5}$$

结合式(8.4)可得

$$\begin{aligned} e^{2(\sigma_n + j\omega_n)l/v} &= \beta_1 e^{j(\theta_1 + 2k\pi)} \\ &= e^{\ln\beta_1 + j(\theta_1 + 2k\pi)}, \quad k = 0, \pm 1, \pm 2, \cdots \end{aligned} \tag{8.6}$$

式(8.6)两边虚部相等，固有频率f_n满足

$$f_n = \frac{\omega_n}{2\pi} = \frac{(\theta_1 + 2k\pi)v}{4\pi l}, \quad k = n, n = 1, 2, \cdots \tag{8.7}$$

当 n=1 时，固有频率的主频率 f_1 满足

$$f_1 = \frac{(\theta_1 + 2\pi)v}{4\pi l} \tag{8.8}$$

对于永久性故障，故障点反射系数$\beta_2=-1$，反射角 $\theta_2=\pi$。在故障点与LCC换流站之间往返传播的电压行波主频率分量满足

$$\beta_1(s)\beta_2(s)=|\beta_1||\beta_2| e^{j(\theta_1+\theta_2)}=|\beta_1| e^{j(\theta_1+\pi)} \tag{8.9}$$

结合式(8.4)可得

$$e^{2(\sigma_n + j\omega_n)l/v} = e^{\ln|\beta_1| + j[\theta_1 + (2k+1)\pi]}, \quad k = 0, \pm 1, \pm 2, \cdots \tag{8.10}$$

式(8.10)两边虚部相等，固有频率 f_n 满足

$$f_n = \frac{\omega_n}{2\pi} = \frac{\left[\theta_1 + (2k+1)\pi\right]v}{4\pi l}, \quad k = n-1, n = 1,2,\cdots \tag{8.11}$$

此时，固有频率的主频率 f_1 满足

$$f_1 = \frac{(\theta_1 + \pi)v}{4\pi l} \tag{8.12}$$

由式(8.8)和式(8.12)可知，LCC-MMC 系统发生线路故障后的故障行波主频率分量受 LCC 边界反射角 θ_1 的影响较大。在 θ_1 未知的条件下，难以通过比较频率成分寻求故障消失前后的特征差异。

对于 LCC-MMC 系统，在故障清除期间，受 LCC 逆变工作状态的影响，基于残余电气信息的故障性质识别方法不再适用；受 LCC 换流站边界复杂特性的影响，直流线路上电气特征量无显著的频域特征，需要借助额外的设备向故障线路注入特征信号以识别故障性质。此时，主要存在 LCC、MMC 及直流断路器三个可控电力电子设备，通过适当的控制方式，三者均可用来向故障线路注入特征电气量，图 8.7 给出了不同的信号注入方式下的特征信号传播示意图。

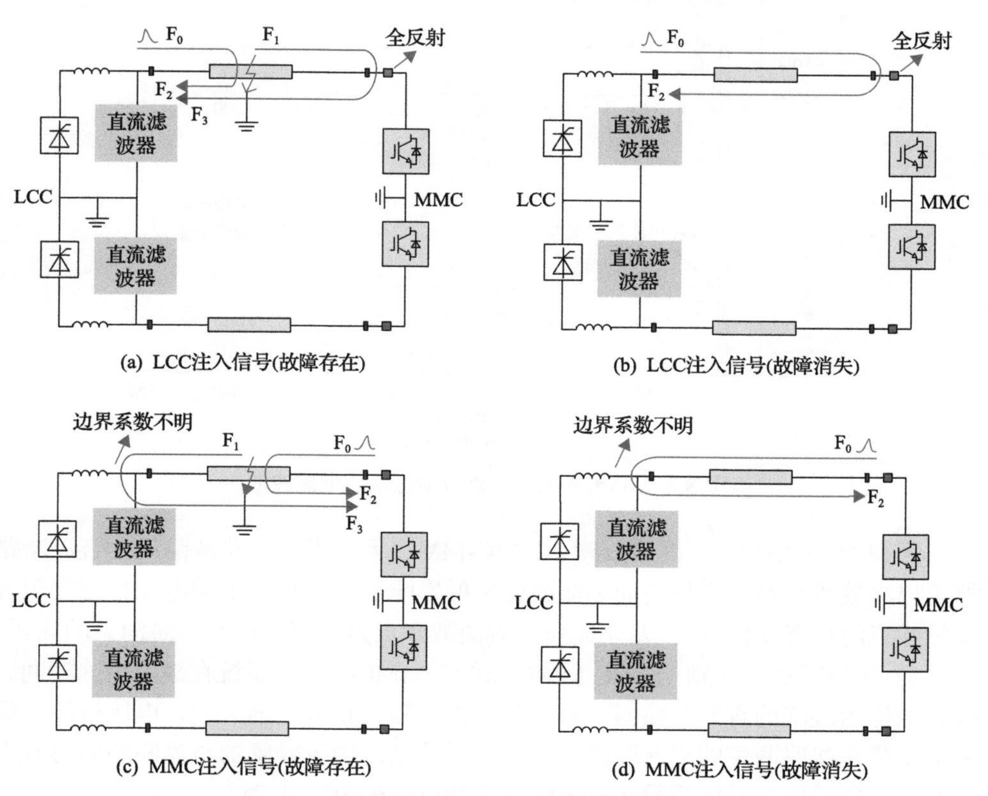

图 8.7　LCC/MMC 注入特征信号传播路径

如图 8.7 所示，当利用 LCC 或 MMC 向故障线路注入特征信号后，该信号在故障存在与故障消失两种工况下的传播路径有着显著差异。通过量化分析注入信号在不同故障下的传播特征即可主动识别故障性质。但需要注意的是，对于 LCC-MMC 系统，如果利用 MMC 向故障线路注入特征信号，该信号将受到逆变工作的 LCC 影响。考虑到 MMC 出口直流断路器的存在，当断路器跳闸后可以将其直接当作开路点，行波反射系数为 1，边界特性简单。本章将探究基于 LCC 的信号注入方法以辅助识别故障性质，为系统恢复提供依据。

2) MMC-MMC 时频域特征

(1) 时域特征。当 MMC-MMC 系统线路上发生故障后，可通过跳开故障线路两端直流断路器的方式选择性隔离故障线路。假定 ±800kV MMC-MMC 系统发生正极永久性金属接地故障，图 8.8 给出了故障清除期间的线路电压、电流波形。

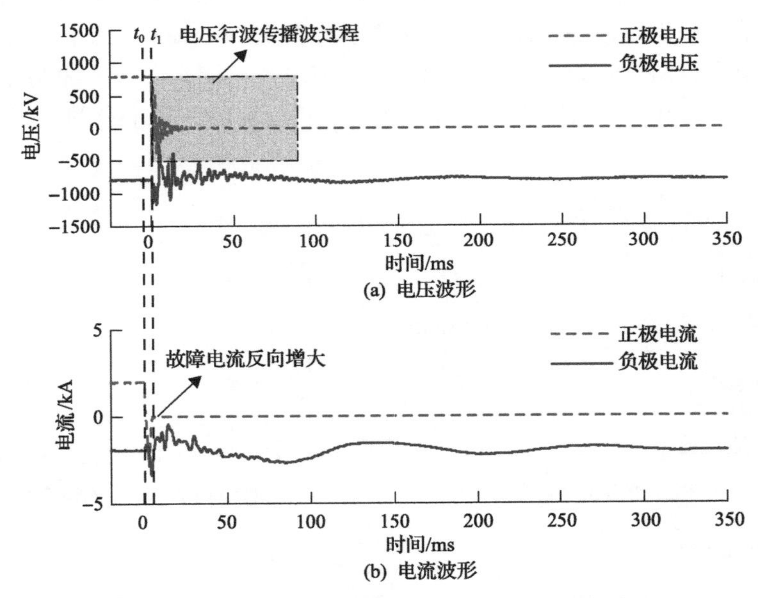

图 8.8　MMC-MMC 线路故障电压、电流波形

区别于 LCC-MMC 线路故障，MMC-MMC 系统发生线路故障后，直流断路器可以将故障线路完全隔离而不受换流站的影响。而线路残余的电压行波则包含了故障点的状态变化过程，基于此可以解决故障点是否消失以及何时消失的问题。

(2) 频域特征。区别于 LCC-MMC 系统，MMC-MMC 系统在故障清除期间，线路两侧为跳闸的直流断路器。对于瞬时性故障，在故障消失后，电压行波主频率分量将在线路两侧的直流断路器之间往返传播。由于跳闸的直流断路器可看作开路，对应的行波反射系数 $\beta_1=\beta_2=1$，反射角 $\theta_1=\theta_2=0°$，此时

$$\beta_1(s)\beta_2(s)=|\beta_1||\beta_2|\mathrm{e}^{\mathrm{j}(\theta_1+\theta_2)}=1 \tag{8.13}$$

结合式(8.4)可得

$$\begin{aligned}\mathrm{e}^{2(\sigma_n+\mathrm{j}\omega_n)l/v}&=\beta_1\beta_2\mathrm{e}^{\mathrm{j}2k\pi}\\&=\mathrm{e}^{\mathrm{j}2k\pi},\quad k=0,\pm1,\pm2,\cdots\end{aligned} \tag{8.14}$$

式(8.14)两边虚部相等，固有频率f_n满足

$$f_n=\frac{\omega_n}{2\pi}=\frac{kv}{2l},\quad k=n,n=1,2,\cdots \tag{8.15}$$

当n=1 时，固有频率的主频率f_1满足

$$f_1=\frac{v}{2l} \tag{8.16}$$

对于永久性故障，故障电压行波在直流断路器和故障点之间往返传播，对应的行波反射系数β_1=1、β_2=−1，反射角 θ_1=0°、θ_2=π，对应的故障点反射系数β_2为实数且小于 0，此时：

$$\beta_1(s)\beta_2(s)=|\beta_1||\beta_2|\mathrm{e}^{\mathrm{j}(\theta_1+\theta_2)}=\mathrm{e}^{\mathrm{j}\pi} \tag{8.17}$$

结合式(8.4)可得

$$\mathrm{e}^{2(\sigma_n+\mathrm{j}\omega_n)l/v}=\mathrm{e}^{\mathrm{j}(2k+1)\pi},\quad k=0,\pm1,\pm2,\cdots \tag{8.18}$$

式(8.18)两边虚部相等，固有频率f_n满足

$$f_n=\frac{\omega_n}{2\pi}=\frac{(2k+1)v}{4l},\quad k=n-1,n=1,2,\cdots \tag{8.19}$$

此时，固有频率的主频率f_1满足

$$f_1=\frac{v}{4l} \tag{8.20}$$

由式(8.16)和式(8.20)可知，对于 MMC-MMC 系统，断路器跳闸后的电压行波主频率仅受行波波速和故障距离的影响。当故障消失后，电压行波在两侧断路器之间往返传播，对于长度已知的线路，行波主频率可根据式(8.20)计算求得。而当故障存在时，受边界反射系数以及故障距离的影响，电压行波主频率不满足式(8.20)。此外，在故障消失后，故障电压行波的传播距离将从故障距离变为线

路长度，电压行波的主频率也将发生跃变。因此，通过实时监测故障后残余电压行波的主频率即可识别故障消失与否，进而判断故障性质并设定重合闸时间。

8.2 基于换流器控制协同的 LCC-MMC 自适应重启技术

8.2.1 研究思路

由 8.1.2 节分析可知，对于 LCC-MMC 系统，应采用基于 LCC 的信号注入方法辅助识别故障性质。假定 F_{tw} 是通过控制 LCC 向故障线路注入的电压前行波，图 8.9 给出了 F_{tw} 在不同故障时的传播路径。对于瞬时性故障，故障消失后，F_{tw} 将在对侧跳闸的直流断路器处发生极性为正的全反射，如图 8.9(a)所示；对于永久性故障，F_{tw} 将在故障点处发生极性为负的全反射，如图 8.9(b)所示。其中，B_{tw} 表示在测量点 M_1 处实际计算得到的反行波，DCF(dc filter)表示直流滤波器。图 8.9(c)表示 F_{tw} 在健全线路上的传播过程，当 F_{tw} 已知时，结合行波在直流线路上的传播过程解析以及直流断路器的边界反射系数，传播至 M_1 处的反行波可被估算出来，将该估算求得的反行波记为 B_{twe}。

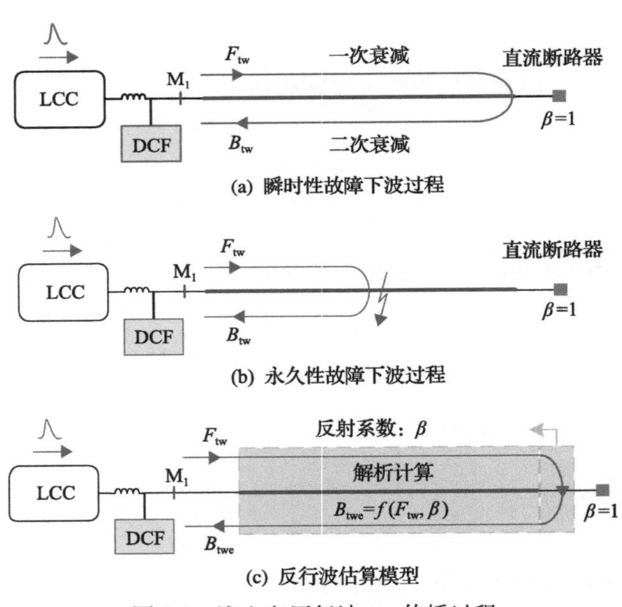

图 8.9 注入电压行波 F_{tw} 传播过程

图 8.9(c)中，$B_{twe}=f(F_{tw}, \beta)$ 代表估算反行波 B_{twe} 与注入电压行波 F_{tw} 和断路器反射系数 β 之间的函数关系，$f(x)$ 函数代表电压行波在线路上传播过程的解析函数。对比图 8.9(a)和(c)，注入电压行波 F_{tw} 在瞬时性故障消失后的传播过程与其

在健全线路上的传播过程一致，因此计算得到的反行波 B_{tw} 和预先估算的反行波 B_{twe} 也将保持一致。对于永久性故障，由于行波传播路径以及反射点的反射系数不同，B_{tw} 和 B_{twe} 存在较大差异。基于此，本节提出了一种通过比较测量反行波与估算反行波的波形相似度进而识别故障性质的方法。

8.2.2　反行波估算

为了准确估算反行波 B_{twe}，需解决三个问题：基于 LCC 的信号注入方法；行波传播过程解析；直流断路器边界反射系数计算。其中，跳闸的直流断路器边界反射系数等于 1，此处重点针对前两个问题展开分析。

1. 基于 LCC 的信号注入方法

对于 12 脉动 LCC 整流阀，其正极对地直流电压 U_{dc} 表示为

$$U_{dc} = 2.7U_1\cos\alpha - \frac{6}{\pi}X_{r1}I_{dc} \tag{8.21}$$

式中，U_1 为换流变压器二次侧线电压；I_{dc} 为直流电流；X_{r1} 为换相电抗；α 为触发角。

在直流线路故障清除期间，整流侧 LCC 将工作于逆变状态。由于晶闸管的单向导通性，直流电流 I_{dc} 等于 0kA，此时直流电压 U_{dc} 主要由 LCC 的触发角 α 决定。在此期间，通过将 LCC 的触发角调整至小于 90°，LCC 即可重新工作于整流状态，并向故障线路注入一个电压信号。需要注意的是，为了避免故障点被注入的电压信号二次击穿并降低信号注入过程中对交流侧电网产生的扰动，在保证故障性质可靠识别的基础上，需要对注入电压信号的幅值和持续时间加以限制。

1）注入电压信号幅值

假定线路发生一个存在时间较长的瞬时性故障，当检测信号首次被注入故障线路时，由于故障点尚未消失，该故障将会被误判为永久性故障。为了避免此类误判，当第一次检测结果为永久性故障时，需要进行二次信号注入进一步识别故障性质。在每次信号注入的过程当中，如果注入幅值较大的电压信号，则有助于故障性质的判断，但也会将故障点的绝缘状态完全破坏，这将增加故障点的去游离时长，降低系统恢复速度。当故障为永久性故障时，在信号注入过程中，交流系统将通过 LCC 以及故障线路向故障点放电，这无疑也会对交流电网带来扰动，且随着注入信号幅值的增大，带来的扰动也将增加。因此，注入电压信号幅值不应太大。

基于式(8.21)，在故障清除期间，触发角 α 越接近 90°，注入电压信号的幅值越小。但为了避免噪声对故障性质识别带来的干扰，注入的电压信号幅值也

不能过小。本节中，LCC 换流变压器二次侧线电压为 172.3kV，在信号注入时，可将触发角设置为 87°，则注入的电压信号最大幅值约为 24.35kV。相比于系统直流侧 800kV 的额定电压，该注入信号幅值给交直流侧带来的扰动均在可接受范围内。

2) 注入电压信号时长

由 12 脉动 LCC 换流阀换流原理可知，其 12 个晶闸管单元的导通角依次滞后 30°，如晶闸管 2 的导通角滞后晶闸管 1 的导通角 30°，晶闸管 3 的导通角滞后晶闸管 2 的导通角 30°。因此，每两个相邻编号的晶闸管对应的触发脉冲也依次滞后 30°。在故障点去游离过程中，LCC 的触发角设置为 150°，以换流阀二次侧 A 相电压的相角为基准，表 8.1 给出了 1～12 号晶闸管单元导通时对应的 A 相电压相角。以 1 号晶闸管单元为例，当阀控系统对 1 号晶闸管施加触发脉冲时，对应的 A 相电压相角即为 180°。

表 8.1　1～12 号晶闸管单元导通时 A 相电压相角(LCC 触发角=150°)

晶闸管	1	2	3	4	5	6
导通角/(°)	180	210	240	270	300	330
晶闸管	7	8	9	10	11	12
导通角/(°)	360	30	60	90	120	150

进一步分析信号注入过程中 LCC 触发角的变化状态。对于 12 脉动 LCC 换流阀，当其工作在非换相状态时，共有 4 个晶闸管单元处于导通状态(每个 6 脉动换流器有 2 个晶闸管单元导通)。假定信号注入时(LCC 的触发角从 150°调整至 87°)，换流阀二次侧 A 相电压的相角等于 40°。此时，由表 8-1 可知，5～8 号的晶闸管单元正处于导通状态。如果不改变换流阀触发角，9 号晶闸管单元也随之进入导通状态，而 5 号晶闸管单元将在反向电压的作用下关断，进而完成换相过程。但当通过改变触发角的方式向故障线路注入电压信号时，1～12 号晶闸管单元导通时对应的 A 相电压相角也将随之改变，表 8.2 给出了此时各晶闸管单元导通时对应的 A 相电压相角。

表 8.2　1～12 号晶闸管单元导通时 A 相电压相角(LCC 触发角=87°)

晶闸管	1	2	3	4	5	6
导通角/(°)	117	147	177	207	237	267
晶闸管	7	8	9	10	11	12
导通角/(°)	297	327	357	27	57	87

由于 LCC 注入电压信号时对应的 A 相电压相角为 40°，由表 8.2 可知，下一个导通的晶闸管应该是触发角为 57°的 11 号晶闸管。参照 CIGRE 的标准 LCC-HVDC 模型触发原理，当改变 LCC 的触发角时，触发脉冲并不会断续产生，而是先依照触发角改变前的顺序依次产生，只是相较于正常导通时的 30°导通角，此时每个晶闸管单元的导通时间将缩短，以便快速进入 40°触发角条件下的导通顺序。以表 8.2 为例，当触发角从 150°变为 40°时，导通晶闸管单元从 5、6、7、8 号晶闸管快速转变为 7、8、9、10 号晶闸管。因此，对于工作在逆变状态的 LCC 换流阀(触发角为 150°)，只需将其触发角调整至小于 90°(此处选择 87°)，LCC 即可向故障线路注入特征电压信号。需要注意的是，当向故障线路注入电压信号时，如果故障尚未消失，交流侧电网将通过 LCC 向故障点放电，这无疑会给交流侧电网带来扰动，需要对信号注入的时间加以限制，本节选定的注入信号时长为 1ms。

2. 行波传播过程解析

为了准确地解析行波在架空线路上的传播过程，需要对架空线路进行精确建模，首先在频域中建立架空线路模型。然后，基于递归卷积定理，得到架空线路模型的时域表达。在频域中，架空线路一端的前行波 $F(\omega)$、反行波 $B(\omega)$、端电压 $U(\omega)$ 及端电流 $I(\omega)$ 满足式(8.22)：

$$\begin{cases} F_n(\omega) = U_n(\omega) + Z_{\mathrm{c}}(\omega) I_n(\omega) \\ B_n(\omega) = U_n(\omega) - Z_{\mathrm{c}}(\omega) I_n(\omega) \\ Z_{\mathrm{c}}(\omega) = \sqrt{\left[R(\omega) + \mathrm{j}\omega L(\omega)\right] / \left[G(\omega) + \mathrm{j}\omega C(\omega)\right]} \end{cases} \tag{8.22}$$

式中，n=k、m，表示线路两端；$Z_{\mathrm{c}}(\omega)$ 为线路特征阻抗；$R(\omega)$、$L(\omega)$、$G(\omega)$ 和 $C(\omega)$ 分别为线路电阻、电感、电导和电容。

线路两侧的前行波与反行波满足式(8.23)：

$$\begin{cases} B_{\mathrm{k}}(\omega) = A(\omega) F_{\mathrm{m}}(\omega) \\ B_{\mathrm{m}}(\omega) = A(\omega) F_{\mathrm{k}}(\omega) \\ A(\omega) = \mathrm{e}^{-\gamma(\omega) l} \\ \gamma(\omega) = \sqrt{\left[R(\omega) + \mathrm{j}\omega L(\omega)\right]\left[G(\omega) + \mathrm{j}\omega C(\omega)\right]} \end{cases} \tag{8.23}$$

式中，$A(\omega)$ 为线路的衰减函数；$\gamma(\omega)$ 为行波的传播系数；l 为线路长度。

结合式(8.22)和式(8.23)可得 k 端电压的频域表达式：

$$\begin{aligned} U_{\mathrm{k}}(\omega) &= Z_{\mathrm{c}}(\omega) I_{\mathrm{k}}(\omega) + A(\omega) F_{\mathrm{m}}(\omega) \\ &= Z_{\mathrm{c}}(\omega) I_{\mathrm{k}}(\omega) + A(\omega) U_{\mathrm{m}}(\omega) + Z_{\mathrm{c}}(\omega) A(\omega) I_{\mathrm{m}}(\omega) \end{aligned} \tag{8.24}$$

为了求得 k 端电压的时域表达，需要对式(8.24)做递归卷积计算。利用矢量匹配法在复频域将 $Z_c(\omega)$ 和 $A(\omega)$ 展开为式(8.25)：

$$\begin{cases} Z_c(\omega) = b_0 + \sum_{i=1}^{N_1} \dfrac{b_i}{s - a_i} \\ A(\omega) = e^{-s\tau} \sum_{i=1}^{N_2} \dfrac{d_i}{s - c_i} \\ Z_c(\omega)A(\omega) = \sum_{i=1}^{N_3} \dfrac{f_i}{s - e_i} \end{cases} \tag{8.25}$$

式中，$s=j\omega$；N_1、N_2、N_3 分别为 $Z_c(\omega)$、$A(\omega)$ 和 $Z_c(\omega)A(\omega)$ 的极点个数；τ 为行波在架空线路传播 lkm 的时间；b_0 为一个自由分量；b_i、d_i、f_i 和 a_i、c_i、e_i 分别为相应的留数和极点。对于实际的架空线路，b_i、d_i、f_i 和 a_i、c_i、e_i 可以基于线路参数和电压/电流数据拟合求解。

结合式(8.24)和式(8.25)，k 端电压的时域表达 $u_k(t)$ 为

$$\begin{aligned} u_k(t) = {} & b_0 i_k(t) + \sum_{i=1}^{N_1} \int_0^{\infty} i_k(t-\mu) b_i e^{a_i \mu} d\mu \\ & + \sum_{i=1}^{N_2} \int_{\tau}^{\infty} u_m(t-\mu) d_i e^{c_i(\mu-\tau)} d\mu + \sum_{i=1}^{N_3} \int_{\tau}^{\infty} i_m(t-\mu) f_i e^{e_i(\mu-\tau)} d\mu \end{aligned} \tag{8.26}$$

利用递归卷积对式(8.26)中的指数函数进行计算：

$$\begin{aligned} u_k(t) = {} & (b_0 + \sum_{i=1}^{N_1} p_{1i}) i_k(t) + i_k(t-\Delta t) \sum_{i=1}^{N_1} q_{1i} \\ & + \sum_{i=1}^{N_1} m_i s_{1i}(t) + \sum_{i=1}^{N_2} s_{2i}(t) + \sum_{i=1}^{N_3} s_{3i}(t) \end{aligned} \tag{8.27}$$

式中，Δt 为采样计算步长；m_i、s_{1i}、s_{2i}、s_{3i}、p_{1i}、q_{1i} 都为常数，可以根据 a_i、b_i、c_i、d_i、e_i、f_i 和 Δt 计算求得。

将式(8.27)简化为式(8.28)，其中，$i_k(t)$ 为上一个采样点对应的电流数据。

$$u_k(t) = R_k i_k(t) + R_k i_{kh}(t) \tag{8.28}$$

同上，m 侧电压 $u_m(t)$ 的时域表达如式(8.29)所示：

$$u_m(t) = R_m i_m(t) + R_m i_{mh}(t) \tag{8.29}$$

图 8.10 为直流架空线路模型在模域内的等值电路图。当一个电压信号从 k 侧

注入故障线路时，m 侧的端电压 $u_{\mathrm{m}}(t)$ 可以根据式(8.29)求得；同理，当一个电压信号从 m 侧传递至 k 侧时，k 侧端电压 $u_{\mathrm{k}}(t)$ 也可以根据式(8.28)求得。

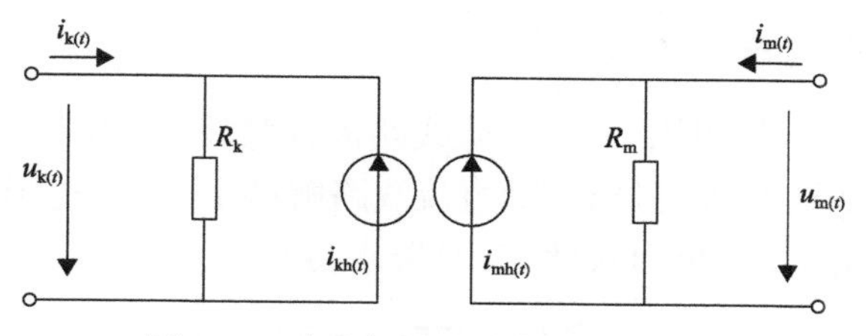

图 8.10　直流架空线路模域等值电路

由上述分析可知，当利用 LCC 向故障线路注入一个电压信号后，对于健全线路，基于式(8.29)即可求得传播至 MMC 侧直流断路器处的电压行波。由于跳闸后的直流断路器可以看作开路，断路器处的反射波等于入射波，结合式(8.28)即可估算出由断路器反射至 LCC 侧的电压行波。

8.2.3　自适应重启策略

为了定量分析不同故障工况下实际反行波与估算反行波之间的波形差异，本节采用皮尔逊相关系数(Pearson correlation coefficient，PCC)对两组波形的相似度进行计算。在求解电压行波时，为简化计算过程，一般需要先对线路模型进行解耦，利用模域内的电压、电流行波进行计算。但当直流线路发生单极接地故障时，仅故障极的断路器跳闸，此时在模域内的直流断路器不能等效为开路点，需要采用时域内的电压、电流进行计算。

1. 皮尔逊相关系数

PCC 是对两组数据之间相关程度的度量，具有很高的统计学意义。两组变量之间的 PCC 定义为两组变量之间的协方差和标准差的商：

$$\mathrm{PCC}=\frac{\mathrm{Cov}(X,Y)}{\sigma_X\sigma_Y}=\frac{\sum_{i=1}^{n}(X_i-\bar{X})(Y_i-\bar{Y})}{\sqrt{\sum_{i=1}^{n}(X_i-\bar{X})^2}\sqrt{\sum_{i=1}^{n}(Y_i-\bar{Y})^2}} \tag{8.30}$$

式中，X 和 Y 为两组变量；n 为每组变量所包含的样本数量；$\bar{X}$ 、$\bar{Y}$ 为样本平均值。

由式(8.30)可知，PCC 的值为–1～1，两组变量的相似度越高，关联程度越强，计算结果越接近 1，当两组数据完全相反时，计算结果等于–1。当计算结果为正时，表示两组变量有着相同的变化趋势，当计算结果为负时，表示两组变量的变化趋势相反。相较于其他计算波形相似度的方法，PCC 计算简便，且能够准确描述本书所需计算反行波与实际反行波之间的波形差异。因此，本节选取 PCC 以定量描述不同波形的差异。

2. 计算电气量选择

直流架空线路参数对称，为了消除线路耦合对沿线电压计算的影响，需要对线路进行解耦。基于式(8.31)所示的直流线路解耦矩阵，一模电压、电流 u_1、i_1 和零模电压、电流 u_0、i_0 可由式(8.32)计算求得：

$$T=\frac{\sqrt{2}}{2}\begin{bmatrix}1 & 1\\ 1 & -1\end{bmatrix} \tag{8.31}$$

$$\begin{cases} u_1=\dfrac{\sqrt{2}}{2}(u_\mathrm{p}-u_\mathrm{n}), & u_0=\dfrac{\sqrt{2}}{2}(u_\mathrm{p}+u_\mathrm{n}) \\ i_1=\dfrac{\sqrt{2}}{2}(i_\mathrm{p}-i_\mathrm{n}), & i_0=\dfrac{\sqrt{2}}{2}(i_\mathrm{p}+i_\mathrm{n}) \end{cases} \tag{8.32}$$

式中，u_p、i_p 为相域内的正极电压电流；u_n、i_n 为相域内的负极电压电流。

当系统发生单极接地故障后，仅故障极直流断路器跳闸，非故障极正常运行，此时故障极电流降低至零，非故障极电流仍等于负荷电流。由式(8.32)可知，无论哪一极发生故障，模域电流 i_1 和 i_0 均不等于零。这也表明，当系统发生单极接地故障时，模域内的直流断路器不能看作开路。因此，对于单极接地故障，需要采用相域内的电压、电流估算反行波。

但和解耦后模域内的电气量不同，相域内的电压电流包含了相邻线路的耦合分量。当利用 LCC 向故障线路注入一个电压行波 F_tw 后，健全线路上也会产生一个耦合的电压行波 F'_tw。因此，当系统发生单极接地故障后，LCC 侧实际计算得到的反行波将由两部分组成：一部分为故障线路上的固有反行波 B_tw；另一部分为健全线路上的电压行波耦合在故障线路上的反行波 B'_tw。而本章中所用的估算反行波 B_twe 并不包含健全线路耦合在故障线路上的反行波，也就是说 B_twe 不等于 B_tw 与 B'_tw 的叠加，进而导致计算得到的皮尔逊相关系数小于 1。但考虑到耦合反行波成分占比较少，可以通过适当降低检测阈值的方式判别故障性质。

3. 自适应重启流程

本节所提自适应重启方案主要包含四部分：信号注入、波形相似度计算、故障性质识别和系统恢复，图 8.11 给出了自适应重启流程图。具体步骤如下。

步骤 1：线路发生故障后，保护装置发出动作指令，送端 LCC 移相控制启动，受端 MMC 线路侧直流断路器跳闸，故障线路被隔离。需要说明的是，线路保护装置具备区分故障类型(单极接地故障/双极短路故障)的能力，本节所提算法将根

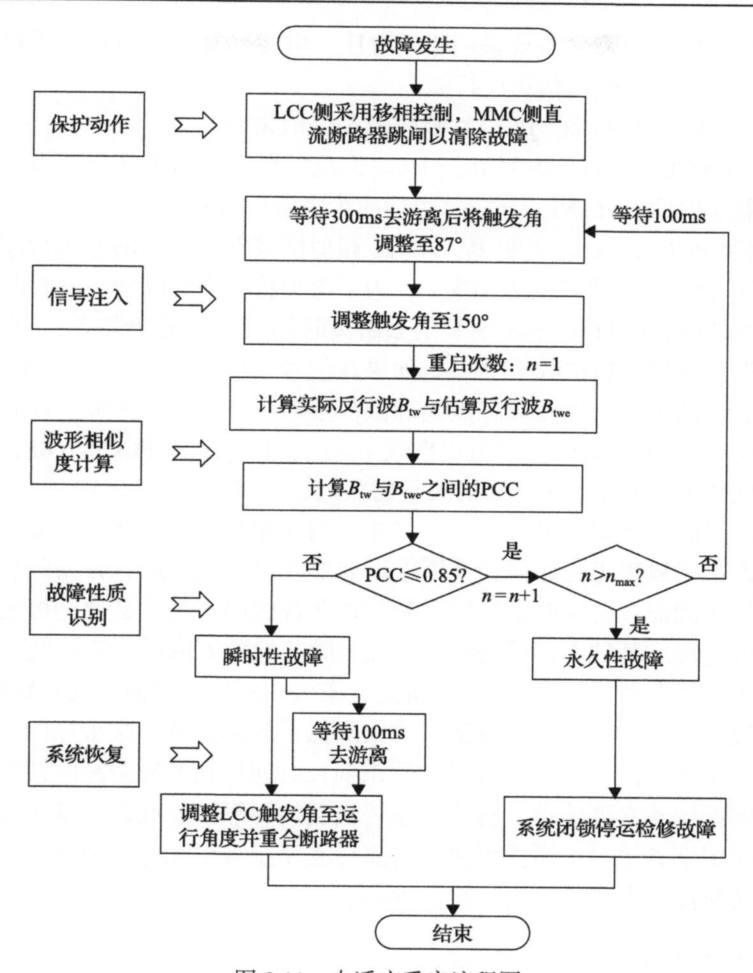

图 8.11　自适应重启流程图

据不同类型的故障选择合适的电气量用于计算反行波。此外，对于单极接地故障，需要向故障极注入电压信号；对于双极短路故障，只需向任意一极注入电压信号即可。

步骤 2：等待 300ms 的去游离时间，将 LCC 触发角从 150°调整至 87°进而向故障线路注入电压信号。等待 1ms，将 LCC 触发角再次调整至 150°，并将重启次数 n 记为 1。

步骤 3：基于注入的电压信号，估算传播至 LCC 侧的反行波 B_{twe}。计算实际反行波 B_{tw} 与 B_{twe} 之间的 PCC。以信号注入时间作为两组反行波的数据记录起点，数据长度均为 2.5τ，τ 为电压行波从线路一侧传播至另一侧所需时间。2.5τ 的设定是为了保证所选择的数据包含线路发生远端故障时的反行波。此外，需要注意的是，对于单极接地故障，需要采用相域电压、电流估算反行波；对于双极短路故障，采用一模电压、电流估算反行波。

步骤 4：基于计算所得 PCC 判断故障是否消失。

(1) 如果 PCC＞0.85，表明 B_{tw} 和 B_{twe} 高度相似，注入电压行波被对侧跳闸的直流断路器反射回 LCC 侧，判定故障性质为瞬时性故障。

(2) 如果 PCC≤0.85，表明 B_{tw} 和 B_{twe} 相似度较低，注入的电压行波被故障点反射回 LCC 侧，判定故障尚未消失。但为了避免将存在时间较长的瞬时性故障误判为永久性故障，经过 100ms 短暂的去游离时间后，重复步骤 2～4 再次判断故障是否消失，并将重启次数 n 加 1。如果在信号二次注入后，计算 PCC＞0.85，表明故障已经消失。为避免故障点绝缘恢复不彻底导致重启失败，此时需要再次给定 100ms 的去游离时间。当重启次数 $n>n_{max}$ 时，计算 PCC＜0.85，则判定故障为永久性故障。其中，n_{max} 为最大重启次数，本章中取 $n_{max}=3$。

其中，阈值 0.85 的选择出于以下考虑：对于单极瞬时性接地故障，根据仿真计算结果，不论故障工况如何，计算求得的 PCC 均大于 0.9；在实际直流输电工程中，应尽可能避免将瞬时性故障误判为永久性故障引发不必要的停运。因此在保证检测可靠性的基础上，需要将瞬时性故障的检测阈值尽可能降低。

相比于常规自动恢复策略，本节所提方案可在系统恢复前主动识别故障性质，由于采用幅值较小的信号注入方案，大大降低了故障点被二次击穿的概率。同时本节设置了多次检测的机制，可以有效识别长时间存在的复杂瞬时性故障，避免误判导致的系统不必要停运，提高了系统恢复的可靠性。此外，基于波形相似度的故障性质识别方法对于换流阀注入的前行波 F_{tw} 波形无特殊需求，可以忽略晶闸管关断角对注入电压信号的影响。

4. 影响因素分析

1) 故障电阻影响分析

本节所提算法通过比较注入信号在故障线路以及健全线路上传播过程的差异性识别故障性质。当架空线路发生故障后，线路模型实际上包含了健全线路与故障支路两部分。因此，只要线路上发生了故障，不论故障电阻为何，理论上估算反行波与实测反行波都不相似，所提方法均能可靠识别故障。但需要注意的是，随着过渡电阻的增大，故障点的折射系数也将增大。当电压行波传播至故障点时，若故障电阻无穷大，故障点将不发生反射，电压行波将全部穿透故障点至对侧线路。因此，随着接地电阻的增加，估算反行波与实测反行波的波形相似度也将增大。结合图 8.12 所示电压行波在故障点的折反射图示进一步说明。

由图 8.12 可见，注入电压行波 F_{tw} 极性为正，当其传播至故障点时，将被分为反射波和折射波两部分。其中，反射波极性为负，将沿线路传播至 LCC 侧，计

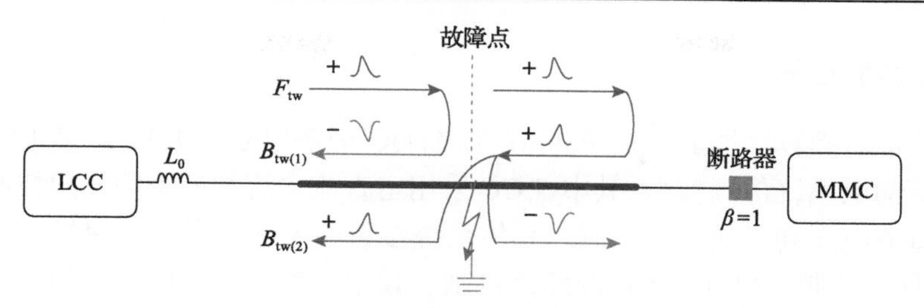

图 8.12　单极接地故障行波传播过程

为 $B_{tw(1)}$；折射波极性为正，将沿线路传播至断路器处并被全反射至故障点。此后，传播至故障点的反射波也将被分为两部分，其中，折射部分极性为正，将继续传播至 LCC 侧，记为 $B_{tw(2)}$。随着故障电阻的增大，故障点反射系数降低，折射系数增大。当故障电阻趋近无穷时，将不存在故障点反射波 $B_{tw(1)}$，使得 $B_{tw(2)}$等于估算反行波 B_{twe}。因此，当故障电阻较大时，估算反行波和实际反行波的相似度较高，这也限制了检测阈值的设定。

2) 线路参数影响分析

实际工程中，架空线路的长度和直流电阻率受环境温度影响较大。随着温度的改变，导线伸缩程度不同，在重力的影响下，线路长度会上下浮动，这主要体现在线路弧垂的改变。此外，温度的变化也会影响架空线路的电阻率，使得架空线路模型参数和预先用于估算反行波的线路模型参数产生差异。在外界环境温度变化不大，且线路正常运行时，线路弧垂和直流电阻率和预设线路参数模型一致，当瞬时性故障消失后，计算得到的 PCC 最接近 1。当温度发生剧烈变化后，计算得到的 PCC 将略小于 1。

3) 故障距离影响分析

故障距离主要影响注入电压信号在线路上的衰减程度，随着故障距离的增大，电压行波幅值衰减程度变大。因此，故障距离的变化仅对永久性故障下的电压行波传播过程产生影响，而对注入的电压行波、直流断路器反射系数以及用于估算反行波的架空线路模型均无影响。对于瞬时性故障，不论故障距离为何，当故障消失后，估算反行波和实际反行波均具有较高的相似度。

4) 噪声干扰影响分析

噪声干扰主要对沿线传播的电压行波本身产生影响，而对直流断路器反射系数以及用于估算反行波的架空线路模型均无影响。因此，不论噪声强度如何，对于特定的注入电压信号，估算反行波 B_{twe} 是不受影响的。但是，噪声会引起沿线传播电压产生波动，导致实际反行波 B_{tw} 发生改变。考虑到噪声并不会改变电压行波的波形变化趋势，通过合理设置检测阈值，所提方法可以抵抗一定程度的噪声干扰。

8.2.4 仿真验证与分析

为验证所提算法性能，在 PSCAD/EMTDC 中搭建如图 8.13 所示 LCC-MMC 混合直流输电系统仿真模型。其中，LCC 采用定直流电流和最小触发角控制，MMC 采用定直流电压和无功功率控制。具体系统参数如表 8.3 所示。保护动作行为：LCC 侧移相控制，MMC 出口断路器跳闸。其中，用于估算反行波的极点和留数从 PSCAD/EMTDC 自带的 LCP 参数输出器中直接提取。一模电压行波在线路全长的传播时间 τ=3.341ms，采样点为 M_1 和 M_2。

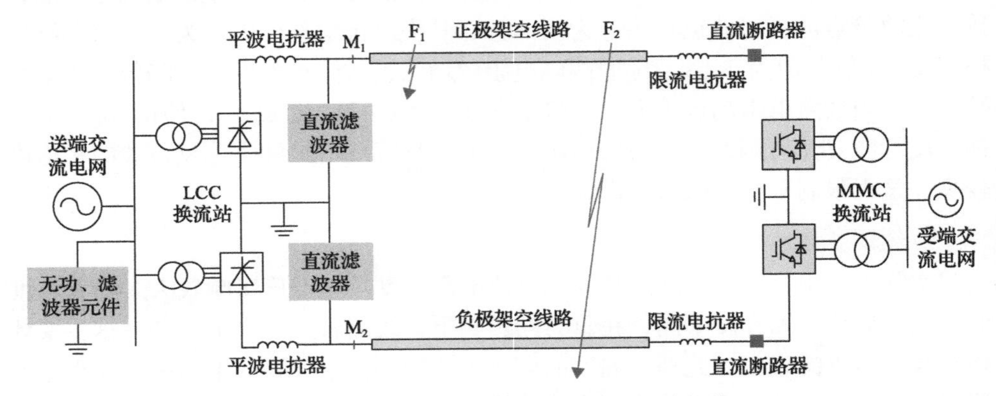

图 8.13 LCC-MMC 混合直流输电系统拓扑

表 8.3 LCC-MMC 混合直流输电系统仿真参数

系统参数	参数值
交流侧额定电压/kV	525
直流侧额定电压/kV	±800
直流线路长度/km	1000
换流站额定容量/MW	8000
平波电抗器电感值/mH	300
限流电抗器电感值/mH	75
直流断路器额定电压/kV	880
直流断路器开断时间/ms	3
直流断路器转移支路子模块数	400

1. 算法可行性验证

仿真参数：故障距离 L_{fault}=300km，故障电阻 R_{fault}=100Ω，采样频率 f_s=10kHz，线路弧垂 H=19.5m，电阻率 r=0.0322Ω/km。故障发生时刻 t_0=0ms，MMC 出口断

路器在 t_1=3ms 时跳闸，LCC 的触发角在 t_2=10ms 时调整至 160°。等待一段时间的故障点去游离后，在 t_3=310ms 将 LCC 的触发角调整至 87°并保持 1ms，此后再次将 LCC 触发角调整至 160°。对于单极接地故障，仅故障极注入电压信号；对于双极短路故障，只需任意一极注入电压信号(本节选择正极注入)。

图 8.14 和图 8.15 分别针对单极接地故障和双极短路故障，给出了不同故障性质下的实测反行波与估算反行波。图中虚线框里边的波即为用于比较波形相似度的数据。对于单极接地故障，计算得到的 PCC 分别为 0.9463(瞬时性故障)和 0.2596(永久性故障)；对于双极短路故障，计算得到的 PCC 分别为 0.999(瞬时性故障)和 0.217(永久性故障)。因此，比较 PCC 可知，所提方法可准确识别故障性质。此外，对比图 8.14 和图 8.15 可以看出，对于双极短路故障，实测反行波 B_{tw} 和估算反行波 B_{twe} 基本一致，瞬时性故障下的波形相似度高达 0.999；对于单极接地故障，受健全线路耦合影响，实测反行波 B_{tw} 和估算反行波 B_{twe} 并不完全相符，瞬时性故障下的波形相似度为 0.9463。

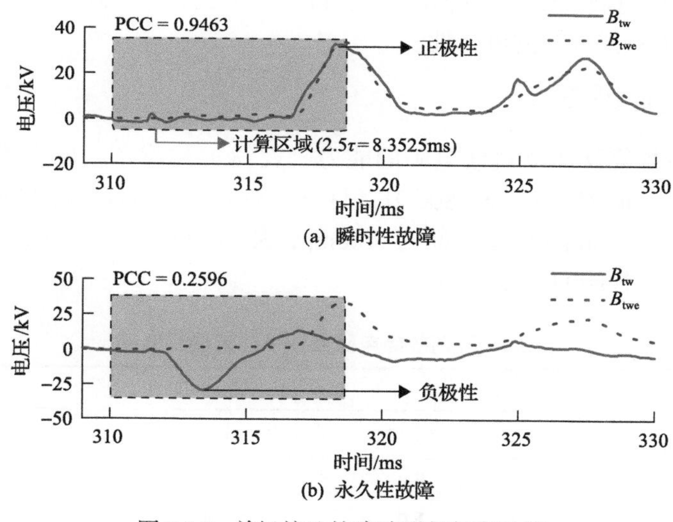

(a) 瞬时性故障

(b) 永久性故障

图 8.14　单极接地故障波形相似度比较

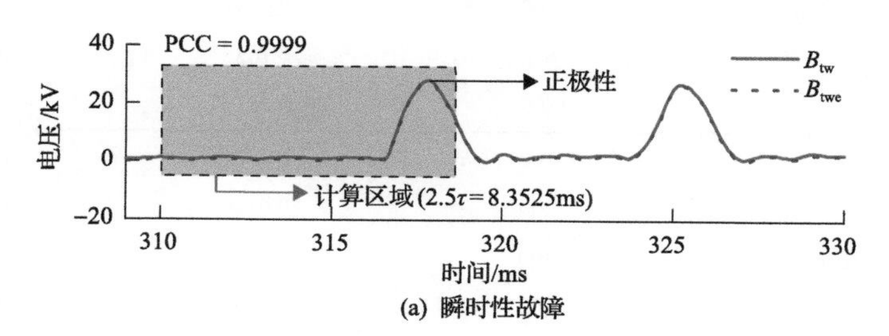

(a) 瞬时性故障

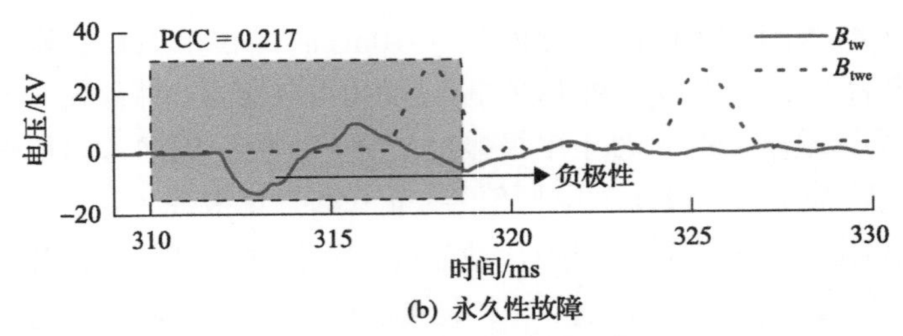

(b) 永久性故障

图 8.15　双极短路故障波形相似度比较

此外，在利用 LCC 向故障线路注入特征电压信号时，初始电压行波 F_{tw} 的极性为正。对于瞬时性故障，F_{tw} 在跳闸的直流断路器处发生极性为正的全反射，如图 8.14(a)和图 8.15(a)所示，实际检测到的反行波极性为正。对于永久性故障，F_{tw} 在故障点处发生极性为负的反射，如图 8.14(b)和图 8.15(b)所示，实际检测到的反行波极性为负。这也是导致估算反行波和实测反行波之间出现差异的主要原因。考虑到 PCC 主要是通过比较两组数据幅值和变化趋势来反映波形之间的差异，如果实测反行波和估算反行波的波头极性不一致，计算得到的 PCC 将远小于 1，这也保证了所提方案的可行性。

2. 接地电阻影响测试

为测试所提算法耐受过渡电阻的能力，表 8.4 给出了线路在不同过渡电阻(100Ω、200Ω、400Ω、600Ω、800Ω)条件下，对应于瞬时性故障与永久性故障的 PCC，其中瞬时性故障存在时间为 100ms，故障距离 L_{fault}=300km，线路弧垂 H=19.5m，电阻率 r=0.0322Ω/km。

表 8.4　不同故障电阻条件下的波形相似度

故障类型	PCC		
	R_{fault}/Ω	永久性故障	瞬时性故障
双极短路故障	100	−0.1100	0.9999
	200	0.4809	0.9998
	400	0.6899	0.9999
	600	0.7655	0.9997
	800	0.7819	0.9999
单极接地故障	100	0.3404	0.9386
	200	0.6710	0.9381
	400	0.7579	0.9303
	600	0.7835	0.9369
	800	0.7937	0.9522

如表 8.4 所示，针对永久性故障，随着接地电阻的增大，PCC 也逐渐增大，表明估算反行波与实测反行波的波形相似度变大。主要原因在于故障电阻增大使得故障点折射系数变大，反射系数变小，进而导致估算反行波与实测反行波波形接近。但从计算结果可以看出，即便故障电阻达到 800Ω，永久性故障时计算得到的 PCC 也小于 0.85，而所有瞬时性故障条件下的 PCC 都大于 0.93。

3. 故障距离影响测试

为测试故障距离对所提算法的影响，表 8.5 给出了线路上在不同距离 L_{fault} 发生故障时，对应于瞬时性故障与永久性故障的 PCC，其中瞬时性故障存在时间为 100ms，接地电阻 R_{fault}=100Ω，线路弧垂 H=19.5m，电阻率 r=0.0322Ω/km。

表 8.5　不同故障距离条件下的波形相似度

故障类型	PCC		
	L_{fault}/km	永久性故障	瞬时性故障
双极短路故障	0	−0.3860	0.9999
	20	0.1762	0.9999
	50	0.3953	0.9998
	600	0.4584	0.9998
	950	−0.8897	0.9999
单极接地故障	0	0.1860	0.9386
	20	0.2507	0.9537
	50	0.3198	0.9621
	600	−0.1555	0.9434
	950	−0.6584	0.9407

如表 8.5 所示，随着故障距离的改变，永久性故障条件下对应的 PCC 在变化。主要原因在于故障距离影响注入电压行波的传播路径，不同故障距离对应的行波折反射过程不同，进而使得 PCC 不一致。而对于瞬时性故障，在故障消失后，注入电压行波均在线路对侧的断路器处发生反射，行波传播过程一致，相应的 PCC 均接近于 1，这也表明所提算法不受故障距离的影响。

4. 线路参数影响测试

实际工程中，直流线路弧垂和电阻率受温度影响较大，需要进一步测试所提算法在不同线路参数下的性能。表 8.6 与表 8.7 分别给出了所提算法在不同线路弧垂和直流电阻率下的波形相似度，其中，估算反行波采用温度未改变时的线路弧垂和直流电阻率参数，实测反行波则采用温度改变后的线路弧垂和直流电阻率参数。其中瞬时性故障存在时间为 100ms，故障距离 L_{fault}=300km，接地电阻 R_{fault}=

100Ω。从测试结果可以看出，温度变化导致的线路参数改变对 PCC 的影响有限，所提方法可准确识别故障性质。

表 8.6 不同线路弧垂条件下的波形相似度

故障类型	PCC		
	H/m	永久性故障	瞬时性故障
双极短路故障	16	–0.2256	0.9999
	26	–0.2298	0.9998
	31	–0.1966	0.9991
单极接地故障	16	0.4839	0.9430
	26	0.4316	0.9355
	31	0.4113	0.9462

表 8.7 不同线路电阻率条件下的波形相似度

故障类型	PCC		
	r/(Ω/km)	永久性故障	瞬时性故障
双极短路故障	0.0310	–0.2366	0.999
	0.0335	–0.2323	0.999
	0.0348	–0.2317	0.999
单极接地故障	0.0310	0.4576	0.9455
	0.0335	0.4590	0.9381
	0.0348	0.4522	0.9390

5. 噪声干扰影响测试

为测试所提方法的耐受噪声干扰能力，在线路电压和电流中加入 30dB 的白噪声，并对表 8.4 中的故障工况进行重新测试，结果如表 8.8 所示。可以看出，在加入白噪声后，瞬时性故障条件下所提方法计算得到的 PCC 有所下降，但都在 0.85 的检测阈值范围之内，故障性质仍可被准确识别。

表 8.8 不同故障电阻条件下的波形相似度(加入 30dB 噪声)

故障类型	PCC		
	R_{fault}/Ω	永久性故障	瞬时性故障
双极短路故障	100	–0.1974	0.9498
	200	0.7644	0.9588
	400	0.7388	0.9470
	600	0.7432	0.9384
	800	0.7925	0.9356

续表

故障类型	PCC		
	R_{fault}/Ω	永久性故障	瞬时性故障
单极接地故障	100	0.4399	0.9379
	200	0.6726	0.9523
	400	0.7552	0.9315
	600	0.7861	0.9300
	800	0.7925	0.9356

8.3　基于主频率跃变的 MMC-MMC 自适应重合闸技术

8.3.1　研究思路

对于 MMC-MMC 系统，在直流断路器跳闸后，故障点的放电过程可依据断路器耗能支路所包含的避雷器组工作状态划分为 2 个阶段。

(1) 导通状态。当断路器转移支路的电力电子器件闭锁后，故障电流被迫流入耗能支路。受耗能支路避雷器组的阻隔，故障电流急剧降低，安装在线路上的限流电抗器产生过电压，避雷器组在过压的作用下导通，故障点的放电回路如图 8.16(a) 所示。

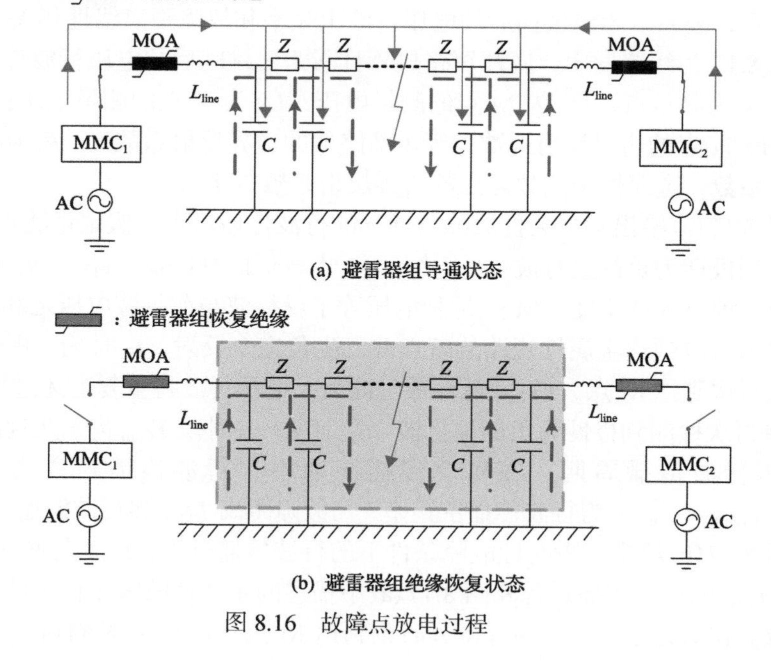

图 8.16　故障点放电过程

(2) 绝缘恢复状态。随着避雷器组端电压逐渐降低，耗能支路将再次恢复至绝缘状态，流过避雷器组的故障电流降低至零。由 8.2.2 节第 2 部分的边界特性分析可知，此时直流断路器可以看作一个开路点，MMC 不再向故障点放电。但由于线路分布电容和电感存储的能量尚未完全释放，故障点仍有电流流过，此时的放电回路如图 8.16(b) 所示。

由图 8.16(b) 可知，在直流断路器耗能支路的金属氧化物避雷器组(metal oxide arrester, MOA) 恢复绝缘后，故障点在沿线分布电容和电感的作用下仍会持续放电。因此，对于瞬时性故障，当线路残余能量消耗殆尽后，电弧熄灭，故障消失。

结合 8.1.2 节第 3 部分的分析，对于 MMC-MMC 系统，在直流断路器跳闸后，线路残余电压行波主频率 f_1 存在两种情况。

(1) 在瞬时性故障消失后，残余电压行波的固有主频率满足

$$f_1 = \frac{v}{2l} \tag{8.33}$$

(2) 在永久性故障条件下，残余电压行波的固有主频率满足

$$f_1 = \frac{v}{4l} \tag{8.34}$$

故障消失后，l 为线路全长 L_{line}；故障存在时，l 为故障距离 L_{fault}。v 为行波传播波速，$v=3\times10^8\text{m/s}$。式(8.33) 和式(8.34) 反映了残余电压行波在故障线路上的传播过程，表明故障消失前后的电压行波主频率和故障距离线性相关。

图 8.17 为线路发生金属性短路故障且断路器跳闸后的电压行波传播过程。其中 M、N 为测量点，U_{M} 为 M 点的测量电压，U_{N} 为 N 点的测量电压；β_{M} 和 β_{N} 分别为 M、N 点的边界反射系数，等于断路器的边界反射系数 1；β_0 为故障点的边界反射系数，金属性短路故障点的边界反射系数等于−1。

图 8.17(a) 给出了永久性故障条件下的行波传播过程。假定量测点 M 在 t_1 时刻检测到极性为负的反行波 $-u_{\text{M}}$，由于 M 点背后的断路器开路，$-u_{\text{M}}$ 被全部反射至故障点处且极性不变，M 点量测电压等于反行波与前行波电压之和 $-2u_{\text{M}}$。t_2 时刻，电压行波到达金属性短路故障点并发生负完全反射。t_3 时刻，极性为正的电压行波再次到达 M 点，U_{M} 降低至零。此后，电压行波将重复上述过程。t_5 时刻，M 点将再次检测到极性为负的反行波 $-u_{\text{M}}$。计 $t_1\sim t_5$ 时段 T_{fault} 为永久性故障条件下的电压行波传播周期。在每个传播周期中，行波传播距离为 $4L_{\text{fault}}$，计 $f_{\text{Fault}}=1/T_{\text{fault}}=4L_{\text{fault}}/v$ 为行波传播主频率，与故障距离 L_{fault} 和行波波速 v 线性相关。

图 8.17(b) 给出了瞬时性故障条件下的行波传播过程，t_4 代表故障消失时刻。其中，t_4 前的行波传播过程和图 8.17(a) 中描述的永久性故障条件下的行波传播过程一致。在 t_4 之后，假定 $-u_{\text{M}}$ 在 t_5 时刻到达 M 点，u_{N} 在 t_6 时刻到达 N 点。受线

路衰减的影响$|u_M|\neq|u_N|$。t_6之后，传播至 M 侧的电压行波幅值变为$|u_M-u_N|$，M 点的测量电压 $U_M=2(u_M-u_N)$。因此，在 t_4之后，电压行波在一个周期内的传播距离将从 $4L_{fault}$变为 $2L_{line}$，相应的传播频率 $f_{Line}=1/T_{Line}=v/2L_{line}$，其中，$f_{Line}$为对应于线路全长的特征主频率，且与故障距离 L_{fault}没有关系。基于上述分析，可得如下结论：对于永久性故障，残余电压行波主频率恒等于 f_{Fault}，满足式(8.34)；对于瞬时性故障，故障消失前，行波主频率等于永久性故障条件下的行波主频率f_{Fault}，满足式(8.34)，故障消失后，行波主频率变为f_{Line}，满足式(8.33)。基于此，本节提出了通过检测残余电压主频率跃变识别故障性质的方法。对于瞬时性故障，固有主频率从f_{Fault}跃变为f_{Line}的时刻即为故障消失时刻。

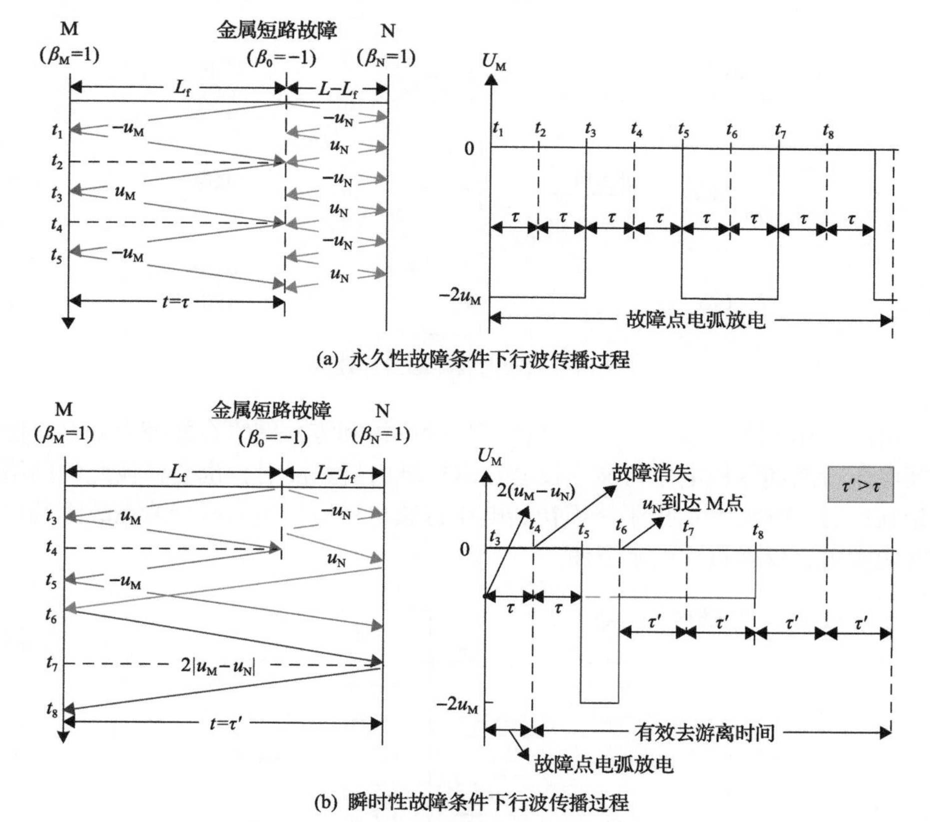

图 8.17　不同故障性质条件下的行波传播过程

8.3.2　电压行波传播主成分

当直流架空线路发生单极接地短路故障时，一模电气网络和零模电气网络在故障点存在耦合，使得不同模量间的电压行波在故障点处交叉传播，进而导致电压行波的主频率检测不准确。具体选取相域电压与模域电压，具体利用何种电气量进行主频率计算更加准确，尚无理论支撑。需要对电压行波在故障点不同模量间的交叉传播进行分析，量化故障点不同模量间电压行波折、反射成分比例，明确采用相域电压与模域电压计算行波主频率的区别，为行波主频率计算奠定基础。

1. 行波交叉渗透机理

对于真双极直流输电系统，当其发生单极接地故障后，故障端口的模域等效电路如图 8.18 所示[4]。其中，u_{f1}、i_{f1} 和 u_{f0}、i_{f0} 分别为故障端口的一模电压、电流和零模电压、电流；U_f 为故障点附加电源；R_{Fault} 为故障电阻。

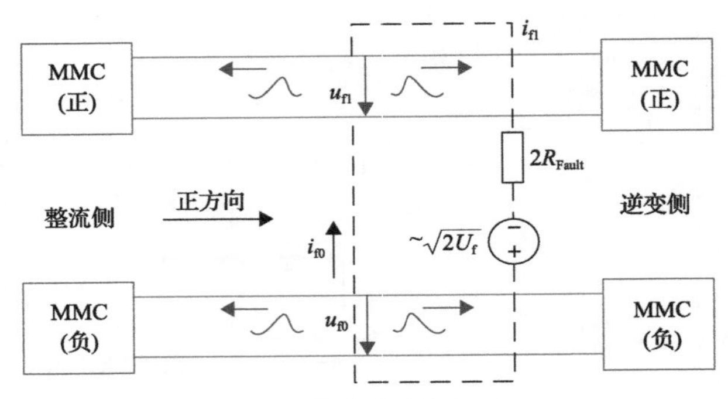

图 8.18 模域内故障端口等效网络

由图 8.18 可知，发生单极接地故障后的一模和零模网络在故障点耦合，使得一模电压行波和零模电压行波不仅会在本模域内折、反射，也会在彼此的网络之间相互折射。图 8.19 给出了一模初始电压行波与零模初始电压行波在故障端口发生前两次折、反射过程的示意图。

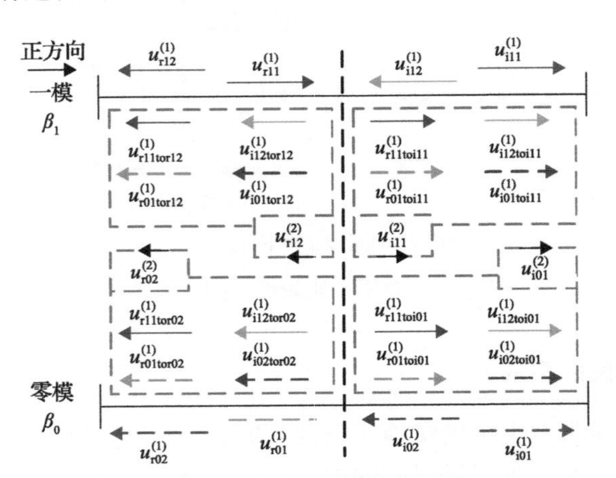

图 8.19 单极接地故障端口模量网络图

图 8.19 中，β_1 和 β_0 分别指代电压行波在一模网络和零模网络的边界反射系数；实线箭头代表一模电压行波，虚线箭头代表零模电压行波，箭头方向为行波传播方向。各个行波分量的上标代表发生折、反射的次数，下标代表各个行波分量的折、反射方向，r 指代整流侧，i 指代逆变侧。以整流侧的一模电压行波为例进行说明，$u_{\mathrm{r12}}^{(1)}$ 为从故障点发出到一模整流侧的初始反行波（初始故障电压行波），$u_{\mathrm{r11}}^{(1)}$ 为一模整流侧的初始前行波。$u_{\mathrm{r11tor12}}^{(1)}$ 为 $u_{\mathrm{r11}}^{(1)}$ 传播至故障点后再反射至一模整流侧的反行波；$u_{\mathrm{i12tor12}}^{(1)}$ 为 $u_{\mathrm{i12}}^{(1)}$ 传播至故障点后再折射至一模整流侧的反行波。$u_{\mathrm{r01tor12}}^{(1)}$ 为零模电压行波 $u_{\mathrm{r01}}^{(1)}$ 到达故障点后折射至一模整流侧的折射波；$u_{\mathrm{i02tor02}}^{(1)}$ 为零模电压行波 $u_{\mathrm{i02}}^{(1)}$ 到达故障点后折射至一模整流侧的折射波。因此，$u_{\mathrm{r12}}^{(2)}$ 实际为 $u_{\mathrm{r11tor12}}^{(1)}$、$u_{\mathrm{i12tor12}}^{(1)}$、$u_{\mathrm{r01tor12}}^{(1)}$ 与 $u_{\mathrm{i02tor02}}^{(1)}$ 的叠加，称其为一模整流侧的二次反行波。图 8.19 中的其他电压行波均按照上述规律命名。由此可知，一模与零模网络的故障端口二次反行波由本模量的折、反射波以及对侧模量的折射波共同组成。

2. 故障端口行波成分

发生单极接地故障时，一模电压行波与零模电压行波在故障端口的二次反行波（$u_{\mathrm{r12}}^{(2)}$、$u_{\mathrm{i11}}^{(2)}$、$u_{\mathrm{r02}}^{(2)}$、$u_{\mathrm{i01}}^{(2)}$）与一模故障分量与零模故障分量的初始电压前行波（$u_{\mathrm{r11}}^{(1)}$、$u_{\mathrm{i12}}^{(1)}$、$u_{\mathrm{r01}}^{(1)}$、$u_{\mathrm{i02}}^{(2)}$）满足式(8.35)。

$$\begin{bmatrix} u_{\mathrm{r12}}^{(2)} \\ u_{\mathrm{i11}}^{(2)} \\ u_{\mathrm{r02}}^{(2)} \\ u_{\mathrm{i01}}^{(2)} \end{bmatrix} = \begin{bmatrix} \beta_{1\to1} & \alpha_{1\to1} & \alpha_{0\to1} & \alpha_{0\to1} \\ \alpha_{1\to1} & \beta_{1\to1} & \alpha_{0\to1} & \alpha_{0\to1} \\ \alpha_{1\to0} & \alpha_{1\to0} & \beta_{0\to0} & \alpha_{0\to0} \\ \alpha_{1\to0} & \alpha_{1\to0} & \alpha_{0\to0} & \beta_{0\to0} \end{bmatrix} \begin{bmatrix} u_{\mathrm{r11}}^{(1)} \\ u_{\mathrm{i12}}^{(1)} \\ u_{\mathrm{r01}}^{(1)} \\ u_{\mathrm{i02}}^{(1)} \end{bmatrix} \tag{8.35}$$

基于 KCL、基尔霍夫电压定律(KVL)可得故障点两侧的电压、电流满足边界条件。

(1)故障点两侧的电压前行波和电压反行波之和相等。

(2)故障点两侧电流之和等于故障支路电流。

式(8.36)给出了相应的边界方程，其中 u_{f1}^{2}、i_{f1}^{2} 与 u_{f0}^{2}、i_{f0}^{2} 分别为 $u_{\mathrm{r11}}^{(1)}$、$u_{\mathrm{i11}}^{(1)}$、$u_{\mathrm{r01}}^{(1)}$ 和 $u_{\mathrm{i01}}^{(1)}$ 到达故障点后，在一模网络和零模网络产生的电压、电流。Z_1 和 Z_0 分别为一模网络和零模网络的线路波阻抗。

$$
\begin{cases}
u_{\mathrm{f1}}^2 + u_{\mathrm{f0}}^2 = 2R_{\mathrm{Fault}} i_{\mathrm{f1}}^2 - \sqrt{2}U_{\mathrm{f}} \\
u_{\mathrm{f0}}^2 = u_{\mathrm{r01}}^{(1)} + u_{\mathrm{r02}}^{(2)} = u_{\mathrm{i01}}^{(2)} + u_{\mathrm{i02}}^{(1)} \\
u_{\mathrm{f1}}^2 = u_{\mathrm{r11}}^{(1)} + u_{\mathrm{r12}}^{(2)} = u_{\mathrm{i11}}^{(2)} + u_{\mathrm{i12}}^{(1)} \\
i_{\mathrm{f1}}^2 = \dfrac{u_{\mathrm{r11}}^{(1)}}{Z_1} - \dfrac{u_{\mathrm{r12}}^{(2)}}{Z_1} + \dfrac{u_{\mathrm{i12}}^{(1)}}{Z_1} - \dfrac{u_{\mathrm{i11}}^{(2)}}{Z_1} \\
i_{\mathrm{f1}}^2 = i_{\mathrm{f0}}^2 \\
i_{\mathrm{f0}}^2 = \dfrac{u_{\mathrm{r01}}^{(1)}}{Z_0} - \dfrac{u_{\mathrm{r02}}^{(2)}}{Z_0} + \dfrac{u_{\mathrm{i02}}^{(1)}}{Z_0} - \dfrac{u_{\mathrm{i01}}^{2}}{Z_0}
\end{cases} \tag{8.36}
$$

对式(8.36)进行求解，可得$u_{\mathrm{r12}}^{(2)}$、$u_{\mathrm{i11}}^{(2)}$、$u_{\mathrm{r02}}^{(2)}$与$u_{\mathrm{i01}}^{(2)}$满足式(8.37)：

$$
\begin{cases}
u_{\mathrm{r12}}^{(2)} = \dfrac{4R_{\mathrm{Fault}} + Z_0}{4R_{\mathrm{Fault}} + Z_1 + Z_0} u_{\mathrm{i12}}^{(1)} - \dfrac{Z_1}{4R_{\mathrm{Fault}} + Z_1 + Z_0} u_{\mathrm{r11}}^{(1)} - \dfrac{Z_1}{4R_{\mathrm{Fault}} + Z_1 + Z_0} u_{\mathrm{r01}}^{(1)} \\
\qquad - \dfrac{Z_1}{4R_{\mathrm{Fault}} + Z_1 + Z_0} u_{\mathrm{i02}}^{(1)} - R_0 \\
u_{\mathrm{i11}}^{(2)} = \dfrac{4R_{\mathrm{Fault}} + Z_0}{4R_{\mathrm{Fault}} + Z_1 + Z_0} u_{\mathrm{r11}}^{(1)} - \dfrac{Z_1}{4R_{\mathrm{Fault}} + Z_1 + Z_0} u_{\mathrm{i12}}^{(1)} - \dfrac{Z_1}{4R_{\mathrm{Fault}} + Z_1 + Z_0} u_{\mathrm{r01}}^{(1)} \\
\qquad - \dfrac{Z_1}{4R_{\mathrm{Fault}} + Z_1 + Z_0} u_{\mathrm{i02}}^{(1)} - R_0 \\
u_{\mathrm{r02}}^{(2)} = \dfrac{4R_{\mathrm{Fault}} + Z_1}{4R_{\mathrm{Fault}} + Z_1 + Z_0} u_{\mathrm{i02}}^{(1)} - \dfrac{Z_0}{4R_{\mathrm{Fault}} + Z_1 + Z_0} u_{\mathrm{r01}}^{(1)} - \dfrac{Z_0}{4R_{\mathrm{Fault}} + Z_1 + Z_0} u_{\mathrm{r11}}^{(1)} \\
\qquad - \dfrac{Z_0}{4R_{\mathrm{Fault}} + Z_1 + Z_0} u_{\mathrm{i12}}^{(1)} - R_0 \\
u_{\mathrm{i01}}^{(2)} = \dfrac{4R_{\mathrm{Fault}} + Z_1}{4R_{\mathrm{Fault}} + Z_1 + Z_0} u_{\mathrm{r01}}^{(1)} - \dfrac{Z_0}{4R_{\mathrm{Fault}} + Z_1 + Z_0} u_{\mathrm{i02}}^{(1)} - \dfrac{Z_0}{4R_{\mathrm{Fault}} + Z_1 + Z_0} u_{\mathrm{r11}}^{(1)} \\
\qquad - \dfrac{Z_0}{4R_{\mathrm{Fault}} + Z_1 + Z_0} u_{\mathrm{i12}}^{(1)} - R_0
\end{cases} \tag{8.37}
$$

式中，$R_0 = \dfrac{\sqrt{2}U_{\mathrm{f}} Z_1}{4R_{\mathrm{Fault}} + Z_1 + Z_0}$。

进一步结合相模反变换公式可得相域内的正极电压行波u_{Pr}^2和u_{Pi}^2，如式(8.38)所示。u_{Pr}^2为故障点二次流向正极整流侧的电压行波；u_{Pi}^2为故障点二次流向正极逆变侧的电压行波。

$$
\begin{cases}
u_{\text{Pr}}^{2}=\dfrac{\sqrt{2}}{2}(u_{\text{r}12}^{(2)}+u_{\text{r}02}^{(2)})=\dfrac{4R_{\text{Fault}}}{4R_{\text{Fault}}+Z_1+Z_0}u_{\text{i}12}^{(1)}-\dfrac{Z_1+Z_0}{4R_{\text{Fault}}+Z_1+Z_0}u_{\text{r}11}^{(1)} \\
\qquad -\dfrac{Z_1+Z_0}{4R_{\text{Fault}}+Z_1+Z_0}u_{\text{r}01}^{(1)}+\dfrac{4R_{\text{Fault}}}{4R_{\text{Fault}}+Z_1+Z_0}u_{\text{i}02}^{(1)} \\
\qquad -\dfrac{\sqrt{2}U_{\text{f}}Z_1}{4R_{\text{Fault}}+Z_1+Z_0}-\dfrac{\sqrt{2}U_{\text{f}}Z_0}{4R_{\text{Fault}}+Z_1+Z_0} \\
u_{\text{Pi}}^{2}=\dfrac{\sqrt{2}}{2}(u_{\text{i}11}^{(2)}+u_{\text{i}01}^{(2)})=\dfrac{4R_{\text{Fault}}}{4R_{\text{Fault}}+Z_1+Z_0}u_{\text{r}11}^{(1)}-\dfrac{Z_1+Z_0}{4R_{\text{Fault}}+Z_1+Z_0}u_{\text{i}12}^{(1)} \\
\qquad -\dfrac{Z_1+Z_0}{4R_{\text{Fault}}+Z_1+Z_0}u_{\text{i}02}^{(1)}+\dfrac{4R_{\text{Fault}}}{4R_{\text{Fault}}+Z_1+Z_0}u_{\text{r}01}^{(1)} \\
\qquad -\dfrac{\sqrt{2}U_{\text{f}}Z_1}{4R_{\text{Fault}}+Z_1+Z_0}-\dfrac{\sqrt{2}U_{\text{f}}Z_0}{4R_{\text{Fault}}+Z_1+Z_0}
\end{cases}
\tag{8.38}
$$

忽略电压行波传播过程中在线路上的衰减成分，$u_{\text{r}11}^{(1)}$、$u_{\text{i}12}^{(1)}$、$u_{\text{r}01}^{(1)}$、$u_{\text{i}02}^{(1)}$与$u_{\text{r}12}^{(1)}$、$u_{\text{i}11}^{(1)}$、$u_{\text{r}02}^{(1)}$、$u_{\text{i}01}^{(2)}$满足式(8.39)：

$$
\begin{cases}
u_{\text{r}11}^{(1)}=\beta_1 u_{\text{r}12}^{(1)}, & u_{\text{i}12}^{(1)}=\beta_1 u_{\text{i}11}^{(1)} \\
u_{\text{r}01}^{(1)}=\beta_0 u_{\text{r}02}^{(1)}, & u_{\text{i}02}^{(1)}=\beta_0 u_{\text{i}01}^{(1)}
\end{cases}
\tag{8.39}
$$

一模网络与零模网络的初始故障电压行波满足

$$
\begin{cases}
u_{\text{r}12}^{(1)}=u_{\text{i}11}^{(1)}=-\dfrac{\sqrt{2}Z_1}{4R_{\text{Fault}}+Z_1+Z_0}U_{\text{f}} \\
u_{\text{r}02}^{(1)}=u_{\text{i}01}^{(1)}=-\dfrac{\sqrt{2}Z_0}{4R_{\text{Fault}}+Z_1+Z_0}U_{\text{f}}
\end{cases}
\tag{8.40}
$$

将式(8.39)和式(8.40)代入式(8.37)和式(8.38)，仅考虑一模整流侧入射波$u_{\text{r}11}^{(1)}$和零模整流侧入射波$u_{\text{r}01}^{(1)}$在故障端口发生折、反射，可得模域(一模)和相域(正极)的电压反行波，如式(8.41)和(8.42)所示：

$$
\begin{cases}
u_{\text{r}12}^{(2)}=\dfrac{\sqrt{2}Z_1U_{\text{f}}(Z_1\beta_1+Z_0\beta_0)}{(4R_{\text{Fault}}+Z_1+Z_0)^2} \\
u_{\text{i}11}^{(2)}=\dfrac{\sqrt{2}Z_1U_{\text{f}}[Z_0\beta_0-(4R_{\text{Fault}}+Z_0)\beta_1]}{(4R_{\text{Fault}}+Z_1+Z_0)^2}
\end{cases}
\tag{8.41}
$$

$$\begin{cases} u_{\mathrm{Pr}}^{(2)} = \dfrac{(Z_1\beta_1 + Z_0\beta_0)U_{\mathrm{f}}}{(4R_{\mathrm{Fault}} + Z_1 + Z_0)^2}(Z_1 + Z_0) \\ u_{\mathrm{Pi}}^{(2)} = \dfrac{(Z_1\beta_1 + Z_0\beta_0)U_{\mathrm{f}}}{(4R_{\mathrm{Fault}} + Z_1 + Z_0)^2}(-4R_{\mathrm{Fault}}) \end{cases} \tag{8.42}$$

由此可得，在线路波阻抗和边界反射系数一定的条件下，故障点电压行波在模域和相域的折反射成分主要跟故障电阻 R_{Fault} 有关。以正极接地短路故障为例，当线路两侧断路器跳闸后，电压行波在断路器处的边界反射系数为 1。

结合式(8.41)，当 $\left|u_{\mathrm{r12}}^{(2)}\right| \geqslant \left|u_{\mathrm{i11}}^{(2)}\right|$ 时有

$$R_{\mathrm{Fault}}^{1} \leqslant \frac{2Z_0\beta_0 + (Z_1 - Z_0)\beta_1}{4\beta_1} \tag{8.43}$$

结合式(8.42)，当 $\left|u_{\mathrm{Pr}}^{(2)}\right| \geqslant \left|u_{\mathrm{Pi}}^{(2)}\right|$ 时有

$$R_{\mathrm{Fault}}^{2} \leqslant \frac{Z_1 + Z_0}{4} \tag{8.44}$$

式中，R_{Fault}^{1} 和 R_{Fault}^{2} 分别为基于一模电压和正极电压计算行波主频率时的最大耐受过渡电阻。当 $R_{\mathrm{Fault}} < R_{\mathrm{Fault}}^{1}$ 时，在模域内，电压行波在故障点的反射波成分大于折射波成分，此时基于一模电压行波计算得到的主频率满足式(8.33)和式(8.34)；当 $R_{\mathrm{Fault}} < R_{\mathrm{Fault}}^{2}$ 时，在相域内，电压行波在故障点的反射波成分大于折射波成分，此时基于正极电压行波计算得到的主频率满足式(8.33)和式(8.34)。为比较使用模域电压与相域电压计算行波主频率时的耐受故障电阻能力，需进一步对比 R_{Fault}^{1} 和 R_{Fault}^{2} 的大小。结合式(8.43)和式(8.44)，问题可转化为比较模域边界反射系数 β_0 与 β_1 的大小。

需要说明的是，上述分析成立的基础是式(8.36)，该方程基于 KCL 和 KVL 推导而来，对传播到故障点的任意次电压、电流行波都成立。为简化过程，此处仅分析电压行波在故障点的前两次折反射过程。

3. 电压行波主频率计算

假定 β_{P} 和 β_{N} 分别为电压行波在相域网络内正、负极线路的边界反射系数。对模域网络内的电气量 $u_{\mathrm{r12}}^{(1)}$、$u_{\mathrm{r02}}^{(1)}$ 在量测点的反行波进行相模反变换，可得对应的相域网络内的线路边界电压反行波 $U_{\mathrm{P}}^{(1)}$、$U_{\mathrm{N}}^{(1)}$ 为

$$\begin{cases} U_{\mathrm{P}}^{(1)} = \dfrac{u_{\mathrm{r12}}^{(1)}\beta_1 + u_{\mathrm{r02}}^{(1)}\beta_0}{\sqrt{2}} \\ U_{\mathrm{N}}^{(1)} = \dfrac{u_{\mathrm{r02}}^{(1)}\beta_0 - u_{\mathrm{r12}}^{(1)}\beta_1}{\sqrt{2}} \end{cases} \tag{8.45}$$

联立式(8.40)和式(8.45)可得电压行波在模域内的边界反射系数β_1、β_0与相域内正负极线路边界反射系数β_{P}、β_{N}之间的关系满足

$$\begin{cases} \beta_1 = \dfrac{Z_0 + Z_1}{2Z_1}\beta_{\mathrm{P}} + \dfrac{Z_0 - Z_1}{2Z_1}\beta_{\mathrm{N}} \\ \beta_0 = \dfrac{Z_0 + Z_1}{2Z_0}\beta_{\mathrm{P}} + \dfrac{Z_0 - Z_1}{2Z_0}\beta_{\mathrm{N}} \end{cases} \tag{8.46}$$

考虑到直流线路的一模波阻抗Z_1大于零模波阻抗Z_0，结合式(8.46)可知β_1大于β_0。结合式(8.43)和式(8.44)可知

$$\frac{2Z_0\beta_0 + (Z_1 - Z_0)\beta_1}{4\beta_1} < \frac{Z_1 + Z_0}{4} \tag{8.47}$$

直流线路发生单极接地故障时，式(8.47)恒成立，这表明在利用相域电压计算行波主频率时拥有比利用模域电压计算行波主频率更大的过渡电阻耐受能力。而当直流线路发生双极短路故障时，$\beta_1=\beta_0=1$，结合式(8.43)和式(8.44)，此时利用模域电压与相域电压计算行波主频率时拥有相同的过渡电阻耐受能力。因此，本节将利用相域电压计算断路器跳闸后的线路残余电压主频率。

8.3.3　自适应重合闸策略

为准确计算断路器跳闸后的沿线残压主频率，本节引入了多重信号分类(multiple signal classification，MUSIC)算法，并基于快速傅里叶变换(fast Fourier transform，FFT)计算对应于故障特征主频率f_{Fault}和线路特征主频率f_{Line}的电压分量幅值，通过比较两个幅值的大小判断故障消失时刻。

1. 自适应重合闸流程

在计算残余电压主频率跃变时刻时，需要分三步进行：第一步利用 MUSIC 算法计算故障线路电压行波主频率f_{Fault}；第二步利用 FFT 从故障电压行波中提取频率为f_{Fault}以及f_{Line}的电压分量的幅值 $U(f_{\mathrm{Fault}})$及 $U(f_{\mathrm{Line}})$；第三步根据幅值比$K=U(f_{\mathrm{Line}})/U(f_{\mathrm{Fault}})$识别故障性质及电弧消失时刻。此外，在$t_4$时刻检测到故障消失后，还需要一定的去游离时间保证故障点绝缘恢复，本节去游离时间设定为

100ms。图 8.20 给出了自适应重合闸流程图。其中，U_n 和 I_n 为直流系统的额定电压、电流。在直流断路器跳闸后，$f_{Line}=v/2L_{Line}$ 为线路全长的电压主频率，其中 v 取光速，$v=3\times10^8$m/s。

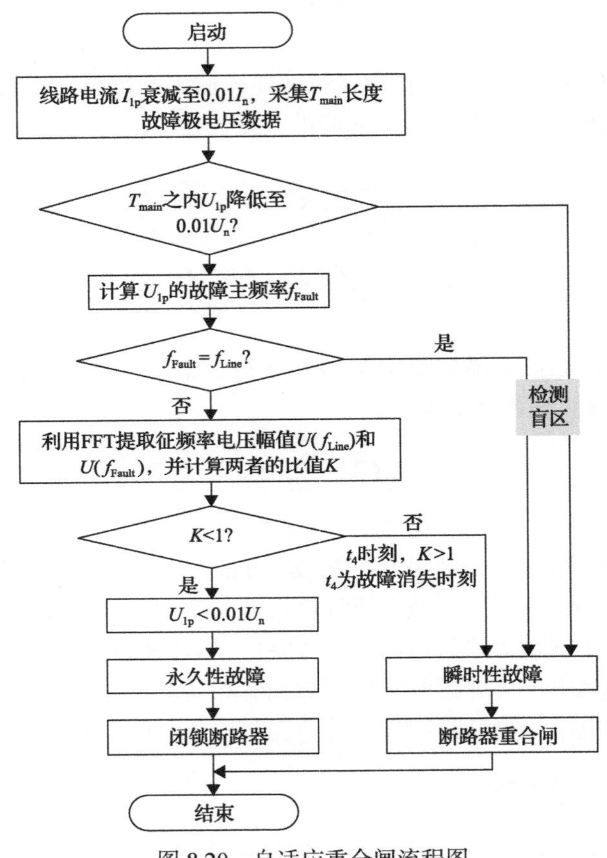

图 8.20　自适应重合闸流程图

具体步骤如下。

步骤 1：线路在 t_1 时刻发生故障且保护动作后，自适应重合闸启动，持续测量故障极(以正极故障为例)线路电压 U_{1p} 及线路电流 I_{1p}。

步骤 2：t_2 时刻直流断路器跳闸，当检测到线路电流 I_{1p} 在 t_3 时刻降低至 0.01I_n 时，提取长度等于 T_{main} 的故障极电压数据 U_{1p}。该段数据对应的电压行波主要在断路器和故障点之间往返传播，其主频率即等于 f_{Fault}。

需要说明：T_{main} 长度选择的目标是保证在瞬时性故障条件下，电压行波主频率可准确计算(永久性故障行波主频率计算不受故障消失时刻的影响)。为此，T_{main} 的选择应遵循两个原则：T_{main} 最大值不应包含故障消失时刻；T_{main} 最小值应等于故障距离为线路全长($L_{Fault\_max}=L_{Line}$)条件下的故障电压行波传播周期 $4L_{Line}/v$。由于 MUSIC 算法具备用短数据拟合估算主频率的能力，此处 T_{main} 取值 $4L_{Line}/v$。对于 500km 的线路，T_{main}=6.67ms。理论上说，直流断路器跳闸后，故障极线路电流将快速降低至 0kA，但为了避免采样值零漂带来的检测误差，选择 $0.01I_n$ 作为故障电流降低至零的检测判据。

步骤 3：利用 FFT 在残余电压行波中提取频率为 f_{Fault} 和 f_{Line} 的电压分量幅值 $U(f_{Fault})$ 和 $U(f_{Line})$。为了降低频谱泄漏带来的计算误差，FFT 中采用汉宁窗。定义幅值比 K 为

$$K=\frac{U(f_{Line})}{U(f_{Fault})} \tag{8.48}$$

对于永久性故障，残余电压主成分集中在断路器和故障点之间，使得 $U(f_{Fault})$ 大于 $U(f_{Line})$，即 $K<1$。对于瞬时性故障，故障消失前，$K<1$；故障消失后，残余电压仅在线路两侧断路器之间往返传播，使得 $U(f_{Fault})$ 小于 $U(f_{Line})$，即 $K>1$。通过检测 $K>1$ 的时刻即可识别故障消失时间。

步骤 4：t_3 时刻之后，沿线电压 U_{1p} 振荡衰减，持续监测 K 的变化趋势，并根据如下判据识别故障性质及其消失时刻。

(1) U_{1p} 在 t_5 衰减至 $0.01U_n$，若 K 始终小于 1，判定故障为永久性故障。断路器的避雷器支路恢复绝缘后，残余电压幅值持续衰减。对于永久性故障，电压幅值低于一定值时的计算结果将没有意义，因此需要有一个最小电压阈值 $0.01U_n$。

(2) 若 K 在 t_4 时刻大于 1，则判定故障性质为瞬时性故障且故障消失时刻为 t_4。

(3) 如果 K 始终等于 1，则表明故障特征主频 f_{Fault} 等于线路特征主频 f_{Line}。依据式 (8.33) 和式 (8.34) 计算可得故障距离 $L_{fault}=L_{line}/2$。此种情况下，本算法难以识别故障性质，对应的故障区间为检测死区。

自适应重合闸检测判据如表 8.9 所示。

表 8.9　自适应重合闸检测判据

检测判据	故障性质	重合闸时间	说明
$t_3<t<t_5$，$K<1$	永久性故障	不重合闸	故障存在时，$U(f_{Fault})$ 始终大于 $U(f_{Line})$
$t_3<t<t_4$，$K<1$ $t>t_4$，$K>1$	瞬时性故障	t_4	故障消失后，$U(f_{Line})$ 大于 $U(f_{Fault})$
$t>t_3$，$K=1$	检测死区	经固定去游离时间后自动重合闸	故障位于线路中点，$U(f_{Line})$ 等于 $U(f_{Fault})$

2. MUSIC 算法分析

由前面分析可知，对于 500km 线路，所提算法需要在 6.67ms 数据长度基础

上准确计算故障电压行波主频率，这就需要使用具备在较短数据窗口内准确估算行波频率能力的算法。MUSIC 算法利用信号子空间与噪声子空间的正交性构造功率谱函数，并通过检测功率谱波峰对应的频率点来检测信号所包含的频率成分。目前，MUSIC 算法已应用于直流输电线路故障定位领域[5]，因其具备准确估算较短数据集信号频谱的能力且不受频率分辨率限制而受到学者关注。基于此本节选择 MUSIC 算法计算故障电压行波主频率 f_{Fault}。

输电线路故障行波可用如式(8.49)所示的谐波模型表示：

$$x(n)=\sum_{k=1}^{K}a_k\mathrm{e}^{\mathrm{j}2\pi f_k n}+\delta(n),\qquad n=1,2,\ldots,K \tag{8.49}$$

式中，$a_k=|a_k|e^{\mathrm{j}\varphi_k}$，$a_k$、$\varphi_k$ 分别为第 k 次谐波的幅值、相角；f_k 为第 k 次谐波的频率；K 为故障行波的谐波含量；$\delta(n)$ 为均值为 0，方差为 δ^2 的白噪声。

对于一段包含 N 个采样点的行波数据 $X(n)$ 有

$$X(n)=As(n)+\delta(n),\qquad n=1,2,\cdots,N \tag{8.50}$$

式中

$$\begin{cases}A=[a(f_1)\ \ a(f_2)\cdots a(f_k)]\\ a(f_k)=[1\ \ \mathrm{e}^{\mathrm{j}2\pi f_k}\cdots \mathrm{e}^{\mathrm{j}2\pi(N-1)f_K}]^{\mathrm{T}}\\ s(n)=[a_1\mathrm{e}^{\mathrm{j}2\pi f_1 n}\ \ a_2\mathrm{e}^{\mathrm{j}2\pi f_2 n}\cdots a_K\mathrm{e}^{\mathrm{j}2\pi f_K n}]^{\mathrm{T}}\\ \delta(n)=[\delta(n)\ \ \delta(n+1)\cdots\delta(n+N-1)]^{\mathrm{T}}\end{cases}$$

$X(n)$ 的自相关矩阵如式(8.51)所示：

$$\begin{aligned}R_x(n)&=E\left\{X(n)X^{\mathrm{H}}(n)\right\}\\&=APA^{\mathrm{H}}+\sigma^2 I\in\mathbf{C}^{N\times N},\qquad n=1,2,\cdots,K,\cdots,N\end{aligned} \tag{8.51}$$

式中

$$\begin{cases}P=\mathrm{diag}\left\{|a_1|^2,|a_2|^2,\cdots,|a_K|^2\right\}\\ \sigma^2 I=\mathrm{diag}\left\{\sigma^2,\sigma^2,\cdots,\sigma^2\right\}\end{cases}$$

进一步计算 R_x 的特征向量 λ_n，并将其按照降序排列(n=1,2,…,K,…,N)。功率谱函数 $P(f_k)$ 如式(8.52)所示：

$$P(f_k)=\frac{1}{\sum_{k=1}^{K}\left|a(f_k)^{\mathrm{T}}\lambda_i\right|^2},\quad k=1,2,\cdots,K \tag{8.52}$$

功率谱 $P(f_k)$ 的每个波峰对应的频率点共同构成了行波的固有频率。其中，频率最小的分量对应的波峰峰值最大，该频率即为行波固有频率的主频率。

3. FFT 窗口长度分析

FFT 的计算函数如式(8.53)所示：

$$X_{\mathrm{W\_FTT}}[m,n]=\sum_{k=0}^{L_{\mathrm{w}}-1}x[k]g[k-m]\mathrm{e}^{-\mathrm{j}2\pi nk/L} \tag{8.53}$$

式中，m、n 为计算点数和采样点数；$x[k]$ 为测量信号；$g[k]$ 为窗函数，通常采用矩形窗或汉宁窗；L_{w} 为计算窗口长度。假定信号的采样频率为 f_{s}，对应的频率分辨率为 Δf，如式(8.54)所示：

$$\Delta f=\frac{f_{\mathrm{s}}}{L_{\mathrm{w}}} \tag{8.54}$$

在本节所提算法中，共有两个电压分量需要计算。一个是对应于故障特征主频率 f_{Fault} 的电压分量 $U(f_{\mathrm{Fault}})$，一个是对应于线路特征主频率 f_{Line} 的电压分量 $U(f_{\mathrm{Line}})$。对于一条 500km 的线路，在直流断路器跳闸后，线路特征主频率 $f_{\mathrm{Line}}=v/2L_{\mathrm{line}}=300\mathrm{Hz}$，其中，$v$ 取光速。然而，故障特征主频率 $f_{\mathrm{Fault}}=v/4L_{\mathrm{fault}}$，$f_{\mathrm{Fault}}$ 随着故障距离 L_{fault} 的改变而改变。在大多数情况下，FFT 的频率分辨率 Δf 并非 f_{Fault} 和 f_{Line} 的公约数，在利用 FFT 提取信号分量幅值时产生频谱泄漏，导致 $U(f_{\mathrm{Fault}})$ 和 $U(f_{\mathrm{Line}})$ 的计算结果不准确。为了降低频谱泄漏对计算结果的影响，需采用汉宁窗计算 FFT。

在实际应用中，汉宁窗的长度 L_{w} 是预先设定好的。在采样频率一定的情况下，L_{w} 越长，频率分辨率 Δf 越高，计算得到的电压幅值就越准确。但 L_{w} 越长，相应 FFT 计算结果的时间分辨率就越低，导致求得的电弧熄弧时刻越不准确。因此，L_{w} 长度的选择应是对幅值误差和时间误差的折中。考虑到在判断出熄弧时刻后还有一个 100ms 的去游离时间，所提算法对幅值误差的要求更高。本节采用的窗口长度 $L_{\mathrm{w}}=2000$，在采样频率为 50kHz 时，对应的频率分辨率 $\Delta f=25\mathrm{Hz}$。

4. 故障电阻影响分析

由 8.2.4 节第 2 部分分析可知，在采用时域电压进行主频率计算时，最大故障电阻耐受能力满足式(8.44)。在本节采用的架空线路中，对于 1kHz 频率的电压行波，一模波阻抗 Z_1 约为 280Ω，零模波阻抗 Z_0 约为 320Ω。因此，所提算法的耐受过渡电阻能力约为 150Ω。

5. 检测死区分析

受 FFT 的频率分辨率以及信号的采样频率影响，所提算法存在两个检测死区：一是线路近端；二是线路中点。

1) 线路近端检测死区

当故障距离较短时，计算得到的故障特征主频率 f_{Fault} 可能大于采样频率 f_s 的一半。由采样定理可知，此时不能求得 f_{Fault}。式(8.55)给出了能够识别故障性质的最短故障距离 $L_{\mathrm{F\_shortest}}$ 和采样频率 f_s 之间的关系：

$$L_{\mathrm{F\_shortest}} > \frac{v}{0.5 \times 4 f_{\mathrm{s}}} \tag{8.55}$$

当采样频率 f_s=50kHz 时，$L_{\mathrm{F\_shortest}}$=3km。

2) 线路中点检测死区

本节中用于提取电压分量幅值的 FFT 采样分辨率为 25Hz。对于一条 500km 的线路，对应于线路全长的行波主频率 f_{Line}=300Hz。因此，在使用 FFT 时，不能分辨频率为 275～325Hz 和频率为 300Hz 的电压分量。由式(8.34)可知，对应于 275Hz 和 325Hz 故障特征频率的线路长度分别为 272.73km 和 230.77km。也就是说，所提算法在检测位于 272.73km 和 230.77km 之间的故障时，得到的电压幅值比 K=1。

如上所述，在利用单端数据测量时，对于一条 500km 的线路，理论上存在两段检测死区：0～3km 和 230.77～272.73km。考虑到故障电阻和电弧电阻对主频率计算的影响，线路中点的检测死区范围存在波动。一般来说，所提算法检测死区不超过线路全长的 10%。而对于死区内的故障，将采用自动重合闸的方法应对。

8.3.4 仿真验证与分析

为验证所提算法性能，在 PSCAD/EMTDC 中搭建如图 8.21 所示 MMC-MMC 柔性直流输电系统仿真模型。其中，送端 MMC 采用定直流电流控制，受端 MMC 采用定直流电压控制。具体系统参数如表 8.10 所示。其中，线路长度为 500km，当行波波速取 3×10^8m/s 时，依据式(8.33)，线路特征主频率 $f_{\mathrm{Line}}=v/2L_{\mathrm{line}}$=300Hz。保护动作行为：线路发生故障后 3ms，MMC 出口断路器跳闸，采样点为 M_1 和 M_2。

输电线路发生永久性故障时(以双极短路故障为例)，故障支路可看作一个线性电阻 R_{Fault}，如图 8.22(a)所示；但发生瞬时性短路故障时，故障支路是电弧电阻 R_{arc} 和线性电阻 R_{Fault} 的串联组合，如图 8.22(b)所示。为了描述故障电弧的熄弧时刻，需搭建电弧模型模拟电弧电阻 R_{arc}。

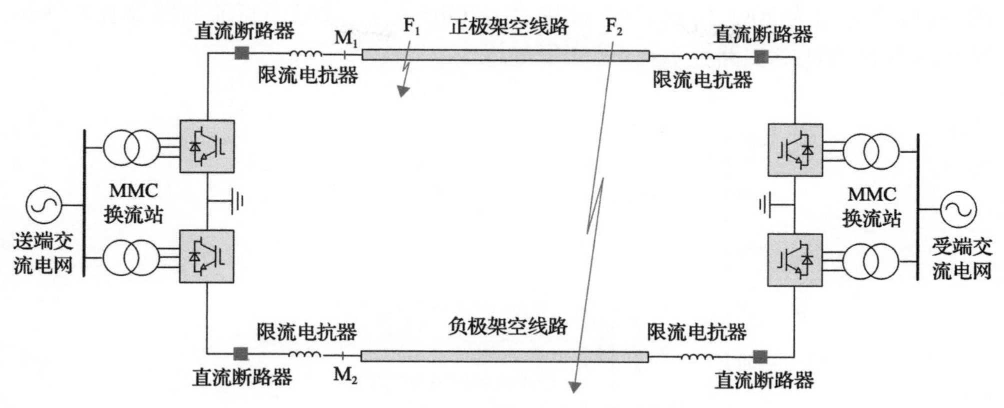

图 8.21　MMC-MMC 柔性直流输电系统拓扑

表 8.10　MMC-MMC 柔性直流输电系统仿真参数

系统参数	参数值
交流侧额定电压/kV	525
直流侧额定电压/kV	±800
直流线路长度/km	500
换流站额定容量/MW	5000
限流电抗器电感值/mH	75
直流断路器额定电压/kV	880
直流断路器开断时间/ms	3
直流断路器转移支路子模块数	400

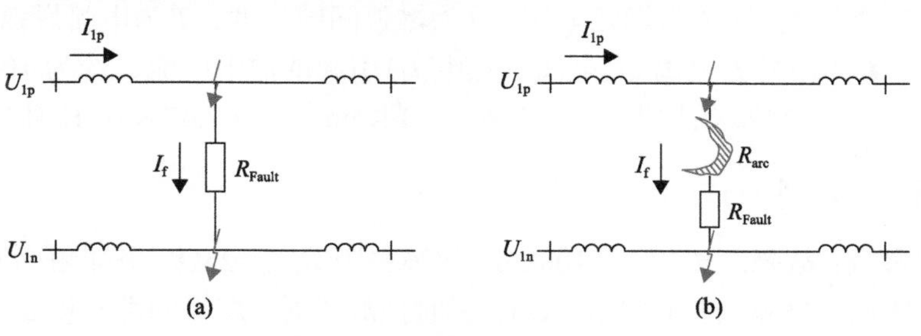

图 8.22　故障支路等效模型

由 8.2.4 节第 1 部分分析可知，MMC-MMC 系统线路两侧的直流断路器跳闸后，故障极沿线分布电容仍会向故障点放电，形成在故障点和断路器之间往返传播的电压行波。在该过程中，支撑故障点燃弧的电压源即为沿线残余电压行波。

图 8.23 为直流系统发生永久性单极接地短路故障时沿线残余电压行波仿真波形图，其接地电阻为 20Ω。仿真时序：故障在 t_1=0ms 发生；故障极直流断路器在 t_2=3ms 跳闸；断路器耗能支路在 t_3=6ms 恢复绝缘。

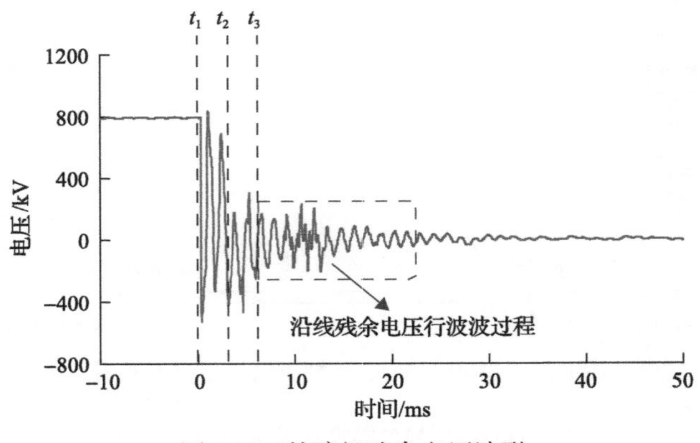

图 8.23　故障极残余电压波形

t_3 时刻之后，残余电压行波在断路器和故障点之间往返传播，形成虚线框内的行波波过程，其外特性表征为衰减的交流电压源。燃弧电阻的放电特性主要由激励源决定，因此，在故障性质识别的时间段 T_{main} 内，故障电弧电阻满足交流电弧的伏安特性。本节采用式(8.56)所示的汤森电弧模型模拟燃弧电阻[6]：

$$u_{\text{a}}=\operatorname{sgn}(i_{\text{f}})\frac{c_2 d}{\ln\left[\left(\dfrac{c_1 d}{\ln\left(\dfrac{i_{\text{f}}}{I_{\text{s}}}\right)T}\right)\right]T} \tag{8.56}$$

式中，u_{a} 为燃弧电压；i_{f} 为燃弧电流；d 为燃弧间隙长度；T 为电弧燃弧温度，约为 4000K；I_{s} 为由外界电离(光电离、热电离)引起的放电电流，约为 10^{-18}A；c_1、c_2 为常数，在 0.1MPa 条件下，$c_1 \approx 2.86\times10^6$K/cm，$c_2 \approx 7.47\times10^4$K/(kV·cm)。

1. 算法可行性验证

仿真参数：故障距离 L_{Fault}=100km，故障电阻 R_{Fault}=25Ω，采样频率 f_{s}=50kHz。永久性故障时，燃弧间隙长度 d=0cm；瞬时性故障时，燃弧间隙长度 d=15cm。故障发生时刻 t_1=0ms，断路器在 t_2=3ms 时跳闸；t_3 时刻，断路器耗能支路恢复绝缘，故障极线路电流 I_{1p} 降低至零；t_4 指代电弧电流 I_{f} 降低为零的时刻，即故障点实际熄弧时刻(故障消失时刻)；t_4' 指代残余电压行波主频率跃变时刻，即计算得到的故障点熄弧时刻。

1) 单极接地故障性质识别

真双极直流系统发生单极接地故障时，仅需故障极线路两侧断路器跳闸，非故障极可继续运行。永久性故障时，利用 MUSIC 算法计算得到的故障特征主频率 f_{Fault}=720Hz，对应于该频率的电压分量幅值计为 U_{720Hz}；瞬时性故障时，计算得到的故障特征主频率 f_{Fault}=732Hz，对应于该频率的电压分量幅值计为 U_{732Hz}；U_{300Hz} 为对应于线路特征主频率 f_{Line}=300Hz 的电压分量幅值。图 8.24 给出了单极接地故障条件下的故障性质识别结果。

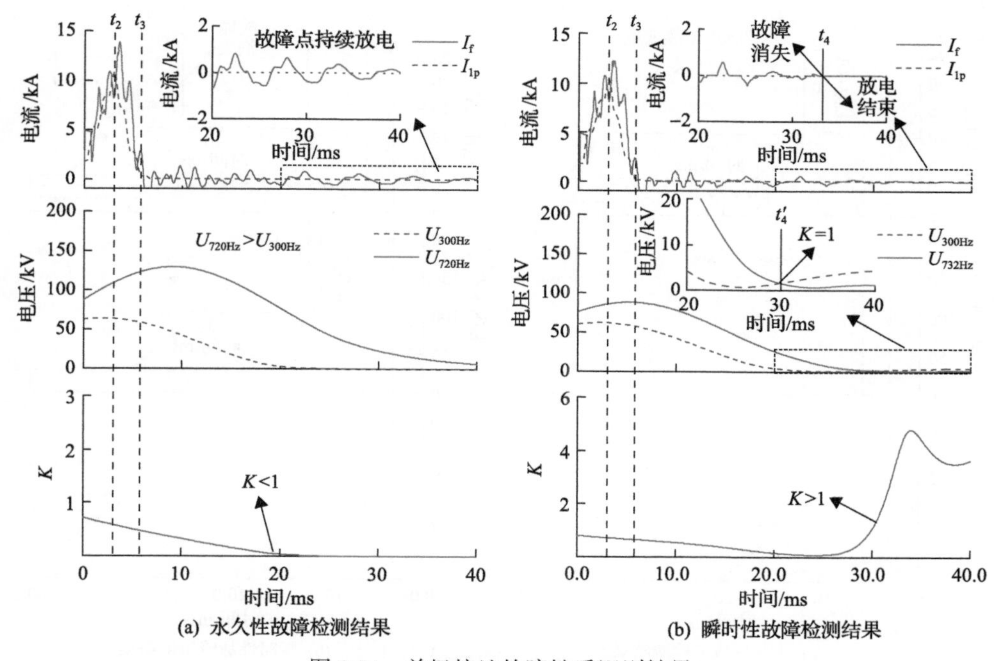

图 8.24　单极接地故障性质识别结果

图 8.24 中，t_2 为直流断路器动作时间；t_3 为故障极电流降低至 $0.01I_n$ 时间，即直流断路器耗能支路的避雷器恢复绝缘时间。图 8.24(a) 对应于永久性故障下的计算结果，在 t_3 之后，残余电压行波主要在直流断路器和故障点之间往返传播，U_{720Hz} 始终大于 U_{300Hz}，电压幅值比 K 小于 1，符合永久性故障的检测判据；图 8.24(b) 对应于瞬时性故障下的计算结果。其中，t_4=33ms 代表故障点的实际消失时刻(故障支路电流 I_f 降低至零)，t_4'=30ms 代表本节所提算法计算得到的故障消失时刻(K=1)。由计算结果可知，t_4 和 t_4' 并不一致，主要原因在于利用 FFT 提取电压分量幅值时，FFT 的时间分辨率存在误差。但考虑到检测出瞬时性故障后，仍需要 100ms 的去游离时间保证故障点熄弧，数毫秒的误差可以接受。在 t_4' 之前，U_{732Hz} 大于 U_{300Hz}，在 t_4' 之后，U_{732Hz} 小于 U_{300Hz}，满足瞬时性故障的检测判据，判定故

障熄弧时刻为 t_4'。

2) 双极短路故障性质识别

此时在永久性故障条件下，利用 MUSIC 算法计算得到的故障特征主频率 f_{Fault}=748Hz，对应该频率的电压分量幅值计为 U_{748Hz}；瞬时性故障条件下，计算得到的故障特征主频率 f_{Fault}=730Hz，对应该频率的电压分量幅值计为 U_{730Hz}；U_{300Hz} 为对应于线路特征主频率 f_{Line}=300Hz 的电压分量幅值。图 8.25 给出了双极短路故障条件下的故障性质识别结果。

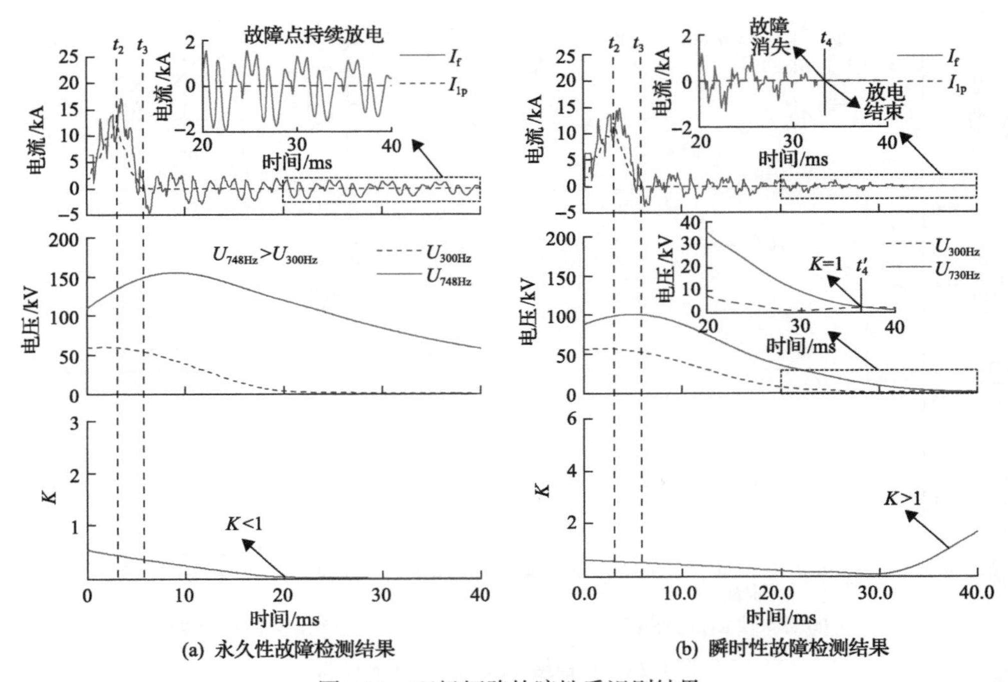

图 8.25 双极短路故障性质识别结果

图 8.25 中，t_2、t_3、t_4 和 t_4' 指代的时间点和图 8.24 中一致。图 8.25(a) 为永久性故障时的检测结果，在 t_3 之后，残余电压行波主要在直流断路器和故障点之间往返传播，U_{748Hz} 始终大于 U_{300Hz}，电压幅值比 K 小于 1，符合永久性故障的检测判据；图 8.25(b) 为瞬时性故障时的检测结果。其中，t_4=33ms 代表故障点的实际消失时刻(故障支路电流 I_f 降低至零)，t_4'=37ms 代表本节所提算法计算得到的故障消失时刻(K=1)。在 t_4' 之前，U_{730Hz} 大于 U_{300Hz}，在 t_4' 之后，U_{730Hz} 小于 U_{300Hz}，满足瞬时性故障的检测判据，判定故障熄弧时刻为 t_4'。

由上述分析可知，通过计算残余电压中对应于特定频率分量的电压幅值比，所提算法可准确区分瞬时性故障与永久性故障。对于瞬时性故障，还可以识别故障点的熄弧时刻，为判定断路器重合闸时间提供依据。

2. 接地电阻影响测试

为测试所提算法耐受过渡电阻的能力，表 8.11 给出了直流线路在不同接地电阻 R_{Fault} 条件下，对应于瞬时性故障与永久性故障条件下的电压分量幅值比 K。其中，故障距离 L_{Fault}=200km，瞬时性故障时的燃弧间隙长度 d=20cm，采样频率 f_s=50kHz。

表 8.11　不同故障电阻条件下的故障性质识别结果

故障类型	接地电阻 R_{Fault}/Ω	永久性故障		瞬时性故障	
		故障特征主频率 f_{Fault}/Hz	幅值比	故障特征主频率 f_{Fault}/Hz	熄弧时间 t_4' (t_4) /ms
单极接地故障	20	366	$K<1$	330	36(34)
	60	275	$K<1$	258	29(31)
	100	230	$K<1$	219	26(27)
双极短路故障	20	390	$K<1$	379	35(38)
	80	325	$K<1$	308	30(29)
	100	297	$K<1$	263	25(23)

由表 8.11 可知，在永久性故障条件下，计算得到的幅值比 K 均小于 1，满足永久性故障的检测判据；在瞬时性故障条件下，计算得到的电弧熄弧时刻 t_4' 和实际电弧熄弧时刻 t_4 的误差均在 5ms 之内。随着接地电阻的改变，故障点的行波反射系数发生变化，计算得到的故障频率不同。此外，接地电阻越大，电压行波在故障点的损耗越多，电弧熄弧越快。

3. 燃弧间隙长度影响测试

故障点燃弧间隙长度不同，则电弧等效电阻不同，故障点的熄弧时刻也将不同，进一步分析不同燃弧间隙长度对所提算法的影响。

此处以单极接地故障为例进行分析。仿真设置：故障距离 L_{Fault}=100km；采样频率 f_s=50kHz；接地电阻 R_{Fault}=30Ω。测试结果如表 8.12 所示。可以看出，在不同燃弧间隙长度条件下，测试结果可识别瞬时性故障的熄弧时刻。以 d=20cm 的测试结果为例，在 t_4'=26ms 时检测到 K=1，判定故障消失。按照所提重启流程，在等待 100ms 的去游离时间后，断路器可在 126ms 时重合闸。相较于传统自动重合闸策略的 200～300ms 去游离时间，所提方法提升了系统的重合效率。

4. 故障距离影响测试

故障距离不同，计算得到的故障特征主频率也不同，需进一步分析故障距离对所提算法的影响。仍以单极接地故障为例进行分析，双极短路故障测试结论相同。仿真设置：接地电阻 R_{Fault}=30Ω；燃弧间隙长度 d=20cm；采样频率 f_s=50kHz，测试结果如表 8.13 所示。

表 8.12 不同燃弧间隙条件下的故障性质识别结果

燃弧间隙长度 d/cm	故障特征主频率 f_{Fault}/Hz	熄弧时刻 t_4' (t_4)/ms
10	683	35(32)
20	659	26(29)
30	610	23(24)
40	579	18(21)

表 8.13 不同故障距离条件下的故障性质识别结果

故障距离 L_{Fault}/km	永久性故障		瞬时性故障	
	故障特征主频率 f_{Fault}/Hz	幅值比	故障特征主频率 f_{Fault}/Hz	熄弧时间 t_4' (t_4)/ms
3	—	—	—	—
220	356	K<1	334	37(34)
250	308	K=1	290	—
280	258	K<1	243	33(31)
497	439	K<1	464	29(26)

可以看出，在故障距离等于 3km 时，行波衰减速度较快，且故障特征主频率过大，此时不能准确提取故障特征主频率。但从对侧系统看，故障距离相当于 497km，可以识别故障性质及故障消失时刻。当故障距离等于 250km 时，故障点位于检测死区内部，计算得到的故障特征主频率 308Hz 和线路特征主频率 300Hz 之差小于 25Hz，受频率分辨率限制，FFT 不能区分两者的频谱，导致计算得到的 U_{308Hz} 等于 U_{300Hz}，使得计算幅值比 K 恒等于 1。

参考文献

[1] 蔡静, 董新洲. 高压直流输电线路故障清除及恢复策略研究综述[J]. 电力系统自动化, 2019, 43(11): 181-190.

[2] 张盛梅, 安婷, 裴翔羽, 等. 混合式直流断路器重合闸策略[J]. 电力系统自动化, 2019, 43(6): 129-140.

[3] He Z Y, Liao K, Li X P, et al. Natural frequency-based line fault location in HVDC lines[J]. IEEE Transactions on Power Delivery, 2014, 29(2): 851-859.

[4] 王艳婷, 范新凯, 张保会. 柔性直流电网行波保护解析分析与整定计算[J]. 中国电机工程学报, 2019, 39(11): 3201-3211.

[5] 张艳霞, 王海东, 李婷, 等. LCC-VSC 混合直流输电线路的组合型单端故障定位方法[J]. 电力系统自动化, 2019, 43(21): 187-194.

[6] 王宾, 梁晨光, 李凤婷. 计及间隙长度的弧光接地故障建模及单端测距[J]. 中国电机工程学报, 2019, 39(4): 1001-1009.